ISBN 978-0-483-18529-6
PIBN 10754156

BULLETIN

DE

GÉOGRAPHIE HISTORIQUE

ET DESCRIPTIVE

MINISTÈRE
DE L'INSTRUCTION PUBLIQUE ET DES BEAUX-ARTS

COMITÉ DES TRAVAUX HISTORIQUES
ET SCIENTIFIQUES

BULLETIN
DE GÉOGRAPHIE HISTORIQUE
ET DESCRIPTIVE

ANNÉE 1906

PARIS
IMPRIMERIE NATIONALE

ERNEST LEROUX, ÉDITEUR, RUE BONAPARTE, 28

MDCCCCVI

DU

COMITÉ DES TRAVAUX HISTORIQUES ET SCIENTIFIQUES.

SECTION DE GÉOGRAPHIE HISTORIQUE ET DESCRIPTIVE.

PROCÈS-VERBAUX.

SÉANCE DU SAMEDI 2 DÉCEMBRE 1905.

PRÉSIDENCE DE M. BOUQUET DE LA GRYE, MEMBRE DE L'INSTITUT.

La séance est ouverte à 4 heures et demie, et après la lecture et l'adoption du procès-verbal de la réunion précédente, il est donné connaissance des envois adressés à la section, qui comprennent des ouvrages de MM. Fabre, Castel, de Martonne et Robert et seront soumis à l'examen de MM. Bouquet de la Grye, Vidal de Lablache et Teisserenc de Bort.

La section est appelée ensuite à dresser la liste des propositions de distinctions honorifiques à décerner à l'occasion du prochain Congrès des sociétés savantes.

M. Aymonier dit quelques mots du dernier fascicule publié par la Société des études indo-chinoises de Saïgon.

« Continuant la série de ses monographies sur les arrondissements de la Cochinchine, cette société a publié récemment un fascicule concernant le district de Long Xuyen, dans le delta du grand Fleuve. De même que dans les monographies précédentes, on y donne quelques notions sur la géographie physique, économique et historique du pays, ainsi que sur la statistique administrative, en y joignant une bonne carte de cet arrondissement.

« Renvoyant aux observations que j'ai formulées en rendant compte des fascicules précédents, je me borne à relever une lacune : l'explication des noms annamites des montagnes ne donne que la signification de ces termes en chinois et passe sous silence les appellations antérieures, cambodgiennes, dont ces noms sino-annamites ne sont, en somme, que la transcription phonétique.....

« On a joint à cette petite étude la traduction française de la stèle commémorative du creusement, en 1817, d'un grand canal destiné à relier Long Xuyen sur le bras occidental du grand Fleuve à Rach-Gia sur le golfe de Siam. Cette traduction avait été faite en 1877 par un de nos interprètes indigènes, M. Hanh, qui est mort il y a quelques années. »

M. Bouquet de la Grye examine une *Étude sur le régime des pluies en Vendée*, qui a pour auteur M. Sorre.

« Après les beaux travaux de M. Angot sur la pluviométrie en Europe et particulièrement en France, dit M. Bouquet de la Grye, il semblait que la question fût épuisée et que de nouvelles recherches ne pourraient rien ajouter à des faits généraux qui semblaient acquis.

« M. Sorre, en compulsant les milliers de données publiées chaque année par le service météorologique, a pensé qu'il y avait peut-être quelques faits nouveaux à tirer de leur étude et s'est proposé de creuser à fond la question en prenant comme base de ses recherches la Vendée, pays peu accidenté compris entre la Loire et la Charente.

« *A priori* on pouvait croire que le régime y était uniforme, le climat étant marin, et que la moyenne de l'eau recueillie dans les udomètres n'offrait que des variations comparables aux erreurs d'observations. M. Sorre a pris les chiffres mensuels obtenus dans 62 observatoires et cela pendant une période de vingt ans, et après les avoir corrigés de manière à avoir une longueur égale pour chaque mois, il a comparé les résultats en tenant compte de l'altitude, de l'exposition et du régime des vents.

« Ce dépouillement l'a amené à des résultats importants qu'il a rendus tangibles dans de nombreuses cartes. Parlons d'abord des faits généraux.

« Le minimum de la pluie se trouve à l'embouchure de la Sèvre niortaise et des minima relatifs suivent son cours. Les lignes cotidales semblent tracer les degrés pluviométriques et l'excès est, en moyenne, de 37 millimètres d'eau pour 40 mètres de différence d'altitude. L'influence de l'exposition est montrée par des diagrammes; le maximum correspond aux versants exposés à l'ouest, le minimum à ceux qui regardent l'est.

«M. Sorre examine ensuite l'influence propre à chaque mois et compare les mesures à la direction des vents; douze cartes donnent les résultats pour toute la région. La conclusion qu'on en peut tirer est que la pluviosité augmente à partir du mois d'avril et diminue à partir du mois d'octobre.

«La moyenne pour la région est de 725 millimètres, le minimum de 590 millimètres, le maximum de 1015 millimètres; le nombre moyen des jours de pluie de 130.

«En résumé le travail de M. Sorre sur un sujet qui pouvait paraître épuisé a donné des résultats intéressants et lui fait beaucoup d'honneur.

«Il est à désirer qu'il soit imité dans d'autres régions en les limitant comme nos anciennes provinces par l'ensemble des conditions du sol et du climat. Les résultats seront très appréciables en ce qui concerne l'utilisation des eaux du ciel, qui est indispensable à l'agriculture et à la vie humaine.»

M. Bouquet de la Grye fait ensuite connaître le contenu des derniers bulletins de la Société de géographie de Rochefort. «Il se rencontre toujours, dit le rapporteur, des articles intéressants dans la publication de cette Compagnie :

«M. Arnaud, par exemple, a publié une étude sur les dolmens de Beaugeay, qui sont situés dans un bois près de Rochefort. Ces dolmens ont été fouillés à plusieurs époques pour y trouver des trésors, mais n'ont fourni que des ossements, des bois de cerf et des pierres taillées.

«M. Arnaud détermine avec soin les dimensions de chacune des pierres des dolmens, elles sont énormes : il suppose qu'au moment de leur érection, la Charente venait baigner le pied de l'élévation où ils sont placés. A une certaine époque on a essayé de les détruire en renversant les piliers qui soutenaient les tables supérieures; M. Arnaud demande que ce reste des constructions préhistoriques soit classé comme monument historique.

« Dans une autre partie du *Bulletin* nous trouvons consignée par M. Chaigneau la découverte d'une antique cité romaine, Prætorium, qui se trouvait sur la grande voie traversant la Gaule et à la bifurcation de celle dirigée sur Argenton et Bourges. Cette découverte a été faite par M. l'abbé Dercier, curé de Saint-Goussaud, sur une colline nommée Mont Jouez (mons Jovis). Il y a là tout un ensemble de constructions qui, au regard de la carte de Peutinger, ne peuvent être que les ruines de Prætorium.

« M. l'abbé Dercier, avec ses faibles ressources, a exécuté des fouilles, trouvé des fondations de maisons, d'un théâtre, mis au jour une voie antique et recueilli des poteries, des médailles, des monnaies et des fibules dont quelques-unes très rares.

« Il serait très intéressant que l'on puisse continuer ces fouilles, et les sociétés locales qui ont authentifié les découvertes de M. Dercier pourraient demander pour lui une subvention.

« Une troisième note est due à M. Pawlowski, bien connu de notre commission.

« Notre correspondant a eu connaissance par M. de Joly, ingénieur en chef des ponts et chaussées, de fragments de la roche, la Congrée, qui est le sommet le plus élevé du plateau de Rochebonne; cette roche serait schisteuse et non calcaire comme les îles de Ré et d'Oléron. « Ce plateau pourrait donc être le dernier vestige de l'île d'Orcanie dont parlent les anciens auteurs et qui aurait disparue, mangée, comme disent les Saintongeois, par la mer.

« Je dirai à ce sujet qu'il y a une quarantaine d'années, en faisant l'exploration de Rochebonne, j'avais cassé un échantillon de la Congrée et vérifié qu'il ressemblait aux roches schisteuses de l'île d'Yeu. Si ces roches ont été la base de calcaires, elles restent comme la substruction d'une terre qui pouvait avoir une certaine étendue. »

M. A. Grandidier analyse un mémoire de M. Paul d'Enjoy intitulé : *Associations, congrégations et sociétés secrètes chinoises*, publié par la Société de géographie de l'Est (3e trimestre 1905).

M. Hamy rend compte du dernier *Bulletin de la Société de géographie de Boulogne-sur-Mer* et signale en particulier dans ce fascicule un mémoire de M. Alph. Lefebvre intitulé : *Notes historiques sur les mouvements du port de Boulogne après la paix générale*, 1814 et 1815.

« Ce travail d'une quarantaine de pages est basé sur l'analyse des registres, retrouvés par M. Lefebvre, des officiers de port pendant cette période et renferme une quantité considérable de renseignements précis sur les événements qui ont suivi le rétablissement des relations de toute espèce entre l'Angleterre et le Continent, rentrée des Bourbons, retour des prisonniers de guerre, désarmement de la flottille, rapatriement des troupes anglaises, passage de hauts personnages, rétablissement des services des voyageurs et des marchandises, lignes de navigation françaises et étrangères, exportations et importations, relâches, contrebande, grande pêche, faits de mer, etc. On y relève notamment le voyage de MM. de Casteja et d'Ordre qui avaient devancé les événements et s'en étaient allés à Hatwell faire leur cour à Louis XVIII. On y voit aussi les hussards prussiens et l'infanterie russe venant attendre le Roi de France pour lui faire escorte, et un peu plus tard Alexandre Ier et Frédéric-Guillaume III s'embarquant sur le yacht du duc de Clarence, frère du roi Georges, qui les mena à Londres sous l'escorte de trois navires de la flotte britannique. Enfin M. Lefebvre a donné l'énumération des 181 traversées qu'il fallut faire d'une rive à l'autre pour ramener chez eux 2,400 cavaliers anglais et leurs montures. De longs tableaux donnent le détail d'un trafic renaissant entre l'Angleterre et la France.

« Tout cet ensemble constitue vraiment une contribution fort intéressante à l'histoire et à la géographie commerciale d'une époque troublée, sur laquelle on était fort incomplètement renseigné jusqu'ici. »

Le même membre dit quelques mots du dernier volume de la *Société normande de géographie* (27e année. — 1905).

« Ce volume ne diffère pas sensiblement des prédédents, dit le rapporteur, les quatre numéros qui le composent, imprimés avec beaucoup de soin chez Espérance Cagniard, forment un beau volume in-4° carré, avec de ci de là quelques clichés photogravés, mais sans aucune espèce de carte géographique. La plus large partie du volume est toujours occupée par les conférences, dont quelques-unes sont originales et méritent d'être mentionnées. J'ai lu, par exemple, avec plaisir une conférence d'un arabe de Tlemcen, Ben Ali Fekar, ancien élève de l'École supérieure des lettres d'Alger, sur *l'Œuvre française en Algérie*, examen critique de ce que nous avons fait, pouvons et devons faire pour nos sujets indigènes. Je signale encore une autre conférence de M. Francis Mury, dont j'ai déjà eu l'occasion de prononcer ici même le nom avec éloge : c'est une dissertation d'un intérêt tout à fait actuel, intitulée : *Japon*, *Corée*, *Mandchourie*, *rivalité de la race blanche et de la race jaune*. Les conclusions de M. Mury sont plutôt pessimistes; s'il ne craint pas que les blancs tombent immédiatement sous la domination des jaunes, du moins redoute-t-il que les Européens soient un jour chassés d'Extrême-Orient par les Japonais s'appuyant sur une Chine militarisée par eux.

« Je citerai encore les notes hollandaises de M. Van Houcke, celles de M. Castagné sur *l'Asie centrale* qui sont accompagnées de photographies intéressantes, les aperçus de M. Perret-Maisonneuve sur la Roumanie, de M. Renard sur la Norvège, enfin une dissertation sur le Maroc, par M. Henri Lorin, de l'Université de Bordeaux, dont les lecteurs de la *Dépêche coloniale* apprécient journellement les brillantes qualités.

« J'observerai, en terminant, que le *Mouvement géographique* de ce dernier Bulletin de la Société normande est réduit à quelques pages, et que la bibliographie est tout à fait nulle. »

M. Levasseur rend compte au Comité des cinq premiers numéros du *Bulletin de la Société de géographie commerciale de Paris*, de l'année 1905.

« Le premier contient, en tête, une note sur la mort de M. Gauthiot et les discours qui ont été prononcés sur sa tombe. M. Gauthiot a été le créateur de la Société; il en est resté jusqu'à sa mort le secrétaire général et on peut dire qu'il en a été l'âme; « exerçant, comme disait un orateur, une autorité incontestée et « jaloux de maintenir cette autorité, jusqu'au jour où la force lui a « manqué avec la vie ». La Société reconnaissante lui devait le public hommage qu'elle lui a rendu.

« M. Gauthiot a été remplacé au secrétariat général par un savant voyageur qui a fait ses preuves et qui se dévoue avec intelligence à ses fonctions, M. Labbé. Il s'est proposé d'assurer une publicité régulière au *Bulletin* et la publication a été en effet régulière en 1905. D'utiles modifications ont été introduites dans l'ordre des matières qui, à la suite des articles de fond, comprennent une chronique des faits économiques et statistiques, une bibliographie et une dernière partie consacrée à la vie de la Société. Parmi les articles de fond, je me bornerai à citer, sans en faire l'analyse, *Le Brésil contemporain*, par M. Louis Faray; *La Guyane française en 1904*, par M. Deydier; *A travers la Chine*, par M. Maximilien Foy; *Le cercle de Niora*, par M. Lanzerac; *Un aperçu sur l'organisation d'un grand marché de caoutchouc*, par M. Aspe-Fleurimon; *Le développement de l'Ouest canadien*, par M. de Caix, *L'Éthiopie et la question éthiopienne*, par M. Porquier; *Nos ports maritimes*, par M. Abel Durand; etc.»

M. Emmanuel de Margerie analyse les second et troisième fascicules de la troisième année du *Bulletin de la Société de géographie du Cher* (1904-1905).

«En rendant compte au Comité des précédents fascicules du *Bulletin de Bourges*, j'ai déjà eu l'occasion d'exprimer le regret qu'une part plus importante n'y fût pas réservée à la géographie locale. Il faut, malheureusement, renouveler aujourd'hui cette observation : sur les deux cents pages que comprennent les livraisons renvoyées à mon examen, on n'en trouve en effet qu'une douzaine qui se rapportent au Berry, encore l'excursion à Aubigny-sur-Nère et au château de la Verrerie, dont M. Paul Hazard nous entretient dans cette notice (p. 255-267), est-elle plutôt du ressort de l'histoire et de l'archéologie monumentale que de la géographie proprement dite.

«C'est surtout par des conférences périodiques que la Société de géographie du Cher affirme sa vitalité. Le *Bulletin* en reproduit ou en analyse plusieurs, notamment celle que M. Paul Hazard, délégué au Congrès de Tunis, a intitulée : *Après 23 ans de protectorat. La Tunisie pittoresque et agricole. Historique et avenir de la colonisation* (p. 171-232, nombreuses photographies dans le texte). M. Jean Chautard a également parlé de *L'Afrique occidentale française*, en particulier du Fouta-Djalon (p. 127); M. Henri Bolard, de *la Suisse* (p. 133), et M. G. Desdevises du Dezert, de *la Normandie* (p. 249).

«Il faut signaler encore : un rapide *Compte rendu du Congrès international de géographie* de Washington, par M. G. Blondel (p. 141), qui semble avoir été justement frappé par la formidable puissance économique des États-Unis; deux lettres de M. Eugène Gallois sur *Figuig* et *les oasis sahariennes* (p. 149, 289); enfin le récit d'une ascension au *Tromsdalstind* (Norvège), par M. Paul Colleson (p. 295).

Quant aux *Impressions sur Londres*, de M. P. Toutain (p. 269-288), c'est une fantaisie de journaliste, plus amusante que solide, et dont l'insertion dans un recueil sérieux est plutôt faite pour surprendre : l'auteur qui, évidemment, connaît très mal le peuple qu'il prétend juger, va jusqu'à outrager la mémoire de Gordon, à propos d'une visite à la cathédrale Saint-Paul (p. 277). Est-il nécessaire de lui rappeler que chauvinisme n'équivaut pas à patriotisme ? »

M. Vidal de Lablache a examiné les derniers *Bulletins de la Société de géographie de Toulouse*, sans y rencontrer de travaux qui méritent d'arrêter l'attention de la Section.

Il est donné lecture d'un rapport que M. Foureau a bien voulu écrire sur le volume posthume de notre regretté collègue Georges Périn intitulé : *Discours politiques et notes de voyage.*

M. Gabriel Marcel communique un autre rapport consacré à l'ouvrage de M. Abel Lefranc intitulé : *La navigation de Pantagruel; étude sur la géographie rabelaisienne.*

M. Aymonier lit également un rapport sur le *Partage de l'Océanie*, de M. Henri Russier.

Ces trois rapports sont renvoyés à la Commission centrale et des extraits en seront publiés dans le prochain *Bulletin* de la Section.

La séance est levée à cinq heures trois quarts.

Le Secrétaire,
E.-T. Hamy.

SÉANCE DU SAMEDI 6 JANVIER 1906.

PRÉSIDENCE DE M. BOUQUET DE LA GRYE, MEMBRE DE L'INSTITUT.

La séance s'ouvre à quatre heures et demie; le procès-verbal de la dernière réunion ayant été lu et adopté, M. le Secrétaire dépouille la correspondance, qui comprend notamment trois ouvrages renvoyés à l'examen de MM. Aymonier, Hamy et Vidal de Lablache.

La section désigne MM. Boyer, Cordier et G. Marcel, pour examiner, avec les membres du bureau, les communications envoyées à l'Administration pour le prochain Congrès. Elle établit ensuite provisoirement la liste des personnes qui seront chargées de présider les diverses séances.

Une proposition de la section des sciences du Comité, relative aux demandes de souscription en faveur de publications périodiques, est rejetée par la section de géographie après une courte discussion à laquelle prennent part MM. Bouquet de la Grye, Boyer, Hamy et de Margerie.

M. Hamy fait connaître le degré d'avancement du *Bulletin* de la section dont le n° 2 sera prochainement distribué, tandis que le n° 3 est presque entièrement composé.

M. Bouquet de la Grye donne lecture d'un rapport sur les derniers *Bulletins de la Société de géographie de Rochefort* :

« Nous trouvons dans le 3e trimestre de 1905, dit le rapporteur, une étude sur la crise économique des ans III et IV à Rochefort, par l'abbé Lemonnier. Cette étude est écrite à l'aide de documents puisés dans les archives de la ville et nous fait, en réalité, revivre ces années malheureuses avec une intensité poignante.

« A l'heure actuelle où, grâce aux chemins de fer, la famine ne saurait exister en France, même si la mer nous était interdite, notre pays produisant assez de vivres pour sa subsistance, nous ne pouvons pourtant pas oublier certaines crises qui, il y a cinquante ans, forcèrent la guerre à prêter ses prolonges d'artillerie pour faire remonter à Lyon les blés de Marseille et de la Provence.

« Mais en 1794, dans le désarroi général de la guerre maritime et de celle sur nos frontières, les semailles mal faites, faute de bras, avaient donné de maigres résultats et l'équilibre de la consommation ne s'était pas établi avec la production.

« Rochefort, ville de 20,000 habitants dont 6,000 ouvriers de l'arsenal et 1,200 forçats, commençait à respirer après les scènes de la Terreur qui l'avaient ensanglantée, mais la pénurie des subsistances commençait à en élever les prix.

« Les boulangers demandaient à ne plus cuire et, comme nous l'avons vu lors du siège de Paris, on ne délivrait à chaque citoyen que 18 onces de pain (527 grammes), sur le visa d'une carte spéciale.

« Le prix en était en janvier 1795 de 5 sous la livre.

« Trois mois après la valeur atteint 15 sous la livre et la ration n'est plus que d'une demi-livre.

« Lors de l'émission des assignats, qui s'éleva à 48 milliards, les prix montèrent à des taux incroyables : un louis d'or se payait 12,500 livres et la livre de viande 100 livres.

« Un arrêté de Carnot (6 mai 1796), vu l'impossibilité de faire face aux dépenses les plus urgentes au moyen des assignats, fixe une solde en argent aux officiers de marine. Elle est de 45 livres par mois aux vice-amiraux et de 25 livres aux lieutenants de vaisseau.

« Le 19 mai 1797, le Directoire supprime les assignats et l'argent reparaît.

« L'abbé Lemonnier suit jour par jour pendant deux ans la crise subie à Rochefort et montre le degré de souffrances des officiers, des ouvriers et des marchands. L'enrichissement de douze négociants ayant acheté des biens nationaux n'est pas une compensation suffisante à la misère de toute une ville.

« Le même *Bulletin* contient, sous le titre de *Carnet d'un marsouin*, le récit d'une expédition militaire au Cambodge. La narration est faite d'une plume alerte, elle raconte la poursuite du frère de Norodom qui s'est révolté et la manière dont les chefs Cambodgiens de l'armée royale entendent la conduite d'une guerre. En réalité, grâce à eux, la poursuite de l'ennemi n'amena aucun résultat, ils faisaient juste le contraire de ce qui leur était ordonné et des deux côtés on ne pensait qu'à regagner ses pénates.

« Un troisième article se trouve encore dans le même numéro, sous le titre de *Contribution à l'histoire de Rochefort*. C'est l'acte d'accusation de Clovis Hugues, accusateur public, contre les officiers revenant de Toulon après la prise de cette ville, à bord des vaisseaux échappés aux Anglais.

« Le n° 4 de l'année 1796 indiquait la condamnation à mort de neuf d'entre eux, suivie quelques heures après de leur exécution; nous pouvons noter que sur les neuf un seul est dit d'extraction noble et appartenait au régiment de la Mark.

« Les huit autres sont officiers de marine, lieutenants ou enseignes de vaisseau, ce qui est contraire à la tradition. »

M. Grandidier dit quelques mots d'une communication de M. P. Bardey sur la décision prise par le Gouvernement anglais, relativement à la construction d'un chemin de fer de pénétration dans l'Yémen:

« M. P. Bardey, un des notables habitants d'Aden, qui est correspondant du Ministère, donne avis par cette lettre de la décision récemment prise par le Gouvernement anglais de construire un chemin de fer de pénétration dans l'intérieur de l'Arabie, d'Aden à Nobet-Dakim, et il rend compte que, consulté sur l'intérêt qu'il y aurait à le prolonger plus loin, il a conseillé de pousser au moins jusqu'à Kataba, afin de faciliter le transport à Aden des produits des districts fertiles du Yémen situés tout autour de Kataba et entre cette ville et Sana'a, produits qui prennent aujourd'hui les routes longues et pénibles aboutissant à Hodeidah.

« Il croit même qu'il serait désirable qu'un embranchement fût établi entre Kataba et Mavia, qui est à 35 milles environ dans l'O. S. O., afin de drainer vers Aden, les produits des régions de Beled Ibn Aklan, de Beled Khamban, etc., qui sont à présent obligés d'aller s'embarquer à Moka.

« Il y a lieu de remarquer aussi que le chemin de fer permettrait d'établir dans la partie montagneuse de la région de Kataba, un sanatorium qui serait extrêmement utile pour la population tant civile que militaire de la colonie d'Aden. »

M. Grandidier rend compte ensuite des dernières publications de la Société de géographie, dans lesquelles il signale les mémoires suivants :

« *Exploration scientifique au Pérou et en Bolivie*, par M. Erland Nordenskiöld (*La Géographie*, n° du 15 nov. 1905).

« M. Erland Nordenskiöld donne, dans cette note, le récit de son exploration scientifique au Pérou et en Bolivie pendant les années 1904-1905; il était accompagné du docteur Nils Holmgren qui s'est occupé de zoologie, principalement de la biologie des termites.

« M. Nordenskiöld a fait d'importantes collections et découvertes de fossiles, tant de mammifères pléistocènes que d'invertébrés siluriens.

« Il croit qu'un bel avenir économique est réservé aux régions forestières qu'arrosent les rios Tambopata et Inambari, affluents du rio Madre de Dios; toutefois, les colons n'y peuvent réussir que s'ils disposent de gros capitaux leur permettant, avant toute chose, de construire des chemins. »

« *La structure géologique du Sahara central*, par M. Haug (*La Géographie*, n° du 15 nov. 1905).

« Nous n'avons de données sérieuses sur la géologie du Sahara que depuis peu d'années. C'est en grande partie aux missions successives de M. Foureau que nous devons les documents paléontologiques qui permettent aujourd'hui d'établir une chronologie précise des formations géologiques qui affleurent dans le grand désert, y révélant l'existence du carbonifère, de dévonien inférieur, du silurien et de grès albiens à poissons.

« M. Haug donne dans cette note les conclusions auxquelles l'a amené l'étude de ces matériaux que M. Foureau lui a confiés et qui viennent d'être publiés dans les *Documents scientifiques de la Mission saharienne*. »

« *Notice hydrographique sur le lac Tchad*, par M. Audoin (*La Géographie*, n° du 15 nov. 1905).

« Le lac Tchad et son archipel ont été d'abord reconnus au point de vue hydrographique, en 1902, par l'enseigne de vaisseau Huart, puis par le capitaine d'Adhémar et d'autres officiers. Les renseignements contenus dans cette notice sont le fruit d'observations à peu près continues et d'une navigation très fréquente, de décembre 1902 à avril 1904.

« M. Audoin y décrit l'aspect général du lac, dont il étudie en détail le mode de formation, l'assèchement progressif et le régime des crues. »

M. Hamy donne quelques renseignements sur la nouvelle Société de géographie qui vient de se fonder dans le département de l'Aisne.

M. G. Marcel analyse le 1er trimestre du *Bulletin de la Société de géographie et d'études coloniales de Marseille*, pour 1905 :

« Parmi les intéressantes conférences, qui ont eu lieu récemment devant cette Société, nous devons citer celles de M. David Levat sur les confins de l'Algérie et du Maroc. On sait toute la compétence de cet ingénieur des mines dont les précédents voyages en Sibérie, au Turkestan et à la Guyane sont bien connus. Cette fois, chargé d'une mission minière et géologique, il a parcouru pendant l'été de 1904 toute la région comprise entre Aïn-Sefra, le chott Tigri et Figuig. Il s'y est particulièrement occupé de notre pénétration pacifique par la protection des sédentaires contre les tribus nomades, la création de postes avancés, l'établissement et le prolongement du chemin de fer qui est arrivé à Beni-Ounif, ce qui permet de relier rapidement Figuig, hier encore intangible, à l'Algérie. Il a également étudié la question de l'eau et par l'étude géologique et stratigraphique des terrains M. Levat a groupé une série de coupes qui lui ont permis de découvrir l'existence d'un niveau aquifère à la base du terrain crétacé, et ces données ont été confirmées par l'expérience à El-Handjir. Il a été frappé par les dessins rupestres qui consignent l'existence dans cette région de bœufs et d'éléphants, animaux exigeant pour y vivre de nombreux pâturages, et d'une végétation herbacée qui n'existe plus aujourd'hui, ce qui indique une modification de climat considérable depuis une époque peu éloignée. A noter également l'absence totale de toute trace de civilisation romaine dans la région, ce qu'il faut attribuer à l'aridité du climat. Cette antique fécondité, on pourra la restaurer par l'établissement de puits artésiens; malheureusement on se heurte dans cette voie comme partout ailleurs à la pénurie extrême des crédits. La recherche de l'eau est non seulement utile pour l'établissement de cultures, mais c'est la première des conditions pour assurer la soumission et la fixité des tribus nomades, dont très souvent les mœurs errantes et vagabondes sont imposées par la nécessité de trouver en saison sèche des r'dirs ou des sources nouvelles pour l'alimentation de leurs troupeaux. En résumé, M. Levat préconise l'achèvement du chemin de fer d'Oran au Tafilalet, la multiplication des points d'eau, une politique aussi douce que ferme en prenant pour base : ne promettre que ce qu'on peut tenir, mais tenir ce qu'on a promis.

« Après le récit des missions au cœur de l'Afrique de M. Auguste Chevalier, trop connues et trop appréciées pour qu'il soit nécessaire de s'y arrêter, le *Bulletin de la Société de Marseille* nous donne le résumé d'une excellente communication de M. Georges Blondel sur les États-Unis et l'Exposition de Saint-Louis. Il serait bon de nous arrêter quelque peu sur le compte rendu de cette conférence, dans laquelle M. Blondel étudie les causes du développement de l'industrie aux États-Unis, entre lesquelles il met au premier rang l'intelligence avec laquelle les habitants ont su s'adapter aux exigences de la vie économique moderne, et en tire, pour nous autres Français, d'utiles leçons dont nous ne profiterons malheureusement pas. C'est d'ailleurs un curieux spectacle que celui que nous donnons. Nous envoyons à l'étranger des missions qui reconnaissent et proclament ce qu'elles ont vu de bien au point de vue industriel et commercial, en tirent des exemples dont elles prêchent l'application chez nous et tout cela, le plus souvent, en pure perte. Nous sommes hypnotisés par nos querelles intestines et le plus souvent personnelles. La cause de notre déchéance, c'est la politique qui nous détourne de nous adapter aux nouveaux courants de la civilisation. Il y a bien d'autres remarques à faire dans l'excellente étude de M. Blondel dont nous recommandons la lecture à tous les patriotes.

« Une conférence du capitaine Isachsen sur la deuxième expédition norvégienne du *Fram* au pôle Nord, le résumé de rapides excursions de M. Eugène Gallois dans les oasis algériennes et tunisiennes, une chronique géographique tout entière consacrée à l'Afrique, complètent cet intéressant fascicule. »

M. Vidal de Lablache lit le rapport suivant sur les travaux du Laboratoire de géographie de Rennes, publiés par la Société scientifique et médicale de l'Ouest [1] :

[1] T. XII, n° 1, 1903; t. XIII, n° 2, 1904; t. XIV, n° 1, 1905.

TRAVAUX DU LABORATOIRE DE GÉOGRAPHIE DE RENNES :

N° 1. *Le développement des côtes bretonnes et leur étude morphologique*, par E. de Martonne, 17 p.

N° 3. *Excursion géographique en Basse-Bretagne* (monts d'Arrée; Trégorrois), par E. de Martonne et E. Robert, 42 p.

N° 4. *Densité de la population en Bretagne*, calculée par zones d'égal éloignement de la mer, par E. Robert, 108 p., 1 carte.

«Il y a quelque chose de nouveau dans le titre commun que portent ces études; nous ne sommes pas habitués, en France, à entendre parler de laboratoires de géographie et de travaux s'y rapportant. L'initiative prise à l'Université de Rennes n'est pas isolée : de différents côtés, soit à l'occasion du diplôme d'études, soit en dehors de toute poursuite de diplômes et de grades, des mémoires traitant de questions géographiques témoignent de l'intérêt qui s'est éveillé, sur ces sujets, chez bon nombre d'étudiants dans nos principaux centres universitaires.

«Il importe, pour que ce zèle devienne durable et fécond, qu'il soit judicieusement dirigé. A ce titre, les études dont nous avons à rendre compte méritent d'attirer l'attention. Les travaux qui y figurent s'inspirent, soit de l'étude des cartes à grande échelle, soit de l'examen direct du terrain. En effet, par la précision avec laquelle les cartes à grande échelle sont susceptibles d'exprimer les détails de la planimétrie et du relief, elles permettent de serrer de près l'examen des formes du sol, de comprendre la physionomie de l'hydrographie, de localiser exactement les établissements humains, les cultures, les forêts : ce sont là des conditions favorables pour aborder avec chance de succès les problèmes complexes qu'un géographe soucieux de coordonner les faits et de saisir les rapports qui les unissent, rencontre sans cesse devant lui.

«D'autre part, on ne saurait trop vivement souhaiter que l'usage des excursions se généralise. Jusqu'à présent elles n'étaient guère pratiquées que par les naturalistes. Chose singulière : il semblait que pour les géographes les livres et les atlas dussent suffire! Ce n'est pas ici qu'il serait nécessaire d'insister sur les services que des excursions bien dirigées sont appelées à rendre aux étudiants en géographie. Leur grande utilité consistera à les orienter vers l'observation directe, à les habituer à prendre goût à l'étude du terrain, de telle sorte que, mis en face des réalités qu'ils ont à expliquer, ils puissent devenir capables à leur tour d'initiative et de vues personnelles. Mais, pour en arriver là, il ne suffit pas que ces excursions soient accompagnées d'explications par le professeur. Pour que le profit ne s'en efface pas avec le souvenir, il importe de ne pas s'en remettre seulement à des notes prises à la volée : des rapports ou des résumés écrits et discutés en commun paraissent le meilleur mode d'en fixer le sens et d'en déterminer la portée.

« Ces réflexions, malgré leur généralité, s'appliquent exactement aux trois mémoires que soumet à notre Commission le Laboratoire de géographie de Rennes. Un intérêt pédagogique s'y joint à l'intérêt scientifique. A cet égard aussi, d'ailleurs, ils méritent attention. Nous avons à noter, dans ces travaux, quelques résultats intéressants qu'il nous reste à résumer très sommairement.

« N° 1. *Le développement des côtes bretonnes, etc.* — L'auteur montre l'intérêt géographique de l'étude du littoral breton, si richement articulé. Il critique un essai récent du docteur Schwind pour évaluer mathématiquement le développement des côtes de Bretagne. Leur variété est beaucoup plus grande qu'on ne croit; on peut y distinguer une série de types morphologiques correspondant à des conditions géologiques différentes et à des stades plus ou moins avancés de l'évolution littorale. Une carte montre l'extension de ces types. L'auteur envisage la question du meilleur procédé à employer pour une évaluation mathématique du développement des côtes en général : il se prononce en faveur d'une méthode fondée sur la comparaison du contour réel du littoral avec la surface comprise entre une isohypse et une isobathe déterminées.

« N° 3. *Excursion géographique, etc.* — Compte rendu d'une excursion des élèves du Laboratoire de géographie de Rennes. Analyse détaillée des conditions de la formation des « rivières » bretonnes et du déchiquètement de la côte granitique par l'érosion marine. Observations sur les formes de décomposition du granit à Trégastel-Ploumanach et sur l'extension du lœss formant falaise en nombre d'endroits. Étude du massif granitique du Huelgoat, avec sa ceinture de crêtes gréso-schisteuses. Interprétation nouvelle du relief de la Bretagne intérieure, en appliquant les notions de pénéplaine et de rajeunissement du relief à l'analyse des formes topographiques.

Application de ces données à l'explication du paysage végétal et à celle de la répartition des établissements humains.

« N° 4. *Répartition de la population*, etc. — Cette étude, qui témoigne d'un travail matériel considérable et d'une connaissance remarquable des conditions physiques et économiques, a pour principal objet de mettre en lumière un des facteurs, et sans doute le plus important, de la répartition des populations en Bretagne : le voisinage de l'Océan. Les calculs de densité ont été faits pour des zones d'équidistance de 2, 5, 10, 15, 20, 25 kilomètres, et en distinguant un certain nombre de régions naturelles. Les contrastes entre les côtes Nord, Sud et Ouest, ainsi qu'entre les diverses régions naturelles, ressortent nettement de la carte. L'explication en est abordée et presque toujours heureusement présentée. Le fait général de l'agglomération des populations sur la zone littorale est exprimé pour la première fois d'une façon précise et frappante. On peut reprocher à l'auteur de ne pas tenir suffisamment compte, dans ses explications, de l'évolution historique. Mais dans son ensemble ce travail est très satisfaisant et nul ne pourra étudier la géographie humaine de la Bretagne sans y recourir. Un résumé de ce travail a été publié dans les *Annales de géographie*.

« En résumé, ces travaux laissent l'impression qu'une bonne besogne scientifique est en train de s'organiser autour des chaires de géographie de nos universités provinciales. Ce ne sont là, il est vrai, que des débuts. Mais la méthode nous paraît heureusement comprise. Sans doute, on ne saurait espérer, ni même souhaiter, que chacune de nos chaires de géographie devienne un centre de publications périodiques. Une trop grande dispersion ne serait peut-être pas un bien. Mais qu'il se constitue, dans certaines conditions favorables, des cycles de publications analogues à ceux qui se sont formés à Vienne, autour de la chaire de M. Penck, ou à Leipzig, sous l'impulsion de feu le professeur Ratzel, nous y verrons un signe heureux de la vitalité qui anime une des branches les plus jeunes de notre enseignement supérieur. »

La séance est levée à 5 heures et demie.

Le Secrétaire,

E.-T. Hamy.

SÉANCE DU SAMEDI 5 FÉVRIER 1906.

PRÉSIDENCE DE M. BOUQUET DE LA GRYE, MEMBRE DE L'INSTITUT.

La séance est ouverte à 4 heures et demie. Le procès-verbal de la réunion précédente ayant été lu et adopté, M. le Secrétaire dépouille la correspondance, qui comprend divers manuscrits pour le Congrès de la Sorbonne et des publications de MM. A. Duval, Jacob et M. de Loisne renvoyées à l'examen de MM. Hamy et de Margerie.

Sur le désir exprimé par plusieurs membres qu'il soit procédé à l'élection de membres nouveaux pour remplacer ceux que la section a perdus, M. de Saint-Arroman fait savoir que des mesures seront prises prochainement pour compléter simultanément les cinq sections du Comité réduit pour l'instant à 96 membres.

M. Bouquet de la Grye résume les travaux publiés dans le 2e trimestre du *Bulletin de la Société de géographie de Rochefort*. Il dit quelques mots seulement des documents géographiques que croit trouver M. Courcelles-Seneuil dans l'ancienne mythologie et qui ne sauraient être analysés ici.

« Le numéro 266 (mai 1905) du *Bulletin de la Société des études coloniales*, continue le rapporteur, renferme un article de M. Moreau sur la République Argentine et le port de Buenos-Aïres.

« Ce pays est aujourd'hui en pleine prospérité et quelques chiffres le montreront nettement.

« Le recensement de 1895, le dernier publié, accuse un total de 22 millions de bêtes à cornes et de 74 millions de moutons. Le port de Buenos-Aïres, dont le mouvement commercial s'élevait à 504,000 tonnes en 1880, a passé à 3 millions de tonnes en 1900, chiffre auquel correspond une valeur de 187 millions de piastres or, soit 937 millions de francs.

« C'est pour répondre à une pareille activité que le Gouvernement Argentin a désiré améliorer les conditions d'embarquement et de débarquement des marchandises en permettant aux navires d'ariver jusqu'aux quais de la ville.

«Malheureusement, le plan proposé par des ingénieurs américains et suivi par eux a complètement échoué après avoir coûté plus de 200 millions. M. Moreau indique, d'après un ingénieur argentin, les causes de cet échec et les moyens d'y remédier. Cette étude est très complète et montre le sens pratique de l'ingénieur M. Huergo et la connaissance parfaite qu'il a des conditions de l'estuaire du Rio de la Plata.»

Le même numéro contient le résumé d'une conférence faite par M. de Vilmorin sur la flore du Japon et les cultures de ce pays.

«Un séjour prolongé dans le pays des Nippons a permis à M. de Vilmorin d'en étudier les productions et il indique tout d'abord les nombreux emprunts que nos jardiniers ont faits à leur flore. La plupart des plantes croissant spontanément au nord de Tokyo s'acclimatent facilement chez nous et pour ne citer que quelques espèces : les fusains, les aucubas, les iris, les anémones, les magnolias sont d'origine japonaise.

«Rien n'est beau, dit le conférencier, comme les forêts de ce pays, et des reproductions photographiques le montrent amplement. M. de Vilmorin passe en revue les légumes qui font partie de la cuisine japonaise et en signale un qui pourrait être consommé en France : c'est la grande fougère commune dans nos bois dont les jeunes feuilles recroquevillées ont le goût des champignons.

«En passant aux fleurs, il montre la différence qu'il y a entre la manière dont les Japonais les cultivent et les présentent et la nôtre. Leurs bouquets ont presque toujours un sens symbolique et ne consistent pas en des assemblages de nuances et des oppositions de teintes, mais dans le dessin de chaque plante qui doit avoir un caractère propre.

«Un Japonais ne saurait vivre sans un jardin et, comme les Hollandais cultivateurs de tulipes, ils attachent souvent un prix énorme à des variétés de plantes qui ne brillent que par leur étrangeté.

«Sur ce sujet, M. de Vilmorin indique de nombreux exemples montrant la différence entre leur mentalité et la nôtre et appuie sur leur sens artistique dont nous commençons à apprécier vivement les manifestations.»

Dans le numéro 267 nous trouvons une étude de M. Dreyfus-Bing sur Haïti et Saint-Domingue.

«Pour caractériser ces deux petites républiques, l'auteur dit qu'elles continuent doucement à se ruiner et multiplient les prétextes qui fourniront aux États-Unis l'occasion d'intervenir.

«Le sol a pourtant une grande fertilité; le sucre, le cacao, le bois de campêche forment des articles d'exportation qui pourraient fournir les éléments d'une grande richesse, mais les partis politiques prennent successivement le pouvoir et ne permettent pas de spéculations à longue échéance. La prime de l'or varie d'ailleurs dans des proportions déconcertantes, passant de 123 en 1901 à 364 en 1904.

«Lorsqu'on jette un regard en arrière et que l'on compare l'état de Saint-Domingue à la fin du XVIIIe siècle et sa situation actuelle, la richesse des habitants, celle des commerçants et des armateurs de Nantes et de la Rochelle au peu de vitalité de leur commerce au XXe siècle, on ne peut que constater un recul de la civilisation sous l'influence politique de l'élément noir.»

Dans les numéros 269 et 270 nous trouvons deux articles de M. Lechesne sur l'Indo-Chine dont toutes les parties sont à méditer.

«M. Lechesne a vécu au Tonkin et l'a regardé en homme qui ne se paie pas d'apparences et cherche ce que nous avons apporté de bien-être aux populations qui nous sont soumises. Le luxe d'Haïphong, d'Hanoï, les théâtres, les courses de chevaux ne l'empêchent pas de voir la misère du Tonkinois, et il demande que nous nous fassions aimer de lui, sinon il se tournera vers le Japon ou la Chine dont il a le sang et les coutumes. Nous savons que les idées de M. Lechesne sont partagées par le Gouverneur actuel, M. Beau, et les conseils qu'il donne par anticipation ne peuvent être qu'approuvés par tous ceux qui aiment la France et ce pays du Soleil.»

«Dans le n° 6 de la *Géographie* (15 déc. 1905) qui a été renvoyé à mon examen, je signalerai les trois mémoires suivants, dit M. Grandidier :

«1° *Un nouveau champ d'exploration archéologique : le Turkestan Chinois*, par M. E. Senart. M. Senart expose, dans ce mémoire qui a été lu à la séance publique annuelle des cinq Académies du

25 octobre 1905, les découvertes faites par le Dr Stein, qui, parti de Srînagar en juin 1900, est descendu au Turkestan par les coupures du Pamir et est allé de l'Ouest à l'Est étudier, après Yarkand et Khotan, la région des oasis du Midi. On n'y rencontre pas les ruines grandioses ramenées au jour, pendant le dernier siècle, dans d'autres régions; en effet, autrefois comme aujourd'hui, on n'y a guère élevé que de frêles constructions, faites de briques séchées au soleil, de bois et de plâtre, qui n'ont pas moins parfois laissé des traces assez imposantes et en tout cas intéressantes, notamment des blocs croulants, drapés de sable, qui sont les débris des stoûpas ou tumulus funéraires, témoins universels, de Ceylan à la Mongolie, de la religion bouddhique. En dehors de ces sanctuaires, les ruines se présentent sous un aspect humble; le sol, sur de vastes étendues, est tout semé de menus débris, morceaux d'os ou de briques, de poteries, d'objets divers de métal, parfois de statuettes, souvenirs des anciennes générations! Les vieilles villes du Turkestan sont mortes de soif; la baisse de l'eau, les convulsions politiques ont arrêté l'irrigation, et on retrouve, sur beaucoup d'emplacements anciennement habités, des traces saisissantes d'une vie tragiquement interrompue : l'exode dans certains cas a même été hâtif. Le sable de ces régions a été un gardien fidèle du passé. M. Stein a trouvé non loin de la rivière de Niya, en des lieux abandonnés depuis seize siècles, plusieurs centaines de tablettes de peuplier ou de tamaris, la plupart dans un état de conservation surprenant, tablettes d'ordre administratif et judiciaire, qui ont été écrites au IIIe siècle, en un idiome indien, dont l'alphabet était usité à la capitale des Koushans. La culture indienne avait donc pénétré le Turkestan dès avant cette époque, et, ce qui est plus imprévu, c'est que les sceaux qui sont apposés sur ces paperasses barbares offrent les images classiques de Pallas Athéné, d'Eros, peut-être d'Héraklès; il est intéressant de retrouver là-bas, au loin, ces souvenirs de notre antiquité. A côté de ces manuscrits, il y en avait d'autres, rédigés les uns en caractères connus, les autres en caractères de formes nouvelles, mais M. Stein a reconnu qu'ils étaient dus à l'invention d'un Afghan retors. Ces brillantes découvertes commandent l'intérêt.

« 2° *Sur la présence de hautes terrasses dans l'Oural du Nord*, par MM. L. Duparc et F. Pearce. Les chaînes qui constituent le versant européen de l'Oural du Nord présentent d'habitude une grande uniformité; ce sont de longues rides peu élevées qui se succèdent régulièrement de l'Ouest à l'Est, séparées par des vallées plus ou moins larges, et dont les sommets ne présentent pas de formes élancées. On pouvait donc croire que la topographie de ces régions est dénuée d'intérêt. MM. Duparc et Pearce, en explorant de 1900 à 1902 la région du bassin supérieur de la Kosva, ont été frappés par la bizarrerie de quelques-unes des montagnes de la zone des quartzites de l'Oural du Nord et, dans cette note, ils font, au point de vue physique et géologique, l'étude de cette région, qui est fort intéressante.

« 3° Enfin, il y a le récit très complet et important de M. Cordier sur le voyage qu'il a fait dans l'Afrique australe avec l'Association britannique pour l'avancement des sciences et où il a représenté brillamment la science française. »

M. Hamy lit un rapport sur le livre récemment publié par M. Arnaud, à Barcelonnette, et intitulé : *L'Ubaye et le Haut-Verdon.*

M. E. de Margerie rend compte des trimestres 1 à 3 (22e année, 1905) de la *Revue de la Société de géographie de Tours.*

« M. Auguste Chauvigné, correspondant du Ministère et vice-président de la Société de géographie de Tours, continue, dit le rapporteur, à être véritablement l'âme de cette compagnie. Il est presque seul, en effet, à tenir la plume dans les trois fascicules renvoyés à mon examen, avec deux études dont l'une, d'ailleurs, n'est pas nouvelle, ayant déjà paru dans notre *Bulletin* en 1904 : « Recherches sur les formes originales des noms de lieux en Touraine. Les Ports » (*Revue*, n° 2, p. 33-49), et dont la seconde, présentée au Congrès d'Alger en 1905, concerne les « Traces laissées en Touraine par l'invasion des Musulmans au viiie siècle » (n° 3, p. 73-80) : les habitants du Véron, c'est-à-dire du triangle d'alluvions compris entre la Vienne et la Loire, descendraient d'une colonie d'Arabes, restés dans la contrée après la défaite infligée par Charles Martel aux Sarrazins, à Poitiers, en 732?

« Une innovation heureuse est à signaler dans la *Revue*, à partir du premier fascicule de l'année 1905 : M. L. Robin, directeur du Service météorologique d'Indre-et-Loire, y publie régulièrement les observations faites à Tours (La Tranchée), durant chaque trimestre : pressions, températures, état hygrométrique de l'air (moyennes mensuelles, maximum et minimum), direction du vent, enfin résumé des pluies pour 38 stations, réparties dans les bassins de la Loire, du Cher, de l'Indre, de la Creuse, de la Vienne et du Loir. Cet exemple mériterait d'être suivi par toutes les Sociétés locales.

« Les conférences ont été nombreuses, en 1905, à la Société de géographie de Tours : MM. Giffard, Haumant, Labarthe, de Brunier, de Baye, Jouannin, Chéradame, Détrie, Isachsen, Carré, Eug. Gallois et Privat-Deschanel y ont parlé successivement des régions exotiques les plus diverses; des résumés très courts de leurs communications complètent ces trois fascicules. »

M. le Secrétaire fait connaître brièvement l'état d'avancement des impressions de la section, dont le 20ᵉ volume approche de sa fin. Il entretient à ce propos la section de l'utilité qu'il y aurait à dresser une table générale de cette première série de vingt volumes qui ont déjà chacun une table particulière. Il suffirait d'un travail de découpage très facile pour constituer fort rapidement un répertoire dont l'utilité n'a pas besoin d'être démontrée.

Après une courte discussion, à laquelle ont pris part MM. Bouquet de la Grye, de Margerie et de Saint-Arroman, il est reconnu qu'une *Table des Mémoires* suffira aux besoins du moment.

M. Hamy veut bien se charger de ce petit travail.

M. G. Marcel a adressé à la section une réponse au mémoire communiqué au dernier Congrès des Sociétés savantes par M. A. Pawlowski sur Jean Fonteneau *dit* Alfonce. Il est résolu que cette réponse sera imprimée dans le premier numéro du *Bulletin* pour 1906.

La séance est levée à cinq heures et demie.

Le Secrétaire,

E.-T. Hamy.

MÉMOIRES.

LES COLLECTIONS ANTHROPOLOGIQUES ET ETHNOGRAPHIQUES DU VOYAGE DE DÉCOUVERTES AUX TERRES AUSTRALES (1801-1804),

PAR M. LE Dr E.-T. HAMY,
Membre de l'Institut et de l'Académie de médecine
Professeur au Muséum d'histoire naturelle, etc.

J'ai publié dans l'*Anthropologie* de septembre 1891 [1] une étude sur l'œuvre ethnographique de Nicolas-Martin Petit, l'un des dessinateurs du voyage de découvertes aux Terres Australes (1801-1804) dont j'avais recueilli en grande partie les matériaux au Muséum d'histoire naturelle du Havre [2].

Au cours de l'enquête que j'avais poursuivie sur la part prise par Petit aux travaux de l'expédition, j'avais été amené à constater que les collections anthropologiques et ethnographiques rassemblées pendant le voyage, et dont il existait une liste sommaire datée de la rade de Paimbœuf le 4 germinal an XII (25 mars 1804) [3], n'avaient laissé aucune autre trace au Muséum.

Cette liste de Péron faisait mention *de six caisses* dites *d'anthropologie* et de trois autres caisses où des choses de cette même nature se trouvaient emballées avec des mammifères, des oiseaux ou

[1] L'*Anthropologie*, t. II, p. 601-622, 1891.

[2] C'est en effet, ainsi que je le disais alors, dans la bibliothèque de ce riche établissement que mon ami bien regretté, G. Lannier, a réuni tout ce qu'il a pu sauver des papiers du voyageur naturaliste C.-A. Lesueur, mort au Havre le 12 décembre 1846. Or une grande partie de ces papiers provenaient de Péron, principal rédacteur, comme l'on sait, du *Voyage aux Terres Australes*, qui les avait légués à son ami et collaborateur en 1810.

[3] Cette liste sommaire nous fait savoir que l'expédition avait réuni 23,415 pièces, dont 206 pour l'anthropologie et l'ethnographie.

des zoophytes. Et les procès-verbaux des séances de l'Assemblée du Muséum attestaient qu'un certain nombre d'objets qualifiés d'*objets d'art*, «recueillis pendant l'expédition de découvertes par le capitaine Baudin et autres voyageurs», avaient été remis à Mme Bonaparte par les citoyens Geoffroy et Péron.

En annonçant à ses collègues l'arrivée des trois voitures qui contenaient le reste des caisses d'histoire naturelle rapportées par le *Géographe*, Geoffroy faisait mention de cet «assortiment d'armes et d'ustensiles à l'usage des Indiens» réunis, disait-il, par M. Baudin *pour la femme du premier Consul*, et l'Assemblée décidait que la collection serait remise à sa destination (26 floréal an XII, 16 mai 1804)[1].

Ce qu'étaient ces pièces, où et comment elles avaient été recueillies, nos naturalistes ne s'en souciaient guère. On leur affirmait que tout cela venait de Baudin, décédé à l'île de France au retour de l'expédition, le 16 septembre 1803, et était destiné, par cet officier, à Mme Bonaparte, et ils s'empressaient d'autoriser, sans autre enquête, l'envoi des objets à la Malmaison.

Ce n'étaient point seulement d'ailleurs les séries ethnographiques qui prenaient le chemin du château de Joséphine. Le 15 germinal an XI (5 avril 1803), le Ministre de la Marine avait fait savoir à l'Assemblée qu'il désirait qu'aux termes des instructions tous les objets des collections de voyage aux Terres Australes demandés par Mme Bonaparte lui fussent réservés. «Le citoyen Mirbel, écrivait Chaptal, se présentera de sa part et vous fera connaître ses intentions auxquelles je vous invite et vous autorise à déférer.» Et c'est par suite de cette décision qu'un agent de Mme Bonaparte s'était rendu à Lorient «pour recevoir et faire conduire à la Malmaison les animaux vivants et les objets des trois règnes destinés à cet établissement»[2].

Les collections ethnographiques furent livrées à Mirbel[3], sans qu'il en restât la moindre trace dans nos archives, et j'avais renoncé, après des recherches infructueuses dans les divers dépôts publics, à en connaître la nature, lorsqu'un heureux hasard m'a fait découvrir, au muséum du Havre, dans des liasses de papiers

[1] *Proc.-verb.*, t. XI, p. 176.
[2] *Proc.-verb.*, t. IX, p. 84.
[3] *Ibid.*, t. X, p. 151.

inexplorés provenant de Péron, deux pièces autographes qui m'ont donné, en partie du moins, satisfaction.

La première est un *tableau général de toutes les caisses* contenant les collections, où l'on apprend de nouveau que l'expédition a rapporté 206 objets formant le «total des effets des naturels». Les caisses 1 à 5 en renfermaient 160, la caisse 26 en contenait 18, la caisse 50 en avait 12.

La seconde pièce, beaucoup plus explicite, est l'*Inventaire général de tous les objets relatifs à l'histoire de l'homme recueillis pendant le cours de l'expédition ou remis à M. Péron, naturaliste zoologiste du Gouvernement dans cette expédition et présentés par M. Geoffroy et lui à Sa Majesté l'Impératrice Joséphine le 9 prairial an XII* (29 mai 1804). Je transcris ce précieux document dans son intégrité [1].

1. Bougie bénite de Notre-Dame de Candelaria, protectrice des îles Canaries .... Ténérife.
2. Bras d'une momie des Gouanches (anc. hab. des îles C.) .... *Idem.*
3. Cannes de bois de sandal [*Santalum album* Linn] (2). Timor.
4. Grosse torche de cire dont les principaux chefs malais se font précéder le soir .... *Idem.*
5. Sagaie des naturels de l'intérieur de l'île, avec une pointe de fer et un manche de bambou [2] ...... *Idem.*
6. Sagaie des rois de Timor avec une longue hampe de bois très brun, armée d'une longue pointe de fer assez bien travaillée, laquelle est enchâssée dans un étui de cuivre. Le manche est orné de deux touffes de poil rouge très fin [3] .... *Idem.*
7. Turban d'un roi malais musulman .... *Idem.*
8. Plumet du turban .... *Idem.*
9. Sabre d'un Rajah malais garni d'une belle houppe de poils rouges [4] .... *Idem.*
10. Pâte de riz dont les Chinois de Coupang font plusieurs petits ouvrages .... *Idem.*
11. Pantoufles chinoises en maroquin rouge (1 paire).. *Idem.*
12. Pantoufles chinoises en maroquin noir (1 paire)... *Idem.*

[1] Les chiffres entre parenthèses à la suite des descriptions sommaires indiquent le nombre des objets.

[2] Les n°s 5 à 9 avaient été donnés par M. Lofstett, alors gouverneur de l'île.

[3] On s'en sert plus ordinairement à cheval (Péron).

[4] Il se porte pendu à l'épaule gauche (Péron).

13. Sac à bétel en forme de ridicule ornée de touffes de soie d'un rajah de Timor (provenant d'Amadima, roi de Suabawa)........................ Timor.
14. Boëte à chaux app' au sac à bétel n° 12.......... *Idem.*
15. Boëte au bétel garnie en étain *idem*............ *Idem.*
16. Boëte au tabac *idem*.......................... *Idem.*
17. Giberne d'un roi malais, garnie de ses cartouches en bambou.......................... *Idem.*
18. Bonnet de guerre des naturels de l'intérieur de Timor. *Idem.*
19. Boëtes en feuilles de latanier (sans couvercle) servant à mettre le bétel (2).................. *Idem.*
20. Boëtes en feuilles de latanier comprimées, rectangulaires (5).......................... *Idem.*
21. Boëtes en feuilles de latanier pour tabac et bétel, cylindroïdes (5).................... *Idem.*
22. Boëtes en bambou pour la feuille de bétel (10).... *Idem.*
23. Boëte en bambou garnie en étain, pour la feuille de bétel (1).......................... *Idem.*
24. Cuiller en coco dont presque tous les habitants se servent à Timor...................... *Idem.*
25. Cuillers en corne de buffle (3)................ *Idem.*
26. Boëtes à chaux pour le bétel (3).............. Timor.
27. Calebasse ronde et plate servant de vase à eau..... *Idem.*
28. Collier de grosses graines violettes qui sert d'ornement à quelques femmes.................. *Idem.*
29. Ficelle très fine faite avec les fibres des feuilles de bananier.......................... *Idem.*
30. Espèce de petite boëte fermée, triangulaire, en feuilles de latanier plissées.................. *Idem.*
31. Boëtes plates quadrangulaires en latanier......... *Idem.*
32. Sifflet chinois représentant le dieu Fô en terre vernissée (Coupang)........................ *Idem.*
33. Écritoire chinoise en marbre blanc............. *Idem.*
34. Écritoire en pierre argileuse très fine et d'un gris verdâtre.......................... *Idem.*
35. Cuiller en porcelaine brune à l'usage des Chinois de Coupang.......................... *Idem.*
36. Espèce de boëte conique en feuille de latanier..... *Idem.*
37. Touffe de cheveux graissés et papillotés avec de l'ocre rouge (naturels du canal d'Entrecasteaux. Péron)........................ } Canal d'Entrecasteaux.
38. Modèle d'un catimaron d'écorce dont se servent les naturels du canal d'Entrecasteaux.......... *Idem.*

39. Sagaie des naturels de la Terre de Van Diémen (île Maria) .... Île Maria.
40. Sabres à ricochet (8), naturels du Port Jackson (arme terrible et jusqu'à ce jour complètement inconnue) [P.] .... Port Jackson.
41. Crochet à lancer la sagaie n° 46 (5) .... *Idem.*
42. Crochet à lancer la sagaie, fait en forme de lance... *Idem.*
43. Casse-tête à pointe (6) .... *Idem.*
44. Massue dont l'extrémité très grosse et très renflée est peinte en rouge .... *Idem.*
45. Massue terminée par une grosse et forte pointe.... *Idem.*
46. Sagaies de trait (5) .... *Idem.*
47. Sagaies de main (4) .... *Idem.*
48. Hameçon presque circulaire d'un seul morceau de coquille .... *Idem.*
49.[1] Massue sculptée dans toute sa surface, garnie à son extrémité, de portions osseuses et présentant sur l'une de ses faces beaucoup de figures très grossières d'un homme armé d'un casse-tête (avec la lune et le soleil à son extrémité). } Îles des Navigateurs.
50. Massue sculptée dans toute son étendue, tronquée à son extrémité représentant un homme armé d'une massue, un second naturel pareillement armé d'une massue et d'un bouclier et, ce qui peut paraître plus singulier, une espèce d'ancre de navire assez semblable à celle des Européens et vraisemblablement imitée d'eux.................. *Idem.*
51. Massue sculptée dans toutes ses parties, mais sans figure particulière (obtusément pointue à une de ses extrémités) .... *Idem.*
52. Massue sculptée dans toutes ses parties, elle est la plus courte de toutes et la plus renflée vers la pointe.............................. *Idem.*
53. Massue sculptée sur toute sa surface, dentée sur ses bords de distance en distance, plus aplatie, plus étroite que les précédentes.... .... *Idem.*
54. Casse-tête, très gros et très renflé vers son extrémité, qui se trouve en même temps rehaussée de gros tubercules sculptés (et réunis entre eux par une

[1] Ce qui suit, de 49 à 101, forme une collection donnée par le capitaine Bass pour le muséum de la *Société des Observateurs de l'homme* (Péron).

sorte de ligature assez singulière, le manche seul est sculpté)........................	Îles des Navigateurs.
55. Espèce de rame en forme de hallebarde, d'un bois noir très dur et très pesant, taillée en forme de scie tranchante sur ses bords et qui la rend une arme très redoutable (2).................	*Idem.*
56. Espèce de petit banc courbe à quatre pieds sur lequel les habitants peuvent reposer leur tête.	Îles des Navigateurs ou des Amis.
57. Filet de pêche en forme de senne, garni d'un bois très léger sur son bord flottant, tandis que l'autre est chargé de galets ou de petites pierres dont quelques-unes sont madréporiques et la plupart volcaniques.................	Îles des Navigateurs.
58. Autre senne semblable à la précédente, mais plus grande et faite avec du fil blanc.............	*Idem.*
59. Espèce de tresse plate, d'un roux jaunâtre et qui paraît être faite avec les fibres du brou de coco....	*Idem.*
60. Lignes de pêche garnies chacune d'un hameçon dont la hampe est faite avec un morceau de coquille et le crochet avec un morceau d'écaille de tortue (5).................................	*Idem.*
61. Espèce de ceinture de cordes peinte en rouge et noir.................................	*Idem.*
62. Espèce de parasol de tête triangulaire et garni de latanier..............................	*Idem.*
63. Espèce de parasol de tête triangulaire en écaille de tortue avec deux cordons sur les côtés pour le fixer aux oreilles.......................	*Idem.*
64. Espèce de chasse-mouches................	*Idem.*
65. Statue grossière et très informe représentant une femme..............................	*Idem.*
66. Coco très volumineux entouré d'un treillage......	*Idem.*
67. Espèce de cordage quadrangulaire à petits anneaux articulés ensemble, comme nos chaînes de montre, ce qui le rend élastique..................	*Idem.*
68. Espèce de panier quadrangulaire oblong d'un tissu très serré, peint en noir................	*Idem.*
69. Espèce de double coupe en bois supportée par quatre pieds dont deux sous chaque coupe..........	*Idem.*
70. Espèce de double portefeuille en écorce, dont la poche intérieure contient les peignes du numéro suivant...............................	*Idem.*

71. Peignes élégamment travaillés, formés d'une douzaine environ de petites baguettes de bambou écartées les unes des autres par un tissu très fin, très serré, établi entre chacune d'elles à la base du peigne.[1] .... Îles des Navigateurs.

72. Espèce de poche ou de panier quadrangulaire aplati, flexible, faite avec un cordage très rude, très roide, dont le treillis est hérissé de gros nœuds, sa couleur est d'un brun très foncé .... *Idem.*

73. Natte grossière d'une couleur grise uniforme (2)... *Idem.*

74. Grande pièce d'étoffe de plusieurs aunes de longueur en trois doubles, dont l'un noir, l'autre jaune, le 3ᵉ jaune strié de noir .... Îles Sandwich.

75. Espèce de natte de la forme d'une serviette ayant les bords profondément dentés .... Îles des Navigateurs.

76. Grande natte jaune d'un tissu très fin .... *Idem.*

77. Natte d'un tissu plus grossier que la précédente, d'une couleur jaune blanchâtre .... *Idem.*

78. Rame d'une grande embarcation avec la poignée ornée d'une belle nacre verdâtre en même temps qu'elle est sculptée avec soin .... Îles des Amis.

79. Rame d'une petite embarcation avec un simple anneau de sculpture vers son milieu .... *Idem.*

80. Rame en forme de hache très large à son extrémité et très aplatie, tronquée et n'ayant qu'un seul anneau sculpté vers la poignée .... *Idem.*

81. Sagaie renflée en massue vers sa poignée sculptée, dans ses deux tiers antérieurs, atténuée vers sa pointe et armée de forts aiguillons sculptés dans le bas et alternativement opposés par leurs pointes .... *Idem.*

82. Habillement jaune à grandes fleurs pinnées rouges, la matière en est d'écorce frappée .... Île de Taïti.

83. Trois morceaux d'étoffe d'écorce blanche .... *Idem.*

84. Espèce d'habillement jaune avec des fleurs pinnées et de larges bandes anguleuses .... *Idem.*

85. Espèce d'écharpe jaune avec des dessins noirs transversalement dirigés .... *Idem.*

86. Espèce de banc sur lequel les naturels reposent leur tête comme sur un coussin. Cet échantillon n'a que 3 pieds résultant de la conformation elle-même de la branche d'arbre employée à sa construction .... *Idem.*

87. Espèce de tresse plate et noire.............. Îles des Navigateurs ou des Amis.

88. Espèce de grand vase de bois à quatre pieds, très poli dans son intérieur, peu profond et d'un bois très odorant.......................... Idem.

89. Espèce de tabouret à quatre gros pieds courts et très polis ainsy que le siège lui-même............ Idem.

90. Espèce de sagaie sans aucune sorte de sculpture que de grosses entailles à la plus grosse extrémité... Îles Sandwich.

91. Sagaie extrêmement longue sans aucune espèce de sculpture, atténuée à ses deux bouts, plus renflée vers son milieu; le bois en est très poli (elle est cassée dans son milieu).................. Idem.

92. Sagaie très longue, cylindroïde, sans aucune apparence de sculptures que 24 anneaux de barbillons épais et fort obtuse à sa pointe............. Idem.

93. Ornement en forme de hausse-col, très large et très grand, fort adroitement incrusté d'un très grand nombre de grains de cascavèle............. Île Mangea.

94. Espèce de bonnet d'un tissu d'écorce très dure, d'une couleur rousse très foncée, avec des taches noires triangulaires........................ Waitao.

95. Hameçon de pêche dont la hampe est de bois et le crochet d'un morceau d'os................. N[lle] Zélande.

95 *bis*. Hameçon de pêche dont la hampe est de bois et le crochet d'un morceau de coquillage......... Idem.

96. Hameçon de pêche de deux morceaux de coquillages réunis en angle, la nacre de la hampe est d'un beau vert irisidiant.................... Idem.

97. Hameçon de pêche très petit d'un seul morceau de coquille.............................. Idem.

98. Espèce de sabre de bois avec, sur les côtés, des dents de squale très acérées et très pointues........ Idem.

99. Espèce de tresse blanche quadrangulaire, tissue d'une espèce de poils très forts................. Idem.

100. Espèce de hache de pierre.................... Idem.

101. Paquet d'une espèce de tresse plate et rougeâtre [1]. Îles des Navigateurs.

102. Hache de pierre des naturels de Port du Roi George,

[1] Ici finit la collection de Bass.

singulièrement remarquable par la solidité de la résine qui sert à souder le manche.......... Nlle Hollande.

103. Petit panier de la jeune Kanaga, fille du Roy de Babao.................................. Timor.

104. Petit panier à eau qui m'a été donné par cette même jeune fille............................ *Idem.*

105. Deux boucliers des naturels de la Nouvelle Hollande dont un provenant de Bannelou, chef des sauvages de Sydney, lequel a été envoyé en Angleterre et présenté au Roi qui l'a comblé de ses bienfaits.............................. Nlle Hollande.

Certifié le présent inventaire par nous, naturaliste du Gouvernement, soussigné.

Paris, le 10 prairial an XII.

Péron.

Ces 105 numéros correspondant à 160 et quelques objets, sur les 206 du *tableau général*, sont donc entrés à la Malmaison. Mais nous savons par les indications isolées de Péron, qu'il y avait autre chose dans la collection qu'il rapportait. Ainsi dans une caisse n° 26 se trouvait *le squelette d'un Mozambique*, qui figure aujourd'hui au Muséum dans la galerie d'anthropologie. Un certain ballot n° 56 contenait deux sagaies, dont l'une provenait «d'un capitaine de Kraal des petits Namaquois»; Péron les avait fait placer dans la Sainte-Barbe, probablement parce qu'il les supposait empoisonnées. Enfin deux caisses nos 41 et 49 renfermaient des flacons dont on ne nous dit pas le contenu, et où devaient se trouver quelques pièces anatomiques.

L'inventaire des objets livrés à Mirbel pour la Malmaison comprend, en somme, trois catégories d'objets : ceux que Péron lui-même ou ses compagnons de voyage avaient pu recueillir; ceux que l'expédition devait à M. Lofstett, le gouverneur de Timor; ceux enfin, au nombre d'une soixantaine, que Bass avait offerts pour le musée de la *Société des Observateurs de l'homme.*

Ces derniers surtout méritent de nous arrêter un instant. Ils sont intéressants, en effet, à divers points de vue. Tout d'abord, ils ajoutent quelque chose à la biographie du donateur qui fut, comme l'on sait, un explorateur de fort grand mérite. Le dernier biographe qui se soit occupé de Georges Bass, l'auteur de l'article qu'on peut lire p. 371, t. III du *Dictionary of National Biography*, ne sait plus rien de l'histoire de son héros après la découverte du détroit qui porte son nom et son infructueuse tentative pour franchir les *Blue Ranges*, et il assure qu'il a quitté l'Australie pour l'Angleterre[1] en 1799. Or Péron a connu Bass *personnellement* à Port Jackson trois ans plus tard et rapporte même une conversation qu'il a eue dans cette colonie avec l'héroïque explorateur[2].

Cette conversation ne fut sûrement pas la seule. Ce n'est pas en une séance que Péron put expliquer à son interlocuteur ce qu'était la *Société des Observateurs de l'homme* et le décider à offrir à cette compagnie une collection précieuse comme celle dont on a lu un peu plus haut le rapide inventaire.

On s'explique d'ailleurs sans difficulté l'accumulation des objets en question entre les mains de Bass. Le chirurgien de la *Reliance* avait des moyens d'action particulièrement efficaces sur les gens de mer qu'il soignait à Port Jackson. Or on armait dès lors dans cette localité des *vaisseaux pourvoyeurs*, comme les appelle Péron, « expédiés vers les îles des Navigateurs, des Amis et de la Société pour en rapporter de précieuses salaisons[3] », et Georges Bass pouvait ainsi se procurer fort aisément les armes et les engins du Pacifique qu'il offrait à la *Société des Observateurs de l'homme*, et que Péron — trouvant à son retour cette compagnie disparue — réunissait aux autres collections de même genre qu'il avait pu faire, pour les présenter à la femme du premier Consul.

J'avais un instant espéré que quelques-unes des plus notables d'entre les pièces de la collection déposée à la Malmaison, les belles massues sculptées des Samoa, par exemple, pourraient se retrouver dans la collection Bertin, achetée presque tout entière à la vente de cet amateur pour le Trocadéro par le prince Roland Bonaparte, et qui contient un certain nombre d'objets polynésiens fort analogues à ceux de Bass. Un examen attentif de chacune des pièces de cette provenance a montré qu'aucune des descriptions de Péron, dépourvues d'ailleurs des renseignements numériques indispen-

[1] La *Reliance*, dont Bass a été chirurgien, est en effet rentrée à Londres en 1800.

[2] *Voyage de découvertes aux Terres Australes*. T. I, p. 394. Paris 1807, in-4°.

[3] *Ibid*. T. I, p. 375.

sables pour une identification définitive, ne convenait aux originaux de Bertin.

Peut-être le catalogue, dont on vient de lire le détail, permettra-t-il, si insuffisant soit-il, de retrouver quelque jour, égarés dans une collection française ou étrangère, l'un ou l'autre des précieux nos 49 et suivants qui, après avoir figuré dans quelque panoplie du château de Joséphine, ont été vendus à l'encan, après la mort du prince Eugène, en même temps que tout le mobilier de l'impératrice. Il n'existe malheureusement pas de catalogue de cette vente, qui a eu lieu en juin 1829[1].

[1] Cf. Frédéric Masson, *Joséphine répudiée*. Paris 1901, in-8°, p. 389.

OBSERVATIONS GLACIAIRES

DANS LE MASSIF DU PELVOUX

RECUEILLIES EN AOÛT 1903 PAR MM. FLUSIN, JACOB ET OFFNER,

PRÉPARATEURS À L'UNIVERSITÉ DE GRENOBLE,

RAPPORT ADRESSÉ À LA COMMISSION FRANÇAISE DES GLACIERS

RÉDIGÉ PAR M. CHARLES JACOB.

INTRODUCTION.

Les glaciers du Haut-Dauphiné n'ont fait, en 1902, l'objet d'aucune étude spéciale, mais ils ont été visités à nouveau en août 1903, pour le compte de la Commission Française des Glaciers, par MM. G. Flusin, Ch. Jacob et J. Offner, préparateurs à la Faculté des Sciences de Grenoble.

Comme par le passé, une partie importante des sommes recueillies pour les excursions fut généreusement souscrite par la Société des Touristes du Dauphiné, qui a toujours apporté son appui matériel aux études concernant nos belles montagnes. Le Club Alpin Français et l'Association Française pour l'Avancement des Sciences ont également contribué à couvrir les dépenses engagées. Enfin le prince Roland Bonaparte, président de la Commission Française des Glaciers, a bien voulu faire l'appoint de la somme nécessaire pour exécuter la campagne projetée, et encourager ainsi ses successeurs dans une voie ouverte par ses beaux travaux.

M. le professeur W. Kilian, qui a observé personnellement à plusieurs reprises les glaciers dauphinois et centralise depuis une quinzaine d'années les observations dont ils ont été l'objet, a suivi avec intérêt l'organisation de la campagne de 1903 et nous a donné de précieux conseils généraux. Au cours de la rédaction de ce rapport, nous avons demandé de nombreux renseignements à M. H. Duhamel, qui a mis très largement à notre disposition les documents photographiques qu'il possède sur le massif du Pelvoux. Nous devons aussi à M. Rivière la communication de quelques clichés.

Qu'il nous soit permis d'adresser ici l'expression de notre reconnaissance à toutes les initiatives qui nous ont permis ou facilité notre tâche. Les études glaciaires sont coûteuses et, pour être intéressantes, doivent autant que possible comprendre une partie rétrospective; la collaboration des sociétés qu'intéressent nos glaciers et des personnes documentées à leur sujet est donc nécessaire. A ce double point de vue, il nous faut reconnaître qu'aucune bienveillance ne nous a fait défaut et nous tenons à associer à ce modeste travail tous ceux qui nous ont prêté leur généreux concours.

En vue d'apporter une contribution et des arguments dans la polémique qui s'est élevée récemment au sujet de la disparition à brève échéance de certains glaciers dauphinois, si le mouvement de recul des dernières années continuait à s'accentuer [1], il était désirable d'étudier la partie Sud-Ouest du massif du Pelvoux, la plus mal protégée en cas de retrait. Des courses entreprises dans cette région devaient en outre offrir l'avantage de faire mieux connaître des glaciers jusqu'ici fort peu parcourus. C'est ainsi que nous avons été amenés à diriger nos excursions sur les deux versants de la chaîne qui s'étend de la Roche de la Muzelle au massif des Bans et des Aupillous [2].

L'itinéraire suivi a été combiné par M. G. Flusin. Du 20 au 28 août, nous avons traversé successivement le Glacier de la Mariande, le Col de la Mariande et le Glacier du Grand-Vallon; le Glacier du Petit-Vallon, le Col des Aiguilles et le Glacier d'Entrepierroux; le Glacier de la Muande, le Col de la Muande; le Col du Chardon et le Glacier du Chardon; le Col du Says et le Glacier de

[1] Voir W. Kilian, G. Flusin et J. Offner : *Nouvelles observations sur les glaciers du Haut-Dauphiné et de l'Ubaye,* Grenoble 1902. Extrait de l'Annuaire de la Société des Touristes du Dauphiné. — Forel, Lugeon et Muret : *Les variations périodiques des glaciers des Alpes, 23e rapport.* Berne 1903 et la réponse de M. Kilian à ce dernier rapport in Bull. Soc. géol. de Fr., 4e série, t. III, p. 446 : *Sur l'avenir des glaciers dauphinois.*

[2] Consulter, pour tous les détails topographiques dont il sera parlé dans le rapport, la carte de l'Etat-Major au 1/80,000e, Feuille Briançon, ou mieux la carte du Massif du Pelvoux au 1/100,000e de M. H. Duhamel, Grenoble 1892.

la Pilatte. Au retour nous avons étudié les Glaciers des Étançons et nous avons gagné la Grave par la Brèche de la Meije[1].

Des repères, aussi nombreux que possible, ont été placés sur le front des glaciers observés, et nous avons adopté pour nos marques, tracées en couleur rouge, la disposition suivante :

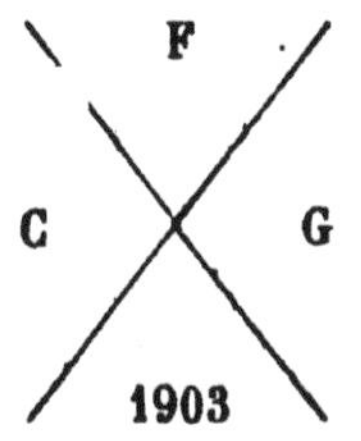

De nombreuses photographies ont été prises, qui serviront de documents pour l'avenir, et nous avons innové cette année la pratique du repérage sur le terrain des points d'où les principaux clichés ont été tirés. Le signe,

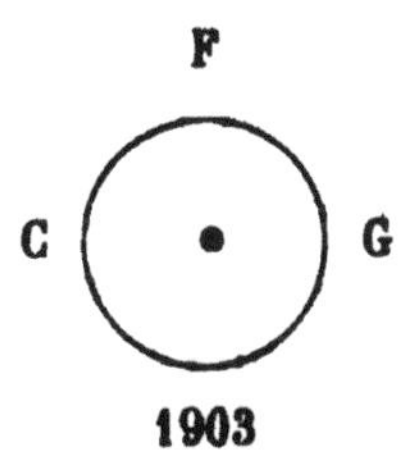

peint également en couleur rouge, nous a servi à marquer les points photographiques.

Dans la rédaction de ce rapport, nous ne suivrons pas l'ordre indiqué par l'itinéraire[2]. Il nous a semblé plus commode de répartir les glaciers étudiés en plusieurs groupes naturels correspondant, dans notre exposé, à autant de chapitres spéciaux, quitte

[1] Nous étions accompagnés des guides Jean-Baptiste et Hippolyte Rodier, de la Bérarde, de Georges-Célestin Bernard, de la Chapelle-en-Valjouffrey, et des porteurs Pierre Richard et J.-B. Rodier fils, de la Bérarde. Nous n'avons eu qu'à nous louer de leurs services intelligents et très dévoués.

[2] M. J. Offner s'est chargé d'indiquer dans un article spécial, les particularités intéressantes de nos courses, au point de vue du touriste. Notre collègue a en outre publié les observations botaniques qu'il a pu faire durant nos excursions communes, dans une notice déjà parue dans les *Annales de l'Université de Grenoble*, t. XVI, mars 1904.

à justifier après coup la division adoptée. Nous étudierons ainsi successivement les glaciers tributaires du ruisseau de la Mariande et de la rive gauche du torrent de la Lavey, auxquels nous joindrons le glacier des Etançons; les glaciers du Valjouffrey et du Haut-Valgaudemar, et enfin les grands glaciers du Chardon et de la Pilatte.

Une petite notice consacrée à chaque glacier comprendra à la fois nos observations personnelles et les indications antérieures que nous avons pu trouver.

Cette étude détaillée sera suivie d'un chapitre général exposant les principales conclusions qui semblent se dégager de notre étude.

CHAPITRE I.

GLACIERS DE LA MARIANDE, DE LA RIVE GAUCHE DU TORRENT DE LA MUANDE, ET GLACIERS DES ÉTANÇONS.

GLACIERS DE LA MARIANDE.

Le cirque de la Mariande est, dans son ensemble, orienté vers le Nord; il est limité par une arête qui s'étend en formant un demi-cercle, de l'Aiguille du Canard (3,270 mètres) au pic signalé, portant la cote 2,263 mètres sur la carte de l'État-Major; mais il s'en faut que tout l'hémicycle ainsi défini soit occupé par un glacier continu, comme l'indiquent la carte de l'État-Major et la carte Duhamel. Seule la région Est du cirque voit encore subsister aujourd'hui d'importantes masses de glace, tandis qu'à l'Ouest, au-dessous de la Pointe de la Mariande et du Col de la Haute-Pisse, la roche nue affleure en maints endroits, séparant ainsi des plaques de petites masses résiduelles de glace qui garnissent les concavités de la pente du terrain. Étudions successivement avec quelque détail les deux moitiés du cirque, et tout d'abord l'appareil glaciaire de la partie Est, auquel nous donnerons le nom de Glacier des Arias, réservant le nom de Glacier de la Mariande proprement dit aux pentes de glace qui subsistent à l'Ouest[1].

Un névé très incliné descend sur le versant Nord de l'Aiguille des

[1] Consulter, pour ce qui précède et pour les détails qui vont suivre, la figure 1, dessinée par M. Cépède, étudiant à la Faculté des Sciences de Grenoble, d'après une vue panoramique de M. Oddoux, prise de l'Aiguille du Plat.

Arias; il est séparé par une rimaye très nette du glacier proprement dit. Celui-ci est accidenté, sur son parcours, de sérACs importants; il épouse la direction N. O.-S. E. de l'arête qui joint l'Aiguille du Canard à l'Aiguille des Arias; et, après s'être augmenté des neiges qui proviennent d'un petit bassin de réception situé à l'Ouest de l'Aiguille des Arias, vient étaler son extrémité inférieure au-dessus d'une barre rocheuse qui forme un seuil grossièrement concentrique au cirque et que l'on peut suivre d'un versant à l'autre de la vallée de la Mariande. Une série de langues de glace s'avancent plus ou

Fig. 1. — Ensemble des glaciers de la Mariande, vis-à-vis de l'Aiguille du Plat.

moins sur la barre rocheuse, mais en occupant plutôt la partie supérieure; le glacier est donc en retrait ou tout au plus stationnaire, car à cet endroit la moindre avancée se traduirait par une accumulation de blocs au-dessous du barrage. Cette dernière observation devra être reproduite plusieurs fois, au cours de ce rapport, pour d'autres glaciers qui, à ce point de vue, offrent le même type que le Glacier des Arias. Plus bas, vers l'aval, la vallée est occupée par des matériaux morainiques remaniés par le torrent du Glacier des Arias, auquel viennent se joindre les émissaires du Glacier de la Mariande proprement dit et les eaux provenant des deux pentes de la vallée. On suit ces matériaux de transport jusqu'au gradin franchi en cascade par le torrent de la Mariande, lorsqu'il arrive dans le vallon du Vénéon.

Le Glacier de la Mariande proprement dit est beaucoup moins continu que le précédent. Si l'on remonte sur le versant gauche de la vallée pour se diriger vers la région Sud-Ouest du cirque, on rencontre tout d'abord le prolongement du seuil sur lequel se termine le Glacier des Arias. Plus haut se trouvent des délaissés morainiques importants qui témoignent d'un ancien stationnement à cette place de la partie inférieure du Glacier de la Mariande. Aujourd'hui les matériaux ainsi accumulés forment un barrage auquel un petit lac doit son existence. La glace la plus inférieure que l'on rencontre actuellement dans ces parages aboutit précisément à ce petit lac; elle est séparée de celle du Glacier des Arias par un léger relief rocheux qui est couvert totalement de délaissés morainiques et qui a son origine au voisinage du Col de la Mariande. Une autre saillie rocheuse, transversale, perpendiculaire à la précédente, scinde le

Fig. 4. — Glacier de la Mariande proprement dit.

Glacier de la Mariande en deux portions de dimensions très inégales, étagées l'une au-dessus de l'autre; le glacier inférieur vient plonger dans le petit lac mentionné plus haut, tandis que la masse supérieure provient de la réunion de deux névés descendant, l'un de la dépression située à l'Est de la Pointe de la Mariande, l'autre du Col de la Haute-Pisse.

En résumé, le Glacier de la Mariande proprement dit, d'orientation N. E., est beaucoup moins important que celui des Arias exposé vers le N. O.; tandis que dans le second subsistent encore des séracs et qu'il y a continuité le long du glacier depuis le névé jusqu'à la partie inférieure qui s'avance jusqu'au premier seuil barrant la vallée de la Mariande, dans le premier, au contraire, plusieurs échelons rocheux se montrent complètement découverts de glace sous forme de roches moutonnées. La région du Glacier de la Mariande proprement dit tend à offrir aujourd'hui l'image de ce que doit être le sous-sol de celui des Arias, et le glacier lui-même y est scindé longitudinalement en deux masses résiduelles dont l'importance décroît de haut en bas.

Histoire des glaciers de la Mariande. — D'après une photographie prise par M. Duhamel le 17 juillet 1881, on voit, si l'on fait abstraction de la neige destinée à disparaître dans l'année, que le seuil inférieur du Glacier des Arias se montrait moins découvert qu'à l'époque actuelle; il en était de même des barres rocheuses qui fractionnent aujourd'hui le Glacier de la Mariande proprement dit. En 1883, au contraire, le bas du cirque des Arias était, d'après M. Duhamel, plus découvert qu'aujourd'hui. En 1890, le prince Roland Bonaparte[1] signale, d'après les guides Roderon et Gaspard père, que le glacier de la Mariande (s. l.) avance rapidement depuis un an et que son extrémité inférieure vient se briser sur une crête rocheuse au pied de laquelle les blocs de glace se ressoudent; en deux endroits le glacier ainsi reconstitué forme des cônes qui bientôt atteindront le glacier supérieur. De 1890 à 1891[2], le glacier a fait un mouvement en avant d'au moins 15 à 20 mètres, et vers cette époque, d'après Bouillet, le glacier, qui reculait depuis vingt ans, a vu son mouvement se ralentir considérablement. En 1893, MM. Kilian et Flusin[3] reproduisent une indication du guide P. Gaillard qui porte que dans la descente du Col de la Haute-Pisse sur la Mariande, de grandes pentes de neige exposées à l'Est sont fondues; dans le bas, il n'y a plus que du verglas et de grandes moraines.

(1). Roland Bonaparte : *Variations périodiques des glaciers français.* — Extrait de l'Annuaire du Club Alpin Français. Paris 1891, p. 17.

(2) *Ibid*, 1892, p. 24.

(3) Kilian et Flusin : *Observations sur les Variations des Glaciers et l'Enneigement dans les Alpes Dauphinoises.* Grenoble, Allier, 1900.

En somme, de 1870 à 1889 environ, les glaciers du cirque de la Mariande étaient en régression; tandis que vers 1890-1891 se produit une avancée très sensible; on voit ensuite les glaciers entrer dans une phase de retrait qui affecte surtout le Glacier de la Mariande proprement dit et contribue à dégarnir presque complètement de vrais glaciers la portion Ouest du cirque total.

GLACIER D'ENTREPIERROUX.

Il ne subsiste plus aujourd'hui de glace que dans la portion orientale du cirque d'Entrepierroux limitée par l'arête qui s'étend de l'Aiguille Rousse à l'Aiguille d'Olan, et par le contrefort septentrional de cette dernière; tandis qu'à l'Ouest on observe simplement des névés successifs occupant les cuvettes des versants et rendant très facile, du côté Nord, l'accès du Col des Aiguilles. Bornons-nous donc à étudier rapidement l'appareil glaciaire que l'on trouve sous l'Aiguille d'Olan.

Un premier petit glacier indépendant descend du Sud vers le Nord, entre l'Aiguille Rousse et la Pointe Maximin; mais la masse principale occupe les pentes de l'Aiguille d'Olan. Elle provient de la réunion de deux glaciers élémentaires principaux, et sauf une petite portion qui s'isole vers le Nord, elle aboutit, après un trajet horizontal, à un grand sérac terminal qui recouvre incomplètement un large seuil moutonné limitant, sur son versant gauche, la vallée de la Lavey. Le front du glacier est irrégulier; la partie de la rive gauche est plus avancée et forme une langue qui franchit complètement le barrage terminal et vient, en aval, rejoindre les alluvions remaniées par les torrents provenant du Glacier d'Entrepierroux.

Des repères ont été placés autour de cette langue terminale, à droite sur la roche polie à 8 mètres du front du glacier, en avant sur un bloc à 19 mètres et enfin sur la roche polie du versant gauche à 2 mètres du bord de la glace.

Ajoutons que nous avons pu observer une très belle moraine latérale bien conservée qui part vers l'aval de l'extrémité gauche du seuil d'Entrepierroux et qui rappelle un stade antérieur où le glacier franchissait le gradin qui le limite aujourd'hui pour s'engager dans la vallée de la Lavey.

Histoire. — Les seules données antérieures sont fournies par le prince Roland Bonaparte[1] qui signale, d'après le guide Roderon, que le glacier avançait, comme ceux de la Mariande, de 1890 à 1891.

GLACIER DES SELLETTES.

Le Glacier des Sellettes n'a pas été visité, mais autant qu'on en peut juger à distance et d'après les photographies examinées, il semble qu'il y a lieu de faire ici les mêmes observations que pour les Glaciers de la Mariande et d'Entrepierroux. La région occidentale du cirque que l'on descend en venant de la Brèche d'Olan offre à l'heure actuelle peu de glace véritable, et l'appareil glaciaire est cantonné à l'Ouest de l'arête qui descend de la Cime du Vallon. Le glacier s'arrête, comme celui d'Entrepierroux, au-dessus du seuil qui limite, sur la rive gauche, la vallée du torrent de la Lavey. Le front présente trois langues logées dans des anfractuosités du rocher.

Histoire. — En 1884[2] le front du glacier se présentait sous forme d'une seule langue terminale et descendait un peu plus bas qu'aujourd'hui.

En 1890 et 1891[3] le prince Roland Bonaparte indique que d'après le guide Roderon le glacier avançait, et que la crue avait été de 70 à 80 mètres pendant les dix dernières années.

Nous trouvons une nouvelle mention du glacier des Sellettes dans l'ouvrage déjà cité de MM. Kilian et Flusin[4]. D'après le guide P. Gaillard, il existait, en août 1903, une pente assez droite du Col des Sellettes au Bergschrund qui avait une profondeur de 12 mètres; deux autres crevasses mesurant 15 mètres, exposées au Nord de l'Olan. On voyait aussi à l'Ouest quelques petites cascades et des rochers qui n'existaient pas autrefois, une grande partie à plat.

Une photographie tirée par M. Flusin en 1898, depuis les pentes situées au-dessus du Glacier de la Lavey, montre, par comparaison avec l'une des nôtres, prise du même point, que le front du glacier a légèrement reculé de 1898 à 1903.

En résumé le Glacier des Sellettes a participé à la crue de 1890

[1] *Loc. cit.*, 1891, p. 17, et 1892, p. 24.
[2] D'après une photographie de M. Duhamel.
[3] *Loc. cit.*, 1891, p. 16, 1892, p. 23.
[4] Observations sur les variations, etc., p. 78.

à justifier après coup la division adoptée. Nous étudierons ainsi successivement les glaciers tributaires du ruisseau de la Mariande et de la rive gauche du torrent de la Lavey, auxquels nous joindrons le glacier des Etançons; les glaciers du Valjouffrey et du Haut-Valgaudemar, et enfin les grands glaciers du Chardon et de la Pilatte.

Une petite notice consacrée à chaque glacier comprendra à la fois nos observations personnelles et les indications antérieures que nous avons pu trouver.

Cette étude détaillée sera suivie d'un chapitre général exposant les principales conclusions qui semblent se dégager de notre étude.

CHAPITRE I.

GLACIERS DE LA MARIANDE, DE LA RIVE GAUCHE DU TORRENT DE LA MUANDE, ET GLACIERS DES ÉTANÇONS.

GLACIERS DE LA MARIANDE.

Le cirque de la Mariande est, dans son ensemble, orienté vers le Nord; il est limité par une arête qui s'étend en formant un demi-cercle, de l'Aiguille du Canard (3,270 mètres) au pic signalé, portant la cote 2,263 mètres sur la carte de l'État-Major; mais il s'en faut que tout l'hémicycle ainsi défini soit occupé par un glacier continu, comme l'indiquent la carte de l'État-Major et la carte Duhamel. Seule la région Est du cirque voit encore subsister aujourd'hui d'importantes masses de glace, tandis qu'à l'Ouest, au-dessous de la Pointe de la Mariande et du Col de la Haute-Pisse, la roche nue affleure en maints endroits, séparant ainsi des plaques de petites masses résiduelles de glace qui garnissent les concavités de la pente du terrain. Étudions successivement avec quelque détail les deux moitiés du cirque, et tout d'abord l'appareil glaciaire de la partie Est, auquel nous donnerons le nom de Glacier des Arias, réservant le nom de Glacier de la Mariande proprement dit aux pentes de glace qui subsistent à l'Ouest [1].

Un névé très incliné descend sur le versant Nord de l'Aiguille des

[1] Consulter, pour ce qui précède et pour les détails qui vont suivre, la figure 1, dessinée par M. Cepède, étudiant à la Faculté des Sciences de Grenoble, d'après une vue panoramique de M. Oddoux, prise de l'Aiguille du Plat.

Arias; il est séparé par une rimaye très nette du glacier proprement dit. Celui-ci est accidenté, sur son parcours, de séracs importants; il épouse la direction N. O.-S. E. de l'arête qui joint l'Aiguille du Canard à l'Aiguille des Arias; et, après s'être augmenté des neiges qui proviennent d'un petit bassin de réception situé à l'Ouest de l'Aiguille des Arias, vient étaler son extrémité inférieure au-dessus d'une barre rocheuse qui forme un seuil grossièrement concentrique au cirque et que l'on peut suivre d'un versant à l'autre de la vallée de la Mariande. Une série de langues de glace s'avancent plus ou

Fig. 1. — Ensemble des glaciers de la Mariande, vis-à-vis de l'Aiguille du Plat.

moins sur la barre rocheuse, mais en occupant plutôt la partie supérieure; le glacier est donc en retrait ou tout au plus stationnaire, car à cet endroit la moindre avancée se traduirait par une accumulation de blocs au-dessous du barrage. Cette dernière observation devra être reproduite plusieurs fois, au cours de ce rapport, pour d'autres glaciers qui, à ce point de vue, offrent le même type que le Glacier des Arias. Plus bas, vers l'aval, la vallée est occupée par des matériaux morainiques remaniés par le torrent du Glacier des Arias, auquel viennent se joindre les émissaires du Glacier de la Mariande proprement dit et les eaux provenant des deux pentes réuni à celui du Fond. Le retrait a donc été très important depuis le milieu du siècle dernier. En 1890 et 1891, d'après le guide Roderon, les deux glaciers reculaient, surtout celui de la Lavey.

GLACIERS DES ÉTANÇONS ET DU PAVÉ.

Les glaciers qui meublent le fond de la vallée des Étançons sont très souvent parcourus par les touristes; ils n'ont pas été cependant jusqu'ici l'objet d'observations aussi précises que les autres grands glaciers du massif souvent visités. En nous aidant des photographies et des renseignements si obligeamment communiqués par M. H. Duhamel et des notes consignées dans les publications glaciologiques depuis 1890, nous avons pu néanmoins reconstituer l'histoire sommaire des variations de ces glaciers durant les trente dernières années et les combiner avec nos observations personnelles.

Il convient de rappeler au début de cet exposé que le cirque des Étançons est divisé, par le Promontoire de la Meije, en deux parties, l'une située sous le massif de Rateau et la Brèche de la Meije, et occupée par un premier glacier auquel nous réserverons le nom de Glacier des Étançons proprement dit; l'autre formée par les pentes et les abrupts des Meijes et du Pavé, et qui contient le Glacier du Pavé.

En 1875, d'après une photographie de M. Duhamel, les deux glaciers s'étaient complètement séparés et reculés dans leurs cirques respectifs; du côté des Étançons la glace s'arrêtait au-dessous de l'emplacement actuel du refuge du Promontoire. En 1884 [1] les glaciers s'étendent beaucoup plus bas; une bande de glace sépare le Promontoire des terrains découverts situés en aval; en 1886, les deux glaciers sont plus avancés qu'en 1884.

Une photographie Sella du 1er août 1888 nous montre la continuation de ce mouvement; le Glacier des Étançons arrive au sommet du seuil rocheux qui culmine au-dessus de formations morainiques; le Glacier du Pavé recouvre complètement les roches moutonnées qui le limitent inférieurement.

En 1890, d'après les renseignements recueillis par le prince Roland Bonaparte [2], «la brancheEst (Glacier du Pavé) qui, il y a

[1] Toujours d'après M. Duhamel.

[2] Roland Bonaparte, *loc. cit.*, 1891, p. 9.

5 ou 6 ans, se terminait au-dessus d'une barre de rochers, s'est mise à avancer, recouvre ces rochers et avance depuis 3 ans d'une manière très rapide (Roderon, 21 septembre 1890). La branche Ouest avance depuis 2 ou 3 ans. Le front est actuellement au-dessus d'un à-pic de rochers. De nombreuses avalanches sont formées par les séracs qui s'écroulent à cet endroit; ces débris se ressoudent pour former en contrebas un nouveau petit glacier qui augmente d'épaisseur et ne tardera pas à rejoindre le glacier supérieur (Roderon et Gaspard père, 21 septembre 1890). » En 1891 [1], le mouvement d'accroissement continue, le Glacier du Pavé « a avancé d'au moins 6 mètres du 27 septembre 1890 au 9 septembre 1891 »; le Glacier des Étançons « avance toujours et le petit glacier ressoudé dont nous avons parlé l'année dernière augmente doucement d'épaisseur (Roderon, 31 janvier 1892) ». En 1892 [2] le guide Ch. Turc signale un gonflement notable des deux glaciers. Nous n'avons ensuite aucun renseignement bibliographique jusqu'en 1901. M. Offner [3] signale que « d'après le guide J.-B. Rodier, le Glacier des Étançons a reculé d'environ 400 mètres depuis 4 ou 5 ans; il est devenu très mince au-dessous de sa partie moyenne et surtout vers le front du glacier. Le Glacier du Pavé aurait, au contraire, une tendance à avancer. »

En août 1903, le guide J.-B. Rodier a constaté avec nous que les deux glaciers reculaient toujours, surtout le Glacier des Étançons, il en résulte actuellement une grande facilité d'accès vers la glace, à l'Ouest du Promontoire, ce qui n'était pas, paraît-il, il y a une dizaine d'années.

En résumé, d'après ce qui précède, on peut indiquer qu'en 1875 le recul était considérable; les deux glaciers étaient complètement individualisés. Depuis cette époque, la glace a gagné, jusque vers 1895, et le Promontoire est alors entouré à nouveau. Ensuite vient une phase de décrue qui se poursuit de nos jours mais qui n'a pas encore atteint le recul de 1875, une mince bande de glace subsiste en avant du promontoire. Le retrait est pendant cette

(1) Roland Bonaparte, loc. cit., 18e vol., 1891, p. 16.

(2) W. Kilian et G. Flusin : *Observations sur les Variations des Glaciers dauphinois, etc.*, Grenoble 1900, p. 26.

(3) W. Kilian, G. Flusin et J. Offner : *Nouvelles Observations sur les Glaciers du Dauphiné.* Grenoble 1901 (Extrait de l'Ann. de la Société des Touristes du Dauphiné, p. 27).

dernière période, plus accentué pour le Glacier des Étançons que pour le Pavé.

De nos jours le front des deux glaciers peut être décrit ainsi. Dans le cirque du Pavé, la glace est limitée par un angle aigu convexe vers l'avant; sur le côté gauche de l'extrême partie terminale, des roches moutonnées sont découvertes tandis qu'à droite la glace touche les formations morainiques. Si de là on rejoint le Promontoire, on voit, à une altitude plus élevée d'importantes surfaces polies surgir sous le glacier; on peut les suivre en avant de la petite bande conservée devant le promontoire, et constater sur le front du Glacier des Étançons l'existence de gradins découverts sur lesquels le retrait s'exerce très rapidement aujourd'hui. Vers l'Ouest on voit même une barre rocheuse plus élevée isoler une langue transversale vers l'aval et limiter définitivement, du côté du Rateau, le Glacier des Étançons.

Des repères on été placés sur les roches polies, respectivement à 12 m. 50 à gauche, à 14 mètres à droite en avant de la langue terminale du glacier du Pavé, et à 1 mètre de la partie droite du Glacier des Étançons[1].

CHAPITRE II.

GLACIERS DU VALJOUFFREY ET DU HAUT-VALGAUDEMAR.

GRAND-VALLON.

Au pied de l'arête qui s'étend de l'Aiguille de la Mariande à l'Aiguille des Arias, le Glacier du Grand-Vallon est réduit à très peu de chose et se trouve aujourd'hui scindé en deux parties, par

[1] Indépendamment des traces glaciaires très fraîches dont il a été question plus haut, nous avons constaté l'existence d'une très belle moraine frontale arquée sur laquelle est situé le refuge du Chatelleret; elle se raccorde latéralement avec des éboulis et barre superbement la vallée des Étançons. Plus en amont, une moraine médiane, très connue des touristes, puisqu'elle donne accès au Promontoire, sépare le bassin des Étançons proprement dit des régions tributaires du Pavé. On trouve, en contre-bas de cette moraine médiane, du côté du Pavé, une petite moraine latérale; il n'existe rien de semblable du côté des Étançons; ce dernier fait intéressant montre que le Glacier du Pavé a dû subir une avancée ou une phase de décrue plus accentuée que le Glacier des Étançons.

le relief, marqué sur les cartes, qui sépare le Grand-Vallon proprement dit d'une combe située plus à l'Ouest, sous la Pointe de la Mariande. Cette dernière est occupée simplement par un petit névé, tandis qu'une bande de vraie glace de 400 ou 500 mètres de longueur sur 300 de large peut s'observer au bas de l'abrupt qui aboutit à l'arête dans le Grand-Vallon proprement dit. Le front de ce petit glacier est marqué par d'importantes formations morainiques, et si l'on descend vers la vallée de la Bonne, on rencontre de nombreuses traces glaciaires, des gradins successifs arrondis et polis, recouverts par endroits de matériaux morainiques. En plusieurs points, on trouve de petits amphithéâtres très nets, notamment à mi-hauteur entre l'arête et la cabane du Vallon, en travers de la petite vallée qui a son origine vers la Pointe de la Mariande. Les traces de végétation ne commencent à apparaître que plus bas, et le retrait doit être de date récente pour le Glacier du Grand-Vallon, qui est d'ailleurs le plus important du Valjouffrey.

Histoire. — Les faits précédents concordent avec les indications que l'on trouve dans l'ouvrage de MM. W. Kilian et G. Flusin[1]. En 1892, le guide Fr. Bernard signale que ce glacier a reculé d'environ 300 mètres et que son niveau a baissé de 100 mètres depuis quarante ans; à cette époque le glacier comprenait deux parties, l'une en pente douce, l'autre horizontale. En 1899, le guide G. Bernard attribuait à ce glacier 600 mètres de long, 400 mètres de large et 60 mètres d'épaisseur moyenne; deux grandes crevasses larges d'environ 20 centimètres le coupent d'un côté à l'autre; «le plateau supérieur est relié à la base du glacier, qui s'étale en pente assez douce, par une chute crevassée dans laquelle s'ouvrent vers la droite deux grottes de glace. Pendant 1899, la diminution estivale a été de 8 mètres sur la rive gauche et de 10 mètres sur la rive droite».

Si l'on se reporte à la description de l'état actuel, donnée plus haut, on peut voir que le recul a continué et que le glacier a considérablement décru; il n'y a plus aujourd'hui de traces des grandes crevasses profondes et des deux grottes dont parle la description de 1899.

[1] W. Kilian et G. Flusin : *Observations sur les variations*, etc., p. 36 et p. 111.

PETIT-VALLON.

Là, comme dans le cirque précédent, la glace n'occupe que les parties les plus élevées; on observe sous l'Aiguille des Arias et au N. O. d'un contrefort de l'Aiguille d'Entrepierroux, un petit glacier à cheval sur un seuil rocheux dont l'extrémité inférieure se trouve parfaitement repérée par la figure 2 de la planche III. Dans le S. E. de la région du Petit-Vallon, deux névés sont plaqués au bas des arêtes, l'un en dessous du col des Aiguilles, l'autre sous l'Aiguille Rousse et le relief qui en dépend vers le S. O. Le cirque du Petit-Vallon est donc en somme actuellement plus dépourvu de glace que le précédent, mais il offre, comme celui-ci, en descendant vers la vallée de Valjouffrey, de nombreuses traces glaciaires encore très fraîches, donnant à toute cette région l'aspect caractéristique de versants récemment abandonnés par la glace.

Histoire. — D'après G. Bernard [1], ce glacier, situé au S. O. de l'Aiguille des Arias, avait, en 1899, 400 mètres de longueur sur 150 mètres de largeur et 40 mètres d'épaisseur. Il descendait autrefois à 150 mètres plus bas; sa partie moyenne est coupée de petites crevasses. En 1899, il a reculé de 10 mètres vers la rive droite et de 6 mètres vers la rive gauche.

GLACIER DU LAUZON.

Ce petit glacier récolte la neige tombée sur les parois très inclinées d'une cuvette située en dessous du Col de la Muande. La glace, rayée de petites crevasses en arc de cercle et salie par des éboulis nombreux qui proviennent des pentes d'alentour, occupe une petite surface d'environ 100 mètres de longueur parallèlement à l'arête, sur 50 mètres de largeur. En aval on trouve une série de moraines emboîtées, formées de bourrelets concentriques qui indiquent de petits retraits successifs. La plus avancée de ces moraines élémentaires présente extérieurement la forme d'une surface conique régulière qui est due en partie à l'éboulement des matériaux, et que l'on peut suivre jusqu'à 150 ou 200 mètres plus bas

[1] W. Kilian et G. Flusin, *loc. cit.*, p. 112.

en altitude. Au delà, on ne trouve plus de formations glaciaires récentes; donc, à part les légers reculs successifs que nous venons de signaler, on peut affirmer que le Glacier du Lauzon a depuis très longtemps une extension très restreinte. Néanmoins il recule, et en 1892 le guide Ph. Vincent [1] signale que durant les dix années précédentes ce glacier avait reculé d'au moins une cinquante de mètres.

GLACIER DU GIOBERNEY.

Ce glacier (fig. 4) est la répétition, au-dessous du Col du Chardon, de la disposition réalisée par le Glacier du Lauzon en contre-bas du Col de la Muande. C'est plutôt un névé qu'un glacier, de

Fig. 4. — Glacier témoin du Gioberney et Col du Chardon.

forme elliptique, entouré vers l'aval d'une moraine arquée qui donne naissance à des éboulis très raides. Comme le précédent il doit avoir depuis longtemps une extension bornée, mais il entre dans la dernière phase de son existence.

En 1892 le guide Ph. Vincent [2] indiquait qu'en dix ans il avait reculé d'au moins 100 mètres (?) sans diminuer d'épaisseur. Depuis, il est manifeste qu'il s'est beaucoup aminci, car d'une part

(1) Roland Bonaparte, *loc., cit.* 1892, p. 23.

(2) Roland Bonaparte, *loc. cit.*, 1892, p. 23, où le titre porte en synonymie : Glacier du Gioberney, de Condamine ou du Says; ce dernier nom doit être réservé à un petit glacier connexe du Glacier de la Pilatte, dont il sera question plus loin.

il est très en contre-bas de sa moraine, et d'autre part le guide J.-B. Rodier nous a signalé qu'il y a une dizaine d'années, le couloir du col du Chardon était occupé par un névé réuni au Gioberney, ce qui n'a plus lieu aujourd'hui; après s'être raccourci sans diminuer d'épaisseur, le Glacier du Gioberney se creuse et s'éteint; on a affaire à une plaque de glace morte qui s'affaisse et fond sans être régénérée.

GLACIERS DE LA HAUTE-PISSE, DU FOND DE TURBAT, D'OLAN, DE PORTERAS ET DE LA GRANDE-ROCHE DU LAUZON, ETC.

Nous faisons suivre sous ce titre collectif les renseignements recueillis sur d'autres glaciers du Valjouffrey et du Haut-Valgaudemar, qui n'ont pu être visités, mais dont la connaissance viendra compléter les faits observés; ces glaciers ont d'ailleurs une situation analogue à celle des précédents.

Le Glacier de la Haute-Pisse avait reculé de 350 mètres et son niveau baissé de 10 mètres pendant les quarante années qui ont précédé 1892 [1].

Le guide G. Bernard décrit en 1899 [2] le glacier situé au Sud de l'Aiguille Rousse comme ayant 300 mètres de longueur sur 150 mètres de largeur et s'étant retiré d'environ 100 mètres; en 1899, sur son front très abaissé, le recul a été de 4 mètres.

D'après F. Bernard (1893), le niveau du Glacier de Fond-de-Turbat a baissé de 100 mètres en quarante ans. En 1894, le guide P. Gaileard indique, sans autrement préciser, un recul de 500 mètres pour ce glacier qu'il désigne sous le nom de Glacier de l'Aiguille d'Olan. En 1899, le même glacier avait, d'après G. Bernard, 200 mètres de long sur 250 mètres de large; à la base, la surface abandonnée par le glacier avait 60 mètres de long sur 200 mètres de large. Le recul, en 1891, a été de 5 mètres [3].

En 1890, d'après le guide Gaspard père, le Glacier d'Olan avançait, mais l'année suivante Ph. Vincent déclare que le même glacier aurait reculé de 50 mètres depuis dix ans et que des

[1] F. Bernard *in* Kilian et Flusin, *loc. cit.*, p. 34.

[2] F. Bernard *in* Kilian et Flusin, *loc. cit.*, p. 118.

[3] Kilian et Flusin, *loc. cit.*, p. 34, 77 et 118. — Roland Bonaparte, *loc. cit.*, 1891, p. 17 et 1892, p. 24.

roches hautes de 20 mètres ont surgi à sa surface. En 1892, le guide F. Bernard évalue à 350 mètres le recul des quarante années qui ont précédé.

Enfin, d'après les renseignements que nous a fournis, en 1903, Ph. Vincent, les Glaciers de Porteras et de la Grande-Roche du Lauzon ont presque complètement disparu depuis vingt ans; l'avis de ce dernier, qui parcourt la Valjouffrey et le Haut-Valgaudemar depuis trente ans, est que la régression générale des glaciers des versants sud, déjà signalée en 1899 par MM. Kilian et Flusin[1], s'accentue de plus en plus et prélude à leur disparition complète.

GLACIER SITUÉ À L'OUEST DU PIC DES BANS ET DU PIC DES AUPILLOUS.

Nous n'avons pas visité le cirque qui se trouve à l'Ouest des Bans et des Aupillous, mais nous avons pris, en montant du Clot-en-Valgaudemar au Col du Chardon, des photographies qui pourront servir de document sur cette région parcourue jusqu'ici une seule fois, croyons-nous, en 1898, par M. A. Reynier. Dans une notice consacrée par lui à une ascension à l'arête des Bans par la face ouest[2], M. Reynier donne de nombreux détails qui permettent d'établir une description des deux glaciers marqués sur la carte Duhamel[3]. Le glacier inférieur horizontal, de forme carrée, est entouré de tous côtés de hautes murailles, sauf du côté nord par lequel il déverse ses eaux vers la Severaisse. A l'angle S. E. du quadrilatère aboutit un couloir glacé avec séracs menaçants, tandis que sur la paroi sud existe un glacier presque vertical. Le glacier supérieur occupe une conque en forme d'entonnoir dont le fond de plus en plus rétréci mène à un couloir incliné avec séracs par lequel le glacier du haut se déverse dans le glacier du bas. Tels sont les seuls renseignements écrits que nous avons pu trouver sur les glaciers sans nom situés à l'Ouest des Bans.

En comparant nos photographies à une vue analogue due à M. Duhamel et datée de 1884, nous avons constaté que l'aspect, en 1884 et en 1903, est très sensiblement le même : le bas du

(1) *Loc. cit.*, p. 133.

(2) A. Reynier, *Du Valgaudemar à la Bérarde par l'arête des Bans.* (Revue alpine lyonnaise, 1er juin 1898.)

(3) Cette description concorde jusque dans les détails avec ce que montre une photographie prise du sommet des Rouies en 1898 par M. Flusin.

glacier était, alors comme aujourd'hui, limité par un seuil rocheux vertical.

GLACIER DES SOUFFLES (OU DU DEVOLUY).

Une petite notice est consacrée à ce glacier, en 1899, par le guide G. Bernard[1]. «Ce glacier, dit-il, qui se trouve au nord du pic des Souffles, porte dans le Valjouffrey le nom de glacier du Devoluy ou Devolui, nom que nous lui avons conservé. Très encaissé entre les deux parois rocheuses qui le limitent, il n'a plus que 300 mètres de longueur sur 200 mètres de largeur au sommet et 100 seulement à la base. De nombreuses crevasses le coupent en tous sens, et pendant l'année 1897, plusieurs avalanches de glace s'en sont détachées et sont descendues jusqu'au fond de la vallée. En somme, c'est un glacier qui tend à disparaître.»

Nous avons pu examiner ce glacier en 1903 du cirque du Grand-Vallon et en prendre des photographies. Ce glacier, avec les névés annexes et les deux ruisseaux qui en dépendent, présente la forme d'une bavette d'enfant retournée et munie de ses deux brides. Mais il n'a plus la disposition de 1899; l'endroit rétréci de la courbe se trouve en avant du front du glacier, qui occupe aujourd'hui la portion la plus large; d'ailleurs le glacier est tout au plus aussi long que large et il est probable que depuis 1899 de nouvelles tranches se sont détachées pour donner des avalanches, en diminuant d'autant le curieux petit Glacier des Souffles.

Sur le versant Nord de l'arête qui réunit le Pic des Souffles au Pic de Turbat, les cartes ne mentionnent que le petit glacier dont il vient d'être question. Il existe cependant en dessous du point le plus bas de cette arête un glacier allongé de faible importance, plus à l'Est que le précédent.

GLACIERS SITUÉS AU NORD-EST DE LA LAVEY.

Quoique n'appartenant pas au Valjouffrey ou au Valgaudemar, le versant Sud de l'Arête des Fétoules présente le même aspect que les régions dont il vient d'être question; nous en parlons donc ici.

La disposition des glaciers n'est pas ou n'est plus telle que l'indiquent la carte Duhamel et la carte d'État-Major. D'après une

[1] Kilian et Flusin, *loc. cit.*, p. 113.

photographie que nous avons prise du Col des Aiguilles, un relief rocheux sépare en deux parties contiguës les pentes tributaires de l'arête qui réunit la Tête des Fétoules à la Tête de l'Etret, mais la combe qui descend de la Tête de l'Etret est seule aujourd'hui occupée par un petit glacier, tandis qu'au-dessous de la Tête des Fétoules il n'y a plus que des placages de névés sans importance. Le versant S. O. de la Tête de l'Etret est également aujourd'hui dégarni de glace.

CHAPITRE III.

GLACIERS DU CHARDON ET DE LA PILATTE.

GLACIER DU CHARDON.

Le Glacier du Chardon, dont l'importance est beaucoup plus considérable que celle de tous ceux examinés précédemment, est l'un des plus étudiés du massif du Pelvoux.

Rappelons sommairement, avant de résumer l'histoire de ce glacier, qu'il provient, d'après les cartes, de la réunion du Glacier des Rouies et du Glacier du Petit-Chardon. Entre ces deux glaciers élémentaires se trouve un bassin de réception propre au Grand-Chardon et situé sous le Col de Muande et Bellone.

En 1890, d'après le guide Roderon[1], le glacier reculait depuis dix ans, époque à laquelle il atteignait les rochers fixes que l'on voit, en 1890, bien au-dessous de son front actuel. En 1891[2] le mouvement de recul continuait et le glacier diminuait d'épaisseur.

Les observations précises comportant des mesures, commencèrent en 1892 pour le compte de la Société des Touristes du Dauphiné. Cette année-là, le guide J.-B. Rodier donne une description sommaire du Glacier du Chardon accompagnée d'un bon croquis schématique, et indique que le glacier décroît depuis trente ans. Le même guide pose, en 1893, pour le compte de la Société des Touristes du Dauphiné, sur le front du glacier des repères et à la surface des alignements qui ont été rétablis depuis chaque fois que le glacier a été visité, c'est-à-dire en 1894, 1895 et 1899.

(1) Roland Bonaparte, *loc. cit.*, 1891, p. 16.
(2) Roland Bonaparte, *loc. cit.*, 1892, p. 22.

Sur le front les repères sont en contact avec la glace et, portant respectivement de la rive droite à la rive gauche les n°s 1, 2, 3, 4, 5, 6 et 7, ils réunissent deux repères A et B, situés à une certaine distance du glacier. A la surface figurent deux alignements qui sont marqués d'après la même nomenclature et qui se trouvent, l'un, l'alignement n° 1, dans la partie moyenne inférieure, l'autre, l'alignement n° 2, dans la partie moyenne supérieure. L'étude respective des repères et du glacier a permis d'établir les résultats suivants [1] :

Sur le front : en 1893, le recul estival a été de 7 m. 20 en moyenne; en 1893-1894, le recul annuel a été de 6 m. 20 en moyenne; en 1895, le recul estival a été de 4 m. 70 en moyenne; en 1895-1899, le recul annuel a été de 10 m. 30 en moyenne.

Dans la partie moyenne, les renseignements obtenus fournissent le tableau ci-après :

ALIGNEMENTS.	1893.	1894.	1895.	1899.
1. Rive droite....	— 0m 90	— 1m 00	— 0m 15	+ 0m 15
Rive gauche....	— 9 80	— 1 10	Stationnaire.	+ 4 90
2. Rive droite....	— 2 15	— 0 95	— 1m 50	+ 11 50
Rive gauche....	— 3 10	— 1 70	— 0 50	+ 8 00

Le gonflement qui se manifeste, surtout sur la rive droite, en 1899, fait croire à MM. Kilian et Flusin à un mouvement de crue prochain. Ils ajoutent, d'après le guide Rodier, quelques indications sur l'état du glacier : « le front [2] se présente sous la forme d'une excavation à parois assez abruptes, creusée sur la rive droite. Le glacier lui-même est complètement recouvert d'une épaisse couche morainique; on voit aussi que le Glacier du Petit-Chardon s'est séparé du glacier principal. »

En 1901 [3], on a pu constater que le recul moyen depuis 1899

[1] Voir W. Kilian et G. Flusin : *Observations*, etc., p. 32, 73, 87, et les conclusions des pages 187 et suivantes.

[2] Voir la photographie tirée le 24 août 1899 et reproduite à la fin de l'ouvrage analysé.

[3] W. Kilian, G. Flusin, J. Offner : *Nouvelles observations*, etc., p. 25.

s'élevait sur le front à 12 m. 25, c'est-à-dire à environ 5 m. 60 par an. Dans la partie moyenne, les alignements n° 1 et n° 2 ont montré, de 1899 à 1901, 1 m. 50 tous deux de décrue sur la rive gauche et respectivement 2 mètres et 1 mètre de décrue sur la rive droite. Le gonflement des années précédentes semble donc avoir cessé.

Enfin, le 26 août 1903, l'examen des repères placés en 1901 nous a fourni les nombres suivants :

Front du glacier[1].

Rive droite.	A au glacier. Recul constaté	30m
—	1	perdu.
—	2	20m
—	3	10
—	4	30
—	5	30
—	6	15
Rive gauche	B	0

Le recul moyen a donc été de 21 mètres, c'est-à-dire de 10 m. 50 par an.

Alignement n° 1. Rive droite. 60 mètres au lieu de 57 m. 50; donc diminution de 2 m. 50.

— — Rive gauche. 47 mètres au lieu de 52 mètres; donc gonflement de 5 mètres, mais ce chiffre est sujet à caution, car à cet endroit le glacier présente une petite annexe sous forme d'un névé d'avalanche.

Alignement n° 2. Rive droite. 28 mètres au lieu de 30 mètres; donc gonflement de 2 mètres.

— — Rive gauche. 38 mètres au lieu de 31 mètres; donc diminution de 7 mètres.

Ces derniers chiffres sont peu probants; ils indiquent surtout une légère diminution sur la rive gauche[2].

[1] Le repère A posé en 1901 à 20 mètres de la glace se trouvait à 50 mètres; le repère B placé à 21 mètres était à la même distance. Les autres repères avaient été disposés au contact du glacier.

[2] Un nouvel alignement, non signalé dans notre dernier rapport, a été placé en 1901 sur la partie moyenne du glacier par le guide J.-B. Rodier. Il part du point A, distant de 1 mètre de la rive droite du glacier, comprend 5 numéros intermédiaires et aboutit au point B, distant de 30 mètres de la rive gauche du glacier. Les points A et B portent les initiales S. T. D. et la date 1901.

Le front du glacier s'est peu modifié comme aspect; tout au plus, peut-on dire, en comparant les photographies de 1901 et de 1903, que la grotte de glace s'est élargie vers la rive gauche.

Nous devons signaler à la surface du Chardon une belle moraine médiane qui part du promontoire séparant le Glacier des Rouies du Glacier du Chardon proprement dit. En descendant vers l'aval cette moraine se rapproche de plus en plus de la rive gauche du glacier et finit par l'atteindre. Ce fait semble indiquer que l'alimentation est beaucoup plus forte du côté Est que du côté des Rouies, à moins que ce déplacement de la moraine ne tienne à une ablation plus forte vers l'Ouest qu'à l'Est ou ne soit en relation avec la forme arquée du Glacier du Chardon. — Aujourd'hui le Glacier du Petit Chardon est complètement séparé du glacier principal, mais c'est surtout à partir du niveau de leur ancien confluent que ce dernier est très chargé en matériaux qui font disparaître presque complètement la glace jusqu'à la grotte terminale dont nous avons parlé plus haut.

En somme, le front du Glacier du Chardon recule d'une manière continue depuis trente ans. Dans la partie moyenne des gonflements se sont manifestés à plusieurs reprises, principalement sur la rive droite, indiquant peut-être une légère augmentation de l'alimentation qui s'est fait sentir le long du glacier, surtout du côté de son bassin propre; mais l'ondulation n'a pas atteint le front ni enrayé le retrait du bas du glacier.

GLACIER DE LA PILATTE [1].

Comme le précédent, le Glacier de la Pilatte est un des plus grands glaciers du Massif du Pelvoux. C'est un véritable fleuve de glace, avec crevasses transversales et longitudinales, bandes boueuses et un beau développement des moraines frontale et latérales. Il forme avec son émule le glacier du Chardon, la source principale du Vénéon, et est lui-même alimenté par le cirque de la Pilatte, immense bassin de réception irrégulièrement rectangulaire dont les quatre sommets sont: la Pointe du Sélé, le Pic Ouest de la Crête des Bœufs-Rouges, les Bans et le Mont Gioberney.

[1] Les observations relatives au glacier de la Pilatte ont été recueillies et rédigées par M. J. Offner.

Modifications observées le 26 août 1903[1] :

Rive droite. (A)	R_1 au glacier [2]. Recul constaté..........	12m 50
—	R_2..............................	6 50
	R_3..............................	22 00
—	R_4..............................	8 50
Rive gauche (B)	R_5..............................	22 00

La décrue de 1901 à 1903 peut donc être estimée à 14 mètres; elle avait été un peu plus forte dans la période comprise entre 1899 et 1901. Depuis 1893 elle a été en moyenne de 10 mètres par an.

Le front se termine actuellement par une pente brusque et escarpée s'étalant comme un large éventail, si bien qu'il faut se placer à une grande distance en avant de cette muraille pour apercevoir le lit du glacier. Une grotte qui existait encore il y a 4 ans a disparu; on observe en effet une cassure oblique, trace d'un effondrement récent, sous laquelle surgit le torrent sous-glaciaire qui forme la source même du Vénéon. Une série de petites moraines frontales, irrégulièrement parallèles et coupées par le Vénéon, sont les témoins des reculs successifs qu'a subis le glacier depuis le début de sa période de décrue. A 50 mètres en avant du glacier apparaissent déjà quelques plantes phanérogames; *Linaria alpina* a pris la première possession du sol que la glace recouvrait encore il y a 4 ou 5 ans.

Glacier du Says. — Le Glacier du Says est situé sur le versant N. E. de l'arête comprise entre les Pics du Says et le Mont-Gioberney. Autrefois tributaire du Glacier de la Pilatte, comme l'indique encore la carte Duhamel, le Says ne communique plus avec la Pilatte que par une mince couche de névé n'occupant que le fond de la mine de la concavité autrefois remplie par la glace. Il a abandonné, au voisinage de l'ancien confluent, deux moraines latérales, plus haut il s'est considérablement retiré, surtout sur sa rive gauche, c'est-à-dire sur le versant orienté au N. E., en laissant

[1] Un nouvel alignement, non signalé dans notre dernier rapport, a été placé en 1901, sur la partie moyenne du glacier, par le guide J.-B. Rodier. Il part du point A distant de 150 mètres de la rive droite, comprend 5 numéros intermédiaires et aboutit au point B touchant la rive gauche; les 2 points A et B portent les initiales S. T. D. et la date 1901.

[2] Le repère (A) R_1 posé en 1901 à 10 mètres de la glace se trouvait à 22 m. 50; les autres avaient été placés au contact de la glace.

à découvert des roches moutonnées par la glace. La suppression des apports d'affluents importants comme le Says est sans doute le principal facteur à invoquer pour expliquer le recul de glaciers qui ont conservé de grands réservoirs d'alimentation.

Le glacier du Says n'a jamais été repéré; de la comparaison de photographies prises en 1899 et 1903, on est autorisé à admettre un gonflement dans la partie supérieure.

Glaciers de Coste-Rouge, de la Temple et du Vallon de la Pilatte. — Ces trois glaciers n'ont pas été visités, mais une photographie en a été prise du Col du Says.

CONCLUSIONS GÉNÉRALES.

A la fin de cette étude qui nous a permis d'apporter une contribution nouvelle à la connaissance d'un certain nombre de glaciers choisis parmi les moins explorés du Massif du Pelvoux, il convient d'essayer de grouper les faits recueillis. Les glaciers examinés répondent à quatre types principaux dont nous allons rappeler brièvement les caractères avant de dégager la conclusion générale que nous permet de concevoir notre campagne de 1903.

Un premier groupe naturel est formé par les quatre glaciers de la Mariande, des Sellettes, d'Entrepierroux et du Fond, qui admettent pour déversoirs le torrent de la Lavey et le ruisseau de la Mariande, tous deux tributaires du Vénéon. Ces glaciers occupent des hémicycles assez réguliers orientés vers le Nord, et les pentes qu'ils recouvrent offrent, dans leur ensemble, une remarquable disposition en gradins étagés les uns au-dessus des autres. Les trois premiers ont montré, après une période de décrue portant sur une vingtaine d'années au moins, une avancée sensible de leur front vers 1890; le quatrième a continué à reculer vers cette époque; mais l'existence dans le Glacier du Fond d'une portion horizontale plus développée que dans les autres a peut-être retardé pour lui la manifestation de la crue de 1890; par suite d'une lacune dans nos connaissances, on ne peut malheureusement rien affirmer à ce sujet. A l'heure actuelle les quatre glaciers sont dans une phase de décrue sensible qui atteint, d'ailleurs très inégalement, les différentes parties de chacun d'eux. Sur les versants exposés à l'Ouest, du côté de l'ombre», suivant une heureuse expression de M. Paul Girardin, la glace a conservé une grande importance; il y a continuité, avec beau développement de séracs, depuis les névés jusqu'au bas du glacier. Sur les pentes qui regardent le Nord-Est, au contraire, le glacier a une altitude plus élevée; des barres successives de roches moutonnées, récemment mises à nu et plus ou moins recouvertes de matériaux morainiques, surgissent en maints endroits et séparent même des compartiments dans lesquels l'alimentation ne vient plus régénérer la glace qui fond chaque année; le glacier se fragmente, et dans la petite cuvette inférieure la glace disparaît.

Au voisinage des précédents, nous plaçons l'appareil glaciaire des Étançons et du Pavé qui répond sensiblement au même type. Quoique orienté vers le Sud et moins atteint aujourd'hui que les glaciers des vallées de la Mariande et de la Lavey, cet ensemble est, lui aussi, réduit aux portions qui occupent les gradins d'un fond de vallée; il a traversé une phase de crue vers 1890; actuellement les deux glaciers des Étançons et du Pavé diminuent, mais le premier, exposé au Sud-Est, recule plus vite que le second qui regarde le Sud-Ouest.

Un deuxième groupe est constitué par les *glaciers témoins* du Valjouffrey et du Haut-Valgaudemar; mais pour que leur réunion ne semble pas trop artificielle, il y a lieu de distinguer, parmi ces glaciers exposés vers le Sud, deux types distincts. Les pentes, qui sont ici beaucoup plus inclinées que sur le versant Nord des arêtes, peuvent, tout en offrant le caractère commun d'être abruptes à l'origine, affecter plus bas deux régimes différents. Dans les régions du Grand-Vallon et du Petit-Vallon, on rencontre des gradins successifs comme dans le cirque de la Mariande, tandis qu'en dessous des cols de la Muande et du Chardon on a plutôt affaire, si l'on met à part une marche terminale, à des pentes uniformes qu'à de véritables escaliers; il résulte tout naturellement de ces deux formes topographiques deux aspects possibles pour les glaciers du versant Sud.

Les pentes du Grand-Vallon et du Petit-Vallon ont été meublées autrefois par des glaciers plus étendus qu'aujourd'hui; c'est au moins ce que permettent de croire les récits des guides et surtout ce que montre l'étude de l'état des versants; les gradins en sont polis, mamelonnés, et à tous les pas on rencontre des délaissés morainiques très frais, non encore occupés par la végétation. Actuellement pour trouver de la glace il faut aller sur l'échelon supérieur et même, pour le Petit Vallon, dans les anfractuosités protégées de l'arête; encore est-il bon d'ajouter que les glaciers qu'on y rencontre sont très réduits. Le retrait a dû se faire ici comme dans le cirque de la Mariande, par segmentation transversale des glaciers, mais il a exagéré son effet au point de vue de ne les laisser subsister que dans les régions les plus élevées.

Le voisinage des arêtes a seul été occupé depuis longtemps par la glace au sommet des combes du Gioberney et du Lauzon, qui sont situées au-dessous des Cols de la Muande et du Chardon. Les neiges accumulées ont donné naissance à de petits glaciers de forme plus ou moins elliptique bornés par une moraine arquée. Vu la grande déclivité de la pente, le glacier n'a pu descendre plus bas et les matériaux charriés forment vers l'aval un important cône d'éboulis. Le retrait se manifeste ici par un raccourcissement du glacier, et les petits stationnements élémentaires sont marqués par de faibles remparts concentriques conservés à l'intérieur du plus important d'entre eux. Finalement, c'est tout au moins le cas du Gioberney, le glacier s'isole des pentes dont il provient et, n'étant plus alimenté, fond, et disparaît.

Si l'on se reporte à ce que nous avons dit dans le chapitre spécial qui les concerne, on doit retenir que, quel que soit leur type, les glaciers du versant Sud n'ont pas manifesté la crue de 1890. Ce fait curieux tient sans doute à l'absence preque complète pour eux de véritables bassins d'alimentation; situés au-dessous d'arêtes à pic, ils se bornent à récolter à l'heure actuelle la neige qui tombe dans leur voisinage immédiat. C'est aussi pour cette raison, ainsi que l'a déjà fait remarquer M. Kilian [1], que les glaciers de ce type sont aujourd'hui les plus atteints du Massif du Pelvoux. Ils reculent depuis une trentaine d'années au moins; quelques-uns d'entre eux ont presque complètement disparu.

Un troisième et dernier type est offert par les grands *glaciers de vallée*, tels que ceux du Chardon et de la Pilatte. A l'origine figure un important bassin de réception concave, très protégé, d'où la glace a accès dans une vallée profonde et de faible pente. Le front

[1] W. Kilian : *Sur l'avenir des glaciers dauphinois.*

du Glacier du Chardon et celui de la Pilatte reculent régulièrement depuis une trentaine d'années; durant la dernière décade, de légers gonflements ont été repérés dans la partie moyenne de ces glaciers, mais ils n'arrivent pas à produire une progression du front : l'ablation qui a ici le loisir de s'exercer sur une longue surface, l'emporte; et en définitive, malgré quelques variations positives de l'alimentation qui produisent des épaississements du glacier, l'ensemble décroît.

De tout ce qui précède, on peut conclure que, d'une manière globale, la décroissance a été générale, pendant les trente dernières années, pour les glaciers dont nous avons parlé. Une crue, due sans doute à une augmentation passagère de l'alimentation, s'est fait sentir vers 1890 pour les *glaciers de cirque* du type de celui de la Mariande, dont le front s'éloigne peu des bassins de réception; elle s'est manifestée par des gonflements momentanés des *glaciers de vallée*, tels que le Chardon et la Pilatte. Mais cette crue a été suivie d'une régression qui seule a été constatée durant toute la période vers le bas des grands glaciers tels que celui de la Pilatte, et qui atteint bien davantage les *glaciers témoins* dépourvus de véritables bassins d'alimentation situés sur les versants exposés au Sud du Valjouffrey et du Haut-Valgaudemar. Si l'on veut adopter les termes employés par M. Ch. Rabot dans un article récent[1], les glaciers examinés cette année dans le massif du Pelvoux manifestent depuis trente ans au moins une *variation primaire* négative; vers 1890 quelques-uns d'entre eux ont été affectés par une légère *variation secondaire* positive, mais dans l'ensemble tous ces glaciers reculent, et la décrue est mortelle pour quelques-uns d'entre eux qui ont presque entièrement disparu.

Grenoble, le 15 mars 1904.

[1] Ch. Rabot. *Essai de Chronologie des variations glaciaires.* (Arch. des Sciences phys. et nat. de Genève, t. XIV, 1902, p. 133).

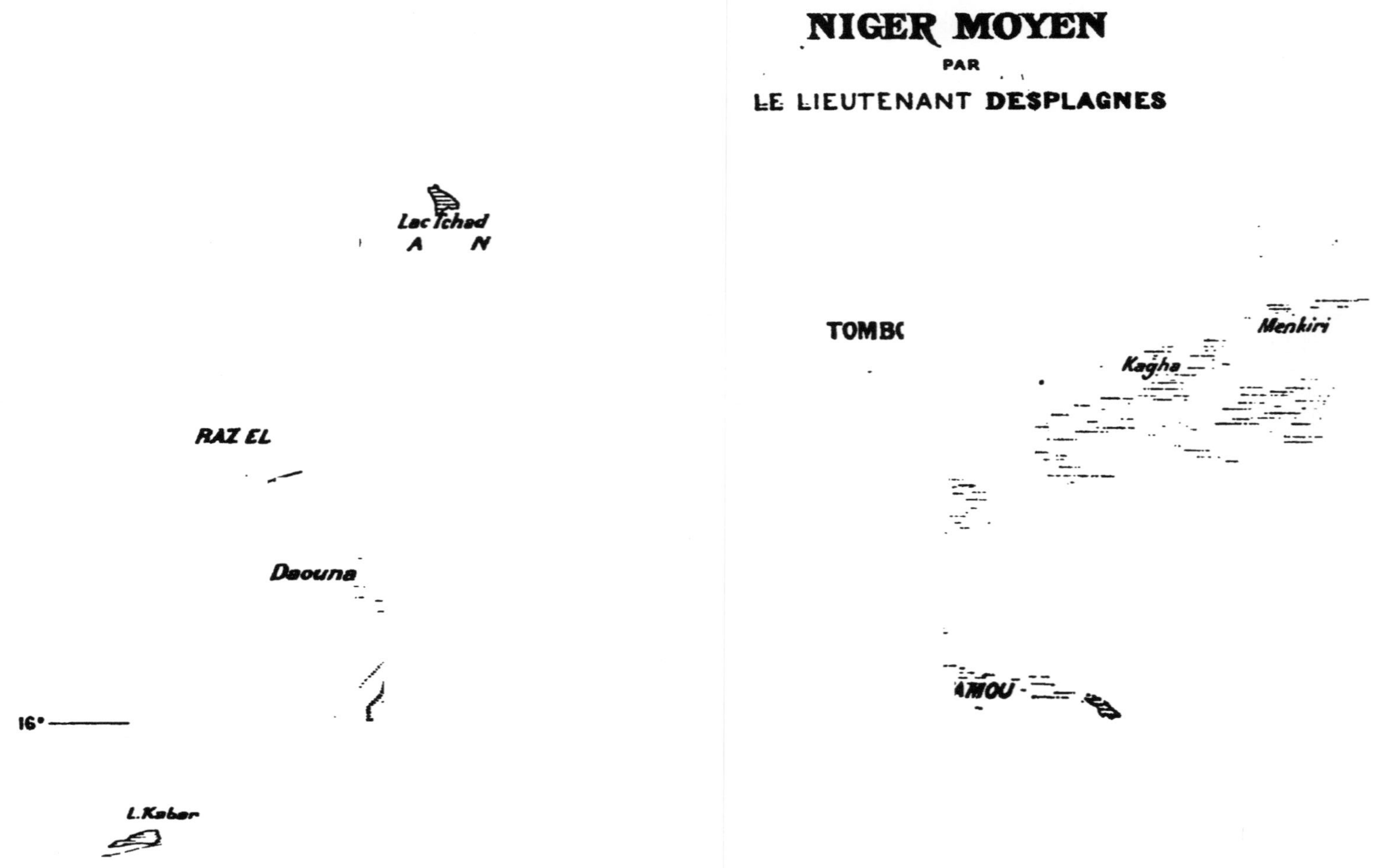

NIGER MOYEN

PAR

LE LIEUTENANT DESPLAGNES

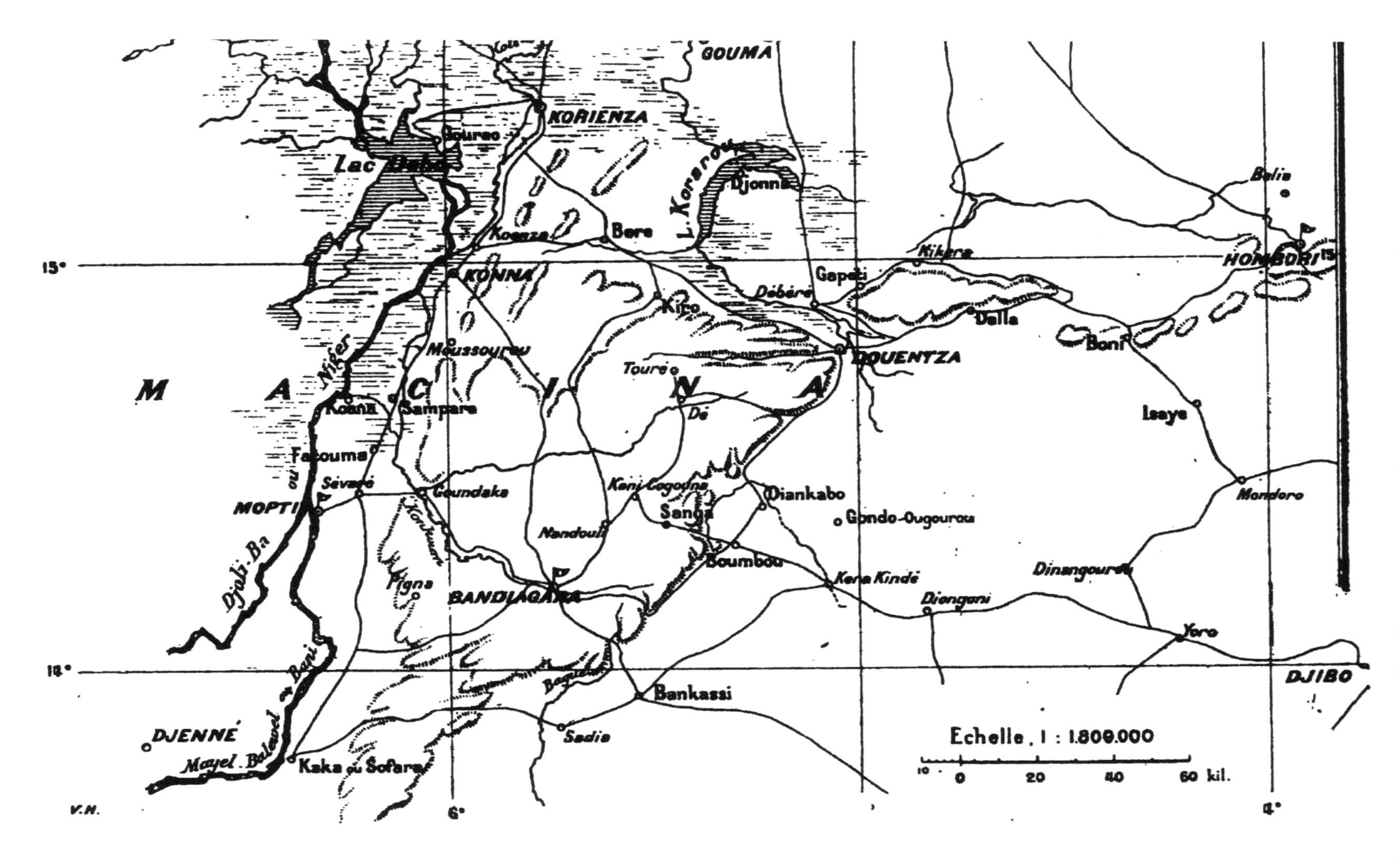

GOUMA
KORIENZA
Sourao
Lac Débo
L. Korarou
Djonna
Koenza
Bere
15°
KONNA
Kikere
HOMBORI
Belia
Gapeli
Débére
Kiro
Dalla
Boni
Moussourou
DOUENTZA
Toure
M A C I N A
Niger
Koana
Sampara
Dé
Isaye
Fatouma
Sevaré
Goundaka
Kani Gogouna
Diankabo
Mondoro
MOPTI
Sanga
Gondo-Ougourou
Nandouli
Boumbou
Djoli. Ba
Pigna
BANDIAGARA
Kena Kindé
Dinangourou
Diongani
Yoro
Bani
14°
DJIBO
Bankassi
Sadia
DJENNÉ
Mayel. Baleuel
Kaka ou Sofara
Echelle. 1 : 1.800.000
10 0 20 40 60 kil.
V.H.
6°
4°

LE PLATEAU CENTRAL NIGÉRIEN,

PAR M. DESPLAGNES,
Lieutenant d'infanterie coloniale.

Dans la partie moyenne de son cours, après avoir reçu le Bani, sorti comme lui des plateaux de la Guinée et du Liberia, le Niger décrit un grand arc de cercle vers le Nord, autour d'un haut massif rocheux, véritable plateau central soudanais.

Ce sont les contreforts (N. E.) de ce plateau que le fleuve a rompu et franchi difficilement dans la branche orientale de son cours pour se frayer un chemin vers le golfe de Guinée au Sud; tandis que ses eaux s'étaient librement et largement étalées dans la plaine, à l'Ouest, au pied des falaises rocheuses, avant d'atteindre le point culminant de sa course dans le Nord vers Tombouctou.

Dans cette immense plaine, symétriquement et de chaque côté de son lit principal, les inondations emplissent les cuvettes du sol et forment deux belles régions lacustres qui retiennent les eaux fertilisantes.

Dès la première année de notre installation dans le Nord de la boucle après la prise de Tombouctou, la région lacustre du N. O. dont Goundam occupe le centre fut rapidement connue, étudiée et relevée cartographiquement, nos colonnes ayant été obligées de la parcourir en tous sens pour assurer la soumission des Touaregs.

Au contraire, pendant cette période de conquête et d'organisation, la région lacustre du S. E. s'étendant au pied du plateau de Bandiagara, fut un peu négligée, car elle faisait partie des États d'un de nos grands tributaires, le fama de Maçina. Aussi, jusqu'à ces dernières années, elle n'était que vaguement connue par les itinéraires de Barth et les reconnaissances de quelques officiers.

Chargé par l'Académie des inscriptions et belles-lettres de rechercher les vestiges d'une antique civilisation préhistorique dont les monuments s'élèvent nombreux dans toute cette région Nord, j'ai pu, pendant ces trois dernières années, relever topographiquement ce bassin lacustre ainsi que le plateau rocheux qui en forme le rebord Sud, et pendant ce voyage d'étude, j'ai recueilli quelques documents intéressants tant au point de vue géographique qu'ethnographique et économique; aussi, vais-je résumer rapidement les différents aspects de cette région africaine.

Le système montagneux du massif central de la boucle nigérienne se trouve constitué par un énorme soubassement de grès généralement ferrugineux orienté S.O.-N.E., faisant suite aux plateaux granitiques du Haut-Dahomey et dont les ramifications vont dans le N.E. se ressouder aux plateaux de l'Adrar oriental, en plein Sahara.

Au-dessus de ce soubassement se dressent des séries de plateaux, massifs rocheux, tables, pitons, séparés les uns des autres par de profondes cassures. Ils dominent de 400 à 600 mètres les plaines environnantes, formant de véritables masses chaotiques érigeant brusquement dans le ciel clair leurs silhouettes découpées, leurs rochers monstrueux et leurs pics isolés.

Toutefois le rebord des grands plateaux se présente le plus souvent sous la forme de murs abrupts surplombant une série d'éboulis escarpés, d'où le nom de Falaises de Bandiagara, de Hombori, etc., qui leur a été donné.

La partie supérieure de ces plateaux est traversée par de fortes rides rocheuses toutes dirigées vers le N.E., au pied desquelles coulent des torrents dans des ravins encaissés.

L'aspect général de ces provinces montagneuses rappelle assez bien nos Causses du Quercy.

Tout ce massif délimite le rebord Sud de la grande ouvette lacustre nigérienne, reste d'une mer intérieure dans laquelle se jetaient les grands oueds sahariens, ainsi que le démontrent les documents rapportés par M. E.-F. Gautier au retour de son récent voyage.

Actuellement, le Niger ayant rompu ces digues naturelles et s'étant creusé un lit à travers les seuils rocheux de l'Est, il ne reste de ce primitif bassin intérieur que la double série des grands lacs Nigériens au Nord et au Sud du fleuve qui prolongent et retiennent une partie de l'inondation au milieu des sables.

En effet seul le Niger, avec ses inondations, ses dérivations et ses déversoirs, constitue tout le régime stable des eaux de la région; car les masses liquides jetées sur le pays par les tornades de l'hivernage n'arrivent pas à constituer un régime régulier. Elles forment des marigots torrentueux dans la montagne, s'épandant brusquement dans la plaine où elles se voient absorbées par les terrains sablonneux, ou retenues temporairement par les cuvettes naturelles formant des mares de peu de durée.

Toutes ces eaux d'orages sont divisées par le plateau central nigérien, qui leur sert de ligne de partage, entre les deux branches du Niger au Nord et à l'Est et la Volta au Sud.

Dès la fin de septembre, grossi du Bani, collecteur des torrents d'eau que l'hivernage a déversés dans la région S.-O. forestière, le Niger couvre de ses inondations toutes les provinces riveraines de la région qui ressemblent alors à de vastes prairies d'où émergent sur des ilots de sable les paillottes des villages entourés de leurs palmiers de thébaïque.

En novembre et décembre l'eau se cherche, par d'innombrables canaux entre les dunes, un chemin vers les bas-fonds de la cuvette et forme alors des chapelets de lacs.

En janvier la crue se termine et les eaux refluent vers le Niger, laissant à découvert des terrains immédiatement cultivables, autour d'une réserve d'eau qui subsistera toute l'année.

Dans la région Sud, au pied de la falaise, ces lacs sont au nombre d'une douzaine, formant deux groupements principaux, ayant chacun leurs canaux de remplissage particuliers. Cependant ils sont reliés entre eux par un large marigot, le Foko.

Ces lacs sont d'abord le Koraron, l'Oumi, l'Haougomdou, le Nyamgaï et le Dô qui forment le premier groupe lacustre au pied de la falaise, recevant dès octobre les premières eaux de la crue; dès que son remplissage est terminé, au milieu de décembre, il se déverse par le Foko dans le second groupement (Bado, Garou-Gakoré, Tinguéré, Titolaouen, Kabongo, Hariboago etc.) qui, lui-même, était en relation avec le fleuve et la zone inondée, aux environs d'El-Oualdji, près de Tombouctou.

Malheureusement le régime des eaux du Niger étant très instable, ces immenses cuvettes ne sont complètement remplies qu'aux années de grandes inondations. Aussi, lorsque la crue vient à manquer, ces lacs ne sont pas réalimentés et, peu à peu, comme les «Daouna» du Nord de Goundam, ils se dessèchent complètement et sont perdus pour l'agriculture jusqu'à ce qu'une nouvelle grande crue vienne les féconder.

Pourtant, malgré cette instabilité, l'immense plaine nigérienne toujours bien irriguée, merveilleuse zone de pâturages, et riche terre à céréales, fut de tout temps un puissent attrait pour les peuples. Aussi cette région africaine paraît avoir été très peuplée dès la plus haute antiquité.

A l'âge de la pierre polie africaine, une brillante et dense civilisation régnait dans toute cette région : de nombreux monuments mégalithiques, une grande quantité d'armes et d'instruments en pierre témoignent amplement de l'industrie avancée de ces populations à cette époque primitive.

L'observation des monuments mégalithiques qu'ils nous ont laissés, l'étude des instruments et objets recueillis dans leurs tombeaux, enfin les différents produits de leur industrie paraissent nous donner l'indication de rechercher vers l'Est l'origine première de ces aborigènes, probablement très proches parents des ancêtres des populations éthiopiennes actuelles, Gallas, Somalis.

J'ai pu recueillir une belle série de ces documents, témoignage d'une époque lointaine. Actuellement au Muséum d'histoire naturelle, cette collection figurera en partie à l'exposition de Marseille et au Musée d'ethnographie du Trocadéro avec les objets en métal recueillis dans les tombeaux de ces primitifs.

Car bien avant notre ère, ces populations connurent l'art de travailler les métaux, de tisser les étoffes, de fabriquer des poteries, et nous en trouvons de multiples témoignages dans les gigantesques tumulus que ces populations riveraines du fleuve élevèrent dans toute cette vallée nigérienne pour servir de tombeaux à leurs chefs.

Mais les populations nomades et pastorales sahariennes, refoulées du Nord par l'arrivée des peuples nouveaux, furent sans cesse attirées vers ces beaux pâturages toujours irrigués. De même les tribus sauvages, venues du S.E. ou des forêts du Sud, cherchèrent de tout temps à se faire jour vers les clairières du Nord, terres à céréales et à élevage. Tous ces peuples nouveaux se jetèrent sur le Soudan en formant de grandes confédérations politiques; ils créèrent des clans de tribus prenant des noms d'animaux comme emblème, et successivement chacun d'eux chercha à établir sa suprématie dans la vallée du fleuve. Mais les uns et les autres, pasteurs et chasseurs venus des déserts du Nord, cultivateurs et trappeurs sortis des forêts du Sud, étaient également inaptes aux travaux de l'industrie, de la construction et des arts. Aussi réduisirent-ils en servage les primitifs en formant avec eux une sorte de caste de serfs industriels, gens non libres supérieurs aux esclaves, mais avec lesquels les membres du clan vainqueur ne devaient pas s'allier. C'est ainsi que nous trouvons dans les forgerons, les tisserands, pêcheurs, potiers, griots, une grande partie des primitifs asservis, alors que quelques-unes de leurs tribus arrivaient à conserver leur indépendance, leurs coutumes et leurs traditions en se réfugiant soit dans les îles du fleuve (Sorkos), soit dans les sites inaccessibles des montagnes (Habbès).

Ces Habbès ne constituent pas actuellement une race particulière, car au courant des siècles ils se sont métissés avec tous les groupements noirs qui chassés de la plaine fertile par l'arrivée de nouveaux conquérants venaient demander un refuge et la liberté aux escarpements des plateaux rocheux.

Cependant leurs traditions, coutumes, mœurs, habitations, industries, idées religieuses les différencient complètement des populations noires de notre Soudan occidental et même de leurs frères asservis dans les plaines qui ont, en grande partie, adopté le langage, les coutumes et la religion des derniers envahisseurs.

En général grands, de teint très noir, la face presque orthognathe, ces indigènes se sont construit, sur les flancs des falaises, au sommet des éboulis, des villages fortifiés avec de véritables maisons, nous rappelant les constructions berbères, ne ressemblant en rien aux agglomérations de paillottes et de huttes des noirs Soudanais.

Les maisons, généralement à étages, sont construites soit en briques rectangulaires, soit en pierres posées les unes sur les autres avec un art véritable, elles rappellent les maisons de Tombouctou et de Djenné dont les constructeurs appartenaient à leur race. Les chambres à coucher sont au premier étage et on y accède le plus souvent par une échelle faite d'une grosse fourche.

Les toitures sont en terrasses, et l'écoulement des eaux de la saison des pluies y est assuré par de petites gargouilles en bois.

Les cases des chefs et des notables sont décorées sur la façade extérieure d'une ornementation en terre ou en brique formée de colonnades et d'ogives superposées d'un effet décoratif des plus inattendus; de même les serrures, les panneaux des portes et les volets sont souvent sculptés très originalement.

Dans chaque famille, les récoltes sont enfermées dans des greniers en forme de tour, également ornementés, et dans les villages en bordure dès la plaine Sud ces «kroukrous à mil» sont coiffés de grands chapeaux de paille qui leur donnent un aspect pittoresque de clochers.

Enfin, au-dessus des villages, dans les parois verticales des rochers ou dans les sites escarpés des pics sont accrochées aux aspérités de la montagne d'innombrables petites constructions en briques ou en maçonnerie, auxquelles on ne peut accéder souvent que par des crampons de fer plantés dans le roc et en se hissant par des cordes.

Les légendes attribuent ces constructions aux premiers habitants de la région, ancêtres des populations actuelles, des hommes rouge cuivré venus du Nord alliés aux noirs pêcheurs primitifs et aux nains des montagnes. Ces petites cases paraissent avoir été habitées et avoir servi : les unes de retraite contre les envahisseurs, les autres de greniers pour mettre en sûreté les provisions de réserve, enfin d'autres, de tombeaux pour les ancêtres.

Parmi les plus anciennes coutumes qui se sont le mieux conservées chez ces populations, subsistent les restes d'une organisation sociale des plus inattendues chez ces primitifs noirs.

Alors que chez toutes les populations voisines nous voyons se créer de véritables féodalités dès qu'elles ont cherché à perfectionner l'organisation anarchique du village, souvent simple groupement de familles indépendantes, nous trouvons au contraire chez les Habbés un véritable régime théocratique électif.

En effet, dans chaque groupe de village composé de gens de la même famille, ou d'une même origine, les chefs de famille âgés, vieillards prudents et sages, interprètes des génies familiaux, véritables esprits des ancêtres, nomment, à l'élection généralement, un chef nommé « Hogon » du canton ; cependant dans les petits groupements familiaux, le pouvoir de Hogon revient de droit au vieillard le plus âgé de la tribu, grand prêtre naturel des esprits ancestraux.

Tous ces Hogons de cantons réunis désignent, en grande assemblée, l'un d'entre eux comme grand chef suprême de la confédération, président du conseil des vieillards.

Aujourd'hui ce Har-Hogon n'a plus qu'une vague puissance religieuse, mais autrefois son pouvoir était absolu comme grand chef politique, justicier et religieux. Toutefois, quoique le chef de la guerre fut sous ses ordres directs, le Hogon n'eut jamais entre les mains la puissance militaire, car il est de son strict devoir de vivre seul dans la retraite sans se déplacer auprès des autels de la Patrie. En revanche, grâce à son caractère religieux, il jouissait en temps de guerre d'une immunité complète et sa personne restait intangible même dans une ville prise d'assaut.

Aussi dans les siècles passés son autorité morale s'étendit très loin dans toute la boucle nigérienne, et l'un d'eux vit même sa renommée parvenir en Europe.

En effet, les Portugais eurent un moment l'idée, vers la fin du XVe siècle, d'adresser une ambassade au Hogon qui gouvernait alors les Moschis et dont l'existence leur avait été révélée par le Wolof Bemoy.

Cette organisation sociale imprévue a pour origine la conception particulière que ces peuples se sont faite de la divinité et des êtres supérieurs qui sont censés peupler l'univers.

En général ces Hambès croient à l'existence d'une Divinité toute-puissante nommée Amba, Amma, Ammo, souveraine dispensatrice des événements heureux et malheureux; mais ce dieu résiderait dans les immensités célestes, très loin des infimes événements humains, dont il s'occupe fort peu. En revanche, comme la majorité des populations soudanaises d'ailleurs, ces montagnards sont convaincus de l'existence d'une foule d'êtres supérieurs d'importance et de puissance variables qui ont en apanage les différents sites terrestres près desquels ils habitent. Ces génies du lieu sont de caractère indépendants, mais en général bienveillants; ils protègent les humains établis sur leur apanage terrestre, qui se sont acquis leur protection spéciale et qui les honorent habituellement par des sacrifices et des libations. Un des caractères les plus curieux de cette protection est qu'elle se trouve exclusivement réservée à l'homme, à la famille ou au groupement qui le premier a fait alliance avec cette puissance divine et avec qui il a été échangé un signe de reconnaissance nommé par nous improprement «gris-gris» comme les amulettes. Ce signe sacré est le seul lien qui réunit extérieurement la divinité à son protégé ou à ses descendants, et seule la possession de cet objet peut obliger «le Dieu» à révéler sa puissance et à intervenir en faveur de ses protégés.

Par suite, les «gris-gris» du village et des familles sont soigneusement cachés et jalousement gardés. Seuls les vieillards connaissent leur cachette; le Hogon les garde généralement près des autels de la Patrie, et des malédictions terribles sont à craindre pour ceux qui s'approchent du lieu où on les a placés, car leur vol ou leur perte enlèverait tout droit à la protection divine.

Plusieurs faits historiques sont en concordance avec cette croyance. Au Mossi, dans la plupart des révolutions, nous voyons les compétiteurs chercher immédiatement à s'emparer des «gris-gris» protecteurs avant même de tenter la lutte.

Cette idée d'alliance personnelle avec la divinité locale et les propriétaires du sol obligea souvent les conquérants envahisseurs à faire montre d'une certaine modération envers les vaincus, car il est admis que si le maître maudit le sol celui-ci reste improductif.

Cependant ce pays ayant été malgré tout le théâtre de nombreuses luttes, une partie de sa population dut disparaître ou émigrer, et généralement on croit qu'un grand nombre de ces Djinns (génies) furent abandonnés de ce fait par leurs serviteurs et laissés sans culte. Devenues vindicatives et méchantes, ces divinités s'acharnèrent depuis sur les humains, suscitant les accidents, semant les maladies et la mort en réclamant des offrandes.

Naturellement un intrigant est né pour exploiter cette idée, c'est le Laggam, espèce de sorcier qui est censé être l'intermédiaire surnaturellement désigné entre les divinités malfaisantes et le village. Soit disant en relations avec les génies, il leur offre des sacrifices au nom de la tribu pour les écarter et les apaiser.

En principe soumis au Hogon, il reste cependant inamovible, car sa nomination ne se fait que trois ans après la mort de son prédécesseur et lorsque les divinités l'ont frappé de signes divins pour faire connaître leur choix.

Les animaux sacrés doivent aller coucher près de lui; il est tenu de découvrir un collier et les insignes de sa fonction cachés dans la montagne par les vieillards; enfin, en des crises d'hystérie mystique, il doit prophétiser devant la foule et tomber en catalepsie.

Très craint des noirs, il habite seul au sommet de la montagne dans une case très ornementée de sculptures et de bas-reliefs. Personne ne devant le toucher, il ne pénètre dans les villages que pour les fêtes religieuses afin de sacrifier sur les autels des divinités en les priant de ménager les récoltes.

A sa mort, seuls les gens du village voisin viennent l'enterrer pendant la nuit et le placent toujours assis face au Nord dans une chambre funéraire, sous un gros tumulus dans la plaine, ou dans une fente de rochers de la moutagne.

Tout ce qui lui a appartenu est sacrifié ou brisé sur sa tombe; sa maison et ses champs sont abandonnés. Mais avec ces génies locaux plus ou moins bienveillants, chaque famille honore et prie les esprits des ancêtres considérés comme des divinités protectrices et tutélaires, servant d'intermédiaires entre les membres terrestres de la famille et le tout-puissant «Amba». On prétend même que ce sont eux qui se réincarnent dans la famille pour prolonger la race; aussi chaque foyer a son autel des ancêtres, pierre conique, devant lequel le chef de famille offre des libations et des sacrifices à chaque événement important, aux fêtes et chaque fois que l'on a une requête à présenter.

Le vieillard le plus âgé de la tribu, nommé Kasanna, considéré comme le grand prêtre des esprits des ancêtres, a des honneurs tout particuliers et le plus souvent il cumule les fonctions de Hogon.

D'après cette conception de la divinité et de ses relations avec les humains, on comprend combien pour ces primitifs la personne du Hogon devient sacrée et, par suite, de quels respects ils entourent les vieillards chefs de famille et le plus âgé d'entre eux.

Toutes les affaires du pays et la justice sont du domaine de l'assemblée des vieillards que préside et rassemble le Hogon. Celui-ci a pour premier devoir de faire exécuter les décisions de ce Conseil et son pouvoir est tel en cette circonstance qu'il lui suffit de dresser son bâton de commandement devant la case du coupable pour qu'elle soit démolie immédiatement et celui qui l'habite banni. En vertu de son caractère religieux d'intermédiaire de la divinité, le Hogon est chargé de la garde exclusive des «gris-gris» protecteurs et des autels de la cité, puis il offre les sacrifices aux grandes fêtes des semailles, des moissons et des ancêtres. Ces fêtes ont lieu en public avec le concours de tout le peuple, contrairement au mystère dont s'entourent les cérémonies cultuelles chez les Bambaras et les Soudanais de l'Ouest.

Au jour fixé, le Hogon, accompagné de tous les vieillards, suivi par la foule et les joueurs de trompe et de tambours, se rend dans les rochers à l'entrée de la grotte qui servit de première habitation à leurs pères.

Là il fait sacrifier un bouc noir et un poulet noir dont les cendres sont jetées au vent tandis qu'il invoque l'esprit des ancêtres; pendant cette cérémonie, le peuple garde un silence religieux.

Ce sacrifice terminé, le Hogon se rend à l'autel de la cité fait de trois pierres coniques, où le Laggam vient le saluer.

On offre alors aux divinités protectrices des libations et les prémices des récoltes ou les graines à ensemencer, puis on sacrifie sur l'autel des animaux blancs, moutons ou bœufs, dont la chair est partagée entre les chefs de famille avec beaucoup de bière de mil préparée d'avance.

La foule chante et danse pendant le sacrifice, et la fête se prolonge fort tard dans la nuit.

Un grand nombre de jeunes gens exécutent, masqués et travestis, des danses rituelles; ils sont censés représenter l'esprit des ancêtres. D'ailleurs chaque famille doit entretenir et orner plusieurs de ces travestissements dans les associations de jeunes gens. En effet, dans toute cette contrée, dès que les garçons peuvent se passer de leur mère, ils quittent la maison paternelle et vont vivre par associations dans des maisons qu'ils construisent en dehors du village; toutefois ils ont encore le devoir de cultiver la propriété de famille, mais, en revanche, ont droit à la nourriture fournie par la maison paternelle.

Ces jeunes gens, hors la saison des cultures, chassent, pêchent, font du commerce, tissent des étoffes ou fabriquent des instruments en fer, car toutes les professions et tous les métiers sont également libres et honorés chez ces montagnards. Ils cherchent ainsi à augmenter leur fortune personnelle et organisent avec le secours des camarades de l'association une maison pour installer leur ménage à la première occasion.

Les fillettes vivent en principe dans la maison paternelle, s'occupant de la préparation des repas et aidant leurs frères aux travaux des champs. Mais dès l'âge de dix ans, elles se choisissent toutes des amoureux dans le clan des jeunes gens de leur âge et chaque jour elles vont passer la soirée auprès d'eux, échangeant des cadeaux. A ce petit jeu elles gagnent facilement un enfant qui est accueilli avec la plus grande joie par sa mère, car en se montrant féconde elle a la certitude d'être demandée en mariage dans le plus bref délai.

Quant à ce premier enfant, il est offert par la mère à sa famille pour l'honorer, et son oncle maternel devient son père légal.

Les mariages ont lieu généralement en décembre, après les récoltes. Le jeune homme, après avoir obtenu le consentement de sa fiancée, fixe le jour de la cérémonie, puis, aidé par les jeunes gens de son clan, prépare vivres et boissons pour la fête; enfin il se rend, généralement accompagné d'un ami, chez le père de la jeune fiancée et lui annonce son accord avec sa fille pour fonder une famille.

Le jour du mariage les jeunes gens donnent une grande fête à laquelle tout le village assiste, excepté les parents de la future mariée. Au milieu des danses, les amis du mari enlèvent à ses compagnes la jeune fiancée et l'emportent au domicile de son époux.

Le premier jour favorable qui suit l'enlèvement, le mari rassemble ses amis, et fait prier le vieillard le plus âgé du village de venir consacrer son nouvel autel des ancêtres, demandant d'attirer la protection divine sur le nouveau couple.

Le mari sacrifie lui-même les victimes sur l'autel; sa femme en prépare immédiatement un repas dont le vieillard offre les prémices à la divinité; enfin tous festoient en l'honneur des ancêtres et de la continuation de la famille.

Après ce repas tous les hommes vont saluer le père du mari chef de famille, qui offre en général un cadeau au jeune ménage; de là le nouveau marié se rend chez son beau-père et lui porte une offrande; celui-ci, en l'acceptant, doit également faire un cadeau à sa fille.

Car les biens des deux époux sont absolument indépendants les uns des autres, et la femme conserve en toute propriété sa fortune personnelle, dont elle dispose comme elle l'entend.

A la mort de leurs parents, les garçons héritent exclusivement du père, les filles de la mère, excepté pour la propriété de famille, qui revient au plus âgé avec la maison contenant l'autel des ancêtres.

En général, ces mariages sont très stables, quoique ces indigènes soient tous polygames. Ils donnent comme raison principale de leur polygamie la coutume qui les oblige à cesser toute relation avec une femme mère pendant l'allaitement de l'enfant, temps qui se prolonge souvent jusqu'à dix-huit mois ou deux ans.

Cependant le divorce existe dans les coutumes; la stérilité d'une union surtout en est la cause la plus fréquente. En principe il ne peut avoir lieu qu'avec le consentement du mari. Alors le mariage se rompt par un sacrifice devant l'autel des ancêtres. Toutefois la femme, si son mari s'oppose au divorce, a toujours la ressource de se faire enlever, car dès qu'elle s'est placée sous la protection des ancêtres du ravisseur en franchissant le seuil de sa maison, le premier époux perd tout droit sur elle.

A côté de ces coutumes et de ces fêtes si curieuses qui accompagnent le mariage, on est étonné que la naissance et l'adolescence ne donnent lieu à aucune cérémonie spéciale autre que quelques sacrifices sur l'autel des ancêtres; on peut remarquer seulement que c'est après leur circoncision, vers 9 ou 10 ans, que les jeunes garçons offrent, dirigés par leur père, le premier sacrifice sur l'autel des ancêtres et qu'au contraire les femmes ne sacrifient à la divinité que mariées et en présence du mari, car dans la montagne elles ne sont pas excisées comme dans l'Ouest du Soudan.

En revanche les rites funéraires nous montrent un grand nombre de cérémonies des plus curieuses. Elles varient un peu entre la plaine et la montagne et naturellement entre une personne jeune et un vieillard.

En effet, plus une personne est âgée, plus on l'honore et plus les cérémonies mortuaires seront brillantes puisque c'est presque un ancêtre qui rejoint l'autel de famille; on le pleurera bien moins qu'un jeune homme, car il a vécu entièrement sa vie et accompli sa destinée.

En général, dès qu'une personne meurt dans un village de la montagne, les femmes qui l'entouraient poussent immédiatement de grandes clameurs, annonçant dans toutes les directions que les génies malfaisants et féroces ont arraché un être à la vie. Aussitôt tous les hommes se précipitent sur leurs armes, puis criant, hurlant, ils tirent des coups de fusil et lancent des flèches contre le ciel en cherchant à mettre en fuite les esprits cruels mangeurs de vie humaine, et en insultant les divinités impassibles.

Le Laggam, qui, lui, a été impuissant à écarter le malheur, prend une crise d'hystérie pour montrer la volonté supérieure des génies.

Pendant ce temps la famille en signe de deuil se rase la tête, se couvre de cendres et déchire ses vêtements; les femmes ne pourront pas quitter la maison avant six mois ou un an. Intallées avec les pleureuses sous la vérandah de la maison, elles clament les vertus du mort en demandant «Mon frère le généreux, qu'en a-t-on fait puisqu'il n'est plus?... Mon époux fort comme le taureau, courageux comme le lion, qu'en a-t-on fait?» et la foule des pleureuses reprend : «Il dort là-haut, là-haut dans les rochers.»

Dès que les gens des villages voisins sont accourus, le corps, après avoir été lavé, coloré en rouge et roulé dans un grand linceul ouvert sur la bouche, est placé sur une civière en bois que l'on grimpe dans la montagne jusqu'aux petites cases sépulcrales placées sous les fentes des rochers. Arrivé la-haut, la foule se retire après avoir insulté encore une fois la mort aveugle et les divinités malfaisantes.

Seuls les camarades du mort le placent dans le tombeau des gens de son âge, l'étendant sur le sol ou l'asseyant la face au Nord suivant son nom et ses fonctions. Puis ils renferment le tombeau, le murant, en laissant toutefois une légère ouverture. Devant cette ouverture ils brisent le vase qui contenait l'eau apportée pour façonner le ciment, et placent un petit tabouret de bois sur le rocher.

De même ils disposent des libations devant l'autel des ancêtres et sur les sentiers qui mènent de la maison mortuaire au tombeau, pour que l'âme puisse se reposer et s'abreuver pendant ses voyages entre son corps périssable et l'autel ancestral qu'elle va habiter.

Pendant une semaine, tous les soirs, les camarades se rendent auprès de l'autel de famille du mort, y déposent des offrandes et avec ses parents le pleurent en mimant toute son existence avec force danses et festins; car à la fin on fête son entrée dans le royaume des ancêtres.

Les tribus habitant les plaines de l'Est ont des cérémonies funéraires à peu près semblables : toutefois chez elles le mort est assis ou couché dans une petite chambre funéraire sous un tumulus entouré d'une foule de cadeaux qu'on lui confie pour remettre aux parents morts.

En présence de ces coutumes antiques, de ces monuments étranges, de ces curieuses inscriptions encore indéchiffrées, de ces tombeaux et de ces abris sous roche renfermant tant d'instruments de l'âge de la pierre polie dont cette région soudanaise est si abondamment fournie, on comprend facilement combien l'esprit de l'Européen se sent attiré par l'inconnu de ce problème : l'existence de ces peuples d'hommes rouge cuivré, dont parlent les traditions locales, s'identifient probablement avec les Éthiopiens rouges de nos classiques, dont les traces nombreuses déjà signalées par le docteur Ruelle à travers le Mossi jusque dans la Haute Côte d'Ivoire, viennent d'être retrouvées par M. l'Administrateur Arnaud, de la Mission Coppolani, en pleine Mauritanie dans le Sahara occidental.

Cependant actuellement, grâce à la sécurité que nous avons su imposer au pays, ces populations trop resserrées sur les plateaux descendent de plus en plus dans les plaines, apportant une vigueur nouvelle à leurs frères de race métisse et soumis aux envahisseurs.

Seuls les aînés restent encore dans ces montagnes qui leur ont servi si longtemps de refuge et conservent jalousement avec l'autel des ancêtres leurs vieilles coutumes et traditions.

Mais cette émigration n'a fait que donner une activité nouvelle aux échanges entre les populations riveraines du fleuve, pêcheurs, cultivateurs, les pasteurs nomades des plaines et les cultivateurs industriels des montagnes; aussi depuis ces dernières années un grand progrès s'est réalisé. De gros marchés d'échange ont surgi aux pieds du plateau rocheux, à la limite de la zone d'inondations sur les bords du Bani et du Niger. Actuellement il n'est pas rare de voir rassemblées aux grands marchés de Korienza, de Fatouma, Sampara et de Kaka, près de 6 à 7,000 personnes. Ces marchés ou plutôt ces foires hebdomadaires dépendent économiquement des deux grandes et antiques métropoles commerciales du Soudan : Djenné et Tombouctou, qui sont toujours les grands entrepôts indigènes et même le centre d'activité des maisons commerciales européennes. Là surtout habitent toujours les familles des courtiers, commissionnaires, banquiers noirs et marocains, des entrepreneurs de transports, tous gens qui font la bourse soudanaise, donnant le cours journalier aux marchandises et accordant le crédit aux petits commerçants et colporteurs.

Ces indigènes, placés autour de nos maisons de commerce près desquelles ils s'approvisionnent, envoient leurs agents sur tous les marchés intérieurs, même dans les campements de nomades où réellement se font maintenant les échanges et les affaires. Par suite, les deux grandes villes ont perdu leur animation de grandes foires, mais leurs affaires n'ont pas diminué, loin de là. En réalité, la forme extérieure du commerce a changé, ainsi d'ailleurs que les routes traditionnelles des courants commerciaux, car actuellement le Fleuve tend de plus en plus à devenir la grande artère entraînant les marchandises dans le sens de l'Ouest et du Sud-Ouest.

Le commerce du Soudan, dans ces régions, prend trois aspects bien différents : le petit commerce local indigène, le grand commerce indigène et le commerce européen.

Le petit commerce local est des plus actifs sur les bords du Fleuve, dans les villages de pêcheurs et dans les agglomérations des montagnes. Les villages se réunissent généralement par groupe de six qui, chacun à tour de rôle, ont leur jour de marché. Sur ces marchés se trouvent surtout ces petits riens nécessaires à la vie habituelle indigène : épices, sel, noix de kola, poissons secs, fers, bijoux, produits de cultures céréales, fruits, tabac, cotons, etc.... bandes de toiles..., cire, miel...

C'est sur ce lieu d'échanges que les petits colporteurs indigènes échangent au détail les guinées et cotonnades européennes contre les marchandises indigènes qu'ils se proposent de présenter sur les grandes foires de la plaine. C'est, comme on le voit, un commerce de détail tout entier entre les mains des indigènes, où les marchandises européennes n'apparaissent qu'après avoir passé entre les mains de plusieurs revendeurs.

Le grand commerce indigène s'approvisionne à nos maisons européennes et par les achats faits aux petits colporteurs sur les grands marchés de la plaine lacustre; il est surtout fait par les commerçants aisés de Tombouctou et de Djenné, par certains chefs intelligents et les Kountas de la famille El Bakaÿ principalement.

Tombouctou en est resté le gros centre dans le Nord; son commerce consiste à fournir aux tribus nomades sahariennes leur approvisionnement en céréales et en étoffes, contre du sel et des bestiaux.

Le sel est exporté dans tout le Sud, mais quoique arrêté vers l'Ouest par le sel importé de France, il conserve depuis le Débo sa supériorité; en outre la capacité d'absorption de cette denrée dans tout le Sud-Est reste encore supérieure à toute la production locale.

Les bestiaux échangés avec le Nord ainsi que ceux achetés sur les grands marchés de la plaine nigérienne ou dans les campements nomades font l'objet d'un grand transit indigène vers le Sud.

Ce commerce, aujourd'hui encore entre les mains des indigènes, prend de jour en jour plus d'importance et déjà deux jeunes Européens nouvellement montés au Soudan vont tenter de le développer.

En effet, les animaux sont descendus vers les colonies côtières du golfe de Guinée, à petites journées, à la fin de la saison des pluies, vers novembre, décembre et janvier; on les achemine les uns par Dori et le Haut Dahomey sur la Nigeria anglaise, les autres par le Mossi et Salaga sur le Togo et la Gold Coast, enfin d'autres sur Bobo Diolasso et notre Haute Côte d'Ivoire. Tous sont destinés à approvisionner la zone forestière privée d'animaux de boucherie. Les bénéfices retirés de ces entreprises de longue haleine, il est vrai, sont très considérables, car les bœufs se vendent environ 150 francs dans le Sud, alors que leur prix d'achat varie entre 40 et 50 francs sur les bords du Fleuve; de même le prix des moutons passe de 5 francs à 20 francs.

A côté de ce grand commerce, qui semble appelé à un bel avenir pour notre Soudan si les colonies côtières entrent décidément dans une période d'heureux développement, subsiste toujours l'ancien commerce de province à province : exportation de sel, de poissons séchés, karité, miel, fournis par les régions riveraines du Fleuve, contre des kolas, bandes de coton, tissus indigènes, fers, etc., venus de l'intérieur, commerce qui donne toujours un chargement aux piroguiers du Fleuve et encourage dans l'intérieur les entreprises de transports avec les bœufs ou ânes à porteurs.

Quant aux opérations de nos grandes firmes commerciales qui jusqu'à présent paraissaient consignées dans cette région Nord à l'installation de grands bazars de vente en gros aux commerçants indigènes avec quelques achats de plumes, ivoires, cire, il semble également que cette dernière année elles se soient lancées dans une nouvelle direction. Depuis que le chemin de fer a concédé des tarifs de transports très réduits à la descente, que des fluviaux à vapeur appartenant à l'État et aux sociétés commerciales remontent les deux biefs du Niger, il s'est fait de gros achats de riz et de céréales dans toute la région lacustre. Ces céréales sont destinées à approvisionner les grands chantiers de construction publics, à fournir sur le Fleuve du Sénégal le riz que cette colonie demandait aux Indes, et enfin à approvisionner les indigènes de la Haute-Guinée, qui négligent leurs cultures depuis que la récolte du caoutchouc leur fournit un travail rémunérateur.

Donc cette région absolument agricole paraît déjà, comme on vient de le voir, rentrer dans une période d'exploitation normale, car elle contient tous les éléments d'un commerce prospère si elle peut arriver à fournir aux colonies forestières de la côte les denrées de première nécessité qui leur font défaut : les céréales et les animaux de boucherie dont les réserves sont inépuisables au Soudan. Ce développement économique sera peut-être moins brillant et moins rapide que celui des régions plus rapprochées de l'Océan contenant les riches produits agricoles que réclame l'industrie moderne, mais il sera peut-être plus stable. En revanche, il demandera un plus grand effort pour l'organisation de l'outillage économique; mais déjà en ce sens de grands progrès ont été accomplis; le Niger sillonné de vapeurs est relié au Sénégal par une voie ferrée, les chemins de fer des colonies de la côte grimpent à l'assaut des plateaux soudanais, et des routes sont créées journellement dans chaque circonscription administrative; enfin des missions hydrographiques relèvent soigneusement le cours du Grand Fleuve afin de pouvoir étudier facilement les travaux à exécuter pour assurer la stabilité du régime des inondations en augmentant le plus possible la superficie des terrains irrigables.

Devant les résultats acquis en si peu de temps dans cette colonie, et si nous songeons que nous avons ici comme auxiliaires les descendants des peuples qui ont créé Djenné, Tombouctou, Gao, villes commerciales si célèbres dans le monde au moyen âge qu'elles excitèrent jusqu'à nos jours la curiosité et l'imagination de l'univers, nous devons envisager avec beaucoup d'espoir l'avenir, en restant persuadés que nous pourrons continuer à appliquer le proverbe arabe :

« Contre la gale du chameau emploie le goudron et contre la misère, un voyage au Soudan. »

ÉTUDE
SUR
LA DISTRIBUTION GÉOGRAPHIQUE DES RACES
SUR LA CÔTE OCCIDENTALE D'AFRIQUE
DE LA GAMBIE À LA MELLACORÉE

PAR M. LE Dr MACLAUD,

Chargé de missions du Ministère de l'instruction publique.

Il est peu de contrées dans le monde qui nourrissent une aussi grande variété de races humaines que la partie de l'Afrique occidentale qui s'étend de la rivière de Gambie à la frontière franco-anglaise de Sierra-Leone. Le voyageur s'y trouve en présence d'un véritable «pandemonium», où sont représentés, pêle-mêle avec leurs vainqueurs, les débris des populations nègres qui ont habité jadis les territoires du Haut-Sénégal et de la boucle du Niger et que des invasions plus ou moins récentes, venues du Nord-Est, ont rejetées sur le littoral de l'Atlantique.

L'observateur le moins bien préparé reconnaîtra sans difficulté les différences profondes qui séparent les nouveaux venus d'avec les premiers habitants du sol; mais ce n'est qu'avec beaucoup de peine qu'il retrouvera les liens de parenté qui unissent entre elles les peuplades vaincues. Leur contact prolongé avec les races envahissantes et surtout la nécessité où elles se sont trouvées de s'adapter aux conditions de leur nouveau milieu, ont apporté une perturbation considérable dans leur ethnique et ont même modifié, dans une certaine mesure, leur habitat extérieur.

Malgré cette différenciation, il semble néanmoins évident, pour des raisons que j'exposerai plus loin, que toutes les peuplades, aujourd'hui éparses le long de la côte et sur la lisière de la grande forêt de la Côte-d'Ivoire, procèdent d'une commune origine. Je grouperai donc, dans cette brève étude, sous le nom très imprécis d'ailleurs, de *races aborigènes*, les divers groupements qui peuplent l'Ouest africain et qui me paraissent issus d'une grande race nègre, autrefois prédominante dans toute la région nigérienne.

Par contre, j'appellerai *races soudaniennes* les tribus envahissantes, foulbés ou mandingues, dont les migrations ont laissé une trace dans les traditions locales et dans les *Tarich* des historiens arabes. Les grandes lignes de leurs invasions sont aujourd'hui connues, et leur relation ne saurait entrer dans le cadre de cette note. Je ne les rappellerai que pour mémoire, laissant au lecteur le soin de se reporter aux ouvrages originaux et aux traductions récentes des Arabes[1]. Toutefois il ne me paraît pas sans intérêt de mentionner les déplacements que ces peuplades ont effectués depuis le moment où elles se sont trouvées en contact avec les représentants de la civilisation européenne.

Nous possédons dès à présent d'amples renseignements sur un certain nombre de peuplades indigènes de l'Afrique occidentale : la plupart d'entre elles sont journellement en contact avec l'Européen, et leurs caractéristiques anthropologiques et ethnographiques nous sont assez bien connues. Mais il existe çà et là des familles qui se sont trouvées en dehors des grandes voies de la pénétration européenne et sur lesquelles nous n'avons encore que des données fort incomplètes. La sauvagerie de quelques-unes a éloigné d'elles les colons et les commerçants, et la *paix romaine* que leur a imposée la civilisation blanche est encore trop récente pour avoir permis à la science de les étudier d'une manière profitable.

De remarquables efforts ont cependant été tentés par nos explorateurs et nos administrateurs, notamment par M. le regretté Dr Rançon[2] pour les populations de la Haute-Gambie, par M. G. Paroisse[3] pour les indigènes de la Guinée française, par le Dr Lasnet[4], de l'armée coloniale, pour les races sénégalaises, et plus récemment par M. J. Leprince[5], de la Mission de délimitation de la Guinée portugaise, qui a consciencieusement enquêté

(1) Houdas, *Tarich-ès-Soudan.*

(2) Dr Rançon, *Dans la Haute-Gambie*, 1895.

(3) G. Paroisse, *Note sur les peuplades autochtones de la Guinée française.* (*L'Anthropologie*, 1896.)

(4) Dr Lasnet, *Une mission au Sénégal*, 1900.

(5) J. Leprince, *Revue coloniale*, 1905.

sur les Diola, les Bayotte, les Bagnounka, les Brame et les Balante de la Basse-Casamance.

Mais le champ des investigations reste encore très étendu : c'est ainsi que les peuplades de la Guinée portugaise (Papel, Biaffare, Manjake, Bijougo, etc.), les tribus du Rio Componi (Yola, Tenda Baga Madori, etc.) et celles du Rio-Nuñez (Baga foré, Nalou, Landouman) ne nous sont guère connues que par les rapports incomplets des administrateurs coloniaux ou par les racontars suspects des races voisines.

Je me contenterai donc, pour le moment du moins, d'indiquer avec toute la précision possible, sans m'occuper autrement de leurs caractères spécifiques, la localisation actuelle des groupements nègres de l'Ouest africain, les modifications qu'ils ont apportées à leur habitat et les tendances que manifestent certains d'entre eux à essaimer vers d'autres territoires.

1. RACES SOUDANIENNES.

Il est hors de doute que les derniers venus en Afrique occidentale sont les Peulh (Foulbé), les Mandingues [1] (Mandé) et les Soninké (Sérék-houllé). Ce sont eux qui, par la force des armes ou par infiltration lente, ont repoussé vers la mer les primitifs occupants des territoires, alors boisés, de la Boucle du Niger.

Leurs invasions ne se sont pas toujours produites en masses compactes, projetées en avant par le choc de celles qui les suivaient dans leur exode, comme le fait s'est produit au moment où les Barbares assaillirent l'Empire romain. En Afrique occidentale, les envahisseurs des différentes races se sont avancés en groupes plus ou moins denses et leurs colonies se sont trouvées, à un moment donné, enchevêtrées les unes dans les autres. Les combats acharnés que se sont livrés ces tribus isolées remplissent l'histoire des deux derniers siècles. Quelques conquérants, tels que El-Hadj-Omar, Tiéba, Samory, pour ne citer que les plus célèbres, ont tenté de grouper en un seul faisceau les hommes de leur race, mais les empires éphémères qu'ils ont réussi à fonder, n'ont eu d'autre résultat que de déraciner des populations qui commençaient à se fixer au sol conquis par leurs pères.

[1] Mandingue est le nom francisé des *Mandinké* ou *Malinké*.

Aujourd'hui que l'ère des grandes conquêtes semble close, les Foulbé et les Mandingues, toujours entraînés par la force irrésistible qui les pousse vers la mer, entament pacifiquement, l'Islamisme aidant, les territoires des peuplades du littoral, et continuent inconsciemment l'œuvre de leurs ancêtres.

A. Famille Peulh [1].

Je n'ai jamais rencontré dans l'Ouest du 14e méridien et dan le Sud du 13e parallèle de Foulbé de race pure [2], du moins à l'état de groupement.

Les Foulbé qui habitent l'Ouest africain sont, à n'en pas douter, fortement mêlés de sang nègre, soit qu'ils aient été métissés par les Mandingues (Toucouleur), soit qu'ils aient subi l'empreinte des populations dont ils ont conquis le territoire (Foulacounda).

L'organisation de la famille peulh, du moins dans la partie de l'Afrique qui s'étend entre le Haut-Niger et l'Atlantique, donne toute facilité à l'adultération de la race. Il est en effet permis au chef de famille d'épouser une ou plusieurs femmes esclaves : les enfants qui naissent de ces unions sont de condition libre et conservent le nom de Foulbé. Si l'on considère que la population servile des pays foulbé est constituée par des individus d'origines les plus diverses, on comprend qu'au bout de quelques générations, le type actuel soit quelque peu différent du type original : c'est ce qu'a pu constater M. le Dr Verneau quand il a étudié les crânes de Foula que j'ai rapportés du Foûta-Diallon en 1898.

Pour ces raisons peut-être, et pour des motifs d'ordre politique, les Foulbé occidentaux sont une race en pleine dégénérescence : leurs caractères spécifiques persistent rarement dans le cas de mélange avec des races dont le type est plus fixé.

Quoi qu'il en soit, les Peulh de la région qui nous occupe se divisent en trois groupes principaux : *a.* les Foulbé Foûta ou Foula du Foûta-Diallon ; *b.* les Foulbé foro ou Foulbé libres du Fouladou (Haute-Casamance) et *c.* les Foulacounda de la Guinée portugaise

La distinction entre les deux derniers groupes est assez peu jus-

[1] Peulh ou Poul, ou encore Poullo, selon les dialectes, se dit au pluriel Foulbé.

[2] M. l'Administrateur adjoint Guebhard, qui a longtemps habité le Foûta-Diallon, a vu, au village de Bounaya, plusieurs familles foulbé pures. Ces Peulh, qui s'appellent eux-mêmes *Poulli*, vivent à l'écart de leurs voisins. Ils sont d'ailleurs en voie de disparition.

tiliée : les indigènes les confondent souvent sous la dénomination de Foulacounda. À ces familles, il convient d'ajouter celles des Irlabé, des Déniankć et la tribu des Houbbou, qui ne sont actuellement représentées que par un petit nombre d'individus.

1° FOULBÉ FOÛTA OU FOULA DU FOÛTA-DIALLON
(VOIR LA CARTE. — N° 1.)

Les Foulbé Foûta (au singulier, Poullo Foûta), comme ils s'appellent eux-mêmes, habitent le Foûta-Diallon. Les Soussou les désignent sous le nom de *Foula;* les Mandingues les nomment *Foutanké* (hommes du Foûta).

Je me garderai bien d'émettre une opinion sur leurs origines, car les nombreuses théories qui ont été édifiées à ce sujet ne reposent, à mon avis, sur aucune base sérieuse. Une légende, très répandue dans le pays, les fait venir du Foûta sénégalais, qu'ils auraient quitté, il y a trois siècles, sous la conduite d'un chef nommé *Koli*[1]. Les Foûta foro et les Foulacounda n'auraient pas tardé à les suivre dans leur exode, tandis que les Foulbé du Foûta Toro (Podor) se seraient dirigés vers l'Ouest pour envahir le pays qu'ils occupent actuellement.

Quoi qu'il en soit, il est indiscutable que les Foulbé Foûta se trouvaient déjà dans le Foûta-Diallon, au commencement du XIIIe siècle. Dans la relation de son voyage au Bambouk (1727), Charpentier[2], agent de la Compagnie des Indes, signale au sud du Sangala, les *Foulles Guyallons*, qu'il est impossible de ne pas identifier avec les Foulbé du Foûta-Diallon.

Les traditions locales et les «Tarich» des Timbi rappellent que les Foula ont trouvé dans le pays les Soussou ou Diallonké (habitants du Diallon), au milieu desquels ils se sont établis en nomades, avec leurs troupeaux. En moins de cinquante ans, ils ont réussi à refouler leurs hôtes au sud du Konkouré et à l'ouest de la rivière Manga, affluent de la Fatalla.

[1] Il paraît démontré que l'invasion peulh ne se produisit pas d'un seul coup : les premiers arrivants seraient les Poulli, presque blancs, qui n'existent plus que dans les massifs montagneux presque inaccessibles. Les pasteurs, de race toucouleur, ne seraient venus que longtemps après.

[2] MACHAT, *Documents sur les établissements français de l'Afrique occidentale*, 1906.

Vers la fin du XVIIIe siècle, un certain nombre de familles musulmanes d'origine mandingue pénétrèrent dans le Foûta et s'établirent au milieu des Foulbé pasteurs. Elles ne tardèrent pas à prendre sur ces derniers une influence considérable, même dans les provinces les plus reculées. Pour se défendre contre de nouveaux envahisseurs, elles se réunirent en confédération et surent intéresser à leur cause quelques familles foulbé, notamment les Irlatbé. Les plus illustres de ces Mandingues sont les Seïdianké, qui acquirent par un coup de force la prépondérance sur la province de Timbo.

De nos jours encore, ces familles mandingues constituent l'aristocratie du pays. Leurs représentants se métissèrent bientôt avec les Foulbé, en épousant des filles des pasteurs; aujourd'hui, ils ne se distinguent plus des Foula que par leur arrogance et leurs habitudes de violence. Ils conservent fièrement leurs noms mandingues[1] et considèrent comme une injure sanglante le nom de *Foula* qui leur est donné par les étrangers. Ils affectent le plus profond mépris pour les gens du pays qu'ils appellent dédaigneusement *Foulbé bourouré* (Peulh de la brousse). Jusqu'à l'occupation française, ces derniers n'étaient guère mieux traités que les esclaves importés des pays voisins; ils ne pouvaient, il est vrai, être vendus comme l'étaient les captifs, mais leurs biens étaient à la merci de leurs oppresseurs.

Depuis Karamokho Alfa, les Almamys du Foûta-Diallon et les chefs des provinces ont toujours été choisis dans la famille Seïdianké. Dans les diwal (provinces) de l'Est, la plus modeste place de chef de village ne peut être remplie par un Peulh bourouré.

Sous l'influence des chefs Seïdianké, les Foulbé Foûta ont, à plusieurs reprises, tenté d'empiéter sur les territoires de leurs voisins. Les Almamys de Timbo, qui avaient depuis longtemps établi leur pouvoir sur tout le Foûta, ont pris part à toutes les grandes guerres qui se sont faites dans leur voisinage.

Malgré leur nombreuse armée d'esclaves de guerre (*sofa*) et leurs mercenaires mandingues, les chefs musulmans comptèrent plus de revers que de succès. Il y a moins de trente ans que les Houbbou et leur chef Abal entrèrent en vainqueurs à Timbo et que les Soussou disputèrent victorieusement aux Almamys le passage

[1] Leurs *diammou* sont encore : Seidianké (Keïta), Sérianké, Modianké, Sanaranké, évidemment mandingues.

du Konkouré. Leurs campagnes contre les Diallonké de la Falemé furent désastreuses.

Plus près de nous, le chef du Labé, Alfa Yaya[1], fit des incursions dans le Foréa et le N'gabou, ruina le Badiar et le Pakési, mais échoua piteusement contre les Koniagui.

Les Seïdianké ne firent jamais ouvertement alliance avec Samory; ils l'aidèrent de leurs subsides tant qu'ils le crurent victorieux, mais furent les premiers à applaudir à sa défaite. Leur duplicité fut punie par l'arrivée d'une colonne française, devant laquelle ils se hâtèrent de se soumettre, rappelant à propos qu'ils étaient les alliés de la France (1896).

Au contraire, les Foulbé eurent toujours l'avantage quand ils se bornèrent à employer le moyen qui a toujours si bien réussi à leurs pères, à savoir l'infiltration pacifique. Ce procédé, que nous avons eu l'occasion d'observer à plusieurs reprises, au cours de ces dernières années, est toujours le même : un essaim nomade s'avance avec ses troupeaux le long d'une rivière et demande aux gens du pays de faire paître leurs bœufs sur des terres inoccupées; le chef de la tribu, généralement un marabout qui prend le titre de *wali* (vali), fonde, à côté de son *goré* (parc à bestiaux), une *missidi* (mosquée). Il paye sans protester le droit de pacage aux possesseurs du sol, jusqu'au jour où l'arrivée de nombreuses recrues lui permet de modifier son attitude. Les légitimes propriétaires sont à ce moment en butte à toutes les tracasseries imaginables; les puits sont dégradés, les clôtures des champs détruites pour en permettre l'accès aux troupeaux. Les vols se multiplient, les rixes deviennent plus fréquentes et plus meurtrières, jusqu'au jour où les «infidèles» cèdent, de guerre lasse, la place à d'aussi désagréables voisins. Parfois l'expulsion des propriétaires a lieu à main armée et les Bourouré poltrons se transforment en massacreurs impitoyables. C'est ainsi qu'ont procédé jadis les Foulbé avec les Soussou; c'est ainsi qu'en ont usé les gens du Wali avec les Diallonké du Goumba (1892), le marabout senoussi de Boussoura avec les Koniagui (1893), les Foulbé des Timbi sur la Fatalla (1893), le Wali de Bakdadja dans le nord du Koïn, 1900, etc.

Aujourd'hui les Foula profitent de la sécurité que l'occupation française a apportée dans le pays pour continuer leur expansion

[1] Métis de race peulh, son «diammou» est Denianké.

dans les contrées voisines. Chaque jour marque pour eux une étape nouvelle; d'ici à quelques années, ils auront poussé leurs troupeaux jusqu'au bord de la mer et obtenu ainsi un résultat que leurs chefs Seïdianké n'ont pu réaliser par la violence.

D'autre part, le Foûta-Diallon n'est plus aujourd'hui la terre inhospitalière qu'il était encore il y a quelque dix ans. A leur grand regret, les Seïdianké ont dû perdre l'habitude de rançonner les caravanes sur les grands chemins (*droit de lappol*). Le pays est aujourd'hui parcouru par d'innombrables traitants (*dioula*) mandinké et soussou, qui ne craignent plus de s'y aventurer, confiants qu'ils sont dans la protection que leur assure l'autorité française. Avec les produits européens, ils y importent des idées nouvelles, qui modifient du tout au tout les conditions économiques et sociales dans lesquelles les Bourouré s'étaient cristallisés, sous la tyrannie brutale et cupide des Seïdianké.

Le chemin de fer de Konakry au Niger complétera cette œuvre de pénétration réciproque des races, hier encore ennemies, et en effectuera le mélange pour le plus grand bien de la civilisation et de l'humanité. Mais cette résolution ne s'accomplira pas sans amener des ruines, comme nous le verrons plus loin, quand il sera question des Mikhiforé.

2° Foulbé de la Haute-Casamance ou Foula foro du Fouladou.
(Voir la carte. — Nos 2 et 3.)

L'énumération des différences ethnographiques qui distinguent les Foulbé de la Haute-Casamance de ceux du Foûta-Diallon ne saurait trouver sa place dans cette étude rapide. Ces caractères spécifiques sont d'ailleurs assez peu marqués, et l'on peut affirmer sans témérité que les gens du Fouladou ne diffèrent de ceux du Foûta qu'en ce que l'Islam ne les a pas encore marqués de son empreinte indélébile. On pourrait ajouter que les premiers, s'étant moins laissé adultérer par le sang des races serviles, ne présentent pas, au même degré, cette abjection et cette dégénérescence qui ont frappé tous les voyageurs[1] au Foûta-Diallon.

Pendant de longues années, les Foula foro ont été opprimés par les Mandinké, qui agissaient, à leur égard, comme les Seïdianké

[1] O. de Sanderval, *De l'Atlantique au Niger par le Foutah-Djallon*, 1882.

Elle est cantonnée dans la Fita, région boisée qui sépare le haut Tinkisso de Farana. Elle a su défendre son indépendance contre les Almamys Seïdianké, qui ont tenté à plusieurs reprises de l'asservir. Bien qu'ils s'affirment de même race que les Foulbé fouta, les Houbbou ont rendu coup pour coup à leurs agresseurs; ils prirent et brûlèrent Timbo vers 1880, et leur chef tua de sa main l'Almamy du Foûta. Aujourd'hui encore, ils viennent razzier les esclaves et les troupeaux des Foula jusque sur les bords de Bafing.

On retrouve un autre noyau de Houbbou tout à l'autre extrémité du Foûta-Diallon, sur la limite occidentale du Bové, entre le Rio-Nuñez et le Rio-Pongo. Leur principal village est Kavessi; là, comme au Fita, les Houbbou vivent en désaccord avec leurs voisins.

5° Irlabé.

La famille poulh des Irlabé (au singulier Guirladiò) ne compte au Foûta-Diallon qu'un petit nombre de représentants, qui vivent disséminés dans les environs de Timbo. Elle est originaire de Saldé, sur le Sénégal, où habite encore le gros de la tribu.

S'il faut en croire les traditions locales, les Irlabé auraient été les guides, sinon les chefs des pasteurs foulbé, au moment de leur exode vers le massif montagneux du Foûta. Avant l'arrivée des Mandinké, ils constituaient avec les Dénianké et quelques autres familles foulbée, l'aristocratie des nomades, qui leur payaient une sorte de tribut.

Les Mandingues ne leur firent pas subir le sort des Bourouré : ils firent alliance avec eux et leur accordèrent des prérogatives importantes; de nos jours encore, les Irlabé sont consultés pour le choix de l'Almamy de Timbo.

6° Denianké.

Les Denianké ou Delianké jouent dans le nord du Foûta, le rôle des Irlabé dans les provinces de l'Est. Comme ceux-ci, ils ont eu le rôle de « famille guide » (*ardo*); cette particularité se retrouve, non seulement chez les Toucouleur, mais dans toute la race peulh[1].

[1] Les Irlabé (Dial diallo), les Denianké (Diakité), seraient venus au Fouta, s'il faut en croire certaines traditions, peu de temps avant les familles qui constituent aujourd'hui l'aristocratie du Fouta (Seidianké, Serianké, Sanaranké), mais longtemps après les Poulli et les Foulbé bourouré.

Les Irlabé et les Denianké m'ont paru être moins métissés que les Toucouleur et les Foula.

7° Torodo, etc.

Je ne citerai que pour mémoire les colonies de Torodo (Toucouleur du Foûta-Toro-Podor) qui se fixent autour des chefs, comme conseillers (*batoula*) ou comme gardes du corps (*sofa*).

Il en est de même des Laobé, qui viennent du Sénégal pour fabriquer et vendre des ustensiles en bois.

On rencontre aussi dans les pays musulmans des gens de coloration claire qui se disent descendants du Prophète (*chérif*). Ce sont le plus souvent des métis de Marocains et de Toucouleur.

B. Familles mandingues.

Il paraît démontré par le témoignage des auteurs arabes que l'empire Mandé, en se disloquant, a donné naissance à différentes familles, dont les plus importantes sont les Mandé-Bambara, les Mandé-Dioula, les Mandé-Malinké et les Mandé-Soussou. Deux d'entre elles et non les moindres, ont poussé leurs invasions jusque dans l'Ouest africain : ce sont les Malinké et les Soussou.

Les premiers sont plus connus sous le nom de Mandingues; Malinké et Mandinké ne sont d'ailleurs que le même nom, prononcé d'une manière différente. Leurs tribus ont surtout porté leur effort entre le Sénégal et le Moyen-Niger.

Les seconds, les Soussou ou Soso, ont pris une route plus méridionale et se sont localisés de bonne heure sur la rive gauche du Haut-Niger.

Je ne m'occuperai, dans cet article, que de ces deux familles mandingues, en y ajoutant l'étude des colonies fondées récemment en Afrique occidentale, soit par des émigrants libres, soit par des esclaves fugitifs appartenant à la grande race mandingue (Mikhiforé).

1° Mandingues de la Haute-Casamance. (Voir la carte. — N° 6.)

Il est vraisemblable que l'arrivée des Mandingues dans la Haute-Casamance ait eu lieu à des époques successives. De plus, il est probable que les différentes tribus envahissantes n'avaient entre elles que des parentés très éloignées et que leurs caractères spécifiques ne se soient effacés qu'après une longue cohabitation. Les Mandingues de la Casamance et ceux de la Guinée portugaise sont, en effet, bien loin de constituer une race homogène. En outre de ceux que les indigènes appellent *Mandingues* (*Malinké*), ceux de la province de Farinko reçoivent le nom de *Sosée*, ceux du Fambantan se voient attribuer la dénomination de *Soninké* et enfin le groupement qui habite la rive gauche de la rivière de Farim est désigné sous l'appellation *Veïnké*. Toutes ces peuplades parlent l'idiome mandingue. Leurs mœurs ne nous sont pas assez connues pour que nous puissions conclure à leur identité, ou les déclarer étrangères les unes aux autres. Toutefois, le niveau social relativement élevé des Mandingues musulmans, le fanatisme guerrier des Veïnké, et l'abjection morale et physique où croupissent les Sosée et les Soninké ivrognes, semblent plutôt être le résultat d'une diversité d'origines qu'une différenciation occasionnelle produite dans une même race par l'Islam.

2° Sosée et Soninké. (Voir la carte. — N° 7.)

Sosée et Soninké m'ont paru n'être que deux noms différents donnés à une même peuplade qui habite au nord de Farim, le long de la rivière Mamparé et du Rio Cachéo. Les Foulbé emploient de préférence la dénomination de Sosée qui désigne, à les en croire, un homme de race mandingue, fétichiste et buveur de vin de palme. Au contraire, les musulmans attribuent au nom de Soninké, la signification méprisante d'infidèle et d'ivrogne : c'est dans leur esprit plutôt un sobriquet qu'une indication ethnique. Il est d'ailleurs évident que cette peuplade ne présente aucun caractère commun avec les représentants actuels de la famille Soninké en Afrique occidentale. Au cours des deux derniers siècles, les Soninké fétichistes (Markanké) ont maintes fois infligé de sanglantes défaites aux Mandingues musulmans : sans doute, le nom de l'ennemi détesté est devenu pour eux une injure dont leur fanatisme flétrit une race infidèle. Le fait n'a rien qui puisse surprendre et les exemples en sont nombreux : c'est ainsi que les gens de Kong appellent *Bambara* les gens de race sénoufo, que les Foula de Timbo donnent à tous les ivrognes le nom de *Diallonké*, etc.

On ne peut s'empêcher d'autre part de rapprocher le nom des

Sosée de celui des Soussou. Les Sosée ne seraient-ils alors qu'une tribu aberrante qui se serait détachée des Mandé-Soussou à l'époque de leur grand exode? Cette hypothèse ne présente rien d'absurde en soi, car, si les Sosée ont adopté l'idiome des Mandingues, ils ont conservé dans leur aspect physique une ressemblance marquée avec les Soussou de la Guinée[1]. Seule l'étude scientifique de cette intéressante peuplade pourra trancher la question.

3° Veïnké ou Ouïnké. (Voir la carte. — N° 8.)

Il existe sur la rive gauche du Rio Cacheo, un peu en aval de Farim, un important groupe mandingue que les rares voyageurs qui l'aient visité prétendent très différent des Malinké de la Casamance. La province qu'ils habitent s'appelle Wèye ou Vèye (Oyó en Portugais) et eux-mêmes prennent le nom de Veïnké ou Voïnké.

Cette population est, dit-on, fanatique et belliqueuse. Malgré deux campagnes meurtrières, le gouvernement portugais n'a pu les amener à une soumission complète.

Enserrés entre les Balante et les Foulacounda, avec lesquels ils sont en guerre continuelle, ils auraient, m'a-t-on dit, demandé aux Mandingues du Brassou français, de leur céder un territoire sur les bords du marigot de Tanaffe.

Les Veïnké prétendent n'avoir rien de commun avec les Malinké : aussi, ne serait-il pas sans intérêt, quand nous serons renseignés sur leurs caractères ethnographiques, de les comparer à leurs homonymes, les Weï de Liberia et les Weï ou Kalodioula du Nord de l'Achanti, qui appartiennent les uns et les autres à la race Mandé.

4° Malinké. (Voir la carte. — N° 6.)

Avant l'arrivée des Foulbé, les Mandingues (Malinké) s'étendaient sur les deux rives de la Casamance jusqu'au marigot de

[1] Le colonel Frey écrit que les Soninké sont une famille des Soussous ou Soso.,.. (p. 86). Col. Frey : l'Annamite mère des langues. Paris, 1892.

D'autre part le Dr Tautain rapporte que les Soussous détruisirent en 1203 le royaume soninké de Wagadou (Ghanata des auteurs arabes). Dr Tautain, Légendes et traditions des Soninké, ap. *Bull. de géogr. historique et descriptive*, 1895.

Songrogrou et sur le Cachéo jusqu'à la rivière de Simbore, qui les séparait des Balante; il est probable qu'ils avaient trouvé dans le pays les Diola qu'ils ont rejetés sur la rive droite de la Casamance, les Biaffade qu'ils ont repoussés vers l'embouchure du Geba, les Laudouman et les Nalou qu'ils ont obligés à se réfugier dans le N'Gabou, d'où les Foulacounda les chassèrent d'ailleurs peu de temps après.

Pendant de longues années, ils se laissèrent pénétrer par les nomades foulbé qu'ils regardaient comme des gens incapables de se défendre. Leurs chefs considéraient même les nouveaux venus comme leurs vassaux, et parfois comme de simples captifs taillables et corvéables à merci. Les événements de 1869 leur infligèrent un cruel démenti : ils durent reconnaître la suprématie des Foulbé dans toute la région qui s'appela depuis le Fouladou (pays des Foula).

Leurs tentatives pour reprendre le pouvoir furent écrasées dans le Pakési en 1894, et l'année suivante, le roi du Fogny, Fodé Kaba, vit sa citadelle détruite par une colonne française.

Ne pouvant plus espérer reconquérir par la force leur influence perdue, les Mandingues se servent de l'Islamisme pour reprendre leurs positions dans le pays : leurs mosquées de Sandiniery et de Karantaba, sur la rive gauche de la Casamance, attirent de nombreux fidèles et chaque année voit augmenter le nombre de leurs prosélytes chez les Foulbé. Le marabout de Sandiniery est écouté, non plus seulement dans les pays mandingues et foulbé, mais les Diola, les Bagnounka et autres peuplades fétichistes de la côte s'arrachent à prix d'or ses oracles.

Cette propagande religieuse en vue d'une conquête politique est à la fois dans la tradition de l'Islam et dans celle de la race Mandé. Toutes les fois qu'ils n'ont pu user de la force brutale, les Mandingues ont employé un procédé d'infiltration progressive, qui ne le cède en rien à la méthode cauteleuse des Foulbé.

On sait que les Mandé sont d'infatigables voyageurs; leur esprit d'aventures et surtout l'appât du gain les entraînent dans les contrées les plus lointaines et les plus inhospitalières. Je connais des dioula mandingues des bords du Haut-Niger qui ont visité Grand-Bassam, Lagos et le Sokoto. En 1895, j'ai retrouvé à Konakry un colporteur qui m'avait vu à Kong en 1893.

Or, il arrive parfois qu'au cours de ses pérégrinations, un marabout rencontre une localité peuplée d'infidèles, qui lui paraît propice à ses desseins. Il s'y arrête avec sa femme, qui porte sur sa tête les ustensiles du ménage, le métier à tisser et l'inévitable exemplaire manuscrit du Coran. Près de la case en pisé qu'il ne tarde pas à bâtir, l'ombrage d'un arbre lui tient lieu de mosquée. Entre les heures des prières, il tisse des pagnes bariolés de bleu; ses longues méditations et son air inspiré ne manquent pas d'attirer sur lui l'attention de la foule; quelques prédictions habiles et quelques remèdes distribués à propos le classent comme conseiller favori du chef.

L'année suivante, tout le village infidèle porte des amulettes, et le marabout n'est plus seul à la prière. Bientôt des compatriotes errants se joignent à lui : un marché s'étend devant la mosquée...

La communauté mandingue fait tache d'huile et, un beau jour, elle se sent assez forte pour rejeter hors du village les indigènes dont la présence seule est un outrage pour la sainte mosquée. Souvent un massacre général des infidèles consacre les droits des nouveaux venus...

Alors, dans la nouvelle colonie, se produit invariablement un phénomène d'un symbolisme extrêmement curieux : le chef musulman, nommé par les Mandé, ne se considère comme revêtu de la puissance temporelle que lorsqu'il a été couronné par le représentant de la race dépossédée. C'est ainsi qu'à Kong, l'Almamy tient le pouvoir d'un rejeton méprisé des chefs Zazéré et que, dans les communautés du Barabo (Sanguéwi, Yoroboudi, Talahénéi, etc.), le chef religieux est intronisé par un Pakhalla. A Timbo, l'Almamy Seïdianké ne peut ceindre les neuf couronnes du Foûta qu'après l'assentiment des Irlabé, les anciens guides des Bourouré, etc.

Le peu de temps que j'ai passé chez les Mandingues de la Haute-Casamance ne m'a pas permis de rechercher les vestiges de cette tradition. Il serait d'ailleurs à souhaiter, pour cette raison et pour d'autres, que des observations précises fussent recueillies sur les mœurs des Mandingues, des Sosée et des Veinké de la Casamance et du Cachéo.

5° Colonies mandingues diverses.

En dehors des groupements que je viens de signaler, on rencontre encore un assez grand nombre d'îlots mandingues qui ont résisté à l'invasion peulh ou qui se sont installés sur des territoires déjà occupés par d'autres races.

Dans le Mana et le Pakési, provinces portugaises qui s'étendent sur la rive droite du Rio Grande (Koli), les Mandingues ont pu rester presque indépendants, malgré les attaques des Foulbé du Foûta et la prise de Kankelefa par les troupes françaises (1894). Ces deux provinces ont demandé protection au chef foulacounda du N' G. abou, dont elles se reconnaissaient vassales.

Le village de Touba, sur le Rio Grande qui dépend nominalement du chef du Labé (Foûta), a été fondé par la famille des Diakanké.

Ces Diakanké ont essaimé dans la vallée de Tiguilinta (haut Rio Nuñez) jusque dans les environs de Boké où elles sont connues sous le nom de *Touba-Kaye* (en soussou, gens de Touba).

Dans tout le massif du Foûta-Diallon, et surtout dans la partie septentrionale, on trouve des colonies mandingues, d'origines diverses, fondées depuis l'occupation française. Elles sont composées principalement de traitants (*dioula*), de cordonniers (*garanké*), de forgerons (*noumouké*), etc., qui sont venus des bords du Niger et du Ouassoulou.

Souvent, ces immigrés mandingues s'établissent dans le voisinage des villages foula : on reconnaît leurs quartiers à leurs cases plus petites et plus rapprochées les unes des autres.

Parfois, ils se groupent en agglomération distincte : leurs villages présentent cette particularité qu'ils s'élèvent le long des cours d'eau, alors que les Foulbé dressent habituellement leurs demeures au sommet d'un mamelon, d'où ils peuvent surveiller l'arrivée de l'étranger.

Ces Mandingues vivent en paix avec la population peulh qui les entoure : à l'encontre de leurs hôtes, ils se montrent très favorables à l'extension de l'influence européenne.

6° Mikhiforé. (Voir la carte. — N° 9.)

Les Soussou appellent *Mikhiforé* (1) (hommes sauvages) et *Foulakougni* (captifs des Foula), des groupements hétérogènes composés d'esclaves « marrons » évadés du Foûta-Diallon.

(1) On dit également Mekhiforé, Mokhoforé et même Mandi-foré.

Les Mikhiforé sont actuellement établis entre le Rio Nuñez et le Rio Pongo, dans la région boisée qui s'étend au Sud-Ouest du pays des Landouman et à l'Est des Bagaforé. Ils comptent une douzaine de villages prospères, dont les principaux et les plus peuplés sont Wankifon et Kaneitaye.

Un autre centre, auquel on réserve plus spécialement le nom de *Foulakougni*, s'est développé dans la haute vallée de la Kolenté, à l'Ouest de la province soussou du Goumba : ce groupement est en voie de disparition, les anciens captifs qui le constituaient ayant pour la plupart regagné les territoires du Haut-Niger[1].

Les Mikhiforé et les Foulakougni ont eu à se défendre contre leurs anciens maîtres qui ont souvent tenté de les ramener en captivité. D'autre part, les Soussou, voyant en eux une proie facile, ont à plusieurs reprises dévasté leurs villages, sous prétexte que les Mikhiforé pillaient leurs caravanes de commerce et venaient razzier leurs troupeaux jusqu'aux rives du Rio Pongo. Il est très possible que les conditions précaires de leur existence et peut-être aussi un sentiment de vengeance contre les Foula aient développé chez les premiers Mikhiforé certaines habitudes de brigandage et que les actes de piraterie qui leur étaient reprochés ne fussent pas tous inexacts. Le fait est qu'à la suite des plaintes des gens du Pongo et du Bové, l'autorité française a été obligée de diriger contre les réfugiés plusieurs colonnes de police (Mikhiforé, 1889; Foulakougni, 1894).

Aujourd'hui, ces anciens captifs vivent en paix dans leurs villages et au milieu de leurs cultures. Ils se sont résolument placés sous la tutelle de l'Administration française qui leur garantit l'indépendance et la sécurité; l'existence libre qu'ils ont conquise a effacé chez eux le dernier vestige de la dégradation servile dans laquelle ils ont si longtemps vécu.

L'origine et le développement des communautés Mikhiforé sont liés à un phénomène social du plus haut intérêt, qui transforme sous nos yeux les conditions économiques de la Guinée française : je veux parler de la disparition prochaine de l'élément servile dans le Foûta-Diallon. L'étude détaillée de cette évolution m'entraînerait en dehors des limites de cet article : elle soulève en effet des problèmes administratifs sur lesquels il ne m'est pas permis d'émettre une opinion. Toutefois il ne me paraît pas sans intérêt d'indiquer

[1] Il en restait encore 1800 au recensement de 1901.

brièvement les raisons qui ont provoqué cette remarquable évolution.

On sait qu'au Foûta-Diallon il existe, en dehors de la population libre composée, comme je l'ai dit précédemment, des paysans (Foulbé bourouré), des castes dirigeantes (Seïdianké, Demianké, Irlabé, etc.) et des dissidents (Poulli, Houbbou, etc.), un nombre considérable d'esclaves de provenances diverses ; on y trouve en effet :

1° Des captifs de case (*Ouébé*), nés au Foûta de parents esclaves et dont la loi musulmane interdit la vente : ce sont eux qui fournissent les « *satigué* » (chefs des villages de culture) et les « *sofa* » ou captifs susceptibles d'être armés en temps de guerre ;

2° Les captifs de commerce (*Matioubé*; au singulier, *Matioudo*), importés au Foûta-Diallon par les caravanes spéciales qui les ont achetés aux chefs guerriers dans les pays razziés.

Dans ce groupe, comptent également les prisonniers que les Foula ont eux-mêmes enlevés au cours des expéditions contre les peuples voisins ;

3° Un grand nombre d'indigènes des pays limitrophes (Siguiri, Kouroussa, etc.), qui, fuyant les colonnes de Samory et de ses lieutenants, sont venus demander aux Fouta une hospitalité que ceux-ci ont traîtreusement transformée en servage[1].

Quelles que soient leurs origines, ces esclaves sont également maltraités : parqués dans leur « *roundé* »[2], ils vivent, à demi nus, dans une profonde misère. C'est à peine si leurs maîtres leur abandonnent une part dérisoire des produits qu'ils arrachent au sol, et chaque année ils sont littéralement réduits à la famine pendant plusieurs mois. Alors que dans les pays mandingues l'esclave n'est le plus souvent que le collaborateur de son maître et arrive, en peu de temps, à se considérer comme faisant partie de sa famille, le captif foula est le plus misérable des parias.

Aussi, de tout temps, les esclaves du Foûta-Diallon ont tenté des évasions que les Foulbé ont réprimées avec la plus froide cruauté ; des supplices inimaginables attendaient les malheureux qui échouaient dans leur tentative de fuite. Parfois même, des mutilations préventives (section du tendon d'Achille ou du jarret) étaient

[1] J'ai entendu des gens dignes de foi affirmer que le nombre de ces réfugiés était, en 1900, supérieur à 30,000.

[2] Les « *roundés* » ou « *ouroundés* » sont des villages de culture, uniquement habités par des captifs.

pratiquées sur les artisans, forgerons ou bijoutiers, dont l'habileté était trop appréciée d'un chef seïdianké...

Ceux qui parvenaient à gagner la frontière risquaient encore d'être repris par les Soussou qui ne se faisaient aucun scrupule de les revendre à leurs maîtres. Les plus heureux se réfugiaient dans la zone boisée et déserte, où ils vivaient en sauvages, ou parvenaient à atteindre les villages des populations fétichistes de la côte, Baga, Landouman, etc., qui leur assuraient un asile. Peu à peu, le nombre des réfugiés s'accrut et donna naissance au groupemen actuel des Mikhiforé.

Ces fuites accidentelles n'auraient eu pour les Foulbé Foûta qu'une importance minime s'ils avaient possédé une classe nombreuse de captifs de case. Chez les Mandingues, on voit parfois quelques esclaves de commerce prendre la fuite : ce sont le plus souvent des hommes robustes, énergiques, qui ont été violemment arrachés de leur village par la guerre, et qui ne reculent devant aucun danger pour reconquérir leur liberté. Mais les captifs de case n'ont aucune raison pour s'enfuir, car le pays de leurs maîtres est devenu leur patrie.

Au Foûta-Diallon, je le répète, il n'existe pas à proprement parler de captifs de case. J'en ai indiqué plus haut la raison : on sait, en effet, que les Foula libres prennent comme concubines à peu près toutes les femmes esclaves qui présentent quelque charme; or, la loi musulmane (du moins dans son interprétation locale) exige que non seulement l'enfant qui naît de ces unions soit libre, mais encore qu'il confère la liberté à sa mère. Une simple présomption de grossesse suffit pour libérer la femme unie à un homme libre.

Dans ces conditions, il est évident que les mariages entre esclaves sont extrêmement rares : la captive qui épouse un homme de sa condition est le plus souvent infirme et impropre à la maternité. Le résultat de ces unions est presque toujours déplorable : les enfants, nés de parents débilités par la misère, sont décimés par les épidémies infantiles qui sévissent dans le Foûta et qui atteignent une fréquence effrayante dans les « roundé ».

D'autre part, les captifs mâles, condamnés par ces mœurs au célibat, ne s'attachent pas au sol où les fixerait une famille : aussi les plus valides d'entre eux saisissent avec empressement la première occasion que le hasard leur offre de quitter leurs oppresseurs, sûrs de rencontrer un pays moins inhospitalier que celui de leurs maîtres.

Pendant de longues années, les Foula ont pu compenser les vides que la libération des femmes et la fuite des mâles amenaient dans leur troupeau humain, en achetant à l'extérieur un nombre équivalent d'esclaves. Cet équilibre a pu se maintenir tant que les grands chasseurs d'hommes ont pu dévaster impunément la Boucle du Niger et jeter sur les marchés du Foûta-Diallon une quantité suffisante de chair humaine. Mais quand nos colonnes eurent détruit les pirates du Ouassoulou et du Kénédougou, et quand l'autorité française fut en mesure de prohiber efficacement le trafic honteux des esclaves, les Foulbé Foûta virent avec stupeur leur population servile fondre littéralement sous leurs yeux.

De plus, la pacification du Soudan a eu pour premier résultat d'encourager les indigènes, que les Foula avaient retenus chez eux au mépris des lois sacrées de l'hospitalité, à réclamer hautement leur liberté pour rentrer dans leur pays débarrassé de Samory. Le refus que leur opposèrent les Seïdiankó fut le signal d'une exode en masse : ceux qui étaient cantonnés dans les provinces de l'Est du Foûta (c'était le plus grand nombre) regagnèrent leurs pays d'origine (Ouassoulou, Kourauko, etc.). Ceux de l'Ouest et de la région méridionale, qui avaient à traverser tout le Foûta pour rentrer chez eux, s'enfuirent vers les villages mikhifores. Mais comme jadis les Hébreux, beaucoup d'entre eux emmenèrent non seulement leurs femmes, leurs enfants, leurs compatriotes et leurs amis, mais encore tout ce qui put être dérobé aux maîtres détestés.

D'autre part, les colporteurs mandingues et soussou qui, depuis l'occupation française, ont littéralement envahi le Foûta-Diallon, ont d'autant moins de scrupules à favoriser la fuite des captifs qu'ils y trouvent le moyen de réaliser de sérieux bénéfices. Ils leur vantent la vie libre que mènent à Konakry les évadés qui ont trouvé un travail largement rémunéré sur les chantiers du chemin de fer. Ils leur énumèrent complaisamment les merveilles que l'on se procure avec de l'argent et offrent une part de leurs richesses en échange d'un bœuf que le captif ira la nuit suivante voler dans le « goré »[1] de son maître. Le « matioudo » n'hésite pas longtemps devant la tentation et sans retard les deux complices, pour éviter le

[1] Goré, parc à bœufs.

punition de leur méfait, gagnent le territoire anglais où le colporteur se débarrasse de sa marchandise compromettante en vendant le bœuf volé... et le voleur! Certains traitants soussou de Kinsam ont ainsi provoqué la fuite de plusieurs centaines de captifs et réalisé de la sorte une véritable fortune.

Enfin et surtout, les sentiments de dignité humaine et de liberté qui s'irradient autour des postes où flotte le pavillon français ont révélé aux malheureux esclaves du Foûta que leur sort misérable n'était pas éternel et que le jour était enfin venu où leur dur esclavage allait prendre fin.

On comprend que les Foulbé Foûta n'aient pas accueilli sans colère cette évolution qui bouleverse de fond en comble les conditions de leur existence. Si les paysans bourouré (qui d'ailleurs ont peu de captifs) se résignent d'assez bonne grâce à la libération des esclaves, il n'en est pas de même pour les gens de la caste aristocratique, qui sont inaptes à tout travail et consacrent tout leur temps à la prière et aux palabres. Aussi les chefs Seïdianké[1] ont-ils à plusieurs reprises tenté de rejeter vers la mer l'Européen envahisseur, auquel ils attribuent, non sans raison, la responsabilité de cette révolution. La revanche par les armes leur semblant trop hasardeuse contre un pouvoir qui s'étend de l'Atlantique au Tchad, ils dissimulent sous une apparente soumission leur haine exaspérée, à laquelle le fanatisme religieux promet la venue prochaine d'un Mahdi massacreur d'infidèles et restaurateur de l'ordre de choses aboli...

A l'heure actuelle, les communautés Mikhiforé ont réussi à s'organiser fortement sous le commandement d'un chef unique : elles ne possèdent pas d'esclaves et réprouvent l'Islamisme. Elles accueillent largement tous les fugitifs, mais elles obligent les nouveaux venus à faire l'apprentissage de la liberté : ceux qui viennent demander asile doivent donner, pendant trois années, deux jours de travail par semaine à la collectivité. Passé ce temps d'épreuve, ils sont autorisés à prendre femme et à fonder une famille...

J'ai eu l'occasion, au cours de la mission de délimitation de la Guinée portugaise, d'utiliser les services des Mikhiforé : j'ai toujours trouvé en eux des travailleurs dévoués, honnêtes et laborieux.

[1] Il faut ici entendre par Seïdianké toute la caste aristocratique du Foûta-Diallon.

7° Soussou. (Voir la carte. — Nos 11 et 12.)

Les Soussou ou Soso sont, comme on sait, l'une des grandes familles de la race Mandé. Les historiens arabes relatent qu'au commencement du XIIIe siècle ils firent la conquête du royaume de Wagadou et qu'ils chassèrent devant eux les Soninké. Le détail de leurs migrations nous est assez bien connu.

Les traditions locales nous apprennent que les Soussou occupaient le massif montagneux de Foûta-Diallon avant l'arrivée des Foulbé Foûta. Ils ont conservé de leur station dans ce pays le nom de *Diallonké*(1) que leur donnent encore leurs voisins. (Diallonké, hommes du Diallon.) Ils ont laissé d'ailleurs de nombreuses traces de leur passage dans toute la région : on retrouve à chaque pas, dans les diverses provinces du Foûta, des dénominations géographiques en langue soussou, telles que *ghea*, montagne; *fili*, plateau; *kouré*, rivière, etc.

On rencontre en outre sur les confins du Foûta-Diallon des îlots ethniques plus ou moins considérables qui ont conservé, avec le type et l'idiome soussou, le nom générique de Diallonké. Le plus important de ces groupements est celui qui subsiste au Nord-Est du Foûta, aux sources de la rivière Fallémé : ce sont les Diallonké Langan et Sako, dont le principal village est Firghéa.

D'autres vestiges de l'occupation soussou se retrouvent sur le haut Tinkisso, dans le Kouranxo, et surtout dans les environs de Farana.

Actuellement, les Soussou proprement dits, que leurs congénères appellent *Diallonké dougouoûlé* (Soussou de la terre rouge(2)), habitent le territoire qui est compris entre la rivière Konkouré d'une part, la frontière franco-anglaise de Sierra Leone d'autre part, et

(1) Les Soussou de la basse Guinée se défendent de parenté immédiate avec les Diallonké de l'intérieur : ils se prétendent les descendants de l'aristocratie de l'ancienne race soso, dont les Diallonké actuels ne seraient que les clients : à les en croire, leurs «lamba» (diammou) seraient: Souma, Bangoura, Yattara, tandis que ceux des Diallonké seraient : Kamara (totem = le sénégali), Konté, Sisséla, Yala, Touré. Il est possible que le premier groupe n'ait fait que traverser le Foûta-Diallon, tandis que le second (Diallonké) y aurait séjourné jusqu'à son expulsion par les Foulbé. Les prétentions des Soussou ne me paraissent avoir d'autre fondement que la vanité généalogique, si commune chez les peuples primitifs.

(2) Les régions voisines de la côte sont formées d'argile rouge, produits détritiques des limonites ferrugineuses du haut pays.

la mer, à l'exception toutefois d'une bande littorale où ils ont refoulé les Baga (Manéa, Kaloum, Koba, etc.).

Ils s'étendent également sur la rive droite du bas Koukouré, sur le Rio Pengo et le Fatalla, jusqu'à la rivière Manga. Le désert du Oulaye les sépare des Mikhiforé et les collines du cap Verga des Baga foré.

Au Sud, ils se sont étendus sur la rive gauche de la Mellacorée aux dépens des Tymné.

Les Soussou ont longtemps été en guerre avec les Foula, qu'ils ont réussi à maintenir sur la rive droite du Konkouré.

Depuis plusieurs siècles les Soussou ont subi l'influence des Européens, notamment celle des Portugais : le nombre considérable de mots portugais employés dans leur idiome usuel en est une preuve manifeste. Ils ont été les intermédiaires obligés entre les négriers et les populations de l'intérieur pour la traite des esclaves. Au contact des blancs ils ont perdu le caractère guerrier qui distingue les Mandé. C'est à peine si quelques-uns de leurs chefs (*galimangué*) ont tenté de résister à l'occupation européenne.

A l'heure actuelle, les Soussou accordent volontiers l'hospitalité aux races voisines : les Foula et les Mandingues ont créé, surtout depuis quelques années, des villages importants jusqu'au cœur du pays soussou.

De leur côté, les Soussou n'hésitent pas à s'expatrier : ils occupent actuellement toute la vallée du Rio Nuñez et absorbent chaque jour davantage les éléments indigènes, Landouman et Nalou, qui adoptent leurs usages et leur langue.

On les rencontre comme colporteurs dans tout le Foûta et dans les provinces du haut Niger; ils sont piroguiers et laptots en Casamance et en Guinée portugaise, forgerons et armuriers chez les Diola, marabouts chez les Foulacounda, mais surtout ils pullulent comme *griots* dans l'entourage de tous les chefs prodigues.

C. Famille Soninké. (Voir la carte. — N° 13.)

Il n'est pas probable que l'invasion soninké se soit avancée au Sud du 14° parallèle Nord, dans la direction de la Casamance et de la Guinée. Le groupement sérékhoullé (Soninké) qui prospérait, il y a quelques années encore, dans les environs de Sedhiou, était, à n'en pas douter, une colonie venue de Bakel, où se trouve le gros de la famille. Cette colonie ne compte plus aujourd'hui qu'un très petit nombre de représentants. . . . . .

J'ai dit plus haut ce qu'il fallait penser des Soninké ou Sosée du Farinko : cette dénomination ne peut être, je le répète, qu'un nom injurieux donné à cette peuplade par leurs voisins musulmans. Néanmoins la question mérite d'être étudiée d'une manière plus approfondie. . . . .

Les Sérékhoullé (Sarracolets) se retrouvent à l'état individuel dans toute l'Afrique occidentale comme traitants ou comme laptots. Ils ne s'établissent presque jamais dans le pays sans espoir de retour : au bout de quelques années ils rentrent dans la région de Bakel.

2° RACES ABORIGÈNES.

J'ignore si l'étude des multiples dialectes de l'Ouest africain permettra jamais de conclure à l'existence d'une souche unique dont les nombreuses tribus nègres de la zone littorale seraient les rejetons. De remarquables efforts ont récemment été tentés dans cet ordre d'idées, mais nos connaissances linguistiques reposent encore sur des bases trop fragiles pour qu'un résultat définitif ait pu être atteint, du moins jusqu'à ce jour. Certes, beaucoup d'Européens parlent couramment le ouolof, le malinké, le bambara, le sousseu et le poular; certains, prétend-on, peuvent converser en diola, en bagnounka, en balante et même en tymné. Mais je n'ai jamais entendu dire qu'un seul blanc, fût-ce un missionnaire, ait pu exprimer les idées les plus rudimentaires en koniagui, en biaffade, en nalou ou en langage bijougo. Les vocabulaires qu'ont rapportés les voyageurs les plus consciencieux sont le plus souvent d'assez vagues interprétations phonétiques, quand ils ne sont pas le fruit de l'imagination facétieuse d'un interprète d'occasion. Ma défiance repose sur de nombreux et célèbres exemples! . . . . . . :

D'autre part, la rareté et souvent même l'absence totale de documents anthropologiques indiscutables ne nous permettent pas d'établir scientifiquement un rapprochement ou une différenciation entre les familles de la région littorale.

Restent les données ethnographiques ; si incomplètes et si inexactes qu'elles puissent être, elles nous font noter la persistance étrange, chez la plupart de ces tribus pour ne pas dire chez toutes, d'un certain nombre de caractères communs, qui nous amènent à soupçonner leur parenté.

Sans attribuer une importance exagérée à la numération quinaire, pas plus d'ailleurs qu'aux croyances animistes, qui se retrouvent à la base de toutes les sociétés, on ne peut s'empêcher de remarquer que toutes les peuplades qui bordent les territoires peulhmandé, depuis le Sénégal jusqu'au Dahomey, ont conservé, comme costume rituel, le petit tablier d'étoffe ou de cuir, taillé en triangle et orné de franges. Ce costume rudimentaire, qui se porte en arrière, dans toutes les cérémonies fétichistes, est appelé *kapa* par les Pekhalla du Barabo [1].

Toutes ces peuplades portent leurs enfants dans un panier ou un sac en vannerie, avec ou sans couvercle, que la mère s'attache sur le dos. Au contraire, les races soudaniennes soutiennent l'enfant roulé dans le pagne maternel.

Toutes enterrent leurs morts debout ou assis, dans un puits cylindrique, généralement prolongé par un tunnel horizontal; le cadavre est parfois exposé à l'air jusqu'à complète putréfaction; souvent il est inhumé jusqu'aux épaules.

Chez toutes, le défunt est porté par ses proches dans les rues du village, pour rechercher lui-même et livrer à la justice l'auteur de sa mort, car, prétendent-ils, la mort est toujours le résultat d'un maléfice.

Toutes attribuent l'héritage du chef de famille au neveu, fils de la sœur aînée, précaution logique pour respecter les droits du sang dans un pays où la fidélité des femmes est considérée comme affaire de peu d'importance.

Toutes enfin ont conservé leurs sociétés secrètes, dont les pratiques sanguinaires ou bizarres étaient primitivement destinées à épouvanter l'étranger et ont dans la suite terrorisé les indigènes eux-mêmes.

On pourrait ajouter à cette énumération déjà trop longue, l'absence de tatouages, la réprobation de l'esclavage, l'usage des *masques fétiches*, les *ligatures* pour empêcher le vol, les sacrifices d'œufs et de jeunes poulets, les trophées de chasse à l'entrée des villages, etc., etc.

On ne manquera pas d'objecter que beaucoup de ces traits de mœurs sont communs à des races nègres, celles du Congo par exemple, qu'il serait puéril de vouloir apparenter avec celles de l'Afrique occidentale. Je reconnais tout le premier la valeur de l'argument et je conviens que la théorie de la parenté des peuplades

[1] Dr Maclaud, Les Pekhalla. *L'Anthropologie*, 1895.

que l'on pourrait appeler «populations de bordure» à cause de leur position géographique par rapport au pays peulh-mandingue, ne repose sur aucun fait absolument indiscutable.

Mais il n'en est pas moins vrai que tous les voyageurs qui ont fréquenté l'Ouest africain ont constaté que ces «populations de bordure», Diola ou Balante, Papel ou Koniagui, Tymné ou Toma, N'Gan ou Pakhalla, ont entre elles un *«air de famille»* bien fait pour retenir l'attention d'un observateur impartial. Seule l'étude approfondie des caractères anthropologiques de ces races pourra corroborer ou infirmer cette hypothèse.

Dans le but d'éviter au lecteur de fastidieuses recherches sur la carte annexée à cette note, j'indiquerai l'habitat des diverses peuplades en allant du Nord au Sud. Je ne ferai d'exception que pour les familles qui sont indiscutablement apparentées, comme le sont les Diola et les Yola, les Tenda et les Koniagui, les Tymné, les Tiapy et les Landouman, et enfin les Baga madori, les Baga foré et les Baga du Koba.

1° Diola. (Voir la carte. — N° 14.)

La famille diola s'étend sur les deux rives de la Basse-Casamance : sur la rive droite, elle occupe les territoires compris entre le marigot de Songrogrou, la frontière de Gambie et la mer; elle comprend dans cette région les *Diola du Fogny*, cantonnés dans les environs de Bignona, les *Bliss*, entre le marigot de Diébati et la mer, et les *Karone*, localisés à l'embouchure de la Casamance, et les *Diougoute*, qui habitent sur le marigot de Thionk.

Sur la rive gauche du fleuve, les *Diola* s'étendent du marigot de Cajinolle (rivière d'Aramé des Portugais), qui relie la Casamance au Cacheo; jusqu'à l'Atlantique, on y rencontre deux groupes principaux : 1° les *Floup* (*Feloupe*), qui occupent les bords des marigots d'Elinkine et de Cajinolle et dont la capitale est Oussouye, aujourd'hui poste français; 2° les *Diamate*, appelés par les vieux auteurs Aïamate, qui dominent depuis l'embouchure du Cacheo au cap Roxo; ces derniers possèdent les importants villages de Barella, Caton, Yal, Soukoudiak; leur chef, Fodé Kaba, réside à Kérouèye.

Les origines des Diola sont obscures. Leurs légendes rappellent cependant qu'ils ont habité, il y a quatre siècles, un grand territoire situé au Nord-Est, qui ne peut être autre que le Fouladou actuel. Ils auraient donc été refoulés dans l'Ouest par les Mandingues. Si cette hypothèse est exacte, il faut remarquer la facilité avec laquelle une population terrienne est devenue une peuplade nettement palustre comme le sont les Diola actuels.

On pourrait sans doute retrouver dans les archives des gouvernements portugais de Ziguinchor et de Cacheo, la trace de ces migrations.

Le pays diola renferme un grand nombre de petites colonies étrangères : on y rencontre surtout des Ouoloff (Carabane), des Mandingues (Guimbering), des Manjake, des Grumètes (Papel), et même des Soussou et des Sierra-Leonais.

2° Yola. (Voir la carte. — N° 15.)

On donne le nom de Yola à une peuplade peu nombreuse qui habite la rive droite du Rio Componi. Elle était, il y a quelques années, beaucoup plus importante : les Foulacounda et les Nalou l'ont dépouillée de la plus grande partie de son territoire. Quelques familles se sont réfugiées dans les îlots marécageux qui bordent la rive méridionale du Rio Grande de Bolola.

Les Yola ne seraient qu'une tribu aberrante de la famille diola qui était primitivement établie sur la rive gauche du Cacheo, en aval de la ville du même nom. Elle aurait été rejetée dans le Sud par les Papel, d'abord, puis par les Biaffade.

Une autre hypothèse les fait venir du Fouladou, chassés dans le Sud-Ouest par les Mandingues, puis par les Foulacounda.

Il serait à souhaiter que l'on recueillit de plus amples renseignements sur cette famille qui est en voie de disparition, absorbée par les Laudouman du Rio Nuñez et les Foulacounda du Foréa.

3° Bayotte. (Voir la carte. — N° 16.)

Les Bayotte, ainsi que les gens d'Essigne, leurs voisins de l'Ouest, appartiennent sans aucun doute à la famille diola, bien que leurs mœurs et leur idiome en soient bien différents.

Ils habitent des villages cachés dans l'épaisseur de la forêt qui s'étend au Sud de Ziguinchor, entre le marigot de Cajinolle et celui de Guidel. Au Sud, ils s'avancent jusqu'à Niabalan, sur le Rio Cachéo.

Les Bayotte n'ont aucune relation avec leurs voisins; cependant, depuis quelques années, certains d'entre eux, notamment des femmes, s'engagent à Ziguinchor comme débardeurs.

Au milieu du pays bayotte, on rencontre de nombreux campements de Manjake, qui viennent tous les ans pendant la bonne saison extraire du caoutchouc dans la forêt.

4° Bagnoune ou Bagnounka. (Voir la carte. — N° 17.)

Les Bagnounka [1] habitent la région boisée comprise entre la rive gauche de la Casamance, le marigot de Guidel et celui de Singueur. Cette famille, aujourd'hui en pleine décadence, s'étendait, récemment encore, jusqu'à la rivière de Safane, d'où elle a été chassée par les Balante. On voit encore, entre Safane et Singueur, les ruines d'un certain nombre de villages bagnounka, qui ont été détruits par les Balante.

Les Bagnounka vivent dans une sorte de communisme; chez eux, personne n'a le droit de posséder quoi que ce soit en propre, sous peine de subir l'épreuve du poison. Leur paresse est légendaire : ils laissent les Manjake exploiter le caoutchouc de leurs forêts et se contentent des maigres cultures de mil qu'ils installent à la porte de leurs villages. Par contre, ils donnent tous leurs soins au palmier à huile qui leur fournit assez de vin de palme pour satisfaire leur goût pour les boissons fermentées.

Les Bagnounka ne s'expatrient pas. Bien qu'en contact depuis plusieurs siècles avec les missionnaires catholiques portugais, ils sont inaptes à la fois à l'agriculture et au commerce.

5° Kassanga et Kamboutane. (Voir la carte. — N°s 18 et 19.)

Ces deux familles se défendent énergiquement d'être apparentées avec les Bagnounka, mais leur aspect physique et leurs mœurs semblent démontrer que leur origine est commune.

Les Kassanga habitent les villages de Sapatère, de Matagalhines, et de Bouache, sur les rives vaseuses de Rio Cachéo : d'après leurs traditions, leurs pères auraient jadis dominé sur toute la rive gauche de la Casamance, qui leur devrait son nom (*Kasa mança*, l'empire des Kasa ou Kassanga).

Aujourd'hui, ce n'est plus qu'un groupe de 700 à 800 individus parlant tous le créole portugais.

(1) On pourrait écrire avec plus d'exactitude Bainounka.

Les Kambouyane sont encore moins nombreux. Ils sont localisés dans les environs de Dianding (Jande), au confluent du marigot du Poilão do Lion avec le Rio Cachéo et sur les bords de la rivière de Bugampor. Ils sont pêcheurs et piroguiers ; quelques-uns d'entre eux servent comme matelots sur les côtres de Cacheo ou comme manœuvres dans les pontas (escales de commerce) de la rivière.

6° Brame. (Voir la carte. — N° 20.)

Cette famille se rencontre dans la boucle à concavité septentrionale que fait le Cachéo à son tiers inférieur, d'où elle a chassé les Bagnounka et les Kassanga.

Elle se retrouve également sur la rive droite du fleuve et s'étend entre les Papel et les Manjake, jusque dans le voisinage de l'estuaire du Rio Geba.

Le centre de leur groupement est situé sur la rive gauche de cette dernière rivière et dans l'île où s'élève Boulam, capitale de la Guinée portugaise.

Les Brame présentent quelques ressemblances avec les Papel et les Manjake. Ils s'expatrient avec la plus grande facilité : le gouvernement portugais a essayé de les utiliser pour peupler les environs du poste de Farim. Le résultat a dépassé les espérances, car ils s'y sont admirablement développés.

Mais les Brame (que les Portugais appellent aussi Mancagnes) sont de terribles destructeurs d'arbres. En moins de dix ans ils ont fait disparaître la forêt qui recouvrait toute la province de Farim.

Les colonies brame qui habitent sur la frontière franco-portugaise, au sud du pays Bagnounka, font chaque année des coupes sombres dans la région boisée voisine de la Casamance ; le riz et le mil qu'ils cultivent dans les clairières qu'ils créent de la sorte ne compensent pas la perte considérable qu'ils font subir à la colonie, du fait de la destruction des bois à caoutchouc. Aussi l'administration compétente a-t-elle pris les mesures nécessaires pour endiguer cette invasion désastreuse.

7° Balante. (Voir la carte. — N° 21.)

Une zone d'une dizaine de kilomètres sépare le pays des Balante des régions occupées par leurs voisins : cette « marche de guerre » n'est d'ailleurs pas un obstacle suffisant pour les empêcher d'aller razzier les villages limitrophes.

Le pays des Balante, que les Mandingues appellent Balantakounda, s'étend sur la rive gauche de la Casamance entre le marigot de Singueur et celui de Simbandi. Sur la rive droite du Cachéo, ils occupent la zone comprise entre la rivière de Simbore et Samodji de Baixo. Sur la rive gauche, leurs villages s'avancent jusqu'au Rio Mansoa.

Les Balante n'entretiennent aucune relation avec les peuplades voisines : ils n'hésitent pas à mettre à mort les Manjake et les Mandinké qui se hasardent sur le territoire, pour y récolter du caoutchouc.

Ils se font la guerre de village à village et il n'est pas rare de rencontrer des vieillards qui ne se sont jamais éloignés de plus de 10 kilomètres de leur case. Autrefois, on ne voyait à Sedhiou ou à Ziguinchor que les Balante qui avaient dû s'enfuir de leur pays à la suite de quelque méfait; mais depuis quelques années, ils commencent à s'expatrier et à louer leurs services sur les côtres de la Casamance; pendant les travaux de la mission de délimitation, j'ai employé plusieurs Balante comme porteurs ou comme piroguiers : ils sont laborieux, dévoués et honnêtes, mais malheureusement très enclins à l'ivrognerie.

8° Manjake. (Voir la carte. — N° 22.)

Les Manjake ou Mandiago habitent le long de la «Coste de Baixo», qui s'étend sur la rive droite du Rio Géba entre le fond de l'estuaire et l'embouchure du Rio Mansoa.

Les Manjake émigrent chaque année vers les territoires de la Casamance, où ils vont récolter du caoutchouc dans les forêts de Bayotte, des Bagnounka et même dans celle du Fogny. Ils vendent leurs produits à Ziguinchor et à Cachio et rentrent chez eux au moment des cultures.

Le gouvernement portugais a vainement tenté d'interdire ces migrations, très préjudiciables au commerce de la Guinée portugaise.

Les Manjake parlent presque tous le créole portugais : certains d'entre eux (*christians*) deviennent d'excellents employés de commerce; ils sont, dit-on, très intelligents, mais leur probité est sujette à caution.

9° PAPEL. (VOIR LA CARTE. — N° 23.)

Cette superbe race occupe la région littorale qui s'étend entre le Cachéo et l'embouchure du Rio Mansoa qui la sépare des Manjake : elle peuple également les îles vaseuses qui bordent la rive droite de l'immense estuaire du Rio Géba et notamment les îles de Bissão (Bissâu) et de Bissis.

Les Papel sont éminemment guerriers : le gouvernement portugais a éprouvé de grandes difficultés à les réduire : à deux reprises ils ont assiégé la ville de Bissão (1891 et 1894) et, en 1904, ceux du Churo ont tenu le poste de Cachéo étroitement bloqué. D'autre part, ils se sont vaillamment battus aux côtés des Portugais contre les musulmans de l'Ouèye en 1901 et en 1903.

Bien qu'à demi sauvages, les Papel comptent beaucoup de catholiques dans leurs rangs : on donne le nom de «christians» à ceux d'entre eux qui parlent l'idiome créole. Ceux qui ont acquis un vernis de civilisation s'appellent Grumètes (*Gourmets* des anciens auteurs).

Les Grumètes ont pour ainsi dire le monopole du commerce et de la navigation dans les mers de la Guinée portugaise : on retrouve leurs *puntas* ou factoreries sur tous les affluents navigables du Cachéo, du Géba, du Rio Grande et du Cassini : on les rencontre également à Carabane, à Ziguinchor, à Bathurst, au Rio Nuñez et même à Gorée.

10° BIAFFADE. (VOIR LA CARTE. — N° 24.)

Les Biaffade ou Biaffare sont localisés aujourd'hui dans la région qui s'étend des environs de Bouba à l'embouchure du Rio Géba. Ils occupaient jadis tout le pays de Cossé et même une partie du N'Gabou, d'où ils ont été chassés par les Mandingues. La tradition rapporte que leur grand village de Paye-aye-Gaye soutint un siège d'une année contre les Mandinké : à bout de forces, les Biaffade s'échappèrent par un souterrain, qui, s'ouvrant au milieu du village, passait au-dessous du lit du Rio Grande (Kroubal) et débouchait à 8 kilomètres au Sud-Est de la rivière. On m'a montré l'ouverture de ce souterrain fameux; mais les éboulements récents qui en obstruent l'entrée ne m'ont pas permis d'en entreprendre l'exploration.

Les Biaffade ont été chassés des rives du Kroubal vers la moitié du XIXe siècle par les Foulacounda. Plus récemment, ces mêmes Foulbé leur ont enlevé la vallée du moyen Giba et les ont rejetés sur les territoires occupés par les Brame et les Yola, à l'Ouest de Bouba.

11° NALOU. (VOIR LA CARTE. — N° 26.)

Il y a moins d'un siècle, les Nalou occupaient toute la région qui s'étend entre l'estuaire du Cassini et le cours inférieur du Rio Nuñez; leurs villages s'avançaient dans la direction du Nord-Ouest jusqu'au coude du Rio Cogon. Mais les Foulacounda les chassèrent du Foréa et les rejetèrent dans les îles vaseuses du littoral.

Sous le règne de leur dernier roi Dinah Salifou, ils avaient encore quelques établissements sur la rive gauche du Rio Nunez (Soukoubouli, Caniope, etc.), mais, après la mort de ce chef, les Nalou émigrèrent en grand nombre vers le Cassini.

Aujourd'hui, ils n'ont plus guère sur le territoire français que les îles Tristão et la presqu'île comprise entre l'embouchure du Rio Componi et celle de Rio Nuñez.

On a dit souvent que les Nalou ne ressemblaient à aucune des peuplades du littoral, à l'exception des Bijougo qui habitent l'archipel des Bissagos. Dans son livre sur la Guinée, M. Cl. Madrolle [1] rapporte une tradition qui fait descendre les Nalou d'un chargement d'esclaves jeté à la côte par un naufrage. M. G. Paroisse [2] a fait justice de cette étrange généalogie.

Il est vraisemblable que les Nalou ont occupé, à une époque plus ou moins reculée, le N'Gabou et la région du Haut-Géba, qu'ils auraient quittée devant l'invasion des Mandinké ou des Foulacounda. On remarque, en effet, que dans tout le pays qui s'étend entre le cours supérieur du Rio Géba et le Rio Componi, et là seulement, les noms d'un grand nombre de villages commencent par la syllabe *Kan* ou *Kon* (Kankeléfa, Kondiata, Kandienoou, Kamdemba, Kandiafara, etc.). Or le préfixe *Kam* signifie «village de» en dialecte nalou.

Quoi qu'il en soit, les Nalou sont aujourd'hui en voie de disparition : ceux qui ont conservé leur langue et leurs mœurs vivent à

[1] Cl. MADROLLE. *En Guinée* (1894).

[2] G. PAROISSE. Notes sur les peuplades de la Guinée française. *L'Anthropologie*, 1896.

l'écart dans les lagunes boisées du littoral. Ceux qui sont entrés en contact avec les autres peuplades perdent leurs caractères ethniques et prennent l'idiome et les coutumes des Soussou ou des Foulbé musulmans.

12° Bijougo ou Biyougo. (Voir la carte. — N° 25.)

Les Bijougo sont cantonnés dans les îles de l'archipel des Bissagos. Ils n'ont aucune relation avec les autres tribus indigènes.

Leur inhospitalité et leur sauvagerie sont proverbiales.

Je n'ai pu me procurer aucun renseignement précis sur cette population.

13° Landouman. (Voir la carte. — N° 27.)

Le pays des Landouman ou Landoumataye s'étend sur les deux rives de la vallée moyenne du Rio Nuñez : cette famille possède également quelques rares villages, disséminés sur l'éperon rocheux qui rejette dans le Nord, puis dans l'Ouest, le cours du Rio Cogon. Leurs centres les plus importants sont Wakria et Katiméné, jadis résidences de deux familles royales.

Les Landouman ont soutenu de longues guerres contre les Foulacounda et les Foulbé Foûta. Ils ont également tenté de résister à l'occupation française, et le poste de Boké a été construit pour les contenir.

Les Landouman ont subi l'influence de leurs voisins soussou et foulbé; comme les Nalou, ils ont pris les coutumes de leurs voisins. Mais, depuis quelques années, le sentiment national semble se réveiller chez eux, sans doute au contact des Mikhiforé. Ils commencent à s'adonner avec succès au commerce et à l'agriculture; ils n'hésitent plus à s'expatrier et à aller chercher du travail au loin : pendant les cinq années qu'ont duré les travaux de la délimitation de la Guinée portugaise, la mission française a conservé une équipe de Landouman qui ont toujours été des travailleurs infatigables et dévoués.

14° Tiapy. (Voir la carte. — N° 28.)

On donne le nom de Tiapy aux familles Landouman qui habitent la rive gauche du Rio Grande (Kokoli), en amont de Kadé et dans la vallée supérieure du Rio Cogon.

Les Tiapy n'ont été séparés des Landouman qu'à une époque assez récente (fin du XVIIIe siècle).

D'après une tradition locale, ils seraient les descendants de prisonniers de guerre, razziés dans le pays landouman par une colonne de Foulbé Foûta. D'autre part, il n'est pas invraisemblable que ces Tiapy soient les «témoins» restés sur place, du groupe landouman, rejeté sur le Rio Nuñez par l'invasion peulh.

Quelle que soit l'opinion à laquelle on se rattache, on ne peut nier l'identité complète entre les Tiapy et les Landouman.

Depuis quelques années, les premiers ont commencé un mouvement marqué d'émigration pour rejoindre leurs parents du Rio Nuñez.

15° TYMNÉ. (VOIR LA CARTE. — N° 29.)

Les Tymné constituent une importante tribu qui habite à l'embouchure de la Grande Scarcie et qui s'étend jusqu'à proximité de la rive gauche de la Mellacorée.

Les Tymné et les Landouman se considèrent comme issus d'une souche commune : leurs mœurs et leurs langues sont presque identiques.

D'après leurs traditions, Tymné, Tiapy, Landouman, habitaient la vallée de la haute Gambie, quand ils furent déplacés par l'invasion soussou-diallonké. Une partie de la famille fut rejetée sur le Rio Grande (Tiapy) et de là, sur le Rio Nuñez (Londouman), l'autre fut repoussée par l'avant-garde soussou jusqu'à la Mallacorée (Tymné).

Le groupe tymné est beaucoup plus nombreux que le groupe landouman : il a mieux résisté que ce dernier aux attaques de ses voisins.

Les Tymné ont conservé un caractère belliqueux dont les Landouman n'ont pas gardé de trace. Récemment encore, ils ont dirigé des expéditions heureuses contre les Soussou du Moréa, contre les Mindé de la petite Scarcie et contre les Baga de Kaporo, qu'ils ont pourchassés jusqu'à Konakry, avant l'occupation française (1885).

16° BAGA. (VOIR LA CARTE. — N°s 30, 31, 32.)

On désigne sous le nom de Baga, des familles indigènes qui habitent la zone d'alluvion, entrecoupée de marigots, qui borde l'Océan, depuis l'embouchure du Rio Compony jusqu'à celle de la rivière de Morébaya.

On a prétendu que les diverses tribus baga n'avaient entre elles aucune parenté[1]. Je ne saurais me rallier à cette opinion : qu'il s'agisse des Baga Madori, des Baga Foré, des Baga Koba ou des Baga du Katoum, tous présentent un type sensiblement commun : leurs mœurs et leurs idiomes n'offrent que des différences tout à fait secondaires.

Il est indiscutable que les Baga ont, plus que toutes les autres races de la Guinée, été exposés à l'influence étrangère; écrasés le long de la côte par la pression des peuplades, elles-mêmes chassées par les envahisseurs, ils ont dû se mélanger avec les populations autochtones qui les précédaient dans la zone marécageuse. Ne pouvant fuir devant les nouveaux venus, ils n'ont pas échappé à l'empreinte des races conquérantes : c'est ainsi que les Baga Madori ont dû prendre beaucoup des coutumes des Nalous et des Biaffade, que les Baga Foré ont été modifiés par le contact prolongé des Landouman et qu'enfin les Baga du Sud, harcelés par les Soussou, ont fini, sur beaucoup de points, par oublier leur propre idiome, pour ne plus faire usage que de celui de leurs vainqueurs. Leurs coutumes religieuses et leurs sociétés secrètes, bien qu'identiques dans leurs grandes lignes, se sont différenciées : le *Matchiol* (société secrète) des Baga Madori rappelle le *Simó* nalou et, dit-on, les sociétés bijougo; le *Bansongni* des Baga Foré leur est commun avec les Landouman; par contre les Soussou ont emprunté leur *Simó* aux Baga du Sud...

Les légendes des Baga leur assignent comme origine le massif montagneux du Foûta : je n'ai pu recueillir aucun fait qui vienne à l'appui de cette hypothèse. Dans tous les cas, cette migration doit s'être produite à une époque très reculée, car les Baga sont aujourd'hui merveilleusement adaptés au pays qu'ils habitent. S'ils ont été jadis une race montagnarde, de nombreux siècles ont dû s'écouler avant qu'ils soient devenus la population maritime qu'ils sont actuellement.

Les Baga Madori sont localisés dans la région marécageuse qu s'étend entre les bouches du Rio Componi et le marigot de Tonkima.

[1] G. Paroisse, *loc. cit.*

Les Baga Foré [1] habitent entre le Rio Nuñez et le Rio Katako : leurs principaux villages sont Taïbé, Kouffin, Monson, Katongueron, etc.

Les Baga du Sud occupent le Koba, entre le Rio Pongo et le Bramaya, la province de Manéa et la presqu'île du Kaloum (Konakry).

Si les Madori conservent encore leur sauvagerie, les Baga Foré se sont ouverts à un commencement de civilisation au contact des traitants européens et sierra-leonais. Les Baga du Sud ne diffèrent plus guère des Soussou, avec lesquels le mélange est presque complet.

Les Baga sont une race industrieuse, probe et économe, qui est appelée, à mon avis, à jouer un rôle important dans l'évolution de l'Afrique occidentale.

17° Tenda. (Voir la carte. — Nos 33, 34, 35, 36.)

a. *Tenda proprement dits.* — b. *Koniagui.* — c. *Bassari.* — d. *Badiar.*

La famille Tenda est de beaucoup la plus sauvage de toutes celles de l'Afrique occidentale; les tribus qui la composent n'ont jusqu'à ce jour eu avec les Européens que des rapports hostiles.

Elle occupait, vers le milieu du XIXe siècle, tout le pays compris entre le Rio Grande (Koli), son affluent la rivière Bantama, la Gambie et la province du Pakam. D'après Rançon [2] elle se serait même étendue sur la rive droite de la Gambie, au nord de Damentan, dans la province de Tenda-Touré, d'où elle aurait été chassée par les Mandingues.

Les Foulbé Fouta les rejetèrent au Nord de la rivière Koulountou, après leur avoir pris le Tenda-Bobéni.

En 1892, un marabout peulh Tierno Ibrahima N'Dama les repoussa au Nord du Sinini, affluent du Koulountou, et fonda la mosquée de Boussoura.

Les Tenda se divisent en quatre groupes : les Tenda proprement dits, les Koniagui, les Bassari, et les Badiar.

Les Tenda ont quitté le groupement principal à une époque indéterminée, mais relativement récente : ils occupent actuellement un canton, situé sur la rive gauche du Componi entre les

[1] Baga foré veut dire en soussou Baga noir ou Baga sauvage, sans doute par opposition avec les Baga du Sud, plus civilisés.

[2] Dr Rançon. *Dans la Haute-Gambie*, 1896.

marigots de Tomboya et celui de Katiatiérou. Ils sont peu nombreux et vivent isolés dans la forêt.

Les Koniagui habitent la rive droite de la rivière Koulountou : une colonne de guerre (1904) vient de les punir du meurtre d'un officier français.

Les Bassari sont localisés dans la région montagneuse qui sépare la vallée du Koulountou d'avec la Gambie. Ils semblent être moins guerriers que les Koniagui.

Enfin, les Badiar, qui ont subi l'influence des Mandinké du Pakesi et des Foulacounda, se tiennent sur la rive gauche des Koulountou entre les monts Badiar et le Fellozkataba.

Les Tenda, comme la plupart des populations du littoral, n'auraient pas manqué de disparaître tôt ou tard devant les attaques acharnées que les musulmans dirigent contre eux. L'autorité française, qui s'est vue dans la nécessité de les châtier à un certain moment, assure leur conservation en les protégeant contre leurs ennemis. Ces races, infiniment plus résistantes que les Foulbé et les Mindanké, avilis par les pratiques de l'esclavage, seront un jour une merveilleuse source d'énergie, quand le contact de l'Européen les aura tirées de l'état sauvage où elles croupissent.

Les données que je viens de rapporter ici, avec toute la précision que comportent nos connaissances si incomplètes, ne tarderont certes pas à devenir inexactes : non pas parce que les peuplades continueront à se ruer sur leurs voisines pour les déposséder de leurs biens ou pour les réduire en esclavage et continueront ainsi le cycle de leurs migrations, mais parce que la *sécurité*, qui est le premier bienfait de la civilisation, incitera les individus à sortir de leur tribu pour entreprendre des voyages, hier encore pleins de dangers. Les populations oublieront les haines séculaires qui les isolaient les unes des autres, et les hommes iront au loin chercher le bien-être dont ils sont chaque jour plus avides. Bientôt une race nouvelle, faite de toutes ces tribus disparates, peuplera les territoires de l'Afrique occidentale, de l'Atlantique aux confins du Sahara...

L'ethnologie y perdra une occasion d'observations passionnantes, mais la cause de la civilisation aura accompli un pas décisif.

LA VÉRITÉ
SUR
ALFONCE DE SAINTONGE,

PAR M. GEORGES MUSSET.

Pauvre Alfonce de Saintonge! Il ne vivra pas en paix dans la tombe.

> «Les flots sont les malins, qui même après sa mort,
> Le vouldroyent assaillir jusques dedans le port.»

comme disait le poète d'antan.

Et alors qu'après sa mort, d'illustres contemporains avaient voulu veiller sur sa mémoire, lui rendre son dû; alors qu'au XIXe siècle, d'illustres maîtres l'avaient de nouveau mis en relief et que, sous leur inspiration, le modeste auteur de ces lignes s'empressait de mettre à son tour ses œuvres à la portée de tous; — voilà que le vaillant et laborieux pilote est la victime de nouvelles attaques âpres et mordantes [1].

Et pourquoi? Parce qu'il n'aurait été qu'un vulgaire plagiaire; parce qu'il aurait copié sournoisement et avec l'intention malhonnête de se l'approprier, les œuvres de ses contemporains, et cela sans pudeur et sans vergogne; parce que, bouffi d'orgueil, il aurait cherché, par ces moyens déshonnêtes, à acquérir un renom immérité et à faire applaudir ce voleur des idées des autres qui se serait appelé Jean Fonteneau (Alfonce de Saintonge). Voilà le crime rare et épouvantable qui méritait d'être signalé à la face du monde par M. Auguste Pawlowski (de Lannoy) de Fouras.

Eh bien! n'en déplaise à cet adversaire d'Alfonce, nous n'hésitons pas à le dire, cette critique ne peut être prise au sérieux que par ceux qui n'auront pas étudié avec un soin méticuleux l'œuvre de Jean Fonteneau.

[1] Jean Fonteneau, dit *Alfonce*, etc., par M. Auguste Pawlowski, *Bulletin de géographie*, t. XX, p. 237.

Que cet auteur ait copié en partie l'œuvre du bachelier de Séville, Enciso, cela ne fait de doute pour aucun de ceux qui connaissent les deux ouvrages. Comme d'autres, nous avons vu et examiné Enciso, et sans naturellement avoir collationné de la première à la dernière ligne, les deux textes l'un sur l'autre, il nous a été bien facile d'apercevoir qu'Enciso avait servi de cadre à Alfonce, que celui-ci avait même copié intégralement beaucoup de pages. Seulement, quoi qu'on en dise, et comme le critique l'avoue lui-même, l'œuvre d'Alfonce n'est pas la reproduction intégrale d'Enciso. Si la phrase est souvent la même, les données et les résultats des observations varient. Les distances entre les lieux visés ne sont pas égales, les degrés ne sont pas les mêmes; dans les parties mêmes les plus fidèlement reproduites, on trouve des ajoutés. Et en outre de cela, il y a des chapitres entiers sur les voyages en Orient et surtout sur l'Amérique qui n'ont rien à voir avec le bachelier de Séville.

Nous ne ferons donc que répéter ce que nous avons dit dans la préface de la *Cosmographie*[1], à savoir qu'Alfonce s'est certainement inspiré d'Enciso et d'autres, mais qu'il y a au contraire, dans les descriptions des voyages qu'il a faits, à foison des constatations personnelles, dont nous traçons les grandes lignes.

Que l'avocat Lescarbot, pourvu, paraît-il, d'une bonne clientèle au Parlement de Paris, qui s'en alla en Amérique, mais en revint après avoir échoué dans son entreprise, le plaisante en disant qu'Alfonce n'a parcouru qu'une partie infime des pays qu'il décrit; qu'un savant[2] (à quoi reconnaît-on ici le savant?), mais anonyme, ait mis une réflexion dépourvue de preuves sur un volume d'Alfonce conservé à la Bibliothèque de l'Arsenal, en regrettant qu'il n'y ait pas plus de récits d'aventures, cela ne mérite pas d'être retenu. Comment, pour écrire un livre de géographie, pour publier des cartes et des atlas, il faut, paraît-il, avoir parcouru tous les pays que l'on décrit ou reproduit? Combien alors n'y a-t-il pas de plagiaires dans le monde. Combien le rouge de la honte devrait monter au front de nos illustres géographes qui nous font bénéficier de leur travail de cabinet, et qui n'ont pas parcouru la centième partie des pays qu'ils nous font connaître.

Et Enciso, Enciso lui-même, quel pillard! S'être permis de

[1] *La Cosmographie*, pages 8 et suivantes.

[2] *Bulletin de géographie, loc. cit.*, page 262.

décrire le monde entier dans sa modeste camera de Séville, sans indiquer ses sources, sans citer ses auteurs, si ce n'est quelques vieux auteurs classiques, et sans avoir parcouru les pays qu'il décrit! Quel crime épouvantable! Dire après un autre, auquel on fait l'emprunt, et sans le citer, que la ville de Paris est sur la Seine, qu'elle est la capitale de la France, que Bordeaux est la maîtresse ville de la Gascogne, . .

De pareils vols ne devraient vraiment pas être tolérés et devenir passibles de peines graves. Combien dans le passé s'en sont rendus coupables! D'innombrables pages ne suffiraient pas à le constater. Rabelais lui-même n'a-t-il pas été accusé d'être un vulgaire plagiaire. Nos contemporains, il est vrai, sont plus malins; ils ne plagient pas, ils démarquent. Ils prennent un sujet déjà traité, ils empruntent les idées des autres en leur donnant une forme différente, et le tour est joué.

Mais il est des arguments puissants, plus puissants que tous, à faire valoir pour laver ce pauvre Alphonce du crime qu'on lui reproche. Le premier à invoquer est celui-ci : Alfonce n'a jamais lancé ses œuvres dans le public, ni, par conséquent, rien fait pour se donner, à titre d'auteur, une gloire ou un renom qu'il aurait volés à Enciso. Il n'a jamais rien imprimé en son nom. S'il l'a fait, c'est sous le couvert de l'anonyme, et les œuvres qui auraient été publiées, par lui, de son vivant, ne portent même pas son nom. Alfonce travaille pour les autres. Vincent Aymard, marchand de Honfleur, lui demande une petite *Cosmographie*. Il la fait en s'inspirant d'Enciso et d'autres. Y impose-t-il des conditions, à cette remise; par exemple, y trouve-t-on une formule indiquant que cet ouvrage devra être imprimé? Rien. Alfonce travaille pour ses amis, sans chercher par l'impression à répandre son nom et se faire applaudir, comme le désirent tant d'autres, même de nos contemporains.

Pour la *Cosmographie*, n'est-ce pas la même chose? Il l'a faite en effet pour le service du roi et pour lutter avec lui contre les prétentions envahissantes de l'Espagne, mais il la garde dans l'ombre et ne la fait pas imprimer. Il ne la remet même pas au roi pour s'attirer plaisir ou profit.

Pour qui a-t-il donc travaillé? Pour lui-même, — et il lui était alors bien loisible de copier, s'il le jugeait à propos, les œuvres d'autrui pour son propre agrément.

Mais qui serait coupable alors? Qui mériterait d'être poursuivi pour contrefaçon ? Son illustre contemporain, Mellin de Saint-Gelais et l'imprimeur Marnef. Si Fonteneau avait été un homme sans valeur, comme on veut le prétendre, ou ce vulgaire plagiaire, Saint-Gelais n'aurait pas agi ainsi, lui qui, organisateur de la Bibliothèque du roi, devait bien connaître Enciso et les autres cosmographes contemporains.

Mais il y a plus. Qui peut affirmer que Fonteneau n'avait pas mis sur le titre de son ouvrage le nom d'Enciso, pour rappeler la principale source à laquelle il aurait puisé ? Il ne faut pas oublier, en effet, que notre manuscrit est incomplet, que nous n'avons pas les titres, les folios 1 et 2, et que, par suite, sur ce titre ou l'un de ces feuillets, Alfonce avait bien pu indiquer, soit pour les siens, soit pour les futurs possesseurs de l'ouvrage, que cet ouvrage lui avait été inspiré par la *Summa geografia* d'Enciso. Et serait-ce Sécalart qui, pour faire disparaître cette source à son profit, aurait enlevé ces feuillets ?

Plagiaire, Alfonce ne l'est donc pas ; s'il est des truqueurs dans la circonstance, c'est nous qui les sommes.

Il n'en reste pas moins acquis, comme M. Pawlowski le reconnaît lui-même, que le pilote Alfonce a rendu des services à la navigation, qu'il « convenait de replacer l'auteur de la *Cosmographie* dans son époque et dans son cadre, de lui attribuer le rang qui lui est dû.... » C'est ce que nous avons cru devoir faire.

Ce rang n'équivaut peut-être pas à celui de Garcie Ferrande, mais il n'a pas été néanmoins si médiocre. Je souhaite à beaucoup de savants modernes, — et à M. Pawlowski lui-même, — d'avoir pour leurs œuvres autant d'éditions qu'Alfonce en a eu pour ses *Voyages aventureux*, alors que notre critique en a encore ajouté à notre liste, sans compter celles que nous ignorons encore l'un et l'autre ; alors que le critique d'Alfonce reconnaît lui-même que ce pilote était plus en vue en Espagne que Garcie Ferrande, puisque ses œuvres, et non celles de Garcie, furent publiées dès le XVIe siècle en langue castillane. En cherchant à donner à Alfonce de Saintonge un nouvel éclat, nous n'avons pas eu la prétention de disputer la palme de la renommée à M. Pawlowski..., c'est-à-dire à Garcie Ferrande, mais de remettre notre vieux pilote à la place qu'il méritait d'avoir.

En ce qui est de l'honnêteté d'Alfonce, en tant que pilote, elle équivaut à celle de son temps. Tous les mêmes, tous pirates. Il suffit d'ouvrir un contrat quelconque d'affrètement ou de prêt à la grosse de ce temps, et de nombreux contrats notariés de ce temps, pour y voir que tout était à craindre, même de la part de ses nationaux et de ceux sur lesquels, en toute honnêteté, on semblait devoir compter; on insère toujours, dans les chartes parties, les contrats de prêt à la grosse et autres, cette clause que, pour l'affréteur, le prêteur ou l'assureur, le navire ira à leurs aventures, risques, périls et « *de toutes fortunes tant de mer, guerre, amys, ennemys que aultres.* » Et comme le disait très bien M. Gabriel Marcel à propos de Christophe Colomb : « Il ne faudrait cependant pas trop rabaisser Colomb. Ce fut un aventurier sans scrupules, il eut les passions et les vices de son temps, et on sait que les XVe et XVIe siècles, époque raffinée, de culture exquise, tenaient peu de compte de la vie des hommes. Les assassinats, les supplices, les horreurs de la guerre s'y rencontrent à chaque pas; il n'y a donc point lieu de reprocher à Colomb les habitudes et les mœurs de son temps. D'ailleurs ce ne sont, le plus souvent, que les irréguliers, que les bohêmes, que ceux qui vivent en marge de leur époque, qui accomplissent de grandes choses; la destinée les y pousse. Ne jugeons pas les événements, les faits et les gens d'un autre âge avec les idées actuelles et les préjugés du jour. »

D'ailleurs il y a lieu de remarquer pour Alfonce que ses pirateries s'exerçaient surtout contre les Espagnols qu'il considérait, à juste titre, comme les ennemis nés de nos intérêts coloniaux et maritimes, et qui lui vouaient à ce sujet une haine qui a entraîné sa mort.

Jean Alfonce a-t-il eu Raulin Sécalart comme collaborateur ou secrétaire?

Nous ne nous étendrons pas longuement sur ce point. Nous sommes convaincu que nous avons résolu la question dans l'examen très approfondi que nous en avons fait dans la préface de la *Cosmographie*.

Voici cependant quelques réflexions qui nous sont inspirées par la critique de M. Pawlowski.

Il n'est pas discutable que les œuvres d'Alfonce n'aient été l'objet de détournements et de démarquages. Cela ressort indubitablement de la déclaration consignée par ses amis et contemporains dans la note qui précède la première édition des *Voyages aventureux*. Et si alors Sécalart, homme si remarquable d'après M. Pawlowski, avait été le collaborateur de l'œuvre d'Alfonce, Saint-Gelais ou Marnef l'auraient visé aussi bien que celui-ci. Ils n'avaient pas de motifs pour s'en dispenser.

Qui alors est le coupable du détournement de l'œuvre? Nous l'ignorons. Mais supposons que pièces en mains, et sur la déclaration de Saint-Gelais et Marnef, ses contemporains, qui ont dénoncé le fait, on eût recherché le coupable, le premier acte d'instruction eût été d'examiner avec soin les œuvres d'Alfonce. Qu'y eût-on constaté? un grattage indubitable et l'insertion du nom d'un tiers à la suite de celui d'Alfonce qui y figurait seul à l'origine; nous disons le nom d'un tiers, car nous n'avons jamais prétendu à une signature apocryphe; cette signature doit bien être de Sécalart. Le doute n'était plus possible. Le coupable eût été certainement reconnu dans celui qui s'était permis cette altération du texte.

Qu'Alfonce eût usé, à l'occasion, des renseignements fournis par Sécalart lui-même, comme par Enciso et d'autres, cela est bien possible. Mais la rédaction uniforme du manuscrit, d'une même écriture, dont diffère absolument celle des quelques mots ajoutés par Sécalart, ne peut laisser aucun doute dans un esprit non prévenu. Il n'est pas besoin pour prononcer ce jugement d'être grand clerc, même diplômé de l'École des Chartes, ou d'avoir passé quelques temps dans cette école, comme l'a fait M. Pawlowski. Le premier venu pourrait se prononcer en toute connaissance de cause.

Sécalart n'a donc pu être le secrétaire d'Alfonce, et il n'a pu être non plus son collaborateur à la rédaction, puisque, dans tout le manuscrit, Alfonce, comme nous l'avons dit, parle toujours à la première personne. Sécalart n'a pas été non plus le secrétaire rédacteur des *Voyages aventureux* puisque le texte même nous apprend que c'est Vuimenot.

Comment alors Sécalart pourrait-il être alors le complice du plagiat d'Enciso? Si nous étions son juge, nous l'acquitterions certainement de ce chef.

Quelle était la femme de Jean Fonteneau, Valentine Alfonce? Nous ne le savons. Nous nous garderons bien à cet égard de formuler une affirmation quelconque. C'est une simple hypothèse que nous avons émise en faisant d'elle une Portugaise.

Saintongeaise, elle ne le paraît guère. Notre doux pays ne possède pas d'Alfonce! Son prénom de Valentine n'est guère courant dans le pays. Elle nous a donc paru être de race Ibérique. Alfonce, comme tous les Rochelais de son temps, a eu d'incessants rapports avec l'Espagne et le Portugal. Il y avait un courant commercial puissant avec ces pays, Madère, la Guinée, les îles du Cap-Vert. Les documents que nous avons publiés l'établissent surabondamment. Les Portugais notamment avaient de grandes attaches avec La Rochelle. Cela résulte de nombreux documents publiés ou inédits qu'il serait trop long d'énumérer ici. Que Jean Fonteneau, qualifié Alfonce, ait été confondu à l'occasion avec tous les Alfonces de Portugal, à cela rien d'impossible. Mais ce n'est pas l'opinion non documentée de l'auteur sur lequel s'appuie M. Pawlowski qui nous prouvera qu'il en a toujours été ainsi. Nous sommes trop sceptiques et trop scrupuleux pour nous soumettre à de simples hypothèses.

Mais pourquoi avons-nous supposé que Valentine était plutôt Portugaise qu'Espagnole? Pour deux raisons bien simples. La première, parce qu'Alfonce ayant l'Espagne en horreur, il nous paraissait peu vraisemblable que sa femme fût du sang espagnol qu'il abhorrait. La seconde reposait sur la connaissance que nous avions d'un document qui a passé par maille dans notre publication, où nous avons oublié de le citer. C'est un arrêt du Parlement de Paris, de mai 1452 [1], duquel il résulte qu'un Jean Alfonce, Portugais, avait eu des démêlés avec des marins bretons. Il était à croire que cet Alfonce, qui avait eu maille à partir avec des Français, n'était pas sans avoir eu des rapports avec La Rochelle, où Bretons et Portugais centralisaient si souvent leurs opérations commerciales, et que c'était ainsi que Jean Fonteneau avait pu le connaître, lui ou quelque autre de sa famille.

Quant à l'hypothèse du mariage de Fonteneau avec la fille d'un gentilhomme attaché à l'hôtel de la duchesse de Bourgogne, qui n'était pas marin, mais qui fut simplement chargé d'armer une caravelle, nous n'y croyons guère. Où était le navire? On ne nous le dit pas. Et puis si Valentine eût été la fille de ce gentilhomme, le notaire n'eût pas manqué, dans l'acte que nous avons publié, de la qualifier, comme d'usage, de «noble dame» ou tout au moins de «honnête personne», ce qui n'a pas eu lieu.

Il est à remarquer d'ailleurs que nous nous sommes bien gardé de nous prononcer d'une façon absolue sur la nationalité de Valentine. Nous attendrons, comme toujours, pour être affirmatif, d'avoir retrouvé un document assez précis pour résoudre ce problème.

[1] Arch. nat., X1a, 1483, fol. 27 v°.

Quant à Bisselin ou Basselin, nous n'en avons cure et ferons les mêmes réserves. Il n'y a d'ailleurs rien d'invraisemblable dans ce fait de voir aux xv° et xvi° siècles des poètes ou des littérateurs experts en d'autres arts que de celui de versifier ou de conter, de même qu'on aperçoit aussi dans les temps lointains des avocats colonisateurs comme Lescarbot. Les contemporains disent Olivier Bisselin. Il faut les croire, et ne pas substituer à ce nom ceux de Bosselin ou Basselin jusqu'à preuve contraire. L'imagination est une chose aimable et gracieuse, mais en dehors du journal, il ne faut pas en abuser.

En résumé, nous dirons que les critiques apportées à l'œuvre d'Alfonce ne diminuent en rien le mérite de ce navigateur, qui était assez apprécié de son temps, et même en haut lieu, pour qu'on l'ait envoyé assister Jacques Cartier dans ses découvertes; qui a été, à n'en pas douter, sous le nom de Xénomanès, un grand inspirateur des œuvres de Rabelais; qui nous a laissé des œuvres curieuses, sans prétendre à aucune gloire usurpée sur autrui, puisqu'il n'a jamais cherché lui-même à se rendre célèbre par les publications d'œuvres dont ses contemporains avaient cependant une haute idée.

M. Pawlowski ne peut résister lui-même à nous faire cet aveu, qu'il reste encore assez d'original dans les œuvres d'Alfonce pour que son œuvre soit intéressante, et que c'était un marin expérimenté [1].

Saint-Gelais a donc accompli une bonne œuvre en sauvant ses ouvrages, que des malveillants cherchaient à faire disparaître à leur profit, en publiant les *Voyages aventureux*, et nous-mêmes nous ne croyons pas avoir failli en vulgarisant, sous l'inspiration de nos maîtres, le beau manuscrit conservé à la Bibliothèque nationale.

[1] *Loc. cit.*, p. 239 et 240.

COMPTES RENDUS ET ANALYSES.

A. Lefranc, *La navigation de Pantagruel. — Étude sur la géographie Rabelaisienne.* Paris, 1 vol. in-8°, Leclerc, 1905.

Fort nombreuses sont les questions soulevées ici par M. Lefranc. Hâtons-nous de dire qu'il les a discutées sans parti pris et en parfaite connaissance de cause, après de patientes recherches dans les ouvrages et sur les cartes qui pouvaient l'éclairer.

On sait que, dès le second livre, Pantagruel a accompli une circumnavigation dans laquelle Rabelais nous fournit bien moins de détails et beaucoup moins topiques que ceux donnés par lui dans les IVe et Ve livres sur les pérégrinations du fils de Gargantua et de ses compagnons, à la recherche de l'oracle de la dive bouteille. Y a-t-il un rapport appréciable entre ces deux voyages? Le récit offre-t-il un caractère de continuité et de vraisemblance? Quelles sont les sources où s'est inspiré l'auteur? Dans quelles localités se sont passés les événements qu'il raconte? A-t-il eu réellement connaissance des explorations contemporaines et des grands problèmes géographiques qui s'étaient imposés à l'esprit des grands navigateurs du XVe siècle? Y a-t-il eu chez Rabelais prescience des grandes découvertes qui ne se sont accomplies qu'au cours du XIXe siècle? Tels sont les problèmes attachants qui ajoutent un renouveau d'intérêt à une œuvre magistrale où l'on n'a voulu voir si longtemps — et je songe à Voltaire — que le produit d'une imagination déréglée, d'une fantaisie débridée, avec des éclairs de raison et de génie.

Quelle est, en un mot, dans cette œuvre, la part de l'imagination et celle de la vérité? La mode est à ce genre de recherches. Il y a toute une branche de la géographie historique qu'on pourrait appeler la géographie littéraire, dont l'étude nous réserverait plus d'une surprise, mais qu'il est impossible même de résumer dans ce rapport; contentons-nous d'indiquer certains des résultats qu'elle a obtenus.

Tout le monde connaît ici les minutieuses et longues recherches instituées par M. Victor Bérard sur la géographie homérique et qui ont ajouté, s'il est possible, à l'intérêt de ces poèmes. — Personne n'a oublié les investigations de M. Bédier sur les romans américains de Châteaubriand qu'elles ont éclairés de lueurs tout à fait inattendues, en dévoilant les sources géographiques auxquelles avait puisé l'auteur d'Atala.

Sans parler des œuvres d'érudition et d'enseignement comme le «voyage du jeune Anacharsis», où l'abbé Barthélemy a réuni tout ce qu'on savait à la fin du XVIIIe siècle, sur l'histoire, l'art et la géographie de la Grèce, sans nous arrêter sur ces voyages fictifs et imaginaires où les auteurs ont résumé toutes les connaissances qu'on possédait alors sur certaines questions comme Breydenbach et certains autres, nous rappellerons qu'un autre roman aussi célèbre que Pantagruel, Don Quijote, a été l'objet d'une pareille enquête. Dès la fin du XVIIIe siècle, le plus célèbre des cartographes espagnols, D. Thomas Lopez, publiait l'itinéraire de Don Quijote. — En 1840, l'éminent géographe Fermin Caballero démontrait la science géographique de l'immortel manchot; quarante ans plus tard, M. de Fororda publiait une curieuse étude sur Cervantes voyageur. Enfin, cette année même, date du centenaire du plus connu des auteurs espagnols, notre ami Antonio Blasquez renouvelait le sujet en étudiant à la lueur des pièces d'archives la Manche au temps du Quijote, sous le triple point de vue de l'histoire, de la topographie et de la géographie économique.

Le non moins célèbre roman de Rabelais ne pouvait manquer de susciter des travaux analogues. Dans cette voie M. Lefranc eut pour prédécesseur : Pierre Margry qui a, le premier, dans ses «Navigations françaises», appelé l'attention sur Jean Alfonse et Jacques Cartier, dans lesquels il reconnaît les pilotes de Pantagruel, M. de la Barre-Duparc qui s'est efforcé de suivre l'itinéraire du fils de Gargantua, mais qui a commis de lourdes erreurs. Nous ne rappellerons que son identification d'Olonne, dont il fait Olonetz, près du lac Ladoga, et, enfin, M. Ducrot. Je ne reviendrai pas ici sur les bévues de ce dernier, qui, s'étant grossièrement trompé sur la date de certaines cartes, en a tiré les conséquences les plus inattendues et les plus extraordinaires. Dans un rapport au Comité que tout le monde n'a peut-être pas oublié, j'ai fait autrefois justice de ce travail curieux et par endroits méritoire et ingénieux.

Mais il faut avouer que M. Abel Lefranc est bien autrement armé que ses devanciers par ses nombreuses études sur Rabelais. Tout en reconnaissant que tout n'est pas explicable dans le Pantagruel, parce que la fantaisie s'y mêle souvent à la réalité, parce que l'ouvrage a été pris et repris, écrit par l'auteur à différentes dates, parce que nous ne sommes pas enfin assurés que le cinquième livre soit bien de Rabelais, M. Lefranc est arrivé cependant, par l'accumulation des preuves, par l'ingéniosité des rapprochements, par la minutie des recherches et d'heureuses découvertes dans les archives, à mettre certains points tout à fait hors de conteste, à rendre vraisemblable dans ses grandes lignes, l'itinéraire qu'il prête à Pantagruel; nous disons dans ses grandes lignes parce que nous ne devons pas oublier que Rabelais ne savait de la géographie de l'Asie et de l'Amérique que ce que lui en avaient appris les navigateurs officiels et les pilotes de Jean Ango. Cela lui a suffi toutefois pour penser qu'on pourrait accomplir par le pôle Nord les périples de l'Amérique et de l'Asie; merveilleuse divination, qui n'est pas isolée dans ce pénétrant XVIe siècle où un Goborry, dit le Solitaire, sut prévoir l'avènement de l'électricité en «se mettant, dit-il, à la recherche de faire entendre de nos nouvelles sans missive, sans message, sans aucun signe, à qui serait à cent lieues de nous».

Il faut savoir grand gré à M. Lefranc d'avoir su situer tous les événements qui se passent dans le Gargantua et d'avoir retrouvé dans un petit espace toutes les localités de la région où se déroulent les événements de la guerre. A juste titre, il loue Rabelais de son excellente description de Paris et de ses environs, où tout est exact et emprunté à la vérité.

Grâce à sa connaissance parfaite du XVIe siècle, des découvertes accomplies à cette époque et des recherches des Jean Alfonse, des Cartier, des Roberval et de tant d'autres que Rabelais connut et dont il sut les projets et encouragera les tentatives, M. Lefranc a pu suivre les itinéraires de Pantagruel et expliquer bien des passages dont le sens avait échappé à tous les commentateurs. A chaque instant il s'appuie, pour son argumentation sur les cartes et les écrits contemporains, et c'est ainsi qu'il parvint à débrouiller l'écheveau volontairement embrouillé du voyage.

M. Lefranc nous apprend beaucoup et, même si l'on n'est pas absolument d'accord avec lui dans son interprétation, il sait vous ouvrir des aperçus nouveaux et vous intéresser par des réflexions et des rapprochements qui témoignent éloquemment de la profondeur de ses études et de l'ingéniosité de son esprit. C'est là un excellent travail qui fait le plus grand honneur à son auteur.

G. Marcel.

D. Sothas, *Une escadre française aux Indes en 1690. — Histoire de la Compagnie royale des Indes orientales*, 1664-1719. Paris, 1 vol. in-8°, Plon-Nourrit et Cie, 1905.

L'ouvrage dont on vient de lire le titre et qui a été renvoyé à mon examen présente un grave défaut : c'est le manque absolu d'unité. Le titre même l'indique, il y a là deux œuvres bien distinctes et que ne rattache qu'un lien bien fragile. Le récit de la navigation de Duquesne-Guiton en Extrême-Orient a déjà été publié, et l'auteur de cette relation est un écrivain de marine appelé Challes. C'est un écrit qui ne manque pas de savoir et qui est bien fait pour nous renseigner sur l'existence à bord d'un vaisseau à la fin du XVIIe siècle.

M. Sothas a jugé à propos de couper en deux son étude sur l'histoire de la Compagnie des Indes, pour reproduire presque *in extenso* ce journal de voyage, sous le prétexte que l'expédition de Duquesne-Guiton était composée de trois bâtiments armés pour le compte et par ordre de cette compagnie et que les trois vaisseaux de marine royale qui les accompagnaient étaient destinés au ravitaillement et à la protection de nos comptoirs d'Extrême-Orient.

Si, comme nous le disons plus haut, ce tableau de la vie maritime est intéressant; s'il nous fournit sur la mentalité et la moralité des matelots et des officiers des renseignements pris sur le vif, il faut cependant avouer que pendant près de la moitié de l'ouvrage (220 pages sur près de 500), nous perdons complètement de vue l'histoire de la Compagnie des Indes. D'ailleurs, celle-ci nous est connue par son côté extérieur dans les plus grands détails : l'établissement à Madagascar, les expéditions de Mondevergue et de La Haye avec la triste fin de cette dernière à San Thomé en 1674, la fondation de Lorient mise au jour dans ses circonstances les plus intimes par M. Jagon, l'affaire de Siam qui se termine par la mort de Constance Phaulcon et la capitulation de du Bruant, second de Des Farges, à Mergui; toute cette lamentable histoire de nos tentatives coloniales n'a plus de secret pour nous depuis les publications faites depuis une vingtaine d'années, et M. Sothas n'y ajoute rien.

Mais ce qui nous était moins connu dans le détail, c'est la vie intérieure de la compagnie, ses rapports avec le Ministère, ses incessants débats avec ses actionnaires qui non seulement ont fait une mauvaise affaire, mais sont en outre rançonnés et pressurés odieusement par le Gouvernement; c'est surtout pendant la dernière période, de 1690 à 1720, où la compagnie aux abois, la hideuse banqueroute frappant à ses portes, elle a recours aux armements mixtes pour la conjurer; cinq années de suite, elle est obligée d'emprunter pour armer ses bâtiments, puis est forcée de louer son privilège à des armateurs de Saint-Malo et de procéder à la liquidation de son matériel jusqu'à ce qu'enfin elle fusionne avec la Compagnie d'Occident.

Si, pour cette dernière partie de l'histoire de la Compagnie des Indes, M. Sothas a mis à profit des documents peu connus; si, sur cette période dramatique et douloureuse, il nous fournit des renseignements nouveaux, cela ne suffit pas, à notre avis, pour que nous négligions le grave défaut que nous avons signalé.

G. Marcel.

F. Arnaud, *L'Ubaye et le Haut-Verdun, Essai géographique.* Barcelonnette, 1905. 1 vol. in-8° de 210 pages avec 14 esquisses topographiques.

Le notaire géographe qui vient de publier ce volume de topographie alpine est un des plus anciens amis de notre regretté Maunoir, dans la société duquel il avait pris goût à la géographie comme il terminait son droit à la Faculté de Paris. M. Arnaud connaît à merveille tout ce pays de l'Ubaye et du Haut-Verdun, dont il a entrepris de rectifier et de compléter la nomenclature pour le plus grand avantage des alpinistes, militaires et civils. A nos cartes d'état-major, où des espaces de 10 kilomètres carrés ne portent pas un seul nom, dont la topographie est souvent inintelligible aux gens du pays et dont les erreurs topographiques sont trop nombreuses, il apporte une longue série de rectifications et de compléments, et ses quatorze esquisses établies avec soin et dans leur orographie générale, couvertes de noms recueillis avec méthode, depuis une quarantaine d'années auprès des indigènes.

Aux 735 noms de lieux de la carte d'État-major M. Arnaud a pu joindre 1259 noms nouveaux avec leur traduction française, 109 erreurs de noms se trouvent rectifiées, 34 fautes topographiques sont signalées. Six cent vingt-six cours d'eau, dont 284 temporaires, ont été relevés minutieusement et l'auteur énumère 289 sources de haute montagne, 116 cols et 14 passerelles non marqués sur la carte, avec leur itinéraire et leur constitution géologique. C'est, comme on le voit, une contribution des plus précieuses à l'étude de cette partie de notre frontière montagneuse que nous apporte le petit livre de notre correspondant. Observons en terminant ce rapport succinct, qu'une table alphabétique, qui n'a pas moins de 23 pages, facilite singulièrement l'usage de ce vaste répertoire géographique.

E.-T. Hamy.

Georges Périn, ancien député, *Discours politiques et notes de voyages*. — Paris, Sers, 1 vol. in-8°, 1905.

Le volume de M. G. Périn sur lequel on veut bien me demander un rapport mérite la plus grande attention et excite le plus haut intérêt.

Sa lecture ne peut qu'être recommandée aux jeunes. Ils y verront ce que c'est qu'un homme politique véritablement loyal et intègre; ils y verront un parlementaire s'occupant particulièrement des questions qui peuvent faire augmenter le domaine scientifique de la France et de celles qui se rattachent à l'amélioration des conditions d'existence des travailleurs, des humbles et des opprimés.

La partie «Discours parlementaires» de ce livre fournit un grand exemple de patriotisme convaincu et désintéressé; elle montre à chaque page l'extrême et surprenante clairvoyance de son auteur sur les diverses questions qu'il a traitées, avec une si haute autorité et une si noble éloquence, à la tribune de la Chambre.

Sa lecture fera apparaître G. Périn pour la génération actuelle comme un véritable prophète, notamment en ce qui concerne la solution des diverses questions coloniales que le Parlement commençait seulement à ébaucher, au moment où l'auteur a pris part aux délibérations parlementaires.

D'autre part, ce livre contient les notes du «Voyage autour du monde» accompli par Georges Périn dans sa jeunesse, alors qu'il voulait se procurer de visu une forte documentation sur les sujets qu'il devait traiter plus tard avec tant de maîtrise à la Chambre.

C'était déjà l'indice d'un caractère résolu et en même temps sérieux et pondéré, qui tenait à voir, à connaître, à toucher pour ainsi dire, les choses, afin de se faire une opinion personnelle plutôt que de suivre des sentiers battus et des opinions déjà toutes faites.

La rédaction de cette partie de l'ouvrage est éminemment alerte et souple, les aperçus qu'elle contient sont intéressants et originaux; et pourtant l'auteur n'a pas eu le temps de les développer — comme c'était son intention, qu'il m'a exprimée à maintes reprises; la mort l'ayant saisi avant l'achèvement de cette mise au point.

G. Périn a fait partie de la «Commission des missions» jusqu'au moment de sa mort. Il en a suivi avec un haut intérêt les discussions et les travaux. Il a fait plus encore, il a pris personnellement en main la cause de nombre de missionnaires scientifiques, les a fait agréer par cette commission, et, par son talent de parole, par son ardeur convaincue et persuasive, par le désintéressement et la beauté du rôle qu'il jouait ainsi, il a, à maintes reprises, et de haute lutte, obtenu de la Chambre ou du Ministère de l'Instruction publique, des crédits considérables pour des missions scientifiques, telles que celles de MM. Debaize, Ballay, Savorgnan de Brazza, etc.

Son activité était considérable et son dévouement à la cause de la science était absolu.

Je ne saurai oublier que la dernière mission dont il s'est occupé et pour laquelle il a agi au sein de la Commission des missions, en rédigeant en sa faveur un remarquable rapport, est précisément la «Mission saharienne» que j'ai eu l'honneur de recevoir du département de l'Instruction publique et de conduire ensuite à travers l'Afrique.

F. FOUREAU.

P. d'ENJOY, *Associations, Congrégations et Sociétés secrètes chinoises.* — Nancy, in-8°, 1905.

Partout où il y a des Chinois, ils se groupent en congrégations, en confréries, en Sociétés, en «Hioni», les unes fonctionnant au grand jour et, par conséquent, tolérées ou même encouragées par les gouvernements dont elles facilitent indirectement la mission, les autres essentiellement secrètes.

Le Chinois est passionné pour la solidarité sociale, il est congréganiste de naissance et mutualiste dans toute sa vie privée et publique. Dès son enfance, ses parents l'affilient à un ou plusieurs groupements, tant secrets qu'officiels, et, lorsqu'il est majeur, il est rare qu'il ne se fasse pas agréer par d'autres associations qu'il choisit suivant ses tendances personnelles.

S'il est appelé à quitter le sol natal, il ne s'y décidera qu'après être sûr de trouver dans le pays où il a intérêt ou désir de se rendre une des Sociétés ou congrégations chinoises dont il est membre et qu'après s'être muni d'une sorte de passeport qui lui permette de se faire reconnaître de ses confrères et d'avoir leur patronage.

Ce goût des Chinois pour l'association procède du principe de famille qui est la base de leur civilisation; ils sont les plus sociables des êtres humains; ils ne conçoivent pas la vie sociale dans l'état d'isolement, d'individualisme, et ils n'hésitent pas à livrer leur vie à l'aléa de pactes mystiques qu'ils ne dénonceront jamais, même au prix d'atroces tortures.

Du reste, la mort leur est indifférente, pourvu qu'ils soient assurés que leur corps sera enterré, sinon en terre chinoise, au moins dans un sol sanctifié par la colonisation chinoise, où il sait que les congrégations et les sociétés dont il fait partie comptent assez de membres pour faire, chaque année, sur sa tombe, à défaut de sa famille, les cérémonies rituelles qui donnent la survie spirituelle.

Aussi remarque-t-on que l'émigration chinoise procède toujours par groupes compacts, ...

M. d'Enjoy étudie ensuite les Sociétés secrètes qui vivent d'une vie autonome au cœur de la Société officielle et qui sont d'autant plus redoutables que leurs liens de rattachement sont insaisissables et que leurs membres sont d'une obéissance absolue aux ordres de leurs chefs. Elles sont, pour la plupart, de terribles foyers de conspiration contre le Souverain régnant; celle dite du «Nénuphar», qui compte plus de 2 millions d'adhérents et qui est composée principalement de lettrés, a pour but précis de renverser la dynastie usurpatrice régnante pour remettre sur le trône la dynastie national des Mings.

Suivant M. d'Enjoy, l'avenir nous réserve bien des surprises au sujet de la Chine; il ne se charge pas de dire si les Européens se partageront cet empire ou s'il continuera à demeurer endormi sous la domination mandchoue, ou bien si, réveillé par une explosion de patriotisme, il se mettra, comme autrefois, à la tête de la civilisation, mais il pense que, si l'Europe secoue trop le bloc chinois et provoque sa conflagration, amenant ainsi la chute de la dynastie tartare, la Chine pourrait bien alors reprendre une vie active et que les Européens auront probablement lieu de regretter cette résurrection, qui sera leur œuvre, peut-être inconsciente, mais à coup sûr maladroite.

H. Cordier.

Henri Bussier, docteur ès lettres, *Le partage de l'Océanie.* — Wuibert et Nony, 1905. 1 in-8°, 367 pages et cartes.

Ouvrage méthodiquement divisé en trois parties.

La première, relative aux conditions géographiques de la vie humaine en Océanie, s'étend sur l'origine et la structure actuelle des îles et îlots, sur la flore, la faune et les races humaines de ces archipels de la mer pacifique.

Sous ce titre : « Le partage politique », la seconde partie traite successivement des voyages de découvertes, aux xvie, xviie et xviiie siècles ; de la période des missions religieuses, première moitié du xixe siècle ; des conflits politiques, 1840-1870 ; et enfin des compétitions internationales, 1870-1904, qui ont placé tous les archipels océaniens, sauf les Nouvelles-Hébrides, sous le protectorat ou la domination directe des grandes nations civilisées.

Mais si le partage politique est accompli, l'ère des compétitions n'est pas close, et une nouvelle lutte, économique, celle-ci, commence. L'auteur étudie donc, dans une troisième partie, la mise en valeur des colonies françaises, anglaises, américaines et allemandes en Océanie. A son avis, la prépondérance future, fatalement réservée à une grande puissance maritime, appartiendra probablement aux États-Unis d'Amérique, dont la situation géographique est ici privilégiée et qui n'auront guère à redouter, dans le Pacifique, qu'un nouveau rival, le Japon.

Pondérée, élégante de forme, agréable à lire, solidement documentée, aux références soigneusement indiquées, accompagnées de cartes et d'un grand nombre de photographies, dont l'intérêt est encore augmenté par d'utiles commentaires, cette étude me semble instructive et méritoire.

E. Aymonier.

6

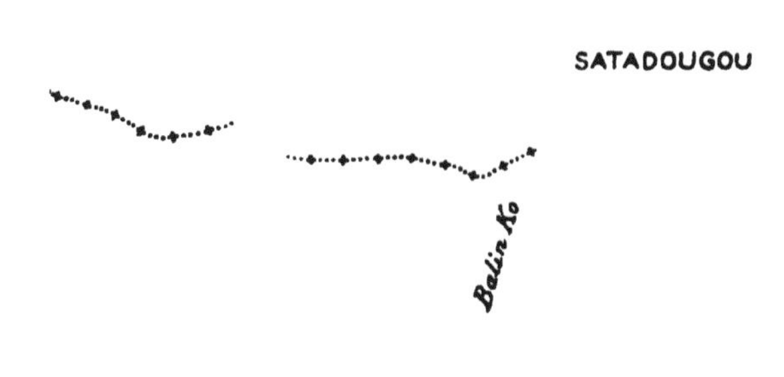

U T A

YAMBÉRING

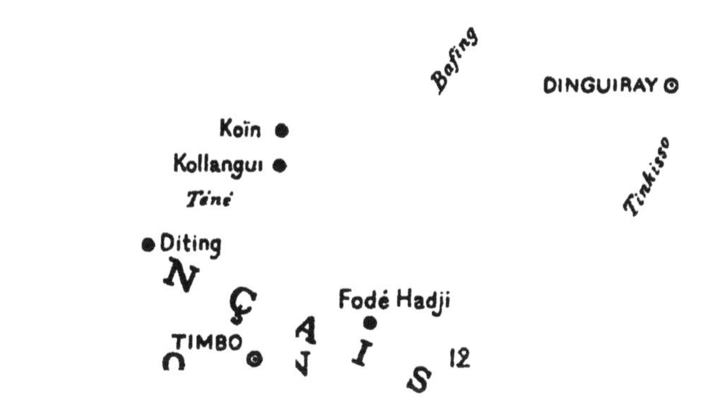

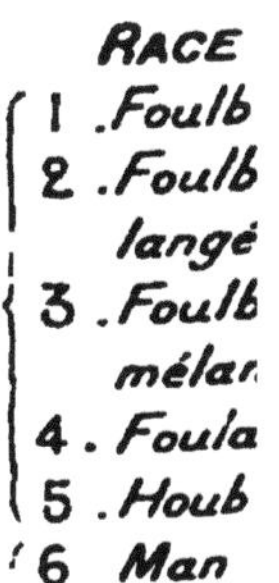

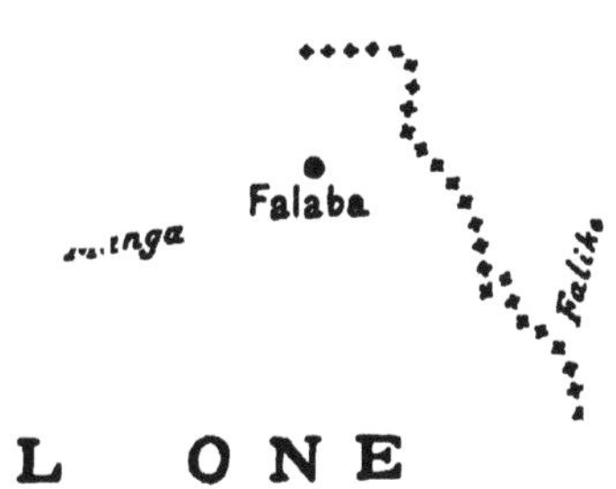

RRA - L ONE

GAMBIE À LA MELLACORÉE.

BULLETIN

DU

COMITÉ DES TRAVAUX HISTORIQUES ET SCIENTIFIQUES.

SECTION DE GÉOGRAPHIE HISTORIQUE ET DESCRIPTIVE.

RÉUNION

DES

DÉLÉGUÉS DES SOCIÉTÉS SAVANTES DE PARIS ET DES DÉPARTEMENTS À LA SORBONNE.

PROCÈS-VERBAUX.

SÉANCE GÉNÉRALE D'OUVERTURE.

Le mardi 17 avril, le Congrès s'ouvre à 2 heures précises, dans le grand amphithéâtre de la Sorbonne, sous la présidence de M. Levasseur, membre de l'Institut, président de la Section des sciences économiques et sociales du Comité des travaux historiques et scientifiques, administrateur du Collège de France, assisté de M. Raoul de Saint-Arroman, chef du bureau des travaux historiques et des sociétés savantes.

Sont présents : MM. Léopold Delisle, Bouquet de la Grye, le général Sebert, Saglio, Héron de Villefosse, Omont, membres de l'Institut; Ducrocq, Léon Vaillant, Gazier, Ch. Tranchant, M. Prou, Henri Cordier, le docteur Ledé, le docteur Capitan, Georges Hermand, Adrien Blanchet, Michon, Gaston de Bar, membres du Comité des travaux historiques et scientifiques; Emile Travers, Œhlert,

C. Bloch, Espérandieu, Delisle, Chauvet, Gassies, Belloc, de Grandmaison, Boyé, Wallon, etc.

Au nom de M. le Ministre de l'instruction publique et des beaux-arts, M. E. Levasseur déclare ouvert le Congrès des Sociétés savantes et donne lecture de l'arrêté qui constitue les bureaux des sections :

Le Ministre de l'instruction publique, des beaux-arts et des cultes,

Arrête :

M. Émile Levasseur, membre de l'Institut, président de la Section des sciences économiques et sociales du Comité des travaux historiques et scientifiques, administrateur du Collège de France, présidera la séance d'ouverture du Congrès des sociétés savantes, le mardi 17 avril prochain.

Suivant l'ordre de leurs travaux, MM. les délégués des sociétés savantes formeront des réunions distinctes dont les bureaux seront constitués ainsi qu'il suit :

. . . .

GÉOGRAPHIE HISTORIQUE ET DESCRIPTIVE.

Président de la section, M. Bouquet de la Grye, membre de l'Institut; secrétaire, M. le docteur Hamy, membre de l'Institut.

PRÉSIDENCE DES SÉANCES.

Mardi 17 avril. — M. Bouquet de la Grye, de l'Institut, président de la Section.

Mercredi 18 avril, matin. — M. Grandidier, de l'Institut, membre du Comité des travaux historiques et scientifiques.

Mercredi 18 avril, soir. — M. Henri Cordier, membre du Comité des travaux historiques et scientifiques.

Jeudi matin 19 avril. — M. Vidal de la Blache, vice-président de la Section.

Fait à Paris, le 24 mars 1906.

Signé : Aristide BRIAND.

M. E. Levasseur souhaite ensuite la bienvenue aux délégués des sociétés savantes et leur donne sur l'organisation du Congrès toutes les indications utiles.

La séance est levée à 2 heures et demie et les différentes sections se réunissent dans les locaux qui leur ont été affectés.

SECTION DE GÉOGRAPHIE HISTORIQUE ET DESCRIPTIVE.

SÉANCE DU MARDI SOIR 17 AVRIL.

PRÉSIDENCE DE M. BOUQUET DE LA GRYE, MEMBRE DE L'INSTITUT, PRÉSIDENT DE LA SECTION.

La séance est ouverte à 2 heures et demie.

M. le Président, après avoir adressé ses compliments de bienvenue aux membres de la réunion, désigne comme assesseurs MM. Chauvigné, président de la Société de géographie de Tours, et Jules Humbert, docteur ès lettres, professeur agrégé au lycée de Bordeaux.

En l'absence de M. Hamy, qui représente le Ministère de l'instruction publique au Congrès d'anthropologie, à Monaco, M. le Dr Delisle, membre de la Société de géographie, remplira les fonctions de secrétaire.

M. Pierre Buffault, de la Société de géographie commerciale de Bordeaux, inspecteur adjoint des eaux et forêts à Briançon, a envoyé au Congrès un mémoire accompagné d'une carte sur les *grands étangs littoraux de Gascogne*.

D'assez nombreuses hypothèses, dit M. Buffault, ont été émises sur ce qu'a pu être antérieurement le tracé du littoral de Gascogne. On a, notamment, beaucoup discuté et on discute encore sur ces deux questions : la mer a-t-elle ou non empiété sur le continent ? Les étangs littoraux sont-ils d'anciennes baies marines et leur rive orientale marque-t-elle le fond de golfes fermés par les sables et que séparaient entre eux des indentations, très avancées à l'Ouest du rivage actuel et, depuis, rasées par les courants marins ?

Nos recherches personnelles sur le terrain et dans les archives locales nous permettent d'apporter des témoignages qui éclairent d'une façon assez nette les deux questions posées.

La mer de Gascogne, lors des gros temps de printemps et d'automne, attaque son rivage. Les points d'érosion sont essentiellement variables, dépendant de la direction et de la force des courants aériens et marins. La durée de ces attaques est aussi essentiellement variable et celles-ci sont ordinairement suivies d'ensablements plus ou moins temporaires. Elles ont pour effet de décaper la plage ou d'éroder le pied de la dune littorale, souvent l'un et l'autre. Il arrive généralement alors que le sable enlevé laisse à jour des bancs d'alios, des assises d'argile, des sables terreux, portant, plus ou moins abondants suivant l'endroit, des débris de végétation : tourbe, détritus amorphes, feuilles de *Typha*, et de plantes marécageuses, racines de bruyère (*Erica scoparia*), souches de saule, de chêne, de pin maritime. Parfois même des troncs d'arbres de ces trois essences ont été découverts en place. Ils étaient droits, d'un diamètre assez fort, d'une hauteur de un, deux, trois mètres même, suivant l'épaisseur de la couche de sable qui les tenait ensevelis et les protégeait de la destruction.

Ces affleurements sont situés très uniformément au niveau de la haute mer, mais dessinent toutefois des dépressions en face des grands étangs. Ils représentent évidemment le sol de la lande — à l'inclinaison duquel ils correspondent, dont ils reproduisent la constitution, dont ils portent la flore, — ce sol préexistant à l'invasion des sables, au moins des sables modernes. L'argile appartient à la couche de glaise bigarrée de la fin de l'Helvétien, qui s'étend sous presque toute la pénéplaine landaise, en dessous de l'alios et du sable des landes et au-dessus des sables fauves du même étage. Cette série d'assises se retrouve d'ailleurs entière à la côte lorsque la mer approfondit suffisamment ses érosions.

Nous avons pu observer depuis une douzaine d'années et repérer sur la côte ces affleurements qui n'ont fait jusqu'ici l'objet que de quelques constatations isolées. La série d'affleurements de l'ancien sol ainsi obtenue n'est évidemment pas complète puisqu'elle dépend des attaques de la mer, mais par cela même elle pourra se compléter ultérieurement. Telle qu'elle, et en y ajoutant les données fournies par le forage de puits dans la zone des dunes, elle amène à constater que l'ancien sol apparaît, à peu près sans grandes interruptions, sur tout le littoral girondin, depuis Soulac jusqu'en face de l'extrémité Sud de l'étang de Lacanau, et qu'il place des témoins au Sud du bassin d'Arcachon : depuis le Moulleau jusqu'à la pointe du Sud, en face l'étang de Cazaux, en face l'extrémité méridionale de l'étang de Parentis, sur la côte de Mimizan, et enfin sur celle de Saint-Julien depuis le parallèle de Bias jusqu'à peu près celui de Lit.

Il en résulte des éclaircissements précieux sur le tracé du littoral primitif et l'origine des étangs.

En premier lieu, l'apparition du sol primitif sur la plage maritime avec sa végétation landaise atteste qu'il y a eu érosion par l'Océan de la bordure continentale. De plus, l'existence d'arbres faits, au fût rigide, manifeste que ces arbres n'ont pu croître ainsi qu'à une assez grande distance de la mer (1,000 mètres au *minimum*), celle où l'on trouve aujourd'hui de pareils arbres en venant de la côte. Donc, l'érosion marine a enlevé au continent, pour le moins, une marge d'égale largeur. Bien qu'il ne soit pas possible à l'aspect des débris végétaux et surtout des troncs d'arbre, de préciser la durée de leur enfouissement dans le sable, cependant on ne peut attribuer à cet enfouissement une durée de plus de quatre ou cinq siècles, d'autant que cet enfouissement a été réalisé par les dunes modernes. Et il appert également que la période de végétation des arbres exhumés, et celle de l'érosion marine qui les a rapprochés du rivage, appartiennent à l'époque historique actuelle.

C'est donc durant cette époque qu'il y a eu empiètement de l'Océan sur le continent, en même temps qu'alluvionnement des dunes modernes.

Il est remarquable que depuis la limite des communes de Lacanau et du Porge (66e kilomètre de la côte girondine) jusqu'au cap Ferret, aucun affleurement d'alios, d'argile, de sol primitif quelconque n'ait jamais apparu quelles qu'aient été les attaques de la mer. Si l'on en rapproche le déplacement de la passe d'Arcachon vers le Sud et l'allongement persistant du cap Ferret par l'atterrissement de nouveaux sables, on est en droit de penser que le littoral océanique actuel, entre la limite Lacanau-Le Porge et le Ferret, purement sableux, est de formation récente, contemporaine de l'alluvionnement des dunes modernes. Dès lors, le rivage primitif fuyait obliquement du Nord-Ouest au Sud-Est, coupant la ligne de rivage actuelle de façon à raccorder la rive Nord-Est du bassin d'Arcachon avec un rivage maritime situé plus à l'Ouest que de nos jours à la hauteur de Lacanau.

La formation des lacs littoraux gascons a été justement attribuée au barrage des cours d'eau landais, non pas par les dunes modernes, mais par les dunes anciennes ou primaires. Cette thèse se confirme par l'existence jusque vers la fin du XVIIIe siècle et même les débuts du XIXe, de forêts sur sables anciens ou dunes primaires, oubliées depuis et que nous ont révélées d'anciennes cartes et des archives administratives. Ces restes de forêts se trouvaient situés jusque sur la rive occidentale des étangs et vis-à-vis le milieu de ces nappes d'eau (notamment à Hourtin, Cazaux et Parentis). Elles étaient semblables aux vieilles forêts qui subsistent encore aujourd'hui sous le nom de *monts* ou *montagnes*, à l'Orient des dunes modernes, et les reliaient entre elles. Ces bois disparus et les *montagnes actuelles* sont les témoins de l'antique massif arborescent qui régnait sur le littoral avant l'ère des dunes modernes et qui fixait les sables primaires. Les dunes modernes ont envahi ce massif, puis ont été elles-mêmes fixées avant d'en avoir fait disparaître tout vestige.

Les affleurements du sol primitif landais se montrant en face des étangs littoraux et se trouvant, en verticale, dans le prolongement du plafond de ces étangs, on ne saurait plus voir dans ces nappes d'eau d'anciennes baies marines fermées par un cordon littoral arénacé, et devenues lagunes, puis lacs isolés de l'Océan et débarrassés à la longue de leur salure.

Du reste, leur altitude, leur faible profondeur et la configuration de leur plafond, prolongement du plateau landais et entaillé par un chenal continuant le principal affluent du lac (Delebecque), rendaient déjà douteuse la possibilité d'anciennes baies ouvertes.

Sur la côte girondine, où la série des affleurements de l'ancien sol est presque continue, — ou a été mieux et plus souvent observée, — cette série ne présente d'interruptions considérables, dans l'état actuel des observations, qu'en face l'étang d'Hourtin (sur 4 kilomètres) et en face l'étang de Lacanau (sur 3 kilomètres). Elle ne laisse place ainsi que pour l'estuaire du principal affluent de l'étang.

Il ne faut donc voir dans ces nappes d'eau du littoral gascon que les estuaires supérieurs des principaux ruisseaux landais, noyés à la suite de leur barrage par les sables primaires, à une époque géologique antérieure, puis transformés progressivement, durant la période historique actuelle, en étangs clos et surélevés par les dunes modernes.

M. Ch. Duffart, de l'Académie des belles-lettres et arts de Bordeaux, constate qu'il résulte des chiffres du mémoire dont il vient d'être donné lecture, redressant certaines erreurs de l'état-major et de M. A. Delebecque, que le comblement des lacs médocains ne saurait être nié. « M. P. Buffault et moi, ajoute M. Duffart, *différons seulement sur l'intensité de ce comblement en deux siècles*. En comparant Masse et les modernes, je trouve la sédimentation énorme ; M. Pierre Buffault, sur d'autres données, la trouve minime. »

M. Duffart prie ses collègues de rapprocher les chiffres du mémoire de M. Pierre Buffault de ceux que contient l'étude qu'il présente « ils constateront que l'intensité du comblement résultant de la comparaison de Cl. Masse, seul témoin indiscutable du passé, demeure encore aux environs de 8 à 9 mètres pour la grande fosse de Hourtin ».

M. Ch. Duffart donne ensuite lecture de son mémoire sur la *Sédimentation moderne des lacs médocains*, où il s'efforce de démontrer que ces lacs achèvent de vivre et sont en pleine *vieillesse géologique*, rapidement comblés par un alluvionnement par transports déposés ou précipités avec une activité incessante.

M. Charles Rabot, membre de la Société de géographie de Paris, résume les observations poursuivies depuis plusieurs années par la Commission française des glaciers sur les glaciers du Dauphiné et de la Savoie.

Dans cette partie des Alpes comme en Suisse, en Tyrol et d'ailleurs dans toutes les montagnes du globe, depuis une quarantaine d'années, les appareils glaciaires diminuent considérablement et aujourd'hui, de ce fait, l'aspect des montagnes se trouve notablement modifié. On se trouve ainsi en présence d'un phénomène géologique actuel, particulièrement intéressant. A un autre point de vue, l'étude de la régression des glaciers offre un intérêt considérable. Les nappes de glace qui recouvrent les montagnes sont des réservoirs d'eau dont le débit est réglé par les conditions de la température, et de leur fusion dépend pour une bonne part l'alimentation des rivières des Alpes. Aussi bien, lorsque les glaciers diminuent, se produit-il une diminution du débit des cours d'eau. Ce phénomène est particulièrement frappant dans les régions soumises à une faible glaciation, comme les Pyrénées et la bordure méridionale du massif du Pelvoux. Dans cette dernière région, une fusion considérable ayant fait disparaître plusieurs petits glaciers, des torrents, auparavant perennes, sont devenus temporaires et ont complètement asséché pendant l'été au grand détriment des riverains qui n'avaient plus d'eau pour leurs irrigations. L'étude des variations des glaciers présente donc un intérêt de premier ordre au point de vue agricole, particulièrement dans toute la région rhodanienne dont l'alimentation en eau dérive principalement des neiges des Alpes.

Sous la direction de M. de la Brosse, ingénieur en chef des ponts et chaussées, chargé d'une mission d'étude par la direction de l'hydraulique agricole, et de M. le professeur Kilian, de l'Université de Grenoble, MM. Flusin, Jacob et Offner, de la Faculté des sciences de cette ville, ont entrepris l'exécution de cartes à grande échelle des principaux glaciers des Alpes dauphinoises qui permettront d'étudier les variations glaciaires au point de vue géologique et en même temps de jauger ces réservoirs au point de vue des écoulements.

La séance est levée à 4 heures et demie.

SÉANCE DU MERCREDI MATIN 18 AVRIL.

PRÉSIDENCE DE M. A. GRANDIDIER, MEMBRE DE L'INSTITUT.

La séance est ouverte à 9 heures et demie.

M. Bouquet de la Grye, membre de l'Institut, président de la Section, entretient le Congrès de la question de Paris port de mer. Il montre comment cette question dépend de considérations à la fois géographiques et économiques. Que l'on construise des cartes de possibilité commerciale des différents ports, il résultera de leur comparaison que la lutte contre Anvers qui draine aujourd'hui nos marchandises jusque dans l'intérieur de la France, ne peut aboutir que si l'on fait arriver les navires jusqu'à Paris. Cette solution s'impose d'autant plus qu'elle découle des résultats obtenus à l'étranger, où les ports de pénétration sont considérés comme utiles et même indispensables.

Paris port de mer doit d'ailleurs être réalisé sans qu'il en coûte rien à l'État.

Quant au côté technique du projet, il est inutile d'en parler ici, le Conseil général des ponts et chaussées ayant déclaré qu'il n'y a là aucune difficulté en dehors de celles que surmontent d'ordinaire nos ingénieurs.

M. Émile Belloc, membre du Club alpin, résumant le résultat de ses dernières recherches glaciaires, démontre que les glaciers encore existants sur le versant français des Pyrénées centrales, ne peuvent donner qu'une idée très imparfaite de leur ancienne expansion.

Par suite de leur évolution régressive, les grandes coulées de glace qui recouvraient les vallées pyrénéennes et les plaines de la Garonne et de l'Adour ont perdu plus de 100 kilomètres de terrain depuis les temps géologiques. Actuellement ces glaciers, ne formant plus que des lambeaux épars, sont relégués sur les gradins des cirques avoisinant les plus hautes cimes.

Les phénomènes glaciaires ont été jadis beaucoup plus importants qu'on ne le croit généralement dans les Pyrénées. M. Emile

Belloc signale à plus de 20 kilomètres d'Arreau, point accepté jusqu'ici comme terminus de l'ancien glacier de la vallée d'Aure, des blocs erratiques, témoins irrécusables du charriage des glaciers.

Quant aux appareils glaciaires de la région de Luchon, dont les points d'origine sont actuellement situés dans les hauts parages d'Oô, des Crabioulès et des Graouès, leur puissance devait être considérable. L'auteur le démontre en mettant sous les yeux des membres du Congrès des photographies représentant des blocs erratiques de granite porphyroïde déposés à une altitude moyenne de 1,560 mètres. Le fond de la vallée de Luchon étant à cet endroit à 630 mètres de hauteur, le glacier devait avoir 900 mètres d'épaisseur d'environ.

Après avoir parlé de la moraine de Labroquère et des gros blocs de granite déposés sur la montagne de Burs, à 200 mètres audessus de la rive droite du fleuve, M. Émile Belloc énumère les différentes causes qui ont pu favoriser la disparition des matériaux erratiques dans la région subpyrénéenne.

Il termine cette communication en disant que le facies glaciaire est tellement caractérisé à de certains endroits que, pour lui, l'expansion glaciaire dans le bassin de la Garonne, y compris une portion du pays toulousain, ne fait aucun doute.

Cette manière de voir, ajoute-t-il, a été récemment corroborée par les savantes études de M. Hugo Obermaier, qui a bien voulu communiquer le résultat de ses dernières recherches. C'est ainsi que ce distingué géologue a reconnu quatre terrasses fluvio-glaciaires entre Toulouse et Martres, tandis qu'il n'en existe plus que trois entre Martres et Lannemezan.

En conséquence de ce qui précède, M. Émile Belloc dit que l'expansion glaciaire, dans cette partie des Pyrénées, a été infiniment plus grande que l'on ne l'avait cru jusqu'ici. Il ajoute, en terminant, qu'il y a eu, dans les Pyrénées centrales, quatre périodes glaciaires distinctes, et non pas seulement une période unique de glaciation rapportée aux temps quaternaires, comme on l'admet généralement.

M. Henri Ferrand, de Grenoble, fait remarquer que les observations déduites par M. Belloc s'éclairent d'une façon particulière par les constatations faites dans les Alpes. Ici les retraits de la glaciation s'opérant sur un relief beaucoup plus prononcé sont confinés dans un espace restreint et plus facile à observer. M. Ferrand indique que notamment sur le grand glacier en coupole de la Vanoise les retraits des épanchements sont alarmants. Ainsi le glacier de Rosoire aurait eu, en vingt années, un retrait qui est d'au moins 300 mètres en altitude; le glacier de l'Arselin, outre une diminution de hauteur et d'épaisseur considérables, aurait eu un retrait de largeur qui laisse à découvert des espaces de roches polies comme du marbre; sur le glacier des Grands-Couloirs, des paliers de moraines attestent des retraits successifs, et la diminution d'épaisseur est rendue flagrante par les roches sous-jacentes qui, çà et là, percent la nappe nagère immaculée. Il exprime l'espoir que les fortes chutes de neige de cet hiver seront l'aurore d'une nouvelle période d'expansion des glaciers alpins qui, sans cela, arriveraient bientôt à l'état d'indigence des glaciers pyrénéens.

M. Henri Ferrand donne ensuite lecture d'une étude sur les *Premières cartes de Savoie*. Il met en lumière le plagiat et la copie érigés en système aux premiers temps de la cartographie et la rareté des œuvres originales. Il réduit les diverses cartes de Savoie dont il connaît plus de 200 variétés, à cinq types qui résument et représentent les étapes des connaissances topographiques sur cette région :

1° Le type Forlani, dont la carte actuellement connue date de 1562, et qui se trouve plus ou moins bien copié, plus ou moins bien compris, jusque dans les premières années du XVIIe siècle;

2° Le type Jean de Beins, qui vit le jour en 1630, dans la *Sabaudiæ Ducatus*, publiée par Hondius dans son édition de cette date de l'atlas de Mercator, et qui a été l'un des plus répétés;

3° Le type Sanson, d'Abbeville, produit par cet auteur en 1648 dans sa carte *Haute Lombardie et pays circonvoisins*;

4° Le type Borgonio qui prend naissance dans la belle carte des États de Savoie de 1680;

5° Le type Stagnoni qui date de la revision de la carte précédente en 1772.

Sur chaque type, l'étude détaillée de l'auteur fait ressortir le progrès accompli dans la connaissance de la figuration du sol et de ses reliefs. Il cite les principales copies qui furent faites, et les perfectionnements qu'apportèrent certaines versions. Il communique en même temps des photographies des principales cartes passées en revue dans cette étude qui fournit une précieuse contribution à l'histoire de la cartographie alpine.

M. A. Pawlowski, de la Société de géographie de Rochefort, correspondant du Ministère, retrace l'histoire topographique du pays de Didonne, du Talmondais et du Mortagnais girondin, d'après la géologie, la cartographie et l'histoire. Il montre la formation progressive du littoral de la rive droite de la Gironde, après avoir, dans un congrès antérieur, exposé celle du rivage médocéen.

L'auteur établit que l'évolution s'est produite de Royan à Saint-Dizant-du-Gua, sous deux formes : 1° érosion des falaises exposées au flot; 2° colmatage des régions basses, où s'accumulèrent, au cours des siècles, les limons apportés par l'Océan et le fleuve.

L'érosion s'explique par la fragilité des calcaires littoraux. Elle est, toutefois, moins marquée que les atterrissements qui ont comblé les baies de Royan, de Saint-Georges, de Meschers-Talmond et remblayé les côtes charentaises.

M. Pawlowski estime qu'aucun doute ne saurait subsister quant au fameux *Tamnum*, qu'il identifie avec Talmont (moulin du Fa). Pour le *Novioregum* des itinéraires, il devait être situé sur la pointe de Suzac et se confondre avec le Gériost de Claude Masse.

M. Pawlowski fait l'historique des modifications subies par le rivage, du moyen âge au XIXe siècle; il rapporte la déchéance progressive de Talmont et de Didonne, la substitution de Royan à Gériost. Il démontre que les bancs de la Gironde n'ont cessé de se modifier; que le banc des Marguerites, au Nord, près de l'embouchure de la Gironde, tend à se fondre; que le banc de Talmont s'est rapproché du continent charentais, que l'antique passe de Saintonge, d'usage si facile au XVe siècle, n'est plus accessible. Ainsi en témoignent les nombreux documents relevés par l'auteur aux archives de la guerre et de la marine, les portulans et les cartes.

M. Pawlowski a ensuite retracé l'histoire des transformations océanographiques de l'île de Ré.

Cette île, dans la période de la préhistoire, devait former un unique rivage avec la côte continentale et les îles d'Aix et d'Oléron. Les pertuis ont dû être creusés après le dépôt crétacé. L'île de Ré ne saurait avoir été jointe à la terrasse de Rochebonne, qui est d'une constitution essentiellement différente.

L'île de Ré fut habitée au temps des Celtes et des Romains, qui y ont laissé des traces de leur séjour. Elle s'étendait, alors, beaucoup plus à l'Ouest. Les platins modernes sont les débris du squelette de l'île.

L'Océan a rongé progressivement ces platins, détruisant les ports de Saint-Sauveur et Notre-Dame. Il a également morcelé l'antique territoire des Portes et en a détaché ce qui constitue le banc du Bûcheron, jadis terre boisée. Par contre, il a réuni l'île de Loix à Ré, envasé le Fiers d'Ars et la fosse de Loix, accessible, en 1625, aux flottes du roi; constitué des bancs non loin du rivage, allongé la flèche de Sablonceaux, enfin, formé une plaine en arrière de la pointe, érodée, de Chauveau.

M. Pawlowski a détaillé, d'après de nombreux documents, la série de ces modifications, compliquées par une série de phénomènes sismiques aux XIVe, XVIe et XVIIe siècles.

Au cours de sa communication sur l'île de Ré, M. Pawlowski ayant déduit de la différence radicale qui existe entre la constitution géologique du plateau de Rochebonne et celle de l'île de Ré, que ces deux terres n'avaient jamais dû être réunies, M. Adrien de Villemareuil, de la Société de géographie commerciale de Paris, a contesté la valeur de cet argument, et, sans être absolument affirmatif, a émis l'opinion que ces deux terres aujourd'hui séparées avaient très bien pu former une seule et même île ou presqu'île. Celle-ci aurait présenté une partie antérieure constituée par du terrain archéen, lequel plus résistant à l'érosion marine aurait protégé une masse plus ou moins grande de terrains sédimentaires accolés contre lui. Cette dernière, battue de deux côtés par l'Océan et moins résistante, aurait disparu la première. Un exemple d'une telle constitution nous est donné à l'époque actuelle dans de plus petites proportions par l'île de Noirmoutier, qui présente du côté du large un promontoire de terrains anciens auquel fait suite une bande de terrains tertiaires.

L'argument tiré de la profondeur qui existe entre le plateau de Rochebonne et l'île de Ré a plus de valeur. Mais cette profondeur peut être simplement la preuve de l'ancienneté de la séparation.

M. Saint-Jours, de la Société de géographie commerciale de Bordeaux, communique une étude *sur les routes romaines de Pampelune à Bordeaux et les sables du littoral gascon.*

L'itinéraire d'Antonin mentionne la voie venant de Pampelune par Roncevaux, Saint-Jean-Pied-de-Port et Dax, route que les anciens trafiquants phéniciens auraient suivie dès une haute antiquité.

Après Dax, la route romaine se bifurquait en deux branches pour gagner Bordeaux, l'une assez voisine du littoral, l'autre dans les terres et plus directe. L'identification des anciennes stations d'étape de ces deux routes est assez difficile. Il y a lieu de penser que la route littorale située sur le trajet des lacs landais à l'est des dunes était la route stratégique; elle est la mieux connue.

Sans entrer dans le détail des modifications apportées à l'état local par la formation des dunes, la fixation de ces dunes, soit par la nature elle-même, soit par l'extension des semis de pins tels que les fit Brémontier, M. Saint-Jours insiste sur le fait que les empiètements de la mer sur le littoral gascon ne sont pas aussi intenses que certains le prétendent et qu'il paraît s'établir du côté de Cordouan et du Médoc une sorte de balancement dans la formation et le déplacement des bancs de sables marins qui viennent modifier la disposition du fond de la mer.

La séance est levée à 11 heures et demie.

SÉANCE DU MERCREDI SOIR.

PRÉSIDENCE DE M. HENRI CORDIER, MEMBRE DE LA SECTION.

La séance est ouverte à 2 heures et demie.

M. le docteur Brumpt, préparateur à la Faculté de médecine de l'Université de Paris, étudie la distribution géographique des tribus éthiopiennes et nègres, rencontrées au cours du voyage effectué par la mission du Bourg de Bozas entre les derniers contreforts montagneux de l'Éthiopie méridionale et le Nil.

C'est sur ces contreforts qu'apparaissent les premiers Chankallas; c'est ainsi que les Abyssins désignent tous les nègres, en particulier ceux qui habitent aux environs de leur pays.

Les peuplades traversées ont été celles des Besketo et des Dako, qui vivent dans les montagnes. Puis sur l'Omo et dans le nord du lac Rodolphe la mission fit connaissance avec les Arbori Galla, Karo, Mouni, Pouma, Galobi.

La traversée du Tourkouana fut faite au milieu du pays, ce qui permet de croire que la mission a eu affaire à des vrais représentants de la race qui est mélangée sur ses frontières.

Après le Tourkouana, la mission rencontre les Lodousso, puis des Longo et enfin les Otoumour; toutes ces races se rapprochent des nègres nilotiques, mais ont encore du sang arbori galla. C'est seulement chez les Chorilli et les Madis que la mission trouve de vrais nègres nilotiques.

M. le docteur Hamy avait signalé la grande ressemblance anthropologique existant entre les Pahouins et certains nègres de la haute Guinée septentrionale. M. le lieutenant R. Avelot, du 31ᵉ régiment d'infanterie, s'est proposé de chercher si les rapprochements suggérés par le docteur Hamy ne pouvaient pas être vérifiés par la linguistique, l'ethnographie, l'archéologie, les traditions, les relations des géographes arabes et des anciens voyageurs.

Il conclut de ses recherches que, antérieurement aux invasions des Ashantis et des Nagos, qui sont arrivés dans la région approximativement au XIIᵉ siècle de notre ère, un important groupe de peuplades de souche pahouine se serait superposé en Guinée aux populations primitives de civilisation paléolithique et néolithique.

Cette invasion pahouine n'aurait pas dépassé le Bandama à l'Ouest, la lisière de la forêt guinéenne au Nord.

M. le lieutenant Desplagnes, de l'infanterie coloniale, traite de l'origine des populations nigériennes. Cette origine remonte aux temps les plus éloignés de l'évolution de la civilisation. En effet, dans la région nigérienne, aussi bien que dans les vastes espaces du Sahara, on retrouve les traces fort nombreuses de différentes périodes des âges de la pierre. M. Desplagnes fait connaître brièvement ses idées sur les races anciennes qui ont, à différentes époques, occupé les régions nigériennes et sur les rapports qu'elles offrent avec les populations anciennes de l'Est africain.

M. Léon Diguet, de la Société des américanistes de Paris, présente un travail sur la région mixteco-zapotèque, sa géographie, son histoire, son archéologie et particularité sur sa végétation.

La région que l'on est convenu de désigner aujourd'hui sous le nom de mixteco-zapotèque comprend presque en totalité la contrée qui, à l'époque précolombienne, était désignée sous le nom d'Anahuac Ayotla.

La région mixteco-zapotèque embrasse dans la délimitation politique actuelle du Mexique une grande partie de l'Etat d'Oaxaca et partie de ceux de Puebla et de Guerrero; elle s'étend donc sur le versant occidental de la Cordillière mexicaine depuis le sud de l'Etat de Puebla jusqu'à l'isthme de Tehuantepec, lequel forme une coupure dans le soulèvement montagneux et établit une frontière bien délimitée entre les populations mexicaines proprement dites et les populations Yucateco-guatémaliennes. Les Mixteco-zapotèques forment une transition bien marquée entre ces deux civilisations si bien caractérisées dans leurs mœurs, leur linguistique, leur religion, leurs arts.

Cette région comprenait, au moment de la conquête espagnole, deux pays bien distincts, mais qui étaient de même origine; d'après ce que font présumer les écrits des premiers missionnaires, ces deux pays ne devaient, au début de leur civilisation, n'en former qu'un seul; la scission ne dut s'opérer que plus tard, à la suite de questions d'intérêt. Ces deux pays étaient, au Nord, le Mixtecapan ou pays des Mixtecs et, au Sud, le Zapotecapan ou pays des Zapotèques.

Le Mixtecapan était constitué par une contrée montagneuse de difficile accès, possédant dans certains endroits un climat froid et humide, parfois quelque peu rude, peu propre à une culture facile; aussi ses habitants durent-ils avoir recours au commerce et à l'industrie pour augmenter leurs ressources; de là vient probablement l'instinct commercial qui caractérise ce peuple, instinct qui s'est perpétué jusqu'à nos jours, car les Indiens mixtèques sont encore aujourd'hui les principaux approvisionneurs des marchés de Puebla et d'Oaxaca pour ce qui est des produits et de l'industrie indigènes.

Le Zapotecapan, lui, était le pays riche par excellence, ainsi que l'indique son nom (terre des fruits). Les Zapotecs peuplèrent les riches et fertiles vallées qui s'étendent depuis le massif montagneux du Mixtecapan jusqu'à l'isthme de Tehuantepec.

Là ils établirent des centres populeux; le sol leur fournissant toutes les ressources qu'ils pouvaient désirer, ils ne se trouvèrent pas dans la nécessité, comme leurs voisins les Mixtecs, de s'adonner à l'exportation, pour s'assurer la prospérité.

Ces deux peuples parlant chacun une langue différente, mais appartenant à la même famille linguistique, présentent le fait assez singulier de posséder une toponymie tout à fait étrangère et d'origine nahuatle, laquelle a persisté jusqu'à nos jours, quoique même encore maintenant chacun des deux peuples ait conservé les dénominations de ses villes et de ses villages dans sa propre langue. Ce fait, qui avait étonné les premiers missionnaires de l'époque de la conquête espagnole, ne peut s'expliquer uniquement par les guerres avec les Aztecs, car ces derniers ne se rendirent pas suffisamment maîtres de la contrée pour imposer leur langue.

Il est beaucoup plus probable que ce fait vient surtout de ce que les Mixtecs se trouvaient constamment en relations avec les populations nahuatles pour leurs échanges et leur commerce, relations qui, selon Burgoa, s'étendaient au Sud jusqu'à Guatemala et au Nord jusqu'à la vallée de Mexico. Ce fait doit encore tenir pour une certaine part à l'origine de la nation elle-même.

Car d'après Burgoa et Antonio de los Reyes, qui assistèrent aux débuts de la colonisation espagnole et purent recueillir les traditions des indigènes, l'origine de la civilisation mixtecozapotèque est due à une colonisation de Toltèques qui vinrent s'établir dans le pays et qui, sans trop changer les coutumes et la langue des indigènes, firent progressivement la conquête du peuple en lui enseignant les arts et l'industrie, en un mot en l'initiant à la vie civilisée. Évidemment la présence des missionnaires fit prévaloir la nomenclature nahuatle, car plus familiarisés avec la langue nahuatle qui, en même temps qu'une langue très perfectionnée, était la plus répandue au Mexique, ils se servirent, dans le début, de cette langue pour les transactions avec les diverses nations qui peuplaient le Mexique.

Si on ne connaît que peu de chose sur l'histoire de ces populations mixteco-zapotèques, l'archéologie commence à fournir un grand nombre de renseignements utiles qui permettent de comprendre le haut degré de civilisation auquel ces peuples étaient arrivés.

Les monuments tels que Mitla, Monte Alban et Guingola sont assez bien connus par les fouilles qui n'ont cessé d'être pratiquées depuis un siècle; aussi n'est-il pas besoin de s'appesantir sur ces derniers.

Les monuments d'un ordre moins élevé et que l'on rencontre à chaque pas, lorsqu'on parcourt le pays, ayant échappé à la destruction des conquistadores espagnols, fournissent de nombreux spécimens de l'art ancien; ces monuments, témoins de l'antique splendeur du pays, sont désignés par les indigènes sous le nom de *mogotes*.

Ce sont, pour la plupart, des tumuli très variables dans leurs dimensions et leur forme, par suite de la dégradation produite par le temps. Les intempéries et la végétation leur ont fait prendre une forme hémisphérique qui leur donne l'aspect d'une colline naturelle.

Les fouilles pratiquées depuis peu ont montré leur structure interne; ce sont les restes de troncs de pyramides ayant vraisemblablement servi de socle à un édifice religieux, et leur intérieur montre une crypte souvent cruciforme, qui, dans bien des cas, a servi de sépulture à un chef ou à un pontife vénéré. Ces mogotes se divisent en deux catégories : ceux des camps retranchés et ceux des centres habités.

Si la région mixteco-zapotèque offre tant de particularités intéressantes dans son archéologie, il en est de même dans sa végétation, surtout dans les régions désertiques qui se distinguent par une flore bien caractérisée et bien différente de celles des autres régions désertiques avoisinantes. Par ses essences principales telles que les *yucas*, les *parkinsonias*, les *fouquierias*, etc., cette flore rappelle celle des régions désertiques du Nord du Mexique et du Sud des États-Unis, telles que la Sonora, la Basse-Californie, l'Arizona et le Nouveau-Mexique. Où cette flore se montre la plus étrange, c'est spécialement dans la famille des cactées, où elle offre des espèces géantes qui sont bien souvent très localisées.

Seules quelques espèces, comme le *Cereus primiarius* de la terre tempérée qui longe le versant atlantique du Mexique, le *Cereus pecten arborigenum*, des régions chaudes et arides des bords de l'océan Pacifique et le *Cereus marginatus*, dont les indigènes tirent un si grand parti dans leurs clôtures, se rencontrent sur une vaste étendue de terrain. Les autres espèces se trouvent confinées sur de faibles superficies et peuvent ainsi servir à caractériser certaines régions.

M. H. Cordier, membre du Comité, donne communication de son mémoire sur l'*Émigration chinoise au Transvaal*.

« J'ai vu les Chinois, dit-il, travailler à la mine de Jumpers Deep, à Cleveland, et j'ai visité leur *compound* à Geldenhuis : je les ai trouvés extrêmement bien traités; leurs chambrées ne sont pas trop encombrées; les cuisines sont vastes, la nourriture est abondante et les réfectoires et les cours sont immenses. Jamais ils n'ont connu semblable bien-être dans leur pays; quand les coolies sont au travail, on leur sert deux bons repas par jour : déjeuner et souper. Dans l'hôpital, dont les salles sont élevées et bien aérées, les lits sont espacés. Les malades qui se trouvaient dans l'hôpital quand je l'ai visité souffraient de rhumatismes et surtout de fluxions de poitrine; je crois que c'est la pneumonie qui fera le plus de victimes parmi ces Asiatiques : d'une part, la différence de température entre les mines et l'air extérieur, d'autre part la poussière de Johannesburg sont les principales causes de la maladie.

« La poussière rouge de Johannesburg, qui parfois se transforme en nuages opaques qui obstruent la circulation dans les rues, est désastreuse pour la santé; elle transporte dans la ville la saleté des usines et des *compounds* et je n'ai été nullement surpris d'apprendre d'un médecin des mines que 63 p. 100 des habitants, tant Européens qu'indigènes, recélaient dans leur bouche le pneumocoque, bacille de la pneumonie. Pour en revenir aux Chinois, beaucoup toussaient à fendre l'âme; j'ai interrogé quelques-uns d'entre eux :

ils souffraient de la rigueur d'un climat également pénible pour les blancs, mais non de mauvais traitements ou de l'absence de bien-être. La vérité, c'est que les coolies chinois du Transvaal ne sont pas plus mal traités que les travailleurs de l'Assam dans les plantations de thé. »

On ignorait complètement la nature et la destination des collections d'anthropologie et d'ethnographie rapportées en France à la suite du voyage aux terres australes, il y a plus d'un siècle. M. Hamy en a retrouvé l'histoire, qu'il expose dans une note présentée à la Section. On y apprend que la meilleure part de ce lot d'objets précieux avait été offerte par le célèbre voyageur anglais Bass, qui a laissé son nom au détroit qu'il a découvert entre la Tasmanie et le continent australien. Ils sont allés à Malmaison orner quelque vestibule et ont disparu sans laisser de traces dans l'une des ventes qui ont dispersé les collections de Joséphine. Le catalogue détaillé que M. Hamy publie à la suite de son travail aidera peut-être à les retrouver dans quelques-unes des collections spéciales de la France et de l'étranger.

M. l'abbé J.-M. Meunier, membre de la Société des lettres, sciences et arts de Nevers, parle du *Naviodunum Æduorum* de César et cherche à montrer que cet oppidum ne peut pas correspondre à Nevers, mais est un petit hameau, Nogent, commune de Lamenay, situé près de la Loire sur la rive gauche, à 11 kilomètres environ en amont de Decize (Dececia). Les preuves qu'il accumule sont tirées des *Commentaires de César* et surtout de la linguistique. M. Meunier estime que *Noviodunum* aboutit à Nogent d'après la phonétique nivernaise; ainsi serait enfin trouvée cette ville des Ædui, que les historiens et les géographes avaient cherchée en vain jusqu'ici.

M. de Lespinasse dit que l'attribution du *Noviodunum Æduorum* à Nevers provient d'une erreur de l'historien Aimoin, reproduite par Adrien de Valois, d'Anville et d'autres géographes. Aujourd'hui MM. d'Arbois de Jubainville et Longnon refusent de voir dans Nevers le camp de César appelé par lui *Noviodunum*, et l'hypothèse de M. l'abbé Meunier est très plausible et deviendra probablement vraie, lorsque des fouilles exécutées sur place auront corroboré les données historiques.

M. Charles Beaugé, membre de la Société française des ingénieurs coloniaux, présente une communication sur le *Fellah*.

Le mot «fellah» signifie laboureur, cultivateur; c'est l'homme des champs de la campagne égyptienne. M. Beaugé donne sur sa vie, ses mœurs, sa situation politique et économique d'abondants renseignements.

La séance est levée à 4 heures et demie.

SEANCE DU JEUDI MATIN 19 AVRIL.

PRÉSIDENCE DE M. VIDAL DE LA BLACHE, VICE-PRÉSIDENT DE LA SECTION[1].

La séance est ouverte à 9 heures et demie.

M. Béchade, membre de la Société française de spéléologie, fait une communication sur l'étymologie de Huesca.

La parole est ensuite donnée à M. Émile Belloc, membre du Club alpin, pour exposer de nouvelles observations sur les noms de lieux du Midi de la France et sur quelques erreurs toponymiques de la géographie pyrénéenne.

L'origine des noms de lieux est beaucoup plus simple qu'on le croit habituellement.

Le montagnard, l'homme des champs en contact permanent avec la nature se préoccupe médiocrement des spéculations scientifiques et des principes fondamentaux de la linguistique lorsqu'il veut dénommer un lieu dit. Ce qui frappe surtout son imagination simpliste, c'est le fait matériel, ce sont les qualités tangibles de l'objet qu'il considère.

Aussi faut-il, avant tout, si l'on veut conserver leur valeur toponymique aux noms de lieux, déterminer exactement leur signification; c'est le seul moyen de les bien orthographier.

M. Émile Belloc s'élève fortement contre la détestable habitude de forger des noms hybrides dont les éléments hétérogènes sont absolument incompatibles, tels par exemple : *Trou-du-Toro*, *Néouvielle*, *Cap-de-Long*, etc.

Une autre source d'erreur vient également de la substitution malencontreuse de la voyelle *u* au son caractéristique *ou*.

Après avoir donné de nombreux exemples à l'appui de la thèse qu'il défend, M. Émile Belloc conclut en disant que, sans vouloir préconiser d'une manière absolue la notation phonétique, il con-

[1] Suppléé par M. A. Chauvigné, président de la Société de géographie de Tours, assesseur.

vient néanmoins de figurer le son *ou* toutes les fois que la nécessité l'exige.

Ces observations paraissent d'autant plus fondées que les noms géographiques sont pour ainsi dire exclusivement destinés à être utilisés dans leur pays d'origine.

C'est pourquoi, lorsqu'elles sont défigurées, les expressions géographiques perdent toute espèce de signification, de valeur scientifique, et deviennent par là même une source constante d'erreurs, autant pour le linguiste que pour le géographe et l'historien.

M. Aug. Chauvigné, président de la Société de géographie de Tours, correspondant du Ministère, communique un mémoire intitulé : *Recherches sur les formes originales des noms de lieux en Touraine*. Cette étude est la deuxième partie d'un travail présenté au Congrès de Paris en 1904; l'auteur y passe en revue tous les noms géographiques intéressants situés en Touraine sur les plateaux en dehors des cours d'eau au nord de la Loire.

Chaque localité est l'objet d'une étude spéciale; les formes anciennes retrouvées dans les textes ou sur les cartes sont signalées; les faits historiques pouvant avoir une influence sur les noms eux-mêmes sont relatés et appuyés par des citations de documents.

M. l'abbé Chaillan, correspondant du Ministère, membre de l'académie d'Aix, raconte le voyage de Mgr de Belsunce en 1730 de Marseille à Paris du 22 avril au 16 mai. C'est surtout un relevé de comptes journaliers qui offre un certain intérêt pour l'histoire des voyages en France à cette époque.

M. Joseph Fournier, archiviste adjoint des Bouches-du-Rhône, correspondant du Ministère de l'instruction publique, secrétaire de la Société de géographie de Marseille, a envoyé une communication sur *le roi René géographe*.

L'un des personnages historiques les plus sympathiques est assurément le roi René. Il est presque légendaire et se recommande à double titre à l'indulgence de l'histoire : il fut bon et malheureux. Il pratiqua la vraie sagesse et sut se consoler de ses infortunes politiques en s'adonnant aux sciences et aux arts. La géographie semble avoir été une de ses sciences de prédilection, et la «librairie» du bon roi renfermait un certain nombre d'ouvrages indiquant un goût marqué pour une science qu'il encourageait à sa manière en recevant les voyageurs abordant au port de Marseille. En échange d'objets exotiques, il leur offrait des présents de valeur dont l'indication se retrouve dans les comptes conservés aux archives des Bouches-du-Rhône.

Ces comptes conservent également la trace d'achats de mappemondes, de sphères qui garnissaient les palais d'Angers et d'Aix. René avait aussi un bon nombre des vues panoramiques des principales villes de Provence et d'Italie. On a pu dire avec raison que la situation de ses États, ses voyages, ses collections d'objets de provenance lointaine, avaient développé en lui le goût des études géographiques, alors si peu répandu.

Lecoy de La Marche a écrit incidemment que si la découverte de l'Amérique était arrivée quelques années plus tôt, la curiosité scientifique du bon vieux roi eût trouvé dans cet événement capital un aliment et un essor nouveau. A coup sûr, la découverte du Nouveau-Monde eût été pour lui une joie sans égale. René ne passe-t-il point pour avoir gardé à son service, au temps de sa splendeur, le grand Christophe Colomb, alors tout jeune marin? N'a-t-on pas vu, d'autre part, Charles d'Anjou, second frère du roi, faire graver une médaille au revers de laquelle figurait une mappemonde selon les idées géographiques de l'époque? Cette médaille, qui a fait l'objet d'une monographie intéressante de feu M. Robert, imprimé dans le *Bulletin de géographie* du Comité pour 1887, se trouve au cabinet de France; les différentes parties du monde y sont désignées sous leurs noms : *Europa*, *Asia*, *Africa*, et pour la dernière — non encore découverte, mais seulement soupçonnée — on lit le nom de *Brumae*. Ce nom mystérieux s'appliquait à la gigantesque Amérique dont rêvaient déjà bien des cerveaux.

Le bon roi René, qui mourut en 1480, fut un précurseur en matière géographique; il a paru y avoir quelque intérêt à le présenter sous ce jour.

Les documents des archives du Guipuzcoa, relatifs à la colonisation espagnole en Amérique, ont été l'objet d'une étude spéciale de M. Jules Humbert, docteur ès lettres, professeur agrégé au lycée de Bordeaux, membre de la Société des américanistes de Paris.

Outre les collections officielles de Séville, de Madrid, de Simancas et de Alcala de Hénarès, il existe dans beaucoup de villes d'Espagne, dit M. Humbert, des dépôts d'archives d'une grande importance. Les archives du Guipuzcoa méritent une attention toute particulière de la part des Américanistes. Les Basques, en effet, ont joué un rôle prépondérant dans la conquête de l'Amérique, et les documents conservés à Tolosa, à Saint-Sébastien et à Pasages nous donnent d'intéressants détails non seulement sur la colonisation basque, mais aussi sur la politique générale qu'au point de vue administratif et commercial l'Espagne a toujours suivie dans le Nouveau-Monde. C'est ainsi que la cédule de fondation de la compagnie guipuzcoane de Caracas (25 septembre 1728), en nous faisant connaître la concurrence à outrance que les Hollandais faisaient en Amérique au commerce espagnol, nous donne la raison des mesures qu'en matière commerciale l'Espagne a dû prendre à l'égard des étrangers. La compagnie guipuzcoane, fondée en 1728, sur l'initiative du consulat de Saint-Sébastien, rendit à l'Espagne la haute main sur le commerce du cacao, du tabac et des cuirs. Les effets bienfaisants de son trafic ne tardèrent pas à se faire sentir dans la péninsule : de 1730 à 1756, la compagnie importa en Espagne 1,448,746 fanegas de cacao, au lieu de 643,215 expédiés de 1700 à 1730, et dès 1735 le prix de cette denrée était tombé de 80 pesos, comme il se vendait en 1728, à 45 pesos la fanega.

Les procès-verbaux des assemblées des actionnaires de la compagnie guipuzcoane sont fort curieux. On y voit poindre la défiance des gens de la métropole vis-à-vis des fonctionnaires coloniaux et cet antagonisme entre le gouvernement central et ses représentants en Amérique, que l'on retrouve dans la plupart des rapports administratifs espagnols, a été une des grandes causes de la faiblesse du régime colonial de l'Espagne.

Une partie des documents de Tolosa concernent l'industrie et nous apprennent que la fabrique d'armes de Plasencia avait, au milieu du XVIIIe siècle, le monopole de l'exportation du fer et des armes pour l'Amérique.

Enfin l'Archivo de Saint-Sébastien renferme un intéressant document sur les colons basques de Potosi et sur l'état d'anarchie qui régnait au Pérou en 1622.

M. Émile Belloc donne lecture, au nom de M. l'abbé Fr. Marsan, correspondant de la société Ramon, d'un mémoire sur *Quelques erreurs toponymiques de la carte d'état-major*, concernant la vallée d'Aure (Hautes-Pyrénées).

La carte d'état-major de cette région présente encore de nos jours certaines erreurs topographiques; bien autrement nombreuses y sont, hélas! les erreurs toponymiques.

M. E. Belloc en a déjà signalé ici même d'assez graves. L'auteur de ce mémoire vient, à son tour, d'en relever plusieurs autres. Il a, dans ce but, compulsé la plupart des archives communales et privées du pays. C'est d'après des actes d'inféodation ou de vente, des arbitrages, des livres terriers et le cadastre qu'il propose ses rectifications. Celles-ci ont été contrôlées sur les lieux ou d'après des personnes à même de bien les connaître.

Ce mémoire n'est qu'une ébauche qui sera bientôt accompagnée d'une carte toponymique de la vallée d'Aure, au 50,000ᵉ, avec mémoire explicatif et glossaire toponymique.

M. l'abbé Marsan croit devoir faire remarquer que la carte d'état-major sacrifie beaucoup trop de noms de lieux pour reproduire des noms de fermes, d'usines, etc., qui n'ont qu'une existence éphémère par ce temps d'incessantes transformations. Il suffirait de les indiquer par des signes conventionnels.

Elle tombe parfois aussi dans des redites; ainsi, on trouve : Bois-de-Seube, Rieu-de-Neste-de-Chourrious, etc.

Quand un pic, une montagne, un col, limitent deux territoires et ont deux noms, il conviendrait de les mentionner sous peine de n'être pas toujours compris.

M. l'abbé Marsan réprouve enfin la conduite de certains alpinistes ou géographes en quête de notoriété qui imposent de nouveaux noms à certaines montagnes. Dans les Pyrénées, il n'est pas un coin de terre, si petit soit-il, qui ne porte un nom. Vouloir lui en substituer un autre, c'est lui enlever son état civil.

M. Marsan exprime un vœu : celui de voir publier un glossaire général de la toponymie de la région pyrénéenne.

Ce travail est appelé à rendre de grands services tant au point de vue géographique qu'au point de vue philologique. D'abord au point de vue géographique; grâce à lui, en effet, on connaîtrait la signification d'un grand nombre d'expressions employées dans la carte d'état-major et autres et, par suite, on aurait en la lisant une idée exacte de la topographie locale.

Au point de vue philologique, combien de termes avec leurs nuances si variées seraient arrachés à l'oubli? Il en est un certain nombre dont la signification nous échappe. Or, par voie de comparaison, on arriverait à en saisir le sens, par exemple : Layris, Layrisse, Caneilles, Cunneilles.

En faisant appel au concours des sociétés pyrénéennes, on arriverait aisément à la réalisation de ce vœu. Le glossaire général serait le vade-mecum de tout géographe.

M. Léon Plancouard, correspondant du Ministère, expose la situation et fait connaître les limites du pays de Chars, proche Paris, ainsi que son histoire et les différentes traditions qui le concernent.

M. Maurice Grammont, professeur à la Faculté des lettres de Montpellier, prend la parole pour exposer et expliquer un phénomène fort important de dissimilation renversée, qui n'a pas été reconnu jusqu'à présent. Il démontre ce phénomène au moyen de la phonétique historique et de la phonétique expérimentale. « Ce phénomène peut être formulé ainsi : Quand le phénomène dissimilant se trouve à la pause, il tombe sous le coup de la chute de la voix et devient phénomène dissimilé. » M. Grammont montre que ce phénomène est nettement limité par les *accidents géographiques*; dans tel parler il va jusqu'à telle rivière, mais ne la traverse pas; dans tel autre, jusqu'à telle montagne qu'il ne franchit pas. Faisant cette communication devant la Section de géographie, M. Grammont ne lui a pas donné tout le développement linguistique qu'elle comporte, mais il a pris soin de choisir tous ses exemples exclusivement parmi les noms géographiques, noms de lieux et de lieux dits, noms de rivières, de collines, etc. Il a donné l'étymologie de ces noms et a fait rapidement l'exposé de leur évolution. Il a fait circuler dans l'auditoire des tracés de phonétique expérimentale venant à l'appui de son développement et servant à l'illustrer.

M. J. Béranger, de la Société libre de l'Eure, a étudié et délimité les origines et l'étendue du *Pagus Madriacensis*, un des *pagi* de l'époque carolingienne. Après en avoir recherché la trace dans les textes, tels que la vie de S. Leufroy, la chronique de Fontenelle, et les diplômes de Pépin et de Charlemagne, il a étudié les divers systèmes proposés par tous ceux qui ont précédemment traité cette question : Du Bouchet, Doublet, Lancelot, Fontanieu, le président Levrier et plus récemment M. A. de Dion, et a dégagé de cet examen, en s'appuyant sur les textes mêmes des chartes et diplômes, les limites du comté de Madria ainsi qu'il suit : à l'Ouest, la rivière de l'Eure depuis Cailly jusqu'à Villiers-le-Morhiers; au Nord, depuis Cailly jusqu'à la Seine, aux environs de Gaillon; à l'Est, la Seine jusqu'à la petite rivière de Vaucouleurs, puis le cours de cette dernière jusqu'à la Queue-les-Yvelines; et au Sud par une ligne droite partant de la Queue-les-Yvelines jusqu'à Villiers-le-Morhiers, englobant les villages de Gambais, Condé-sur-Vesgres, Faverolles et une partie de la forêt d'Yveline, nom ancien de la forêt de Rambouillet. Ayant précisé les limites du comté, M. Béranger a abordé l'histoire des comtes de Madria, qu'il a groupés successivement suivant l'ordre chronologique : Childebrand, Rumald, Nibelong et Thielbert sont tour à tour cités. Cette étude a permis à M. Béranger de rectifier une erreur échappée à Mabillon dans ses « Annales » et qui permettait d'ajouter à la liste des comtes de Madria le nom d'un certain Georges qui, en réalité, appartient au royaume d'Aquitaine. L'auteur a terminé par un fragment de généalogie des comtes de Madria, descendant de Pépin d'Héristal et par une liste des noms de lieux cités dans les documents qui ont servi de base à son mémoire.

M. l'abbé J.-M. Meunier, professeur à Saint-Cyr (Nevers), parle des noms de lieux de la Nièvre terminés en *y* et qui remontent à des gentilices gallo-romains en *ius* auxquels on ajouta le suffixe gaulois *acos*. Sur 315 communes de la Nièvre, 92 se terminent en *y* et si on compte les villages et les hameaux on arrive à un total de 550.

Après avoir rappelé que tous les peuples qui séjournent dans une région y laissent des traces plus ou moins profondes de leur passage, il prouve par la linguistique que ces 550 noms de lieux remontent à des gentilices gallo-romains. M. l'abbé Meunier montre sur une carte l'évolution variée qu'a suivie le suffixe *acum* dans toute la France. Des couleurs différentes représentent *acum* devenu *ac* dans le Midi, *é* dans l'Ouest et dans la Côte-d'Or, *y* dans le centre et dans le Nord, *ieur* dans une partie de l'Ain, du Rhône et de la Loire. En un mot, cette étude prouve non seulement que le Nivernais a subi profondément l'influence romaine, mais que tous ces hameaux portent un nom qui compte au moins quinze siècles d'existence.

La séance est levée à midi. — La session est close.

MÉMOIRES.

PARIS PORT DE MER,

PAR M. BOUQUET DE LA GRYE,

Membre de l'Institut, président de la Section.

La Section de géographie m'a demandé de traiter devant vous la question de Paris port de mer, sachant que depuis de longues années je l'avais portée devant les pouvoirs publics et que je ne pouvais que désirer en entretenir le public du Congrès des sociétés savantes.

Ici, Messieurs, je dois tout d'abord montrer que la géographie est bien en cause, qu'une solution de ce genre est basée sur des considérations où la topographie tient une large place et qu'elle s'appuie sur des cartes dont le tracé rentre bien dans le domaine que nous avons mission d'explorer.

Messieurs, lorsqu'il s'agit de questions commerciales, et la richesse d'un grand pays est liée à la manière dont elles seront solutionnées, il faut tout d'abord examiner les voies que suivent les marchandises pour arriver à destination, et si nous nous occupons d'exportation ou d'importation, ce sont celles qui aboutissent à des ports.

Or, si nous regardons en France ces cheminements de colis, en nous basant sur les statistiques des chemins de fer ou des canaux, nous voyons que chaque port de la Manche, de l'Océan ou de la Méditerranée a ce que j'appelle une possibilité commerciale, c'est-à-dire une surface territoriale sur laquelle il a, pour ainsi dire, une suprématie lui envoyant des marchandises à meilleur marché qu'un autre port.

Cette zone dépend des moyens de communication, voies d'eau ou voies ferrées (ces dernières étant dix fois plus chères que les expéditions par canaux), et l'on peut tracer sur une carte les limites des possibilités de chaque port, limites tout d'abord théoriques qui varieraient même suivant la nature des marchandises et l'importance maritime du port, mais qui montrent quel est celui où des travaux d'amélioration peuvent amener un accroissement de trafic.

Ces limites de possibilité ne peuvent pas s'arrêter à nos frontières; des ports étrangers peuvent pénétrer commercialement dans notre pays et de temps à autre nous apprenons que des expéditions parties du centre de la France sont embarquées à Anvers ou même à Hambourg désertant nos ports de la Manche ou de l'Océan.

Il y a là un danger sérieux non seulement comme perte d'argent, mais aussi comme influence, car la voie ouverte à la sortie de notre territoire l'est aussi à l'entrée, et l'étranger suivant normalement la marchandise on voit de plus en plus les noms de nos voisins s'étaler sur les docks et sur les magasins.

Autrefois il n'en était pas ainsi parce que la distance avait une influence considérable et absolument prépondérante. Le Havre et Rouen absorbaient tout le commerce parisien, et de longues caravanes partaient de la capitale, allant dans l'Est et récoltant le trafic de l'Alsace et des provinces rhénanes.

Aujourd'hui tout cela est changé, la France et la Belgique sont couvertes d'un réseau de chemins de fer, les canaux y abondent surtout dans le Nord, et si l'on peut obtenir sur la voie de fer le prix de 3 centimes par tonne kilométrique il peut descendre à 1 centime et quart si le transport se fait par chalands.

La première conclusion à tirer au point de vue économique, c'est donc de multiplier les voies d'eau et de voir si à leur aide on ne peut lutter contre l'influence des ports grandissants tels que Anvers et Hambourg et qui, en raison même de l'accroissement de leur trafic, du nombre de départs de leurs navires, offrent de plus en plus des avantages à nos commerçants.

Messieurs, il y a vingt-cinq ans, frappé par ce développement du port d'Anvers au détriment des nôtres, j'avais tracé sur une carte les possibilités des ports de Dunkerque, puis ceux du Havre et de Rouen, en ayant pour objectif Strasbourg et la ligne du Rhin, et voyant que la lutte contre Anvers était impossible, j'essayai s'il en était ainsi en amenant les navires à Paris.

Nous avons dit que le fret par canaux descendrait à 1 centime et quart; à la mer il était il y a vingt-cinq ans à 0 fr. 002 par tonne kilométrique; il y avait donc un avantage réel à faire pénétrer les navires le plus loin possible dans l'intérieur des terres, et, en ce qui concerne notre pays, avec l'ancienne marine, nous y voyons la raison d'être du développement des ports de Rouen, de Nantes et de Bordeaux.

Cet avantage a-t-il diminué avec la nouvelle marine commerciale, celle des cargo-boats? Non certes, grâce au perfectionnement des machines à vapeur, à la diminution ininterrompue de la consommation du charbon, le fret à la mer est descendu à o fr. 001, c'est-à-dire à la moitié de ce qu'il était il y a vingt-cinq ans, et les Américains estiment qu'il faut s'attendre à une nouvelle réduction du prix de la tonne kilométrique.

Quoi qu'il en advienne, Paris devenant port de mer, aurait lutté sur la ligne du Rhin avec les ports belges et allemands; il fallait donc examiner si le problème pouvait être résolu pratiquement, et c'est à cela que je me suis appliqué en recherchant les conditions de sa réalisation.

Messieurs, on doit faire un départ entre les divers besoins d'un pays au sujet de son expansion au dehors.

Il lui faut à la fois des ports à la mer et des ports intérieurs. Les premiers sont nécessaires pour les navires faisant simplement escale, prenant ou débarquant rapidement des marchandises et faisant le service de voyageurs.

Pour ces navires, la vitesse et le non-stationnement sont une nécessité; mais le fret en est forcément coûteux et ne peut être supporté que par des denrées chères.

Pour ces ports, en raison même de leur vitesse, les navires doivent avoir un grand tirant d'eau et les ports des calaisons spéciales.

Il en est autrement en ce qui concerne les ports intérieurs. Les navires qui les fréquentent sont destinés exclusivement ou presque exclusivement au commerce; ce sont des cargo-boats; l'abaissement du prix du fret doit être aussi grand que possible, et leur tirant d'eau peut descendre à 5 ou 6 mètres.

Pour en avoir la grandeur exacte appliquée à Paris port de mer il suffit de regarder soit chez nous soit à l'étranger le sort des ports intérieurs. Celui de Rouen est en pleine prospérité, son tonnage a été doublé et son mouillage en mortes-eaux ne dépasse pas 6 m. 20.

Bordeaux est à peu près stationnaire avec moins de 6 mètres et Nantes avant les derniers travaux déclinait avec ses 4 mètres.

Aux États-Unis, dont le tonnage des grands lacs est si énorme, pour permettre la descente à la mer de ses navires, le tirant d'eau des canaux s'écarte peu de 6 mètres. Nous pouvons donc dire que l'on peut sans crainte prendre le chiffre de 6 m. 20 pour le canal maritime de Paris. On ne peut d'ailleurs, à l'heure actuelle, le dépasser, car c'est précisément la profondeur à Rouen, et l'on ne saurait demander en amont des profondeurs qui seraient incompatibles avec la navigation en aval. Il est vrai que Rouen peut recevoir en syzygies des navires d'une calaison plus considérable, mais on ne saurait tabler sur un fait exceptionnel pour augmenter en amont une profondeur la plupart du temps inutile, et la dépense pour un approfondissement d'un mètre serait telle, que son intérêt annuel deviendrait plus grand que le service qu'il serait appelé à rendre.

Le port de Paris sera donc uniquement fait pour les navires qui peuvent arriver normalement à Rouen, et si, comme le pensent les habitants de cette ville, on peut, au moyen de certains travaux, abaisser le seuil de la barre extérieure de l'embouchure de la Seine, en prévision de cet avenir, on fixera la profondeur des ouvrages d'art à 7 m. 50 au-dessous du plan des eaux; c'est le chiffre maximum des desiderata des ingénieurs de Rouen.

Messieurs, l'examen complet du côté technique du projet dépasserait de beaucoup le temps qui peut être consacré à cet exposé; je ne puis, par suite, que donner une idée générale des règles qui ont présidé à sa confection; elles s'appuient toutes sur des faits consacrés par la pratique, soit en France, soit à l'étranger.

Il est vrai qu'à chacune des solutions particulières, des personnes ou intransigeantes ou voyant grand, pour employer une expression vulgaire, ont dit : il faut pour arriver à la capitale de notre pays une voie grandiose, une grande profondeur, mais, en agissant ainsi, on arrive vite à de tels chiffres qu'il serait plus économique de subventionner la voie ferrée pour que les marchandises soient transportées gratuitement de Rouen à Paris.

Il y a donc une limite qui s'impose au prix de la construction, et il importe de choisir les dimensions les plus utiles sans aller au luxe que ne réclame jamais le commerce.

Ainsi, en ce qui concerne la largeur au plafond du canal, les exemples de Suez, Manchester, Kiel, Amsterdam, suffisent pour montrer celle qui peut être acceptée permettant le croisement de deux navires courant seulement sur leur erre. Une autre condition qui semblait indiscutable à nombre d'auteurs de projets, était que l'on devait chercher le parcours le moins long pour aller à la mer, et comme la distance de Paris à Dieppe était moindre que celle de Paris au Havre, il fallait choisir la première direction. Si on a été obligé d'y renoncer dès la première étude sérieuse, et que force a été de revenir à la vallée de la Seine, plusieurs ingénieurs n'ont pas hésité à proposer d'en couper toutes les boucles pour abréger la distance. Ici encore on peut voir que l'on payerait fort cher une apparence de bon marché.

Il est en effet facile de calculer le prix de sectionnement d'une boucle quelconque et de mettre vis-à-vis de l'intérêt de ce prix, celui de l'économie afférent à la différence de parcours. Ce travail a été fait pour chaque boucle, en tablant sur un trafic commercial de 5 millions de tonnes, et, dans ce cas, il n'y avait aucune économie à diminuer la distance.

Ici, Messieurs, vous me permettrez de faire une digression basée sur le prix si faible du fret à la mer. Si nous partons de celui que nous avons indiqué qui est de un dixième de centime par tonne kilométrique, il s'ensuit que 8 francs, prix actuel de la taxe du canal de Suez correspondent à un parcours de 8,000 kilomètres. Certes, cette création a été admirable et le commerce en profite largement et ce profit croîtra avec l'abaissement de la taxe; mais d'un autre côté, si comme le déclarent les Américains le fret baisse encore, la possibilité du transit par le canal diminuera et l'on peut calculer d'avance quel est le chiffre qui rendra équivalents les prix par Suez et par le cap.

Un calcul de même espèce pourra être fait lors de l'ouverture du canal de Panama et l'on verra si ce passage peut lutter contre le cap Horn en ce qui concerne Valparaiso ou le Callao. En revenant au canal maritime de Paris à Rouen, disons que nous avons été obligés de sectionner deux boucles de la Seine, celle d'Argenteuil-Maisons et celle de Tourville. Dans les deux cas, nous n'avons pas considéré le côté économique, mais l'impossibilité de mettre des ponts tournants sur la ligne du chemin de fer de Paris à Rouen par suite de la fréquence des trains.

Cette voie ferrée est du reste détournée avant d'arriver à Pont-de-l'Arche; elle longe au Sud cette ville en la desservant d'une façon plus avantageuse et rejoint l'ancienne ligne au souterrain qui précède son entrée à Rouen.

Je n'insisterai pas sur les autres parties du projet, elles ont toutes été discutées depuis vingt ans dans les commissions parlementaires et ont subi de nombreux assauts des adversaires quand même de cette œuvre, elles ont résisté à toutes les critiques parce qu'elles s'appuyaient sur des faits ayant subi l'épreuve du temps.

Je parlerai seulement d'une amélioration spéciale du régime de la Seine résultant de la construction du canal.

On sait que, presque chaque année, notre fleuve déborde et quoiqu'il ne soit pas torrentiel, malgré la lenteur des crues, ses dégâts ne laissent pas d'être appréciables.

L'approfondissement de son lit et les deux coupures d'Argenteuil et de Tourville abaisseront lors des grandes crues le niveau en certains endroits, de plus d'un mètre et le grand lac qui se forme de temps en temps en aval de Paris sera asséché par les deux issues de l'eau, l'une passant devant Elbeuf, l'autre suivant le nouveau chenal.

Mais, si l'on ne peut que concevoir des avantages de la création de ce canal maritime entre Paris et Rouen, réclamé depuis plus de trois siècles, comment expliquer que malgré dix rapports parlementaires tous favorables, malgré les vœux émis par 345,000 électeurs parisiens et l'appui à un moment donné de 295 députés, une telle entreprise qui ne coûtera rien à l'État n'ait pas été votée d'acclamations par le Parlement.

C'est qu'en France, il est regrettable de l'avouer, les intérêts particuliers priment souvent les intérêts généraux. Or, dans ce cas, l'œuvre dont il s'agit lésait des amours-propres, et le service de la navigation admettait avec peine la Seine administrée comme un chemin de fer par une compagnie.

En 1885, d'ailleurs, des travaux venaient d'être entrepris pour améliorer le fleuve et l'on avait beau objecter que leur efficacité serait nulle ou douteuse au point de vue de la création d'un marché maritime à Paris, que l'adoption d'une profondeur de 3 mètres ne répondait à aucun besoin sérieux étant trop faible pour recevoir des navires et trop grande pour des chalands puisque ce chiffre était une anomalie au milieu d'un réseau de voies navigables d'une profondeur de 2 mètres. Ces considérations ne touchaient pas des ingénieurs persuadés qu'ils défendaient en même temps que des principes le patrimoine de l'État contre des intrusions dues à l'initiative privée. Ils étaient appuyés par la batellerie, craignant la concurrence des navires et par les courtiers maritimes de Rouen défendant ce qu'ils appelaient le droit de leur ville d'être le port réel de Paris, et cela s'appuyant sur d'anciennes chartes. La lutte a duré vingt ans, et si nous estimons qu'elle va finir, c'est que partout, à l'étranger, les canaux maritimes de pénétration ont triomphé.

En 1884 commençait la lutte entre Manchester et Liverpool, lutte homérique qui se termina par la victoire de la cité du coton ; Bruxelles va devenir prochainement un port de mer; de même à Bruges, on étudie le creusement d'un canal entre Berlin et la mer, tandis que la Russie rêve une jonction gigantesque de la Baltique à la mer Noire. En Amérique, enfin, Chicago et les millions de tonnes qui circulent sur les grands lacs vont pouvoir être transportés sans rompre charge dans les ports de l'Atlantique. Partout la tendance est à la pénétration maritime à mettre le navire en contact direct avec l'usine et la France, qui a été l'initiatrice de ce mouvement, est seule restée en arrière, lorsqu'elle se trouve placée par la situation de sa capitale dans des conditions heureusement favorables.

Espérons que la réalisation de ce projet sera prompte, il a été étudié sous toutes ses faces, le Conseil général des ponts et chaussées a déclaré que son exécution ne rencontrerait aucune difficulté en dehors de celles que les ingénieurs ont l'habitude de surmonter et enfin, d'un autre côté, les négociants ont montré les avantages qui en résulteraient pour Paris et pour tout l'Est de la France.

Messieurs, il y a quinze ans, l'amiral Thomasset, président de la société civile d'études qui a entrepris la création de Paris port de mer, disait, devant le Conseil général des ponts et chaussées : « Paris n'a d'ennemis sérieux qu'Anvers et l'Allemagne ; c'est pour cela que l'œuvre que nous préconisons a rallié l'élite intelligente de ceux qui ont à cœur la prospérité de la Patrie. Tout Français, tout bon patriote s'y associera, et le Gouvernement qui l'aura accomplie aura bien mérité de la nation française. »

Messieurs, dans cinquante ans, en voyant affluer les navires dans le port de Paris, on demandera comment il a fallu vingt ans pour triompher non des ennemis du dehors, mais des adversaires régionaux; le projet pourtant, au dire de son auteur, procédait des idées émises par Vauban, Carnot, Ch. Dupin, Belgrand, pour ne citer que nos plus grands ingénieurs, mais il faut songer qu'en France, les idées qui paraissent nouvelles ont grand'peine à s'implanter et pour citer, référence gardée, une autre œuvre, « Riquet eut plus de peine à vaincre la résistance des hommes que les obstacles de la nature, et la lutte acharnée durait encore lorsque la tombe s'ouvrit tout à coup sous les pieds de l'infatigable vieillard [1]. »

[1] Discours du préfet de l'Aude à l'inauguration de la statue de Riquet.

LES GRANDS ÉTANGS LITTORAUX DE GASCOGNE,

PAR M. PIERRE BUFFAULT,

Inspecteur des eaux et forêts, membre de la Société de géographie commerciale de Bordeaux.

I. LEURS CARACTÉRISTIQUES. — II. SONT-ILS EN VOIE DE COMBLEMENT? — III. LES DUNES PRIMAIRES LES ONT FORMÉS. IV. L'HYPOTHÈSE DES BAIES MARINES. V. CONCLUSION.

Les grands étangs du littoral gascon ont fait depuis plusieurs années l'objet de nombreuses études et de discussions opiniâtres, principalement au sein de la Société de Géographie commerciale de Bordeaux et à plusieurs Congrès des Sociétés savantes. Des théories d'une assez grande portée ont été émises, notamment celles des anciennes baies marines et du comblement progressif des étangs. Or, bien des assertions produites sont en contradiction avec les réalités physiques, sans doute incomplètement connues.

De plus, certains documents historiques précieux sont jusqu'ici restés ignorés. Mis au courant de celles-là et de ceux-ci par les conditions de notre métier, nous croyons faire œuvre utile en les apportant aux débats qui pourront en être utilement éclairés.

I. Leurs caractéristiques.

Le vaste plateau triangulaire des Landes présente à sa base occidentale, — rivage océanique, — une lisière de lacs et de marais alignée N. S., et suivant le pied du bourrelet de dunes qui, large de 4-7 kilomètres, les sépare de la mer. Cette longue suite de nappes, souvent fort vastes et profondes, et de marécages herbus s'étend presque sans solutions de continuité sur tout le littoral, depuis les lèdes de Grayan-Vensac (à 25 kilomètres de la pointe de Grave) jusqu'à l'étang de Léon, et de là elle se poursuit encore par petites places jusqu'aux portes de Bayonne.

Autrefois, c'est-à-dire jusque vers les deux tiers du XIXe siècle et avant que divers travaux d'assèchement aient été effectués, cette zone d'eaux stagnantes occupait une largeur de terrain plus grande qu'aujourd'hui, et, surtout, les marais étaient plus étendus, plus profonds, reliant à peu près sans interruption les lacs entre eux. La preuve en est dans divers écrits administratifs et aussi dans la mémoire des vieillards.

Les principaux de ces lacs, appelés *étangs* dans le pays, sont, en allant du Nord au Sud : l'étang d'Hourtin et Carcans, l'étang de Lacanau, l'étang de Cazaux et Sanguinet, l'étang de Biscarrosse et Parentis. Entre le deuxième et le troisième se trouve une nappe encore plus considérable qui, communiquant largement encore avec l'Océan, n'est pas dénommée étang : le bassin d'Arcachon. Au Sud de Parentis, la série des amas d'eau se continue, mais ils occupent des superficies bien moins vastes ; les étangs d'Aureilhan et de Soustons méritent cependant une mention.

Une étude attentive du terrain, comme aussi l'examen de bonnes cartes et de profils de la contrée [1], montre que toutes ces masses liquides, lacs et marais, doivent leur existence au bourrelet de dunes, qui forme barrage en travers de la pente douce de la lande et arrête ainsi les eaux qui viennent de l'intérieur du pays par les ruisseaux, *crastes* et rigoles d'assèchement. La seule différence entre les lacs et les marais, la raison de leur inégale contenance ou capacité réside uniquement dans l'inégal relief du sol. Les étangs ont rempli les dépressions, les marécages ont occupé les paliers ou les larges dos d'âne entre les dépressions. Le niveau supérieur de l'eau s'est élevé jusqu'à ce que celle-ci ait trouvé des débouchés : la Gironde, par les marais de Saint-Vivien, et le bassin d'Arcachon, pour les nappes du Nord ; le *courant* de Mimizan et les divers *boucaus*, pour les nappes du Sud. Cette explication de l'accumulation de toutes ces eaux au pied de la barrière des dunes est la plus obvie, la plus naturelle. Elle nous paraît la seule admissible. Nous en donnerons les preuves dans les discussions qui vont suivre.

[1] V. Chambrelent, *Les landes de Gascogne*, Paris, Baudry, 1887.

L'étang d'Hourtin, le plus vaste de tous ceux du littoral gascon, a la forme d'une ellipse irrégulière dont le grand axe, orienté N. S., mesure environ 17 kilomètres et le petit axe 4,500 mètres. Sa superficie est de 6,000 hectares environ, 5,923 hectares suivant M. Delebecque[1]. Son altitude donne lieu à des divergences d'appréciation au moins bizarres. M. Delebecque l'évalue à 13 mètres, d'après l'état-major, ce qui est exact. Mais certains auteurs ne craignent pas de lui donner au Nord une altitude de 15 mètres et au Sud une altitude de 14 mètres, «ce qui indique le sens et l'importance du courant», ajoutent-ils[2]. Bien que les pêcheurs du pays prétendent qu'il y a parfois un courant du Nord au Sud dans l'étang — ce qui, si la chose est réelle, peut provenir uniquement de l'action du vent ou de l'écoulement vers Arcachon si la vanne au Sud du lac de Lacanau est baissée — cette dénivellation d'un mètre pour une nappe tranquille comme le lac d'Hourtin est inadmissible. Il y a là une erreur que nous attribuerions volontiers à ce fait que la carte de l'état-major donne pour la lande, sur la rive orientale du Nord au Sud, les altitudes de 15 (feuille de Lesparre), 14 et 13 mètres (feuille de Bordeaux). Or, le premier de ces chiffres correspond à l'ancien niveau de l'étang, mais il est erroné depuis que les travaux d'ouverture d'un canal de jonction entre ce lac et celui de Lacanau et d'un canal d'écoulement de Lacanau au bassin d'Arcachon, exécutés de 1859 à 1873, ont abaissé le plan d'eau de ces deux nappes et les ont mises au même niveau[3]. Cet abaissement, qui devait être pour Hourtin, d'après les projets, de 2 m. 56 (de 15 m. 59 à 13 m. 03), n'a guère été que de 2 mètres (eaux moyennes). Suivant ces données, l'altitude de ces eaux serait actuellement de 13 m. 50. Le service de l'hydraulique agricole attribue aux deux lacs d'Hourtin et de Lacanau une altitude de 14 m. 39 au-dessus du zéro du pont de Bordeaux, et il donne

[1] Delebecque, *Les lacs français*, Paris, Chamerot et Renouard, 1898.

[2] Ch. Duffart, *Topographie ancienne et moderne des lacs d'Hourtin et de Lacanau*, Bordeaux, Féret 1901, p. 9, 13 et 19 (Extrait du *Bulletin de la Société de Géographie commerciale de Bordeaux*). M. Dutrait (même Bulletin, 1896, p. 387) n'admet, à juste titre, qu'une seule altitude qu'il estime voisine de 14 m. 50.

[3] Voir sur ces travaux : Chambrelent, *op. cit.*, et P. Buffault, *Étude sur la côte et les dunes du Médoc*, Souvigny, Jebl, 1897, p. 314. — Une vanne établie au déversoir du lac de Lacanau, en tête du canal d'écoulement vers Arcachon, permet de maintenir un niveau constant dans les deux lacs.

pour leur cote de hautes eaux, avant 1873, 16 m. 95, et pour leur cote de basses eaux, avant la même date, 15 m. 89 [1].

Depuis l'ouverture du canal de jonction, la différence de niveau entre les eaux d'hiver et celles d'été est encore notable et peut atteindre facilement 2 mètres en verticale, surtout si l'on oppose un été sec, comme celui de 1899, à un hiver très pluvieux, comme celui de 1903-1904, où en février les eaux dépassèrent de 0 m. 80 le niveau des marais et prairies voisines et coupèrent la route de Cartignac à Contaut. Avant les travaux de 1859-1873, les variations de niveau n'étaient pas moindres, et en tout temps, nécessairement, les eaux couvraient une superficie autrement grande qu'aujourd'hui.

Les anciens de la commune, — et le fait nous a été confirmé par un garde forestier en retraite, — se rappellent parfaitement avoir passé habituellement en bateau au-dessus de la lède actuelle de Contaut, qui était une pêcherie. Complètement asséchée aujourd'hui, cette lède porte des habitations et domine de 1 m. 50 environ les eaux moyennes. Le niveau de l'étang d'Hourtin a d'ailleurs été constamment en baissant au cours du XIXe siècle, même avant 1860, par suite de l'assainissement général des landes, de l'assèchement provoqué par le boisement des dunes et de la lande, enfin de l'amélioration des canaux d'écoulement des marais du Nord et de Saint-Vivien jusqu'à la Gironde.

Vers 1700, Cl. Masse rapportait que l'étang est entouré de «marais souvent inondés» et que toute la lande voisine est elle-même «souvent inondée».

En 1585, un inventaire de la sirie de Lesparre [2] nous décrit ainsi l'étang d'Hourtin ou Cartignac, voisin de «la Grand Forêt du Mont» :

«Près d'icelui [forêt] est le grand étang de Cartignac, admirable à la vérité, lequel prend son commencement près le lieu appelé *le Pelous*, finissant au lieu appelé *Talaris*.

[1] L'abaissement ne serait donc que de 1 m. 50 et l'étiage normal serait descendu de 15 m. 89 à 14 m. 39. Ces chiffres nous paraissent forts, ils sont en contradiction avec les altitudes attribuées par l'état-major à l'étang, avant et après l'abaissement du plan d'eau. D'après M. Chambrelent, cet abaissement a mis à sec 7.797 hectares de terrains, précédemment à l'état de marais, depuis Hourtin jusqu'au bassin d'Arcachon.

[2] Bibliothèque nationale, ms. n° 5516, cité pour la première fois in P. Buffault, *op. cit.*

« Le parcours de ladite terre, les uns disent contenir en longueur 6 lieues, les autres 5 et une grande lieue de largeur.

« Auquel lieu les anciens disent y avoir eu une ville appelée *Luserne*.....

« L'eau duquel estang bien que proche et aboutissant aux dits sables, front et grand coste de la mer et qui ne prend aucune eau ou d'égout d'aucun lieu, est néanmoins clair et douce comme eau de fontaine.

« La profondeur de plus de 10 brasses et des endroits où l'on dit ne pouvoir trouver fond.....

« Portant bateaux de 2 tonneaux pour le trafic des planches de pin et de rouzine qui se fait en ladite grande forêt. »

De tous ces anciens documents on peut conclure qu'autrefois ce lac, sauf un niveau d'eau plus relevé, et un périmètre mouillé plus vaste, surtout à l'Est, sauf aussi les conséquences de la poussée des dunes[1], ne différait pas sensiblement de ce qu'il est aujourd'hui comme configuration et position.

Les marais situés aux extrémités Nord et Sud de l'étang et au débouché du canal de Lupian abondent en roseaux et en joncs. Cette végétation aquatique est très vigoureuse sur ces points et gagne même un peu sur la nappe liquide par les pousses annuelles et par les détritus produits. Il en résulte, au moins à l'extrémité Nord, dans la petite anse de Contaut, que la vase ainsi formée s'accumule progressivement et prend la place de l'eau. Nous avons pu nous-même y constater sous ce rapport une différence frappante de 1892 à 1905.

Un phénomène de résultat analogue se produit sur la rive occidentale au pied des dunes. Le ressac des lames, surtout par les gros temps, sape la base des versants et fait couler le sable. Celui-ci descend jusque dans l'étang après un arrêt sur l'étroite plage ou *benne*, formée également par les lames et qui constitue un ressaut entre la berge à l'air libre et le talus inférieur plongé dans l'eau. On peut évaluer à près de vingt mètres le recul d'Est en Ouest imposé ainsi par les lames au versant de la dune et gagné par l'eau, depuis l'époque de la fixation des sables d'Hourtin et Carcans, soit

[1] Voir P. Buffault, La marche envahissante des dunes de Gascogne avant leur fixation, *Bulletin de Géographie historique et descriptive*, 1905 (Congrès des Sociétés savantes de 1905).

depuis 1850-1862. Ce recul continue toujours, comme l'attestent les coulées de sable et les chutes d'arbres que l'on observe en parcourant le bord du lac. C'est à ce même écroulement du sable des berges qu'il faut attribuer les *blouses* ou fondrières, qui se rencontrent souvent sur cette rive occidentale lorsque les eaux à l'étiage découvrent toute la petite plage, et qui sont parfois dangereuses pour les cavaliers et leurs montures.

Comme le dit excellemment M. Delebecque[1], le plafond du lac d'Hourtin et des autres grands lacs littoraux gascons est «un plan assez régulièrement incliné», prolongement de la rive orientale. Il «n'est que la continuation du plan incliné qui constitue le plateau des landes, et, si on le prolonge par la pensée sous les dunes, on trouve qu'il vient aboutir à peu près au niveau de la mer... Un ravin de quelques mètres de profondeur, mais dont la largeur atteint plusieurs centaines de mètres, est creusé dans ce plan incliné; ce n'est d'ailleurs autre chose qu'un ancien chenal immergé,» prolongeant «le lit de l'affluent principal du lac». Cette description est l'exacte expression de la vérité, comme tout observateur soigneux peut s'en rendre compte sur place. M. Delebecque attribue au lac d'Hourtin une profondeur maxima de 9 m. 70, au pied des dunes, à la hauteur des phares, partant de zéro sur la rive landaise; un chenal profond de 2 à 3 mètres au-dessous des fonds voisins, prolonge le ruisseau de Lupian ou *Berle du Cailloa*. M. Dutrait donne comme profondeur maxima 12 m. 50[2]. Après mensurations et examen des lieux, nous croyons devoir adopter le maximum de 11 mètres, et affirmons l'existence non d'un seul chenal, mais de deux ou plutôt d'un chenal bifurqué ayant son origine à la berle de Lupian. Une branche se dirige au droit du garde-feu de la Hourcude (à peu près sur le parallèle d'Hourtin) dans l'anse des Bahines, où il atteint 9 mètres de profondeur et 200 mètres de largeur; l'autre branche (le chenal de M. Delebecque) arrive au droit des phares avec une profondeur de 11 mètres et une largeur de 500 mètres. Le fond coupé par ces deux ravines ne dé-

[1] *Op. cit.*, p. 63 et 282.

[2] Ni M. Dutrait, dans son travail cité de 1896, ni M. Duffart, dans ses travaux de 1898 à 1903 (*Bull. Soc. de géog. com. de Bordeaux et Bull. de géog. hist. et descrip.* de 1902 et 1903) n'ont parlé nettement d'un chenal sillonnant le plafond du lac. M. Duffart ne le figure pas sur ses graphiques (voir études de 1901 et 1903).

passe pas 6 mètres et constitue un plan uniforme, sauf qu'au Nord une crête sableuse prolonge la pointe du Piqueyrot jusqu'à la rive orientale, formant gué.

L'altitude du lac étant de 13 mètres, il en résulte que son fond le plus bas est à 2 mètres au-dessus du niveau moyen maritime.

Ce fond est généralement de sable blanc; vers la rive orientale, il est souvent gris sur une faible épaisseur. Au pied des dunes et aux endroits peuplés de roseaux, il y a de la vase fine, qui peut arriver jusqu'à mi-largeur du lac [1]. Du côté du chenal de Lupian, on ramène souvent des décombres, tuiles, poteries, qui seraient les vestiges d'une ville disparue sous les eaux.

L'étang de Lacanau a également une forme irrégulièrement elliptique, avec un grand axe de 5,700 mètres et un petit axe de 3,400 mètres en moyenne. La surface est de 1,767 hectares, dit M. Delebecque (2,000 hectares en chiffres ronds suivant plusieurs auteurs). On s'accorde à lui reconnaître une altitude actuelle de 13 mètres. (Hydraulique agricole : 14 m. 39.)

Avant la jonction avec l'étang d'Hourtin et la régularisation du canal d'écoulement vers le bassin d'Arcachon (travaux de 1859-1873), le niveau des eaux était plus élevé. Masse (1700) écrit qu'elles se déversent par le «marais impraticable» situé au Sud. On lit dans un rapport de l'ingénieur des ponts et chaussées Pairier, du 29 janvier 1848, au sujet du canal vers Arcachon, alors en projet, que le niveau moyen du lac est à 15 mètres d'altitude, les hautes eaux atteignant 16 mètres. L'exhaussement du lac par les grandes pluies est alors estimé à 3 centimètres par 24 heures malgré un écoulement de 30 mètres cubes par seconde vers Arcachon. Précédemment, en 1818, l'ingénieur en chef Deschamps, dans ses observations à la suite d'un rapport de l'ingénieur en chef des Landes, du 6 décembre 1817, écrit : «Les étangs du Porge et de Lacanau s'étendent dans l'hyver non pas de 50 mètres, mais de 2,000 mètres sur la lande et refluent même vers la Garonne».

De nos jours, la différence entre les crues et les bas étiages peut atteindre 2 mètres comme à Hourtin. En août 1899, les eaux descendirent à 0 m. 76 au-dessous de zéro de l'échelle du vannage établi à l'issue méridionale du lac (travaux de 1859-1873); en février 1904, elles dépassèrent de 1 m. 23 le même repère.

[1] M. Émile Belloc a étudié la flore des lacs littoraux de Gascogne. Voir Congrès de l'Association scientifique de France de 1895 (Bordeaux).

Des roseaux peuplent les bords de l'étang au Nord, au Sud et à l'Ouest. Sauf à l'Ouest, ils ne peuvent guère gagner sur le lac, occupant tous les platins élevés et étant déjà parvenus au bord des profondeurs dépassant leur limite d'habitat.

Au pied des dunes, rive occidentale, de même qu'à Hourtin, on constate un écroulement lent des berges accompagnant la formation d'une étroite plage, et moins fort de nos jours qu'autrefois.

Mais le lac de Lacanau diffère de celui d'Hourtin par le plafond. Ici pas de chenal sillonnant un plan uniforme. Le fond est bien toujours le prolongement du sol de la lande, mais il présente de nombreux bancs d'alios faisant haut relief et laissant entre eux des fosses irrégulières et plus ou moins creusées. Ces bancs d'alios témoignent indiscutablement que le lac doit bien sa formation au remplissage de la cuvette qu'il occupe par les eaux, dont les dunes barraient l'issue à l'Océan. Il y a six principaux bancs aliotiques : 1° le banc du Poujeau de la Gueille, situé au Nord de l'étang, entre la pointe du Tédey et l'issue du canal de jonction avec Hourtin ; 2° les deux bancs de l'Ancre, séparés par un passage de 150 mètres de largeur, et situés dans la partie Nord-Est du lac ; 3° le banc du Poujeau des Boucs, vers le milieu de la rive orientale et qui porte l'îlot des Boucs ; 4° le banc de Virevieille, au Sud du précédent et toujours du côté de la rive orientale ; 5° enfin le petit banc de l'Ilot, à l'Ouest dudit îlot, et au milieu du lac, face à la maison forestière de Longarisse (située dans la dune). Ces divers bancs occupent environ 72 hectares

Le sol du fond est de sable, blanc du côté des dunes, noir dans le reste du lac (sable de la lande submergé), sauf sur la rive orientale, là où de petites dunes anciennes (continentales) [1] atteintes par le plan d'eau ont livré du sable blanc. Dans les bas-fonds et dépressions on trouve de la vase fine et une abondante végétation aquatique. Cette végétation augmenterait et se propagerait de façon assez considérable en raison des faucardages effectués dans le canal de jonction Lacanau-Hourtin, qui jettent des débris abondants dans l'étang de Lacanau et l'ensemencent ainsi copieusement.

[1] Voir Ch. Duffart, Réponse aux articles de M. Saint-Jours sur l'âge des dunes et des etangs, *Bull. de la Soc. de géogr. comm. de Bordeaux*, 1901.

Il n'y a pas de courant appréciable, de surface ou de fond. Mais si l'on baisse la vanne de l'issue méridionale du lac, on peut évidemment, en raison de la pente du canal vers Arcachon (0 m. 25 par kilomètre), provoquer un appel d'eau sensible jusque dans le lac d'Hourtin.

La profondeur de l'étang de Lacanau croît, d'après M. Delebecque, de zéro (rive orientale) à 6 m. 90 au pied des dunes. Des sondages, faits par le Service des eaux et forêts, accusent une profondeur supérieure, 11 mètres, répartie avec des variantes de 9 à 11 mètres, sur une cuvette d'une centaine d'hectares, située au droit du garde-feu de la Matte, au pied des dunes. Avec cette donnée, le fond du lac serait à 2 mètres au-dessus du niveau moyen de la mer, comme à Hourtin.

Au sud du bassin d'Arcachon est le lac de Cazaux-Sanguinet, de forme généralement triangulaire (10,100 mètres d'Est en Ouest, 11,400 mètres de Nord en Sud), et d'une surface de 5,608 hectares[1] (ou 6,000 hectares, disent certains auteurs).

L'état-major le place à l'altitude de 19 mètres, le Service des ponts et chaussées à celle de 20 m. 65.

D'après M. Delebecque, — et nos recherches personnelles nous ont confirmé, ses indications, — le plafond est un plan incliné, prolongement de la lande, et qui plonge au pied des dunes jusqu'à environ 15 mètres au-dessous du niveau supérieur de la nappe. Il est entaillé par un ravin prolongeant la Gourgue, principal affluent du lac, se dirigeant au Sud de la Salie, vers la maison forestière de Lous Lamanch, et dont la profondeur atteint 22 mètres (22 m. 30 dit M. Delebecque) au pied des dunes, soit 3 mètres en dessous du niveau moyen de l'Océan. Ce plafond n'est pas uni, mais présente des hauts-fonds et des fosses. Des bancs d'alios y ont été relevés au Nord, près de Cazaux, et au Sud, en face d'Ipse. En divers endroits on y a trouvé des souches d'arbres en place, restes de bois submergés à la suite de l'accumulation des eaux par la barrière des dunes.

Le fond est de sable blanc ou gris, provenant des dunes à l'Ouest, sol de lande immergé pour le reste de l'étang; dans les fosses et dépressions, de la vase fine; des herbes aquatiques garnissent les petites et moyennes profondeurs (1 à 8 mètres).

(1) Delebecque, *op. cit.*

Le niveau du lac ne subit que de faibles variations, — moins d'un mètre — du fait des crues d'hiver et des sécheresses estivales.

Le lac de Biscarrosse-Parentis est en tout semblable à celui de Cazaux-Sanguinet, mais de moindres dimensions. De forme également triangulaire, il occupe 3,500 hectares de superficie (longueur N.-S. 9 kilomètres, largeur E.-O. 8,400 mètres, altitude 19 mètres). Son plafond est encore la continuation du plateau incliné de la lande et s'abaisse jusqu'à 15 mètres au-dessous du plan d'eau ; il est entaillé par un chenal, prolongement de la Moulasse ou rivière d'Ychoux, atteignant la profondeur maximum de 20 m. 50 (Delebecque). Ainsi le fond de cette ravine est de 1 m. 50 en dessous du niveau moyen de la mer. Deux fosses, non relevées par M. Delebecque, atteignent, l'une 12 mètres devant la lède de Pin-Courbey, l'autre 16 mètres devant celle de la Pendelle (rive occidentale). La nature du fond est la même que dans l'étang précédent et l'on y trouve aussi parfois des souches de gros arbres [1].

Dans tous ces quatre étangs, on trouve, par endroits, aux plus grandes profondeurs, des graviers et cailloutis [2].

Ces diverses caractéristiques établies, cherchons à déterminer ce qui de l'histoire de ces grands lacs nous est accessible.

II. Sont-ils en voie de comblement?

Les documents et témoignages datant des tout premiers débuts du XIXe siècle montrent qu'à cette époque les grands lacs du littoral gascon n'étaient point différents de ce qu'ils sont aujourd'hui, si ce n'est que, plus élevés de niveau, ils débordaient davantage sur la lande.

Si l'on consulte un témoin plus ancien, l'ingénieur Masse, une constatation étonnante s'impose : ces lacs, — du moins ceux d'Hourtin et de Lacanau, les seuls mesurés par Masse, — auraient eu alors une profondeur bien supérieure à celle qu'ils révèlent au-

[1] Le procès-verbal de visite des dunes par la Commission des Landes (29 mai 1809) relate que de nombreux arbres déracinés sur le bord de la forêt de Biscarrosse, envahie par les sables, flottent sur les rives de l'étang ou coulent au fond. Voir P. Buffault, *La marche envahissante des dunes de Gascogne*.

[2] Sur l'origine de ces graviers et cailloux, voir L.-A. Fabre, Le sol de la Gascogne, *La Géographie*, Paris, Masson, 1905.

jourd'hui. C'est M. Ch. Duffart, un des plus distingués membres de la Société de géographie commerciale de Bordeaux, qui, en de nombreux écrits fort intéressants, très documentés, attestant une conviction sincère basée sur des études suivies, a publié ce fait et l'a mis en relief[1].

A en croire les nombreux sondages accusés par Masse et inscrits en pieds sur ses cartes, le lac d'Hourtin avait, en 1700, dans sa plus grande profondeur 70 pieds (de 0 m. 32103) ou 22 m. 47; celui de Lacanau, 53 pieds ou 17 m. 01. Opposés aux chiffres actuels (Delebecque) de 9 m. 70 et 6 m. 90, les sondages de Masse donnent les différences de 12 m. 77 et 10 m. 11. Avec notre chiffre commun de 11 mètres, les différences deviennent 11 m. 47 et 6 m. 01. Enfin pour M. Duffart, qui adopte les profondeurs de 9 m. 20 pour Hourtin et 6 m. 90 pour Lacanau, les différences sont *13 m. 27* et *10 m. 11*.

Il en conclut à un « comblement des lacs par les charriages *immenses* des ruisseaux tributaires apportant, en temps de pluies persistantes ou d'orages, *d'énormes* quantités de débris végétaux chargés de matières arénacées ou argileuses; comblement indéniable survenu en deux siècles et menaçant ces vastes nappes lacustres d'une disparition prochaine »[2].

Pour nous, ce comblement n'existe pas; il est même matériellement impossible.

Les charriages de débris végétaux, de sables et de vases, qu'affirme et décrit[3] M. Duffart, n'existent pas, non seulement *immenses*, mais même *très faibles*. Nous avons personnellement parcouru les landes par tous les temps et en toute saison, nous avons maintes et maintes fois navigué sur les étangs d'Hourtin et de Lacanau — voici treize ans, — jamais nous n'avons constaté le moindre charriage. Depuis les publications de notre distingué collègue, nous avons redoublé d'attention sur le terrain, nous avons

[1] Ch. Duffart, Topographie ancienne et moderne des lacs d'Hourtin et de Lacanau, *Bull. de la Soc. de géogr. comm. de Bordeaux*, 1901; Réponse aux articles de M. Saint-Jours sur l'âge des dunes et des étangs de Gascogne, *ibid.*; Le lac de Lacanau en 1700 et 1900, *Bull. de géogr. hist. et descript.*, 1901; Nouvelle preuve de l'existence de baies ouvertes sur le littoral gascon, même Bull., 1902; La carte manuscrite de Claude Masse, même Bull., 1903.

[2] Ch. Duffart, *passim*.

[3] *Topographie ancienne et moderne*, etc., p. 10.

interrogé préposés forestiers, pêcheurs, paysans : jamais on n'a vu les placides ruisseaux de la lande, les tranquilles crastes, même lorsque les pluies les emplissent, accomplir la millième partie des transports qu'on leur impute. Leur lit garni d'herbes, tapissé de feuilles mortes, atteste la bénignité de leurs cours, l'impuissance de leurs eaux, que faisait déjà prévoir la lenteur de leur écoulement et surtout la quasi horizontalité de tout leur thalweg[1]. Leur simple aspect le dit assez. Bien plus, tous ces ruisseaux et canaux de la lande sont tellement incapables de charrier des alluvions qu'ils s'obstrueraient et se perdraient si les habitants n'avaient soin, de temps immémorial, de les entretenir et de les curer[2]. Que par les grandes et longues pluies, les eaux grossies entraînent quelques feuilles mortes tombées de l'hiver, quelques herbes arrachées, quelques détritus végétaux, voire quelques troubles limoneux, cela n'est pas niable, mais là se borne tout le transport effectivement réalisé. Enfin, si les eaux landaises se brunissent facilement par dissolution de principes ferro-organiques, on ne les voit jamais, ni dans ces inoffensifs chenaux, ni dans les étangs où ceux-ci débouchent, devenir bourbeuses ou seulement opaques, comme cela a lieu invariablement dans tous les cours d'eau transporteurs. Il en est absolument de même du canal de jonction entre les deux étangs, représenté lui aussi comme «fortement chargé de débris forestiers et aquatiques, de vases arénacées».

Ce charriage ne saurait être, puisque dans le bassin de chacun des affluents des étangs il n'y a ni ruissellement, ni décapage pour l'alimenter, et que le cours de ces affluents n'a pas la pente nécessaire pour le permettre.

Si ce charriage existait, il provoquerait forcément la formation de cônes de déjections dont le sommet serait au débouché de chaque affluent dans l'étang et qui de là s'épanouiraient sur le plafond. Il y aurait autant de cônes que de ruisseaux affluents, et l'ensemble

[1] Tel est notamment le cas des chenaux de Lacanau et de Talaris, que l'on peut aisément explorer, et du chenal de Lupian, encombré de roseaux, qui témoignent assez de la placidité de son cours et de l'absence de tout charriage. La pente de la lande varie de 0 millim. 85 à 1 millim. 3 par mètre.

[2] Avant les travaux d'assainissement des landes, et même avant le XIXe siècle, les habitants étaient astreints à entretenir et curer certains canaux proches des villages et encouraient des amendes s'ils ne le faisaient pas. (Archives départementales, Gironde.)

de ces cônes vallonnerait forcément le fond de l'étang du côté de la rive orientale. Comme, d'autre part, la vitesse de ces affluents est très faible, qu'ils se jettent dans une immense nappe d'eau absolument tranquille, sauf à la surface même agitée par les vents, et que la profondeur de l'eau commence à zéro sur la rive orientale pour ne progresser que fort lentement (1 millim. 33 à 2 millimètres par mètre), ces diverses circonstances feraient nécessairement que ces cônes ne s'étendraient pas loin et que leurs sommets émergeant de l'étang auraient vite formé des sortes de deltas sur lesquels les cours d'eau divagueraient et déposeraient de nouveaux matériaux qui exhausseraient leur lit. C'est ainsi que les choses se passeraient en vertu des lois de la pesanteur et de l'hydrostatique. C'est ainsi qu'elles se passent dans tous les cas similaires. Or, rien de tout cela n'existe dans les lacs gascons. M. Duffart dit bien, il est vrai, que dans «leurs progrès très rapides» ces cônes «ont atteint les berges occidentales des étangs et constituent maintenant une vaste nappe alluviale, qui rapidement se dépose uniformément dans les fonds et menace ces lacs d'un comblement très prochain». Mais, véritablement, ici la vision des réalités naturelles est déformée par une idée préconçue. Une telle nappe alluvionnaire ne se pourrait concevoir qu'avec une masse liquide violemment et universellement agitée et des eaux devenant bourbeuses sur toute l'étendue, ce qui permettrait à la vase tenue en suspension de se déposer uniformément lors des accalmies. Or, même lorsque de grandes tempêtes agitent les étangs, on ne voit jamais leurs eaux bourbeuses ni même troubles. Puis, cette nappe alluviale nécessiterait pour sa formation un charriage énorme de matières qui classerait les lents ruisseaux de la lande parmi les grands cours d'eau «travailleurs», avant même le Rhône et le Fleuve jaune.

Dans les lacs en voie de comblement, comme le Léman, le lac de Gaube, etc., on ne voit point de ces nappes alluviales, mais un cône de déjection très prononcé, issant du débouché de l'affluent du lac et qui, par une émersion constante, rétrécit le lac par l'amont et déplace progressivement la rive vers l'aval. Rien de cela dans les étangs gascons[1].

[1] Notons cependant une exception qui confirme nos dires, en montrant que là où un charriage se produit, où un alluvionnement se forme, ils se manifestent de façon nette et indiscutable. Le courant de Sainte-Eulalie a une pente assez

De plus, des cônes de déjection, et même une nappe alluvionnaire, — surtout sur 13 et 10 mètres d'épaisseur — auraient forcément masqué par remplissage les ravins, qui pourtant sillonnent encore si profondément le plafond des lacs d'Hourtin, de Cazaux et de Parentis. De même ils auraient recouvert les bancs aliotiques de l'étang de Lacanau, où pareil dépôt ne se distingue point.

La seule vase qui existe dans les étangs littoraux est produite par les organismes végétaux et animaux qui y vivent. D'épaisseur très mince, se formant avec une lenteur extrême, elle ne pourrait réaliser l'alluvionnement supposé.

Enfin, nous verrons plus loin que l'alios de la lande apparaît à la côte, au niveau de la mer, en prolongement du plafond des étangs et du sol continental, montrant ainsi que la profondeur de ceux-ci n'a jamais varié.

Donc la théorie de l'alluvionnement des lacs du littoral gascon est nettement à rejeter. Comment alors expliquer les énormes différences entre les chiffres de Masse et les profondeurs actuelles, à Hourtin et Lacanau?

D'abord, les chiffres donnés pour ces différences par notre distingué collègue sont exagérés.

En effet, comparer directement les profondeurs actuelles aux sondages de Masse, c'est supposer qu'entre les deux époques le plan d'eau des étangs n'a pas varié d'altitude. Or, cela est faux puisque : 1° les travaux de 1859-1873 ont abaissé ce plan de 1 m. 50 à 2 mètres et que : 2° l'assainissement général et le boisement des landes et des dunes ont provoqué un assèchement considérable du pays, très souvent relaté; d'où l'on doit admettre qu'entre le plan d'eau actuel et le niveau du temps de Masse il y a au moins une différence de 2 mètres. C'est donc une correction égale qu'il faut faire subir aux profondeurs avant de les comparer. M. Duffart ne l'a pas fait et néglige ou oublie les travaux de 1859-1873, ce qui doit étonner de la part d'un écrivain du pays, géographe soucieux du détail comme lui [1].

forte et affouille souvent le long de ses berges. Aussi forme-t-il, à son débouché dans l'étang d'Aureilhan, une pointe sableuse longue actuellement de 50 mètres, véritable cône de déjection, qui pourra, si le phénomène continue, scinder l'étang en deux parties.

[1] Bien plus, M. Duffart écrit, dans sa *Carte manuscrite de Masse* (*Bull. de géogr. histor. et descript.*, 1903, n° 2, p. 281 et 282) : «J'appelle l'attention du

Les différences entre les nombres de Masse et les données actuelles se réduisent donc à *10 m.* 77 pour Hourtin et *8 m. 11* pour Lacanau, avec les chiffres de M. Delebecque, et à *9 m.* 47 et *4 m. 01*, si l'on admet notre chiffre de 11 mètres pour la profondeur maximum des deux étangs.

Telles quelles, ces différences sont encore considérables. D'où peuvent-elles provenir?

Il faut d'abord tenir compte de la progression des dunes vers l'Est avant leur fixation. Cette progression considérable, même le long des étangs dont elle refoulait les eaux [1], et qui, de nos jours, a une dernière et minime manifestation dans l'écroulement des talus des dunes sous l'effet du ressac, signalé au début de ce mémoire [2], cette progression a eu pour effet de combler précisément les plus grandes profondeurs des étangs. Et comme, les lacs occupant des dépressions, la pente Est-Ouest de la lande est plus faible que celle du plafond des lacs (à Hourtin, 0 millim. 85 par mètre contre 1 millim. 33; à Lacanau, 1 millim. 3 contre 2 millimètres), lorsque les eaux refoulées ont dépassé leur ancienne altitude de 15-16 mètres, elles se sont épanchées sur la lande et déversées par les marais qui leur servaient de débouchés. Elles ne pouvaient continuer à s'élever puisqu'elles débordaient leur cuvette. De sorte que, sous la poussée des dunes, les étangs perdaient de leur volume et de leur profondeur, celle-ci diminuant proportionnellement à la progression des sables.

Si l'on admet un avancement des dunes de 1,000 mètres pour la période écoulée de 1700 à 1850 (date moyenne de la fixation

géographe sur ce fait important, et j'insiste : *l'altitude du niveau des lacs d'Hourtin et de Lacanau n'a pas varié depuis 200 ans*. Or, un abaissement de *deux mètres*, qui a découvert 7,797 hectares, donné lieu à un gros procès et fait naître un syndicat entre les propriétaires asséchés pour l'entretien des canaux ouverts, ne peut être négligé.

Alors que dans ses études de 1901 et 1903 M. Duffart donne 6 m. 90 comme profondeur de Lacanau et 10 m. 11 comme différence avec Masse, en 1902 (*Bull. de géogr. histor. et descript.*. 1902, n° 2, p. 151) il a écrit : 5 m. 55 et 9 m. 46. Or, 17 m. 01 — 5 m. 55 = 11 m. 46 et non 9 m. 46. Double erreur? *Lapsus calami*, sans doute.

(1) Voir P. Buffault, *La marche envahissante des dunes.*

(2) M. Duffart, qui, dans sa *Topographie ancienne et moderne*, p. 8, n'attribue «que peu d'influence et une bien faible importance» à la progression des dunes, en fait cependant état, ainsi que du ressac des lames, dans son *Lac de Lacanau en 1700 et 1900.*

des dunes d'Hourtin et Lacanau), résultant de la carte de Masse[1], on constate qu'avec les pentes données par la profondeur actuelle de 11 mètres dans le chenal principal d'Hourtin (2 millim. 44 par mètre) et au fond du lac de Lacanau (2 millimètres par mètre), et en prenant pour plan de comparaison le niveau des lacs de 1859 (niveau actuel surélevé de 2 mètres), un avancement des dunes de 1,000 mètres donne une réduction de profondeur de 4 m. 40 pour Hourtin et de 4 mètres pour Lacanau. La différence serait donc rachetée pour Lacanau et réduite à 5 mètres pour Hourtin.

Evidemment ce calcul — simplement schématique — n'a pas la précision nécessaire pour donner de façon absolument satisfaisante l'explication cherchée, même à Lacanau, d'autant que les variations actuelles de niveau des étangs sont une cause d'erreur. Mais il indique suffisamment, à notre avis, qu'il y a là une solution *partielle* de la question qu'on ne doit pas négliger.

D'autre part, les sondages de Masse doivent-ils être tenus pour certains, ou n'est-on pas, au contraire, en droit de les suspecter?

On a grandement vanté Masse, sa «scrupuleuse exactitude», la «perfection» de ses levés comparables avec ceux d'aujourd'hui[2]. Si ces éloges sont mérités dans l'ensemble, et surtout pour certaines régions du Bordelais, il ne s'ensuit pas que Masse soit sans défaillances et ses cartes exemptes d'erreurs. C'est ainsi, pour n'en citer que deux, que le village de Carcans (feuille 28) est placé 2,500 mètres trop au Sud — faute grave car les villages étaient, en 1700, des repères importants dans la lande rase — et que le *Truc de la Caraque*, limite des seigneuries de Lesparre et de Castelnau, est placé vis-à-vis Hourtin (même feuille), alors que sa position réelle était «vis-à-vis la métairie du sieur Hosten à Talaris», soit 17 kilomètres plus au Sud[3]. Il peut y avoir aussi bien des erreurs dans les sondages que dans les mensurations horizontales. D'autant qu'une région désertique et improductive comme celle des dunes,

[1] Ch. Duffart, *La carte manuscrite de Cl. Masse*, Bull. de géogr. histor. et descript., n° 2, 1903, p. 280.

[2] Hautreux, *La carte de Masse*, 1897; Duffart, *op. cit.*, et L'extension moderne de la presqu'île d'Ambès et de l'île du Cazeau, *Bull. de géogr. histor. et descript.*, n° 2, 1904. Pawlowski, *Nouvelles cartes de Masse*, même Bulletin, 1901.

[3] Cette position réelle est donnée par deux procès-verbaux de délimitation de la seigneurie de Castelnau, de 1740 et 1783. Archives départementales Gironde, et Archives de la 29e Conservation des Eaux et Forêts, Bordeaux.

en 1700, n'appelait pas l'application et le soin comme les abords des havres ou les pays de cultures et de vignobles. Rien ne nous garantit que Masse ait procédé lui-même aux sondages des étangs, que certains de ses aides n'aient pas été peu consciencieux ou trop pressés. La multiplicité même de ces sondages inscrits sur sa carte par rangées régulières très rapprochées (au nombre de 330 environ pour Hourtin) nous paraît suspecte. Beaucoup auraient bien pu être chiffrés à l'estime ou d'après les on-dit des paysans. Si l'on examine sur cette carte l'étang d'Hourtin, on constate que les courbes de niveau résultant des sondages dessinent sur le plafond de l'étang des vallonnements dont l'un, plus accusé, est en face de la berle de Lupian; mais on y cherche vainement le relief des deux chenaux qui, aujourd'hui encore, entaillent si profondément et avec des berges si escarpées le plafond de l'étang. Et, dans les profils que M. Duffart donne de ce plafond en 1700 (d'après Masse) et en 1900 [1], pour démontrer le comblement des lacs, ces chenaux ne figurent point non plus. Donc Masse est infidèle (et avec lui son commentateur) et vaine est la démonstration basée sur son témoignage.

Il en est à peu près de même des comparaisons que l'on ferait entre Masse et nos cartes modernes pour les distances des villages au rivage océanique, au pied des dunes, au bord des étangs. De ce que Masse attribue 8,919 mètres (4,575 toises) à la distance de Lacanau à la mer, qui est aujourd'hui de 10,000 mètres, on en a conclu à un atterrissement en cette partie de la côte depuis 1700 [2]. Or, l'alios et l'argile, supports de l'ancien sol landais, qui affleurent actuellement en ce même endroit de la côte montrent l'impossibilité de cet atterrissement et en même temps le peu de fonds qu'il y a à faire sur les données géodésiques des cartes anciennes, sans excepter celle de Masse.

Veut-on rapprocher ce dernier d'un témoin du XVIe siècle? L'inventaire de la série de Lesparre de 1585, cité plus haut, attribue à l'étang d'Hourtin une profondeur de «plus de dix brasses». Or, la *brasse* vaut aujourd'hui encore, dans le pays, 1 m. 68; l'ancienne *brasse* de France valait 5 pieds ou 1 m. 62 [3]. En 1585, les pêcheurs

[1] Ch. Duffart, *Topographie ancienne et moderne*, 1901; *La carte manuscrite de Masse*, 1903.

[2] Ch. Duffart, *idem*.

[3] Il y avait aussi la *grande brasse* de 6 pieds, valant 1 m. 944, différente de la *petite brasse* ou *brasse ordinaire*.

et paysans évaluaient donc à au moins 16 m. 50 ou 17 mètres la profondeur de l'étang, sauf des trous dont ils s'imaginaient ne pouvoir trouver le fond[1]. En tenant compte de la baisse de 2 mètres réalisée en 1873, cette profondeur, comparée au chiffre actuel de 11 mètres, donne 4 mètres comme différence. Ce nombre est, en raison de la progression des dunes, comme nous l'avons expliqué, parfaitement conciliable avec la profondeur actuelle. D'autre part, il est inférieur aux 10 m. 77 fournis par la comparaison avec Masse. Dès lors le prétendu comblement des lacs aurait été pendant les 115 années écoulées entre 1585 et 1700, remplacé par un approfondissement! Nous entendons bien qu'on récusera toute exactitude aux évaluations de l'inventaire de 1585 et ce, avec quelque raison. Mais il faut à peu près traiter de même les données de Masse, et l'on ne peut non plus entièrement annuler le dire de l'inventaire.

Nous n'apportons point, on le voit, de solution absolument nette à la question de la divergence entre les chiffres de Masse et les sondages actuels. Mais mieux vaut attendre et laisser subsister des points d'interrogation que de vouloir avoir raison de toutes les obscurités du passé au prix de théories vraiment contredites par les réalités du monde naturel.

III. Les dunes primaires les ont formés.

La théorie de la formation des lacs littoraux gascons par l'effet du barrage des dunes semble inattaquable, en concordance parfaite avec les données du terrain, et ne paraît pas avoir rencontré de contradiction sérieuse.

Mais sont-ce les dunes *modernes*, celles fixées de 1801 à 1863, qui ont constitué ce barrage, ou les dunes *anciennes*, dites *primaires* par M. Durègne[2], préexistantes aux premières?

Dans divers écrits, marqués au coin d'une science sûre et prudente, notre éminent collègue de la Société de géographie commerciale de Bordeaux a établi que «ce sont les dunes primaires qui ont barré les thalwegs de cette région et ont ainsi formé les lacs littoraux... Si les dunes modernes ont pu obstruer les émissaires

[1] De nos jours encore certains pêcheurs émettent la même idée.

[2] E. Durègne, Communications à l'Académie des sciences, *Comptes rendus*, 22 décembre 1890 et 10 mai 1897.

de certains lacs... ces lacs n'en existaient pas moins, au niveau près, au commencement de l'époque historique ». Le rôle géographique des dunes modernes ne datant que d'une époque *historique* rapprochée, a été très modeste; tandis que les transformations du rivage océanique et l'accumulation des nappes lacustres appartient à une époque *géologique* bien antérieure[1].

Après avoir, avec beaucoup d'autres, cru d'abord à la prépondérance de l'effet des dunes modernes, l'étude persistante de la région et des témoignages historiques nous ont amené à partager, au contraire, les idées de M. Durègne. Aux arguments que celui-ci produit à l'appui de sa juste thèse nous en avons à apporter d'autres, de même ordre.

Le savant historien de « la grande montagne de la Teste » a donné plusieurs fois la liste des dunes primaires du littoral, ou *montagnes*, qui subsistent aujourd'hui après l'ensablement de la majeure partie d'entre elles par les dunes modernes, et dont plusieurs — détail caractéristique — sont à l'Ouest des étangs. Nous en avons nous-même cité quelques autres, disparues aujourd'hui, et que la carte de Masse ou des documents d'archives administratives nous avaient révélées[2]. Il y en a d'autres encore à ajouter, que les mêmes sources nous ont fournies. Voici donc une liste passablement complète des dunes anciennes (*du littoral* seulement) existant au début du XIXe siècle et qui *toutes étaient boisées*. Cette liste est établie en allant du Nord au Sud, avec l'indication des sources qui ont révélé celles de ces dunes disparues aujourd'hui.

Bois de Barbarieu, lisière orientale des dunes du Flamand, un peu au Sud de Saint-Isidore (Masse);

Petit Mont (ou *Mont des Aubes*) et *Grand Mont*, existant encore sur la lisière orientale des dunes d'Hourtin, à l'extrémité Nord de l'étang; autrefois réunis et constituant la « Forest ou Montaigne de Cartignac » (Masse) ou la « Grand Forêt du Mont » (Inventaire de Lesparre) qui s'étendait jusqu'à la mer et se prolongeait au Nord et au Sud; aujourd'hui distants de 1,800 mètres;

[1] E. Durègne, Sur le mode de formation des dunes primaires de Gascogne, *Comptes rendus de l'Académie des sciences*, 10 mai 1897; et Contribution à l'étude des dunes anciennes de Gascogne, *Actes de la Société linnéenne de Bordeaux*, t. LVII, 1902.

[2] P. Buffault, *Étude sur la côte et les dunes du Médoc* et *La marche envahissante des dunes de Gascogne*.

Mont ou *Bois de Malignac*, dans les dunes de Carcans, rive Ouest de l'étang d'Hourtin, entre les pointes de Gartiou et de Bombannes, signalé par Masse, existant encore en 1806 et ensablé depuis (Archives, 29e Conservation Eaux et Forêts);

Mont de Coben (ou *Cawben*), mêmes dunes et même rive, entre les pointes de Bombannes et de Coben, figuré par Masse sous le nom de «Bois de Coutas», ensablé après 1806 (Archives Eaux et Forêts);

Montagne de Carcans et de Lacanau, subsistant entre la pointe Sud du lac d'Hourtin et l'extrémité Nord de celui de Lacanau, où la *dune du Moutchic*[1] lui appartient encore, et qui se trouve bien réduite au Nord, à l'Ouest et au Sud, de son ancienne étendue;

Montagne d'Arcachon, actuellement réduite à deux lambeaux : emplacement de la ville, du cimetière, etc. (jusqu'au canton moderne des Abatilles); emplacement du Moulleau (entre les Abatilles et les bains du Moulleau);

Montagnette, en trois parcelles, entre la ville de la Teste et la *Montagne* ou *grande forêt de la Teste*, ensablée, autrefois, sur ses lisières Nord et Ouest, à laquelle doivent être rattachées la parcelle du Pilat enclavée dans la forêt de l'État sur le bord de la passe et une bande sise plus à l'Est, au pied de la grande dune de Pissens;

Bois de la Truque, sur la rive occidentale du lac de Cazaux, dans les dunes modernes de la Teste, près de la limite départementale, disparu après 1850 (Archives Eaux et Forêts);

Montagne ou *forêt de Biscarrosse*, subsistant contre les dunes modernes, entre les lacs de Cazaux et de Parentis, ensablée sur une largeur d'environ 1,800 mètres d'Ouest en Est depuis 1636, et qui autrefois s'étendait jusqu'à la mer, rejoignait le bois de la Truque et même la montagne de la Teste et descendait au Sud vers Sainte-Eulalie (Archives Eaux et Forêts);

Bois de Pin Courbey, dans la lette de ce nom, sur le bord du lac de Parentis, démembrement de l'ancienne forêt de Biscarrosse (Archives Eaux et Forêts);

Bois de la Pendelle, dans la lette de ce nom, sur le bord du lac de Parentis, autre reste de l'ancienne forêt de Biscarrosse (Archives Eaux et Forêts);

[1] *Moutchic* est une corruption de *Mount chic*, petit mont, comme portent d'anciens textes.

Bois du Prohoum, dans la lette de ce nom, sur la lisière des dunes et un peu au Sud du lac de Parentis (Archives Eaux et Forêts);

Bois de Lous Douillats, dans la lette de ce nom, sur la lisière des dunes, au Sud du précédent (Archives Eaux et Forêts);

Montagne de Sainte-Eulalie, entre le courant de Sainte-Eulalie et le village, à peu près indemne d'ensablement;

Bois de Raz, ensablé par la dune de ce nom, sur la rive droite du courant de Mimizan (Archives Eaux et Forêts);

Montagne de Bias, subsistant à l'Est des dunes modernes de cette commune, en cinq et même six parcelles, la plus méridionale comprise sur le territoire de la commune de Saint-Julien;

Forêt de Contis, existant encore sur la rive droite du courant de Contis, fortement ensablée sur sa lisière Nord; sur la rive gauche, un petit canton, et, dans la lette de Spélindre, deux petites parcelles (Archives Eaux et Forêts);

Bois de Pète Eslade, dans la lette de ce nom, dunes de Lit (Archives Eaux et Forêts);

Bois ou *Forêt du Grand Goungs*, dunes de Lit, près de la limite de la commune de Vieille-Saint-Girons (Archives Eaux et Forêts);

Montagne de Saint-Girons-en-Marensin, à l'Est des dunes modernes de Vieille-Saint-Girons, depuis Mixe jusqu'à l'étang de Léon;

Dunes du Sud, à l'Est de l'étroite zone de dunes modernes, de Léon à Ondres (auxquelles on peut rattacher des dunes anciennes de l'intérieur: Le Vignacq, Lesperon, Vallée de la Palud, Maremne entre Soustons et Dax).

Il convient d'insister sur ce fait que de ces *monts* et *bois*, tous placés à l'Est des dunes modernes, la plupart ne représentent que des parcelles infimes de vastes dunes anciennes boisées, disparues sous les sables nouveaux. Les procès-verbaux des visites qu'ont faites de ces régions les agents chargés d'en diriger l'ensemencement, aux débuts du XIXe siècle, signalent presque partout, surtout dans les Landes, des tiges de pins morts émergeant des sables et des restes de fours à résine qui témoignent de l'existence d'anciennes forêts dans ces lieux dévastés[1]. Si l'on ajoute à cela les souches et les troncs d'arbres en place que portent fréquemment

[1] P. Buffault, *La marche envahissante des dunes de Gascogne*. Cf. Baurain, *Variétés bordeloises*, 1780, et Thore, *Promenade sur les côtes du golfe de Gascogne*, 1810.

les bancs d'alios qui émergent parfois à la côte, et dont nous parlerons tout à l'heure, on aura ainsi la preuve matérielle de l'existence de ces forêts antiques qui, d'après les historiens et la tradition, couvraient une grande partie du littoral aujourd'hui occupé par les dunes modernes.

D'autre part, et pour rentrer dans le cadre de notre sujet, on remarquera, d'Hourtin à Parentis, que presque tous ces *monts* ou vestiges de dunes anciennes touchent aux étangs et que certains d'entre eux font face au plein milieu des étangs, savoir : les monts de Malignac et de Coben pour l'étang d'Hourtin, le bois de la Truque et l'ancienne montagne de Biscarrosse pour le lac de Cazaux, cette même montagne et les anciens bois de Pin-Courbey et de la Pendelle pour l'étang de Parentis.

Ainsi se vérifie que «ce sont les dunes primaires qui ont barré les thalwegs de cette région et ont formé les lacs littoraux», et que ceux-ci étaient préexistants aux dunes modernes dont le rôle géographique a été «beaucoup plus modeste»[1].

Mais il ne faudrait pas exagérer dans ce sens et soutenir que nos étangs actuels étaient tels qu'aujourd'hui dès le début de la période historique. Depuis l'ouverture de cette période, il y a eu des changements certains dans leur contenance, leur configuration, leur équilibre et leur altitude. Sous l'effet de la poussée des sables mouvants, nous l'avons vu, ils ont élevé leur plan d'eau, puis se sont déversés sur la lande cependant que leur profondeur diminuait à l'Ouest. La disparition de la voie romaine dans les étangs de Léon, d'Aureilhan, de Parentis et de Cazaux, le même sort échu au marais d'Aureilhan, au château de Navarre près l'étang de Lit, etc., en sont d'autres preuves[2].

En outre, il paraît indubitable, d'après la tradition, diverses circonstances locales et d'anciens titres, que les lacs d'Hourtin, Lacanau, Cazaux, Parentis, avaient chacun un effluent ou *boucau* qui dégorgeait leurs eaux à la mer[3]. Cet effluent était, si l'on peut

(1) E. Durègne, *op. cit.*

(2) Thore, *op. cit.* — P. Cuzacq, *Les grandes landes de Gascogne.* Bayonne, Lamaignière, 1893.

(3) V. : P. Buffault, Étude sur la côte et les dunes du Médoc; Ch. Duffart, *op. cit.*; M. Dufrait, Topographie ancienne des étangs de Hourtin et de Lacanau, *Bull. Soc. de Géogr. comm. de Bordeaux*, 1896, p. 353; Études sur la topographie ancienne et moderne du Bas-Médoc, même Bulletin, 1898, p. 1.

dire, la transposition de l'ancien thalweg barré par les sables primaires, de l'ancien chenal qui entaille le plafond de trois de ces quatre lacs. Il diminua d'importance, de profondeur et de largeur, au fur et à mesure que les dunes modernes s'édifiaient, qu'elles acquéraient largeur et hauteur, qu'elles augmentaient leur résistance au cours des eaux. Finalement, il s'obstrua et de nouveaux mouvements de sable en effacèrent toute trace. La date de cette obstruction est déjà fort loin de nous. On peut la placer assez uniformément vers le XIVe siècle. Pour Hourtin, par exemple, elle a eu lieu bien avant le XVIIe siècle, époque indiquée à tort par M. Durègne[1], puisque l'Inventaire de 1585 nous dit implicitement, mais nettement, que ce lac était alors clos et sans communication avec la mer. Ce qui prouve également que MM. Dutrait et Duffort ont été mal fondés à identifier cet affluent d'Hourtin avec le problématique Anchlses[2].

L'existence de ces boucaus, longtemps accessibles aux navires ou bateaux, suffit à expliquer que des ports aient été établis dans ces lacs, qu'un trafic s'y soit exercé, que des matériaux lourds, étrangers au pays, comme ces pierres de Nantes reconnues dans tant de constructions de la région, aient pu y être apportés par la voie d'eau, la seule possible alors.

Mais, une fois ces effluents disparus, il faut abandonner l'illusion de croire en retrouver la trace dans les sables. Si Masse « releva plusieurs dépressions toujours remplies d'eau dans la direction des anciennes embouchures des courants, en arrière des dunes littorales[3] », il aurait eu absolument tort de penser avoir repéré ainsi l'ancien emplacement des effluents obstrués. Avant leur fixation, les sables étaient constamment remaniés par les vents et bouleversés; au gré des tempêtes, les hauteurs prenaient la place des fonds et les lèdes succédaient aux dunes. Impossible de rien retrouver dans ce chaos. D'autre part, le boisement n'ayant pas alors accompli son œuvre asséchante, et l'assainissement des landes n'ayant pas encore abaissé le niveau des nappes voisines, tous les fonds et lèdes se remplissaient fréquemment d'eau lors de pluies un peu abondantes. Les lagunes relevées par Masse ne pouvaient

[1] E. Durègne, Communication à l'Acad. des sciences, 1897.

[2] P. Buffault, A propos des origines celtiques et phocéennes de la toponymie landaise, *Bull. Soc. de Géogr. comm. de Bordeaux*, 1904, p. 306.

[3] Ch. Duffart, *La carte manuscrite de Claude Masse.*

donc fournir aucune indication, et il y en avait mille autres semblables.

Comment s'est faite cette obstruction par les sables primaires des petits estuaires qui déversaient à l'Océan les eaux des ruisseaux landais?

On a cru devoir faire intervenir un cordon d'îles précontinentales, nées de la différence de pente entre le plateau émergé et les fonds immergés, puis détruites par un cataclysme inconnu, mais nécessaire pour expliquer que leurs matériaux, poussés à la côte, aient fourni les sables des dunes modernes[1]. Ces ingénieuses inductions ont le tort de ne reposer sur aucune base solide. On ne voit point, par exemple, pourquoi ce cordon littoral ne se renouvellerait pas aujourd'hui que subsiste toujours la différence de pente qui l'aurait engendré une première fois.

Il est bien plus naturel de penser que cette obstruction s'est opérée d'après les lois qui régissent aujourd'hui le déplacement de la passe d'Arcachon et la déviation vers le Sud des fleuves côtiers non encadrés de digues, tel le courant d'Huchet : apport de sable de la mer; formation, à l'extrémité de la rive droite du cours d'eau, d'une pointe sableuse dirigée vers le Sud sous la poussée du courant marin Nord-Sud parallèle au rivage; érosion de l'extrémité de la rive gauche; inflexion de l'estuaire vers le Sud; allongement de la pointe Nord plus rapide que l'érosion de la rive Sud; finalement, fermeture du chenal et obstruction du cours d'eau refoulé vers l'intérieur et inondant progressivement son bassin de l'aval vers l'amont. Encore, dans cette théorie, où l'on envisage une période géologique antérieure à la nôtre, l'époque pléistocène, admet-on que le régime des vents et des courants marins était déjà fixé comme de nos jours. Or n'est-ce pas là un postulatum bien arbitraire? Et peut-on affirmer que, si loin de nous, les choses se sont passées comme elles se passent de nos jours?

IV. L'Hypothèse des baies marines.

Nous voici donc fondés à reconnaître dans les lacs littoraux de Gascogne des nappes d'eau noyant des estuaires et occupant des

[1] Dulignon-Desgranges, Les dunes littorales du golfe de Gascogne, *Actes de la Société linnéenne*, Bordeaux, 1879; et Duprat, *op. cit.* et *De mutationibus oræ fluvialis et maritimæ in peninsula Medulorum*, thèse Bordeaux, Cadoret, 1895.

dépressions du plateau landais, dont le fond ne s'alluvionnant point conserve son altitude primitive; ayant leur origine dans le barrage de leur thalweg par les dunes primaires à l'époque préhistorique, et ayant vu ce barrage renforcé et rendu étanche par les apports des dunes modernes durant l'époque historique actuelle.

Mais, tant que l'on n'a pas eu des données suffisantes sur la constitution géologique du sous-sol des dunes et des études locales assez complètes, le champ était ouvert aux hypothèses en ce qui concerne l'origine ou la formation de ces grandes nappes lacustres. Aussi nombre de savants, voyant plus large que la constitution réelle du littoral ne le comportait, ont estimé que ces vastes lacs étaient d'anciennes baies marines fermées par un cordon littoral et que leur rive orientale, alternant avec des promontoires plus avancés en mer que le rivage actuel, représentait le tracé fort sinueux de la côte primitive. Les noms illustres d'E. Reclus, de Desjardins et de M. de Lapparent suffisent au patronage — plus ou moins caractérisé — de cette thèse[1]. A Bordeaux, elle a été reprise et développée par M. Dutrait et plus encore, ces années-ci, par M. Duffart[2].

Les principales raisons produites en faveur de la thèse des anciennes baies marines sont : les indications des anciennes cartes hollandaises et portulans; le commerce jadis florissant sur la côte gasconne et qui a laissé des souvenirs dans la région à côté de témoins certains tels que ruines de ports, de routes, restes de navires, etc. A cela, M. Duffart a ajouté un argument, à son sens décisif, à savoir que les cartes de Masse établissant que les fonds primitifs des lacs sont très au-dessous des fonds actuels dus à un alluvionnement, et par suite très au-dessous du niveau de la mer, ces lacs sont forcément d'anciens golfes maritimes. Et, partant de ce principe, il a tracé à l'aide de courbes bathymétriques les contours de ces golfes et les indentations de l'ancien rivage supposé.

Sur cet argument, qui n'est en somme que l'acceptation confiante des chiffres de Masse, nous n'avons pas à revenir, ayant précédem-

[1] Voir dans M. Dutrait, *Topographie ancienne des étangs*, le relevé des partisans et des adversaires de la thèse des baies antiques.

[2] M. Dutrait, *op. cit.*; Ch. Duffart, *op. cit.*, et : La baie d'Anchises, les anciennes baies de la côte de Gascogne, *Bull. Soc. Géogr. comm. de Bordeaux*, 1896, p. 13 et 98.

ment démontré qu'il est spécieux et se trouve absolument contredit par les conditions matérielles des étangs et les faits naturels.

En ce qui concerne les indications des anciennes cartes et portulans, nous serons également bref. Les graphiques de ces documents sont souvent informes, toujours incertains et approximatifs comme le sont les textes. Il ne faut donc les accepter qu'avec grandes réserves [1]. Les dessinateurs hollandais ont eu vite fait de tracer des courbes suivant leurs caprices ou de déformer en golfes les simples estuaires inondés qui existaient. Et Pierre Garcie, dans son *Routier de la mer* (1480), dont MM. Pawlowski et Duffart ont fait ressortir tout le mérite et la valeur, ne cite comme accidents sur la côte gasconne que la Gironde, Arcachon et l'Adour; il ne fait aucune mention de havres ou estuaires intermédiaires, pas même de Capbreton. Cela montre combien il faut se garder de prendre à la lettre les documents de ce genre.

Pour ce qui est des traditions, des souvenirs de vie commerciale, des ruines de ports, nous les admettons entièrement, d'autant que certaines de ces réminiscences du passé ont leur source dans des textes authentiques ou des objets matériels incontestables. Mais cet ensemble ne conduit nullement à la nécessité de transformer à l'origine nos étangs en golfes marins pour le rendre possible et acceptable. Il est parfaitement l'un et l'autre avec les simples estuaires des petits fleuves côtiers inondés et débordant dans les dépressions de la pénéplaine landaise, ensuite devenant lagunes communiquant avec l'Océan par un chenal d'abord large, puis progressivement réduit. Et tous ces arguments, insuffisants pour faire la preuve des anciennes baies ouvertes, suffisent à démontrer que nos grands étangs furent d'abord des estuaires inondés, puis des lagunes à effluents, dont les étangs d'Aureilhan, de Léon et de Soustons représentent le dernier stade. Mais encore faut-il faire un choix parmi ces souvenirs et les déductions qu'on peut tirer des vestiges du passé [2]. Ainsi, de la découverte d'un guindeau dans l'anse des Bahines, rive Nord-Ouest du lac d'Hourtin, on a conclu que cette anse était fréquentée par les navires, qu'elle marquait la place d'un

[1] Sur le peu de foi à accorder à ces documents, cf. C. Jullian, *Journal des Savants*, 1903, p. 317.

[2] Sur les déductions erronées tirées de la dénomination du lieu dit «aux Genêts», dans les dunes d'Hourtin, voir P. Buffault, A propos des origines celtique et phocéenne de la toponymie landaise.

ancien effluent du lac et confirmait la thèse des golfes marins[1]. Or, ce guindeau n'affirme nullement une origine maritime. L'inventaire de Lesparre nous dit qu'au XVIe siècle des bateaux transportaient des planches et de la résine sur l'étang, alors clos, de la forêt du Mont à la lande. Plus tard, en 1806, lors des premiers semis sur les dunes, on amenait de la broussaille de la lande par « un grand batteau » qui s'échoua un beau jour et fut abandonné[2]. Le guindeau des Bahines, transformé en cabestan de caravelle médiévale, ne serait-il pas tout simplement un débris du modeste chaland de 1806?

Pour résoudre la question de l'origine des lacs du littoral gascon et contrôler la possibilité des anciennes baies marines supposées, M. Bouquet de la Grye, en clôturant une discussion à ce sujet au Congrès des Sociétés savantes de 1902, souhaitait qu'il fût effectué des sondages, lesquels résoudraient péremptoirement la question. Ces sondages n'ont pas été faits et ne le seront sans doute pas de longtemps en raison des dépenses qu'ils entraîneraient. Mais on peut y suppléer aisément par l'observation des érosions marines, fréquentes sur la côte gasconne, véritables sondages naturels, et les compléter par les données recueillies lors du forage de certains puits dans la zone des dunes.

Presque tous les ans, en effet, par les tempêtes de printemps et d'automne, sur divers points essentiellement variables qu'elle abandonne et réensable ensuite, la mer attaque son rivage. Décapant la plage ou creusant le pied de la dune littorale, elle met souvent ainsi à nu des bancs d'alios et l'assise d'argile bigarrée de la fin du miocène, qui s'étend presque par tout le plateau landais sous la couche aliotique[3]. L'alios et parfois l'argile portent sur leur face supérieure des détritus végétaux, de la tourbe et des débris de plantes aquatiques particulièrement, des racines de bruyère (*erica*

[1] M. Dutrait, *Topographie ancienne des étangs d'Hourtin et de Lacanau;* et Ch. Duffart, *Topographie ancienne et moderne des lacs d'Hourtin et de Lacanau.* D'ailleurs la ravine Nord du plafond d'Hourtin passe dans l'anse des Bahines.

[2] Lettres et croquis du chef d'atelier Couturas, Archives de la 29e Conservation des Eaux et Forêts.

[3] Voir sur cette argile : L.-A. Fabre, *Le sol de la Gascogne,* la Géographie; Paris, Masson, 1905 et aussi quelques détails in P. Buffault, *Étude sur la côte et les dunes de Médoc,* p. 7 à 11 avec plusieurs profils d'affleurements d'alios et d'argile. Depuis peu, on exploite à Hourtin cette argile pour la briqueterie et la poterie.

scoparia), voire des souches de saule, de chêne et de pin, en place. D'autres fois, ces restes végétaux se trouvent dans un sol sableux, terre végétale bien conservée, superposé à l'alios ou à l'argile. Tout cela est sol de lande, l'ancien sol préexistant aux dunes modernes — parfois aux dunes primaires — et recouvert par elles.

Nous donnons ci-après le relevé des affleurements de cet ancien sol, constatés dans les érosions marines, pendant les dix dernières années, par nous-mêmes ou le personnel forestier. Nous y ajoutons quelques autres observations dignes de créance, ainsi que les résultats de certains forages. L'ordre suivi est du Nord au Sud.

Depuis l'ancien épi n° 7 (origine du kilométrage de la côte girondine[1]) *jusqu'aux premières villas de Soulac :* argile au niveau de la mer, ayant, lors des premiers découvrements, montré des empreintes d'hommes et d'animaux, des débris végétaux, des traces de culture.

Du kilomètre 7 au kilomètre 9 : argile au niveau de haute mer; alios au-dessus; débris végétaux sur l'alios et sur l'argile (racines ayant traversé l'alios fissuré).

Au kilomètre 10, Le Gurp : argile; au-dessus alios avec, pardessus encore, tourbe lignitiforme et couche marno-sableuse à silex taillés[2].

Du kilomètre 12 jusque vers le kilomètre 30 : argile et alios avec débris de plantes aquatiques, tourbe, racines de bruyère, troncs d'arbres en place conservés dans le sable de la dune sur 1 m. 50 à 2 mètres de hauteur; sur la plage, au nord des bains de Montalivet, se voient encore, depuis déjà de longues années, plusieurs troncs de chênes en place; entre les kilomètres 22 et 30 les affleurements d'argile et d'alios restés découverts pendant une quinzaine d'années ont été complètement ensablés à l'automne 1904; à leur surface coulaient des eaux douces souvent abondantes, égouttées de la lande; ces couches d'argiles et d'alios baissent notablement du Nord au Sud; ils sont au niveau de la plus haute mer vers le Gurp, point culminant, et plongent à 4 m. 90 en dessous au kilomètre 30.

[1] Le service forestier, chargé des travaux de dunes et de défense de la côte, a kilométré la côte en deux sections, une par département.

[2] Observation de M. Dulignon-Desgranges, *Actes de la Société linnéenne de Bordeaux*, 1876.

Du kilomètre 30 au kilomètre 39 : mêmes affleurements, mais moins souvent apparents et non continus, au-dessous du niveau de haute mer.

Au kilomètre 43 : sol primitif, noir, compact, composé de sable, de matières végétales en quantité et d'argile en faible proportion, un peu au-dessus du niveau de basse mer[1].

Au kilomètre 45 : argile gris jaune, à 4 m. 50 au-dessous du pied de la dune (en verticale).

Du kilomètre 46 au kilomètre 48 : argile avec débris végétaux et souches de bruyère.

Du kilomètre 48 au kilomètre 59 : argile en dessous du niveau de haute mer; alios à ce niveau ou un peu en dessous, avançant parfois notablement en mer, avec, par places, des débris de plantes aquatiques, de tourbe, des racines de bruyère, des souches de pin et de chêne, des arbres en place conservés dans le sable sur 1 m. 50 à 3 mètres de hauteur. Au kilomètre 59, des fondations en briques, pierres d'alios et mortier ont été trouvées sur la couche aliotique assez avancée en mer à cet endroit (ancien poste de douanes?). A la hauteur de ce point de la côte et à 4 kilomètres à l'Est, au hameau forestier du Moutchic (pointe Nord du lac de Lacanau), des forages de puits ont rencontré l'alios au niveau du sol de la lande. Au kilomètre 53, en 1876, M. Dulignon-Desgranges et divers membres de la Société linnéenne de Bordeaux creusèrent une tranchée qui leur permit d'observer, sous le sable de la dune moderne, un sol primitif avec troncs de pins en place, puis, en descendant encore, un sable de dune primaire, puis une tourbe lignitiforme avec souches de chênes, puis de l'alios et enfin du sable[2].

Du kilomètre 62 au kilomètre 65 : argile et tourbe[3].

Du Moulleau au kilomètre 110 (au Sud de l'ancien sémaphore) : ancien sol avec débris de végétaux, souches, bois carbonisés, charbon, cendres, poteries anciennes, médailles; au-dessous, alios semblable à celui de la lande de Cazaux, très inférieur au niveau de la mer.

A la hauteur du 117e kilomètre, dans les dunes de la Salie : le forage

[1] Relaté in Saint-Jours, Le littoral de Gascogne, *Revue philomathique de Bordeaux*, 1902, p. 319. M. Saint-Jours a cité quelques-uns de ces affleurements, mais sans les repérer exactement, ce qui nuit à la valeur de son argumentation.

[2] Dulignon-Desgranges, *loc. cit.*

[3] Saint-Jours, Le littoral de Gascogne, *ibid.*

du puits de la maison forestière a fait rencontrer le sol primitif avec débris végétaux à 10 mètres de la surface, puis au-dessous successivement : l'alios, du sable, de l'argile grise épaisse de 0 m. 10–0 m. 20, du sable.

Du kilomètre 1 au kilomètre 2, côte landaise : alios avec débris végétaux et argile en dessous; de même dans les puits de Biscarroise-les-Bains.

Du kilomètre 17 au kilomètre 20 : alios de même.

Du kilomètre 28 au kilomètre 29 (Mimizan-les-Bains) : des forages de puits à la côte ont donné, au niveau du sol landais, de la tourbe, puis de l'argile.

Du kilomètre 37 au kilomètre 45 : affleurements sur la plage décapée d'alios et d'argile.

A la hauteur du kilomètre 48 : à 1,800 mètres de la côte, argile à 10-13 mètres de la surface (forage de puits de la maison forestière du cap de l'Hommy).

Telles sont les données dignes de foi qui existent, à notre connaissance, sur les affleurements des sol et sous-sol landais au rivage océanique. Il en est certainement d'autres qui sont restées inaperçues, il en est sûrement d'autres que les érosions des années à venir révéleront.

Il est incontestable que ces affleurements attestent la continuation sous le sable des dunes et jusqu'à la mer du sol du plateau landais. Mêmes éléments physiques, même végétation, même constitution géologique, enfin concordance entre l'altitude de ces affleurements et la pente du plateau.

Or, l'on remarquera que les affleurements des kilomètres 36 à 39 et 43 à 52 font vis-à-vis à l'étang d'Hourtin, et sont dans le prolongement de son plafond; que, pareillement, les affleurements des kilomètres 58 à 65 sont à la hauteur du lac de Lacanau, l'alios de la Salie et l'affleurement des kilomètres 1-2 de la côte landaise, à la hauteur de l'étang de Cazaux, l'alios des kilomètres 17-20 à la hauteur de l'étang de Parentis.

Dès lors éclatent avec une évidence absolue et l'impossibilité d'anciennes baies marines et l'impossibilité d'un exhaussement réalisé du plafond des lacs gascons. Ni cartes de Masse, ni tracés bathymétriques, ni traditions anciennes, ne peuvent prévaloir contre l'apparition du vieux sol landais au niveau de la mer, dans le prolongement à la fois de la surface continentale et du plafond des étangs.

Ces affleurements établissent aussi la réalité d'un empiètement de la mer sur le continent et réfutent l'hypothèse d'atterrissements postérieurs à 1700.

En l'état actuel des observations, il n'y a donc, en face de nos grands lacs, qu'un intervalle de 1 à 4-5 kilomètres entre deux affleurements successifs — correspondant précisément à la direction de l'affluent principal de chaque lac et du chenal qui entaille son plafond — où l'on puisse placer une communication profonde avec l'Océan sous forme d'un simple estuaire[1]. Cela nous confirme à ne voir dans les lacs gascons que les petits estuaires noyés des ruisseaux landais.

Si l'on compare l'altitude et la profondeur de ces lacs, en admettant pour celle-ci nos propres chiffres et pour l'amplitude océanique une dénivellation de 4 m. 70, on voit : qu'à Hourtin le fond du chenal principal est à 0 m. 35 au-dessous du niveau des hautes mers, et que la situation pour Lacanau est pareille; mais qu'à Parentis le fond du chenal est à 0 m. 85 seulement au-dessus du niveau des basses mers et à 3 m. 85 au-dessous du niveau des hautes mers, le plafond du lac restant à 1 m. 65 au-dessus de ce même niveau; et qu'à Cazaux, le plafond restant aussi à 1 m. 65 au-dessus du niveau de pleine mer, le fond du chenal est par contre à 0 m. 65 en dessous du niveau de basse mer. Donc, en se reportant à l'époque antérieure aux dunes primaires où les ruisseaux de la pénéplaine landaise déversaient librement leurs eaux à la mer, et en supposant que cette pénéplaine n'ait pas subi d'affaissement par rapport au niveau marin, on voit que, sur l'emplacement *actuel* des lacs d'Hourtin et de Lacanau, le flot océanique n'atteignait pas le sol landais et s'arrêtait à cette hauteur dans l'estuaire principal. Sur l'emplacement *actuel* des lacs de Cazaux et de Parentis, le flot n'atteignait pas davantage le sol landais, mais il remontait assez loin dans l'estuaire de la Moulasse et beaucoup plus encore dans l'estuaire de la Gourgue.

On peut se demander, enfin, pourquoi les ruisseaux de la côte gasconne n'ont formé que quatre grands lacs et pourquoi les quatre

[1] En face d'Hourtin il y a, en outre, entre les kilomètres 37 et 39, un espace de quelques cents mètres pour l'issue du chenal secondaire aboutissant aux Bahines.

petits lacs du Sud, restreints d'étendue, ont encore conservé leur débouché direct à la mer (Aureilhan, Saint-Julien, Léon, Soustons).

Les raisons en sont simples. Cela tient à ce que les dépressions du plateau landais dans lesquelles sont assis les lacs du Sud sont moindres en étendue et en profondeur que celles occupées par les lacs du Nord; à ce que la pente des ruisseaux, qui ont formé les uns et les autres, est plus grande au Sud que dans le Nord et a donné aux eaux plus de force pour maintenir un chenal à travers les sables envahisseurs; et à ce que, par contre, les apports arénacés — au moins les apports modernes — ont été bien plus considérables dans la région des grands lacs du Nord que dans celle des petits lacs du Sud. D'ailleurs, sans l'intervention de l'homme qui les a endigués au cours du XIXe siècle, ces effluents des lacs du Sud seraient bien près aujourd'hui d'être obstrués.

V. Conclusion.

Les faits précédemment rapportés conduisent donc à résumer ainsi la genèse et l'histoire des grands lacs littoraux gascons.

A une époque géologique faisant partie du pléistocène, les estuaires des quatre principaux ruisseaux du littoral septentrional de Gascogne, après avoir librement déversé leurs eaux à l'Océan, ont été progressivement barrés et obstrués par les sables des dunes primaires. Des étangs se sont alors formés, placés un peu plus à l'Ouest que les lacs actuels et conservant un effluent à la mer. Puis, au cours de la période historique actuelle, les apports arénacés modernes, en recouvrant les dunes anciennes, ont fermé et effacé ces effluents. En même temps, ils refoulaient un peu vers l'Est les lacs, obligés alors de se trouver des débouchés à travers le pays menacé d'inondation ou, le long de la chaîne des dunes, jusqu'aux chenaux maintenus au travers du vaste cordon littoral. Depuis la fixation des dunes modernes, ces lacs n'éprouvent aucun changement sensible du fait de la nature.

LA SÉDIMENTATION MODERNE
DES
LACS MÉDOCAINS.

ÉTUDE CRITIQUE DES PREUVES DE LA SÉDIMENTATION MODERNE DES LACS LITTORAUX DE GASCOGNE QUI DÉCOULENT DE LA COMPARAISON DE L'ŒUVRE TOPOGRAPHIQUE DE CLAUDE MASSE AVEC LES PLANS LEVÉS AU XIXe SIÈCLE,

PAR M. CHARLES DUFFART,
Lauréat de l'Académie des sciences, belles-lettres et arts de Bordeaux.

Par la comparaison des cartes de Claude Masse ingénieur de Vauban avec les cartes modernes j'ai, depuis plusieurs années, reconstitué la physionomie du littoral médocain à la fin du XVIIe siècle et, en outre, indiqué les principales modifications survenues dans cette région du XVIIe au XIXe siècle, notamment la sédimentation moderne des deux lacs d'Hourtin et de Lacanau [1].

-

La théorie de la sédimentation moderne des lacs littoraux gascons que j'avais présentée par hypothèse au sujet des lacs de Cazeaux et de Parentis-en-Born est facile à vérifier depuis l'identification que je fis, en 1898, des trois cartes de Claude Masse et de ses fils, représentant la côte du Médoc.

Cette théorie, qui choquait des principes hydrographiques admis,

[1] Le Lac de Lacanau en 1700 et en 1900, par Charles DUFFART, *Bull. de Géogr. histor. et descript.*, n° 2, 1901, tirage à part, Imp. nat. 1901.
Topographie ancienne et moderne des lacs d'Hourtin et de Lacanau, par Charles DUFFART, *Bull. de la Société de géogr. de Bordeaux*, 1901, et FERRET et fils, Bordeaux, 1901.

rencontra des adversaires et des partisans. Parmi les premiers, plusieurs ne présentèrent que des objections dénuées de bases scientifiques où les différences de profondeur constatées entre l'état actuel des lacs et les sondages de Masse étaient expliquées par un retrait excessif des eaux, une baisse énorme du niveau de ces nappes aux plafonds supposés immuables et exempts d'apports de sédiments.

L'impossibilité matérielle de ces faits me fut particulièrement facile à démontrer[1].

En effet, les lacs littoraux de Gascogne ne peuvent avoir eu un niveau sensiblement supérieur à celui qu'ils ont aujourd'hui, car avec une altitude plus élevée ils eussent, comme je le démontrai alors, entièrement recouvert sous les eaux la plus grande partie du plateau médocain. L'examen des courbes hypsométriques orientales d'Hourtin et de Lacanau prouve que l'ascension des eaux, de quelques décimètres seulement au-dessus de la cote 15, aurait submergé Hourtin, Lacanau, Sainte-Hélène, Talaris, etc.[2]. (Voir les cartes.)

Prétendre, comme l'ont fait les adversaires de la sédimentation, que les nombreuses crastes, berles, ruisseaux, jalles, fossés, qui alimentent les lacs littoraux ne leur apportent aucune matière sédimentaire est, au moins, risqué dans un pays dont les vents sont constamment porteurs de matières végétales et minérales, et sur le sol duquel s'agglutinent, dans des débris résineux, les sables et vases portés, surtout aux eaux automnales et hivernales, vers leurs déversoirs naturels : les lacs.

De ce que les ruisseaux landais ne charrient pas en permanence les matières minérales charriées par les cours d'eaux garonnais, il ne faut pas prendre à la lettre l'assertion peu explicite d'un géologue girondin ordinairement fort bien renseigné qui écrivit un jour «que les ruisseaux des landes ne charrient pas»[3]. Il voulut dire qu'ils charrient peu de vases, mais il ne pouvait ignorer qu'ils transportent beaucoup de corps organiques servant de véhicules à des matières minérales.

Il est donc certain qu'une importante sédimentation se forme

[1] L'âge des dunes et des étangs de Gascogne. Réponse à M. Saint-Jours, Bordeaux, 1901.

[2] *Idem.*

[3] M. Fallot, professeur à la Faculté des sciences de Bordeaux.

en de vastes nappes coniques sur les plafonds des lacs d'Hourtin et de Lacanau et il ne peut se rencontrer de contradicteurs sérieux de la théorie qui l'explique, en concordance avec les phénomènes limnologiques observés jusqu'à ce jour que parmi ceux qui contestent, non la possibilité, mais l'importance de dépôts que l'œuvre de Masse comparée avec les sondages modernes nous révèle et que j'ai un des premiers mise en lumière.

Avec eux on peut discuter, nous sommes sur le terrain scientifique. La question en vaut la peine; elle est importante; elle s'élève au-dessus d'une simple curiosité scientifique. Si les lacs se comblent rapidement, comme je crois l'avoir établi en prenant l'œuvre de Masse à témoin, leur disparition rapide très prochaine peut avoir une répercussion sur l'économie régionale. Ce sont de vastes réservoirs capables d'être utilisés : le lac de Cazeaux fournit de l'eau potable à Arcachon, et, dans les projets de canalisation landaise sur le littoral, on a songé à approprier comme réservoirs les nappes lacustres qui s'y succèdent de Nord en Sud. Enfin, Bordeaux étudia, il y a quelques années, l'amenée d'eaux potables du lac de Lacanau.

Si, au contraire, des données scientifiques nouvelles, — que je veux indiscutables, — établissent qu'une trop faible quantité de sédiments se dépose sur les plafonds des lacs du littoral gascon pour amener la disparition de ces nappes avant de longs siècles, la question devient secondaire. Il s'agit alors d'un fait géologique ordinaire et non extraordinaire comme l'ont montré mes comparaisons de deux cartographies dignes d'une grande confiance, séparées par un laps de deux siècles.

II

J'apporte dans cette discussion une conscience scrupuleuse; depuis dix ans j'ai provoqué des études contradictoires et mon grand souci est que, pour la manifestation de la vérité, elles se produisent.

Je vais donc examiner avec rigueur les pièces de mes témoignages et les soumettre à une critique serrée.

Deux questions se posent avant tout :

1° La cartographie de Masse mérite-t-elle la confiance que MM. Hautreux, Pawlowski et moi-même lui avons accordée?

2° Quelle est la valeur scientifique des sondages maritimes et lacustres opérés par Masse en Médoc de 1700 à 1708?

Sur le premier point :

Dans ses mémoires, Claude Masse n'indique pas les procédés qu'il employa pour opérer ses levés et tracer ses cartes. Depuis dix ans que je travaille sur les pièces topographiques qu'il a laissées j'ai eu, on le comprendra, quelques hésitations et des scrupules. Peu à peu je pense être arrivé à combler des lacunes laissées par l'habile ingénieur et à redresser quelques-unes des erreurs qui devaient fatalement se glisser dans une œuvre de cette importance.

Les marges des cartes des collections bordelaise et du Ministère de la guerre ne sont graduées d'aucun point de repère; nous ne possédons, pour lire sur ces pièces, que les échelles portées en légende dont les principales, celles qui cadrent entre elles, sont les suivantes :

1/2 lieue parisienne de 2,500 toises, établie en 30 lignes pour 1,000 toises ou 0 m. 067675;

1/2 lieue commune de 2,500 toises, établie en 37 lignes pour 1,250 toises ou 0 m. 083466;

Échelle de 1,500 toises du Châtelet, établie en 45 lignes pour 1,500 toises ou 0 m. 101452;

Échelle de 1/2 lieue de Gascogne de 1,500 toises, établie en 44 lignes ou 0 m. 099196;

1/2 lieue marine de 20 au degré, établie en 41 lignes 1/2 ou 0 m. 093617;

1/2 lieue de France de 25 au degré, établie en 34 lignes ou 0 m. 076698;

Échelle de 1,500 pas géométriques de 5 pieds chacun, établie en 40 lignes ou 0 m. 090223.

Au calcul, quelques-unes de ces échelles présentent des différences pouvant aller jusqu'à 1 millimètre, ce qui est négligeable lorsqu'on réduit Masse au 1/80,000 ou au 1/100,000, mais devient grave si on travaille sur de grands plans.

Incontestablement les cartes ont été sérieusement établies à l'aide de mesures et de matériaux exacts, mais les échelles des légendes ont quelquefois reçu un coup de tire-ligne dépassant d'un quart ou d'un cinquième de ligne la mesure donnée et l'on se prend à regretter l'absence en marge, de graduations de la projection adoptée et de l'échelle. Ces différences sont cependant faciles à corriger par les comparaisons de plusieurs échelles entre elles. Il s'ensuit donc qu'il faut quelques précautions et une certaine préparation pour travailler sur les documents de Masse et, m'en étant fort bien trouvé, je conseille de se servir surtout des trois échelles suivantes accordées entre elles :

Échelle de 20 lieues marines au degré de 41 lignes 1/2;

Échelle de 1,500 toises de 45 lignes;

Échelle de la 1/2 lieue parisienne de 2,000 toises de 30 lignes;

L'échelle de 20 lieues offre assez de sécurité, car avec elle il m'a été facile de constater la parfaite exactitude des distances entre différentes latitudes que Masse dut vraisemblablement déterminer par des observations astronomiques. Les longitudes, entre deux points donnés, sont dans le même cas. Je vais donc expliquer comment, à mon sens, il se fait que certaines positions de lieux soient faussées dans la carte des étangs, par exemple, et comment l'orientation des étangs, pourtant si exacts dans leurs dimensions générales, est fausse par rapport à la côte.

L'échelle que, primitivement, M. Hautreux et moi avions adoptée pour l'ensemble du travail de Masse, soit 1/29235, n'est exacte que pour quelques cartes, elle doit être généralement ramenée à 1/28,800. Mais, je le répète, cela n'a d'importance que dans l'étude comparative de grands plans et n'en a aucune aux petites échelles.

On peut donc suivre Masse dans ses procédés de mesurage. Il détermine géographiquement un point en latitude, par exemple le Nord du lac d'Hourtin, et un autre sur le même parallèle, à la plage maritime. De la même manière le Sud du lac; puis le Nord du lac de Lacanau et le Sud de cette nappe; il a ainsi les latitudes et les longitudes du schéma suivant :

Plage × . × N. du Lac d'Hourtin..	Distance entre les deux parallèles extrêmes N. et S. : 16'36"46". Aujourd'hui l'état-major est établi avec cette distance : 16'44"20"; différence 234 mètres sur 31 kilomètres.
Plage × . . . × S. du Lac d'Hourtin..	
Plage × . . . . × N. du Lac de Lacanau.	
Plage × . . . . . × S. du Lac de Lacanau.	

Il opère ensuite des triangulations et des arpentages.

Les triangulations sur les lacs étaient faciles, mais moins, peut-être, sur les marais non navigables, aux points de repère inaccessibles. Toujours est-il que, soit erreur de triangulation soit erreur d'arpentage, la longueur de la vaste courbe figurée par la lisière orientale de la forêt de Lacanau, qui n'a pourtant point bougé depuis deux siècles, est manifestement exagérée sur la carte de Masse. Le respect des positions géographiques en longitude en aurait encore accentué le croissant. Masse, qui avait exploré les lieux en personne, n'ignorait pas que l'orée orientale de la forêt de Lacanau n'offre pas cette particularité. Il fallait donc rectifier, mais il avait, sans nul doute, sous les yeux les chiffres des triangles ou de l'arpentage et ceux des positions en latitude qu'il fallait à tout prix respecter; les praticiens comprendront facilement que ce soient des longitudes rétrécissant ou élargissant une bande de plus d'une lieue de sables mouvants, souvent inaccessibles, qui aient été sacrifiées.

L'exécuteur du dessin (Masse ou un de ses fils) laissa la pointe d'Hourtin en place, mais infléchit le lac tout d'une pièce de Nord en Sud vers l'Est. Par rapport à la plage la longitude Sud du lac se trouva ainsi portée de 800 toises vers l'orient sans fausser les latitudes. Le lac de Lacanau conserva aussi ses positions en latitude, mais fut, tout d'une pièce, porté de 400 toises vers l'Ouest. Les positions en longitude des lacs sont donc faussées en trois points : Sud du lac de Hourtin, Nord et Sud du lac de Lacanau, mais non sur la plage maritime qui, à peu de chose près, est dans les positions actuelles.

Quand on a constaté, sur des cartes comme celles de l'état-major et sur les plans cadastraux, les graves erreurs qui y pullulent dans la région des dunes et des lacs littoraux, on se sent un peu d'indulgence pour le salarié mal payé de Vauban, pour ses collaborateurs et ses fils qui, avec des moyens rudimentaires, nous ont laissé une œuvre magistrale où des géographes se retrouvent si bien et peuvent glaner sans cesse. Le constructeur de la carte fut même bien inspiré (opérant sans doute à Paris) de ne fausser qu'en longitude, au lieu de fausser en latitude, des détails topographiques lacustres qui nous sont aujourd'hui si utiles.

J'appelle l'attention des limnologues sur ces points capitaux : l'erreur d'orientation en longitude entraînait l'erreur géographique des lieux bordant les lacs, *mais non l'erreur topographique*; ce qui était près des rives des lacs était transporté en orient ou en occident avec elles. *La topographie particulière des lacs n'est donc pas faussée*, ni celle des lieux qui existaient alors et peuvent témoigner de l'identité presque absolue d'altitude des niveaux à deux siècles de distance. Ils conviendront, avec moi, que des géographes avisés utiliseront toujours une carte rétrospective mal orientée mais exacte en ses détails topographiques. Ils se chargeront fort bien d'une correction d'orientation aussi peu importante. Ils seraient impuissants à en faire d'autres.

Séparons donc les lacs l'un de l'autre, et leur comparaison avec les nappes modernes à deux siècles de distance devient impressionnante. L'erreur d'orientation en longitude qui se relève dans les troisième et quatrième carrés du Médoc de Masse n'enlève rien à leur valeur topographique (voir les cartes); elle nous prive seulement de la vérification des variations du rivage maritime survenues depuis, mais cette vérification a été faite sur les autres carrés. Enfin ces différences d'orientation sont inappréciables en réduisant Masse à petites échelles comme je le fis d'abord; elles ne peuvent empêcher l'étude des modifications des lacs.

Reste le second point relatif aux sondages maritimes et lacustres. Les *sondages maritimes* n'offrent pas une sécurité suffisante. Comme il n'est fait nulle part mention des heures, ni de l'état des marées au moment des sondages, sauf la simple indication de basse mer, ces lacunes, pour la comparaison avec les sondages des hydrographes modernes, sont irréparables et je crois qu'il faut se résigner à ne point se servir de l'œuvre d'hydrographie maritime de Masse.

Il n'en est pas de même des *sondages lacustres*, pour lesquels je n'hésite pas à déclarer que, même en faisant la part très large aux erreurs possibles, ils méritent la confiance que je n'ai cessé de leur accorder et que je vais essayer de justifier.

Ces sondages ont été opérés méthodiquement aux eaux basses de l'été de 1707, très probablement avec des cordes de chanvre qui ne donnent, je ne le conteste pas, que des résultats approchés. Mais avec quel soin Masse opérait-il ? Son œuvre en témoigne.

Les sondages qui y sont mentionnés débutent généralement et très exactement à une encablure ou 100 toises du rivage oriental; ils se continuent en lignes parallèles directement dirigées vers l'Ouest en 2 à 4 plongées espacées d'une encablure et ensuite en plongées de 2 en 2 encablures jusqu'au pied des dunes à la rive occidentale. Sur le lac d'Hourtin, les 36 lignes parallèles de sondages qui furent levées de Nord en Sud, débutent à 2 encablures de l'anse septentrionale et continuent pour aboutir à l'anse méridionale par espaces de 2 ou 3 encablures et même d'une encablure en aboutissant à l'anse méridionale de débouquement. Sur le lac de Lacanau, même système : les lignes de sondages débutent au Nord à une encablure des rivages oriental et septentrional et sont dirigées vers l'occident. Les 21 lignes de sondages sont espacées de 2 encablures jusqu'au Sud. Comme pour Hourtin, sauf les premiers sondages orientaux, les autres sondages sont espacés de 2 encablures.

Les sondages chiffrés sur les cartes ou carrés de Masse sont en pieds. Aucune autre mesure ne répondrait à la réalité. Ces pieds quels qu'ils soient, pieds de 0 m. 321038 de la toise de 1 m. 92623 que M. Hautreux et moi fixâmes à tort au premier examen (comme je l'explique plus haut), pieds de Charlemagne de 0 m. 326714 ou pieds du roi de 0 m. 324839 de la toise de 1 m. 9490365g donnent un résultat identique, à quelques centimètres près. Mais comme les arpentages de la région médocaine ont été faits en toises de 1 m. 9490365g, ce sont les pieds de 0 m. 324839 qui vont servir de base à mes calculs.

A quel niveau ces sondages ont-ils été opérés? Il suffit d'examiner la carte des lacs dressée par Masse pour être fixé. En la rapprochant d'une carte relatant les courbes hypsométriques on constate que l'altitude 15 mètres ne peut être *en aucun cas* dépassée. (Voir les cartes.) Du temps de Masse le niveau des lacs ne pouvait atteindre cette altitude qu'exceptionnellement, aux hautes eaux. En effet, le plateau qui sépare les deux lacs ne dépasse pas 14 mètres d'altitude : le Nord du lac d'Hourtin, sur un front de plus de 1 kilomètre, est au-dessous de 15 mètres; le Sud du lac de Lacanau est, sur un front de plus de 2 kilomètres, au-dessous de 13 mètres[1]. Les lacs ne peuvent dépasser ces altitudes sans se déverser au Nord vers la Gironde, au Sud vers Arcachon. Les niveaux des lacs, sans l'existence des marais entretenue par des obstacles

[1] M. P. Buffault, au Congrès des S. S. de 1905, a donné une mesure quelque peu supérieure pour Lacanau; mais elle ne change en rien les résultats de cette argumentation.

artificiels apportés par les grandes eaux, auraient eu une tendance marquée à être moins élevés qu'aujourd'hui, car les dunes, au Nord et au Sud étaient moins avancées vers l'Orient et ne créaient, par conséquent, l'obstacle à l'écoulement, qu'à une altitude inférieure.

On peut donc affirmer que les lacs n'ont baissé que de ce que le syndicat des marais les a fait baisser par le curage des canaux et fossés d'écoulement, c'est-à-dire, au maximum de 1 mètre à 1 m. 50 dans les basses eaux estivales. On a répété que le syndicat avait, par le creusement des canaux, *abaissé les niveaux «de trois mètres»*; la chose est matériellement impossible sans faire passer les eaux qui s'écoulent vers Arcachon (entre les deux lacs et au Sud du lac de Lacanau) par un canal creusé en tranchée de 3 à 4 mètres de profondeur : il n'en est rien. On s'est contenté d'entretenir les canaux en bon état de propreté pour qu'aucun obstacle n'arrêtant les eaux en hiver n'élève le niveau des lacs et n'en fasse divaguer le trop-plein à travers les marais, ainsi que cela se produisait du temps de Masse, qui l'indique fort bien sur les cartes. C'est cette situation transitoire de l'hiver et de l'automne que mentionnent les cartes hollandaises du XVIe et du XVIIe siècles sous le nom de *Grand étang doux du Médoc*. Mais qu'on ne s'y trompe pas, ces marais n'étaient pas navigables et n'avaient rien de commun avec les lacs; ils n'existent que par suite de barrages temporaires, comme il s'en trouve sur toute la lande, souvent inondée en hiver, malgré de nombreux fossés d'écoulement. Du temps de Masse l'altitude supérieure du lac d'Hourtin, marquée aujourd'hui sur les rivages Nord-Est du *Port* et du *Pey du Camin*, à 15 mètres, était la même; les mêmes lieux y sont mentionnés, sous les noms du *Port* et du *Pié de Chamud*. La chapelle de Sainte-Hélène n'était pas submergée. La situation relatée par Masse, quant à l'altitude du niveau et à l'existence de marais inondés, lui était antérieure d'au moins un siècle, puisque déjà d'après une citation de M. P. Buffault, du manuscrit 5516 de la Bibliothèque nationale de l'inventaire de la Sirie de Lesparre en 1585, le lac d'Hourtin «prend son commencement près le lieu appelé Peloux finissant au lieu appelé Talaris». Le rédacteur de l'inventaire comprenait dans le lac tous les «marais infranchissables et presque toujours inondés», que Masse séparait plus tard si savamment du lac; et si ce dernier témoignage n'existait pas nous identifierions, au grand dommage de la vérité historique, lacs et marais du xvie et du xviie siècle quand ils étaient si différents. Les textes doivent donc être interrogés avec prudence, et rien ne vaut une carte comme celles de Masse et des chiffres nombreux et sérieux, comme ceux qu'il a laissés.

III

Les sondages de Claude Masse nous révèlent les profondeurs suivantes d'Ouest en Est en lignes parallèles de Nord en Sud :

LAC D'HOURTIN [1] (SONDAGES DE 1707).

4 sondages.		15	6	4	1						
		4.872	1.949	1.299	0.324						
6	—	10	9	5	6	4	2				
		3,248	2.923	1.624	1.949	1.299	0.649				
6	—	7	6	5	1	3	2				
		2.273	1.949	1.624	0.324	0.974	0.649				
8		5	6	18	15	7	6	3	1		
		1.624	1.949	5.847	4.872	2.273	1.949	0.974	0.324		
6	—	10	17	8	5	4	2				
		3.248	5.522	2.598	1.624	1.299	0.649				
5	—	21	15	10	4	3					
		6.821	4.872	3.248	1.299	0.974					
5	—	20	10	15	5	2					
		6.496	3,248	4.872	1,624	0.649					
11	—	45	37	30	25	20	10	8	6	4	2	3
		14.617	1.2019	9.745	8.121	6.496	3.248	2.589	1.949	1.299	0.649	0.974
10	—	35	61	54	50	30	23	15	10	6	3	
		11.368	19.815	17.541	16.242	9.745	7.471	4.872	3.248	1.949	0.974	
2	—	66	2									
		21.530	0.649									

[1] Les chiffres placés au-dessus de la ligne indiquent le nombre de pieds de chaque sondage; les chiffres placés au-dessous sont les équivalents en mètres et millimètres.

12 sondages $\frac{62}{20.140}$ $\frac{63}{20.464}$ $\frac{61}{19.815}$ $\frac{54}{17.541}$ $\frac{46}{14.942}$ $\frac{30}{9.745}$ $\frac{40}{12.993}$
$\frac{35}{11.368}$ $\frac{30}{9.745}$ $\frac{10}{3.248}$ $\frac{8}{2.598}$ $\frac{3}{0.974}$

14 — $\frac{50}{16.242}$ $\frac{70}{22.738}$ $\frac{60}{19.490}$ $\frac{55}{17.866}$ $\frac{56}{18.190}$ $\frac{30}{9.745}$ $\frac{40}{12.993}$
$\frac{35}{11.368}$ $\frac{20}{6.496}$ $\frac{19}{6.171}$ $\frac{15}{4.872}$ $\frac{10}{3.248}$ $\frac{14}{4.547}$ $\frac{10}{3.248}$

3 — $\frac{39}{12.668}$ $\frac{18}{5.847}$ $\frac{15}{4.872}$

11 — $\frac{61}{19.815}$ $\frac{56}{18.140}$ $\frac{49}{12.993}$ $\frac{36}{11.692}$ $\frac{30}{9.745}$ $\frac{28}{9.095}$ $\frac{23}{7.471}$
$\frac{20}{6.496}$ $\frac{17}{5.522}$ $\frac{10}{3.248}$ $\frac{6}{1.949}$

13 — $\frac{53}{17.216}$ $\frac{50}{16.242}$ $\frac{44}{14.292}$ $\frac{32}{10.395}$ $\frac{29}{9.421}$ $\frac{26}{7.446}$ $\frac{20}{6.496}$
$\frac{12}{3.898}$ $\frac{9}{2.924}$ $\frac{10}{3.248}$ $\frac{8}{2.598}$ $\frac{6}{1.949}$ $\frac{3}{0.974}$

2 — $\frac{60}{19.490}$ $\frac{50}{16.241}$

12 — $\frac{50}{16.241}$ $\frac{46}{14.942}$ $\frac{38}{12.343}$ $\frac{30}{9.745}$ $\frac{27}{8.770}$ $\frac{22}{7.145}$ $\frac{20}{6.496}$
$\frac{14}{4.547}$ $\frac{6}{1.949}$ $\frac{8}{2.598}$ $\frac{6}{1.649}$ $\frac{2}{0.649}$

10 — $\frac{50}{11.241}$ $\frac{46}{14.942}$ $\frac{40}{12.993}$ $\frac{30}{9.745}$ $\frac{20}{6.496}$ $\frac{18}{5.487}$ $\frac{10}{6.171}$
$\frac{18}{5.487}$ $\frac{16}{5.197}$ $\frac{15}{4.872}$

1 — $\frac{25}{8.121}$

8 — $\frac{25}{8.121}$ $\frac{26}{8.445}$ $\frac{31}{10.069}$ $\frac{25}{8.121}$ $\frac{19}{6.171}$ $\frac{14}{4.547}$ $\frac{16}{5.147}$
$\frac{6}{1.949}$

6 $\frac{30}{9.745}$ $\frac{31}{10.069}$ $\frac{20}{6.496}$ $\frac{21}{6.820}$ $\frac{18}{5.487}$ $\frac{10}{3.248}$

3 — $\frac{18}{5.487}$ $\frac{35}{11.368}$ $\frac{8}{2.598}$

8 . $\frac{25}{8.121}$ $\frac{20}{6.496}$ $\frac{36}{11.694}$ $\frac{28}{9.095}$ $\frac{21}{6.820}$ $\frac{14}{4.547}$ $\frac{7}{2.273}$
$\frac{3}{0.974}$

Sondages										
6 sondages	45/14.617	30/9.745	15/4.872	12/3.897	8/2.598	/1.949				
1 —	26/8.445									
9 —	20/6.496	45/14.617	38/12.343	29/9.421	22/7.471	18/5.487	11/3.571	8/2.548	8/0.974	
9 —	30/9.745	40/12.993	35/11.368	30/9.745	20/6.496	15/1.872	10/3.248	7/2.273	5/1.624	
8 —	3/0.974	20/6.496	30/9.745	20/6.496	18/5.487	10/3.248	3/0.974	5/1.624		
10 —	2/0.649	10/3.248	21/6.820	23/7.471	18/5.487	15/4.872	15/4.872	5/1.624	6/1.949	2/0.649
11 —	2/0.649	4/1.299	5/1.624	21/6.821	25/8.120	20/6.496	19/6.171	14/4.547	8/2.598	5/1.624	3/0.974
2 —	1/0.324	2/0.649								
9 —	15/4.872	28/9.095	20/6.496	18/5.487	13/4.222	9/2.923	7/2.273	6/1.949	3/0.974	
9 —	23/7.471	16/5.197	20/6.496	18/5.487	15/4.872	10/3.248	8/2.598	6/1.949	6/1.949	
6 —	4/1.299	6/1.949	15/4.872	13/4.222	5/1.624	10/3.248				
5 —	3/0.974	7/2.273	10/3.248	11/3.572	3/0.974					
4 —	3/0.974	9/2.923	8/2.598	3/0.974						

3 sondages. $\frac{4}{1.299}$ $\frac{6}{1.949}$ $\frac{3}{0.974}$

1 — $\frac{5}{1.624}$

268 sondages pour le lac d'Hourtin.

LAC DE LACANAU (SONDAGES DE 1707).

3 — $\frac{4}{1.299}$ $\frac{10}{3.248}$ $\frac{6}{1.949}$

5 sondages $\frac{35}{11.368}$ $\frac{15}{4.872}$ $\frac{12}{3.898}$ $\frac{4}{1.299}$ $\frac{3}{0.974}$

8 — $\frac{25}{8.121}$ $\frac{20}{6.496}$ $\frac{26}{8.445}$ $\frac{15}{4.872}$ $\frac{2}{0.649}$ $\frac{10}{3.248}$ $\frac{5}{1.624}$ $\frac{5}{1.624}$

4 — $\frac{33}{10.719}$ $\frac{25}{8.121}$ $\frac{15}{4.872}$ $\frac{9}{2.923}$

9 — $\frac{35}{11.368}$ $\frac{43}{13.967}$ $\frac{37}{12.019}$ $\frac{40}{12.993}$ $\frac{20}{6.496}$ $\frac{18}{5.846}$ $\frac{15}{4.872}$ $\frac{9}{2.923}$ $\frac{6}{1.949}$

2 — $\frac{8}{2.598}$ $\frac{6}{1.949}$

5 — $\frac{34}{11.344}$ $\frac{39}{12.669}$ $\frac{22}{7.145}$ $\frac{31}{10.069}$ $\frac{20}{6.496}$

5 — $\frac{50}{16.241}$ $\frac{45}{14.617}$ $\frac{40}{12.993}$ $\frac{34}{11.044}$ $\frac{30}{9.745}$

1 — Hauts-fonds 6 Hauts-fonds / 1.949

10 — $\frac{40}{12.993}$ $\frac{50}{16.241}$ $\frac{44}{14.292}$ $\frac{41}{13.317}$ $\frac{33}{10.719}$ $\frac{31}{10.069}$ $\frac{35}{11.368}$ $\frac{20}{6.496}$ $\frac{15}{4.872}$ $\frac{7}{2.272}$

8 — $\frac{42}{13.642}$ $\frac{53}{17.215}$ $\frac{43}{13.967}$ $\frac{42}{13.642}$ $\frac{31}{10.069}$ $\frac{22}{7.145}$ $\frac{10}{3.248}$ $\frac{13}{4.222}$

1 — $\frac{8}{2.518}$

7 sondages	$\frac{45}{14.617}$	$\frac{40}{12.993}$	$\frac{38}{12.343}$	$\frac{30}{9.745}$	$\frac{21}{6.821}$	$\frac{15}{4.872}$	$\frac{15}{4.872}$	
6 —	$\frac{43}{13.967}$	$\frac{15}{4.872}$	$\frac{31}{10.069}$	$\frac{22}{7.145}$	$\frac{15}{4.872}$	$\frac{5}{1.624}$		
5 —	$\frac{41}{13.317}$	$\frac{30}{9.745}$	$\frac{25}{8.121}$	$\frac{15}{4.872}$	$\frac{12}{3.898}$			
8 —	$\frac{42}{13.642}$	$\frac{15}{4.872}$	$\frac{31}{10.069}$	$\frac{23}{7.469}$	$\frac{16}{5.197}$	$\frac{10}{3.248}$	$\frac{3}{0.974}$	$\frac{6}{1.949}$
8 —	$\frac{43}{13.967}$	$\frac{34}{11.044}$	$\frac{34}{11.044}$	$\frac{16}{5.197}$	$\frac{13}{4.222}$	$\frac{6}{1.949}$	$\frac{5}{1.624}$	$\frac{1}{0.324}$
8 —	$\frac{36}{11.692}$	$\frac{36}{11.692}$	$\frac{24}{7.993}$	$\frac{16}{5.197}$	$\frac{10}{3.248}$	$\frac{8}{2.598}$	$\frac{8}{2.598}$	$\frac{2}{0.658}$
7 —	$\frac{35}{9.745}$	$\frac{35}{11.368}$	$\frac{35\ \text{Îles}}{11.368}$	$\frac{10}{3.248}$	$\frac{8}{2.598}$	$\frac{6}{1.949}$	$\frac{5}{1.624}$	
6 —	$\frac{36}{11.692}$	$\frac{30}{9.745}$	$\frac{23\ \text{Îles}}{7.469}$	$\frac{11}{3.572}$	$\frac{7}{2.273}$	$\frac{4}{1.299}$		
1 —	$\frac{25\ \text{Îles}}{8.121}$							
4 —	$\frac{30}{9.745}$	$\frac{16}{5.197}$	$\frac{21}{6.821}$	$\frac{18\ \text{Îles}}{5.846}$				
3 —	$\frac{15}{4.872}$	$\frac{24}{7.793}$	$\frac{20\ \text{Îles}}{6.496}$					

124 sondages pour le lac de Lacanau.

Soit 268 sondages pour le lac d'Hourtin.

124 sondages pour le lac de Lacanau.

TOTAL 392 sondages opérés par Masse en 1707.

IV

Ces 392 sondages nous révèlent l'existence de hauts-fonds qui ne sont autre chose que des amas de dunes continentales anciennes submergés par une ascension des eaux. Rares dans le lac d'Hourtin,

— où on n'en compte que cinq dont deux bien marquants, et en particulier celui qui s'élève au milieu du lac dans l'axe de la Berle de Lupian du 9e sondage à l'Est du chenal, — ils sont nombreux dans le lac de Lacanau.

Ce lac recouvre indéniablement une lande parsemée de dunes anciennes qu'il est facile d'identifier et de rattacher aux groupes de dunes anciennes situées au Sud, au Sud-Est du village de Lacanau et sur les rives orientales. La préexistence, à l'envahissement des eaux, d'au moins vingt groupes de ces dunes *est établie* par huit hauts-fonds et douze îles ou presqu'îles qui figurent sur la carte du lac en 1707 et qui, corrodés et détruits aujourd'hui, sauf l'île des Boucs à l'Ouest du village de Lacanau, n'ont laissé que les bancs d'alios épais et compact que me signale M. Bardet, conducteur des ponts et chaussées à Arès, dans sa lettre du 15 janvier 1906.

Il y a là, à défaut d'autres preuves, l'indice d'une ascension des eaux, encore relativement récente du temps de Masse. L'œuvre de sédimentation débutait, celle d'obstruction du côté occidental se terminait à peine. Des traditions, qui se sont absolument perdues depuis deux siècles, étaient vivaces aux dires de Masse. Je les ai relatées ailleurs et je n'y reviendrai pas [1]. Il est facile d'en déduire que si des lacs littoraux existaient depuis une époque assez reculée, ils avaient succédé, à la suite de phénomènes d'obstruction et de submersion, à des lagunes ou à des baies ayant l'aspect, en petit, du bassin d'Arcachon et conséquemment entièrement maritimes; qu'en tout cas, leurs niveaux, pendant le moyen âge, étaient bien inférieurs en altitude à ceux des nappes explorées par Cl. Masse et qu'on connaissait déjà, d'après des textes exacts, dès le XVIe siècle. Ces lacs antérieurs avaient des débouquements importants dirigés vers l'Océan; leurs fosses et une bonne partie de leurs plafonds étaient au-dessous du niveau des basses mers; ces conditions d'existence en empêchaient le comblement qui n'a pu commencer que dans des nappes exclusivement continentales, aux courants insignifiants, à la sortie des eaux difficile et réduite à l'expulsion simple d'un trop-plein quand les crêtes inférieures de la ligne de partage des eaux étaient atteintes : soient 15 mètres au Nord du lac d'Hourtin

[1] *Découverte de 3 feuilles de la carte de Masse*, par Charles DUFFART, Bordeaux, 1898; Paris, 1900.

et 13 mètres au Sud du lac de Lacanau. Les lacs d'Aureilhan, de Léon, de Soustons se trouvent dans la période intermédiaire maritime et contientale avec des fonds au-dessous de zéro du plan Bourdaloue, par laquelle durent passer jadis les lacs d'Hourtin et de Lacanau; les lacs de Cazaux et de Parentis, tributaires aujourd'hui du lac d'Aureilhan, sont parvenus à la période continentale et aux débuts du comblement : ils ont encore des fonds au-dessous de zéro du plan Bourdaloue, mais qui s'élèveront peu à peu. Les deux lacs d'Hourtin et de Lacanau étaient dans cette situation quand Masse les sonda; pour des causes locales leur disparition a suivi et suit une marche plus accélérée, mais nullement différente en ses causes, de la disparition certaine de toutes les nappes de formation récente, c'est-à-dire continentales, du littoral gascon. Quoiqu'il en soit, l'identité des hauts-fonds, des îles et presqu'îles du lac de Lacanau avec les amas de dunes qui le bordent ou s'éparpillent à l'Est, prouve que si quelques siècles avant Masse, un lac existait il ne dépassait pas l'altiude de 2 à 3 mètres, qu'il s'écoulait par conséquent à la mer directement et qu'une lande mamelonnée s'élevait de ses bords orientaux jusqu'aux limites des rivages des lacs actuels.

Aucun des textes gascons ou latins si vagues, si contradictoires et si délicats à interpréter, même pour les plus érudits, que des historiens improvisés ont récemment exhumés des bibliothèques publiques pour étayer d'étranges théories sur l'antique immuabilité de rivages, — que tout prouve avoir été si transformés au contraire, — ne prévaudront contre ce que disent les courbes bathymétriques tracées sur les sondages des cartes de Claude Masse qui accompagnent cette étude. Qu'on veuille bien y jeter un coup d'œil pour se convaincre que la géologie et la géographie s'accordent parfaitement entre elles.

V

Il me paraît donc hors de conteste que, même en admettant les pires erreurs possibles dans quelques sondages, l'ensemble de l'œuvre de Masse nous donne une physionomie exacte de la région lacustre médocaine il y a deux siècles.

Masse relate 268 sondages pour le lac d'Hourtin et 124 pour le lac de Lacanau.

Or, par suite de l'impossibilité matérielle pour les eaux de s'élever davantage, l'altitude du niveau des lacs étant admise pour environ 15 mètres au Nord de celui d'Hourtin, et 13 mètres au Sud de celui de Lacanau, quelles erreurs l'ingénieur de Vauban et ses deux lieutenants pouvaient-ils commettre?

Pour en avoir le cœur net j'ai fait un appel personnel aux praticiens des sondages, correspondu avec eux ou interrogé leurs ouvrages.

M. A. Delebecque, une grande compétence limnologique, écrit dans les *Lacs français* (p. 14) que «les variations que peuvent atteindre les cordes en chanvre ou en soie sont de 12 p. 100», et il donne l'exemple de M. Grosset qui a indiqué le fond extrême de 334 mètres au lac de Genève au lieu de 310 mètres. On remarquera que Masse n'eut pas à sonder dans de pareilles profondeurs.

Il signale encore trois causes d'erreurs, même avec les fils d'acier aujourd'hui employés :

1° *Le plomb de sonde s'enfonce dans la vase;* l'erreur ne dépasse pas quelques centimètres;

2° *Le lac est agité;* la mesure de la profondeur peut être entachée d'une erreur de 10 à 20 centimètres;

3° *Il fait du vent;* la dérive du bateau empêche le fil de descendre verticalement; l'erreur qui en résulte peut être très importante; ainsi pour une profondeur de 310 mètres il est facile de calculer que des déviations de 1 à 10 degrés produisent les erreurs suivantes :

1 degré	Erreur	en trop pour 310 mètres...........	0m 05
2	—	—	0 19
3		—	0 42
4		—	0 76
5		—	1 18
6		—	1 71
7		—	2 33
8		—	3 05
9		—	3 86
10	—	—	4 78

Les plus grandes profondeurs sondées par Masse atteignent 70 pieds ou 22 m. 738, soit environ 14 fois moins que le lac de Genève; en admettant une pression proportionnellement aussi forte, la différence en trop de Masse ne dépasserait pas 40 centimètres avec 10 degrés de déviation; mais voudrait-on le pire, —

20 à 22 degrés par exemple — que la différence en trop ne serait que de 2 m. 70 sur 22 m. 70!

Il est impossible de prétendre sérieusement qu'une erreur aussi grave et surtout aussi apparente que celle-là ait été commise par un praticien de l'intelligence et de l'érudition de Masse, ou, alors, il faut rejeter toute son œuvre en bloc. Je considère que si l'on retranche une erreur possible moyenne de 10 degrés pour déviations de la verticale en sondant et, en outre, une erreur moyenne de 5 p. 100 pour tension des cordes du sondage sous les eaux des lacs médocains, on arrive à trouver que la grande fosse d'Hourtin ne serait exagérée que de 1 m. 47 sur 22 m. 74.

Je m'en tiendrai donc à ne calculer que les différences en trop ou exagérations des grandes fosses des deux lacs, laissant le soin des calculs des autres sondages aux savants qui voudront les utiliser, et nous obtiendrons :

HOURTIN.

Fosse de 70 pieds ou 22 m. 74, erreurs possibles 1 m. 47, ramenée à 21 m. 27.

Fosse de 60 pieds ou 19 m. 50, erreurs possibles 1 m. 26, ramenée à 18 m. 24.

Fosse de 45 pieds ou 14 m. 62, erreurs possibles 0 m. 95, ramenée à 13 m. 67.

LACANAU.

Fosse de 53 pieds ou 17 m. 22, erreurs possibles 1 m. 12, ramenée à 16 m. 10.

Fosse de 43 pieds ou 13 m. 97, erreurs possibles 0 m. 90, ramenée à 13 m. 07.

Fosse de 35 pieds ou 11 m. 37, erreurs possibles 0 m. 72, ramenée à 10 m. 65.

Aujourd'hui, d'après M. Delebecque, les fosses des deux lacs ont :

Lac d'Hourtin, 9 m. 70.
Lac de Lacanau, 6 m. 90.

D'après des correspondances privées que j'ai échangées avec deux conducteurs des ponts et chaussées, M. Doucet, à Lesparre, et M. Bardet, à Arès, les lacs auraient abaissé leur niveau de 1 m. 50 environ depuis les sondages entrepris vers 1830 ou

1840, avant les études de M. Chambrelent sur l'assainissement des Landes. D'autre part, les courbes en bleu des cartes de l'ouvrage de M. A. Delebecque sur les *Lacs français* résultent, m'écrit-il, le 12 janvier 1906, de sondages faits avec l'appareil de M. Belloc par un des agents ayant travaillé avec lui dans la plupart de ses explorations lacustres et en qui il a une grande confiance. Cependant M. Delebecque me prévient, en même temps, que ce n'est pas là un travail de précision comme ceux qui illustrent l'atlas des *Lacs français*. Les coups de sonde ont été portés sur la carte de l'état-major par estimation, « mais vu leur nombre, affirme-t-il, il est probable qu'ils donnent des profondeurs et des courbes assez exactes ». (Lettre de M. Delebecque, du 12 janvier 1906.)

J'ai donc tout lieu de croire que les sondages notés par M. Delebecque sont pris du niveau abaissé de 1 m. 50, qu'on signale dans la région sans aucun contrôle scientifique sur la foi d'estimes à l'œil et que ne porte pas l'état-major, lequel s'en tient aux niveaux de 15, 14 et 13 mètres au-dessus du zéro de Bourdaloue.

J'admets provisoirement, pour discuter à l'aise et sans chances d'erreurs, cette baisse comme admise, et je rectifie alors les chiffres des fosses portés par M. Delebecque en les exagérant de 1 m. 50 pour revenir aux altitudes de l'état-major, et de Masse par conséquent, et pouvoir comparer; c'est-à-dire + 15, + 14, + 13.

J'obtiens ainsi: fosse du lac d'Hourtin, 9 m. 70 + 1 m. 55 ou 11 m. 20; Lacanau, 6 m. 90 + 1 m. 50 ou 8 m. 40.

Ces rectifications faites aux sondages de 1700 et de 1895, les différences seront donc les suivantes :

Hourtin en 1700 : grande fosse, 21 m. 27; en 1900 : grande fosse, 11 m. 20. Puissance du comblement, 10 m. 07 en deux siècles.

Lacanau en 1700, grande fosse, 16 m. 10; en 1900 : grande fosse, 8 m. 40. Puissance du comblement, 7 m. 70 en deux siècles.

Ainsi donc, malgré toutes les concessions que je viens de faire au détriment des sondages de Claude Masse, les lacs ont vu leurs grandes fosses se combler de 10 m. 07 pour Hourtin et de 7 m. 70 pour Lacanau. Sans aucune rectification j'avais obtenu 13 m. 27 pour Hourtin et 9 m. 46 pour Lacanau.

VI

L'alluvionnement étant démontré par les pièces géographiques qui accompagnent cette étude, je pourrais m'en tenir là. Mais cet alluvionnement intense, véritable comblement, est-il possible? Il paraît étrange à plus d'un. Au fond, ce n'est pas l'alluvionnement que j'ai démontré que combattent quelques savants sérieusement documentés, qui ne le nient pas en fait, comme mon ami M. P. Buffault, inspecteur des forêts, entre autres, mais son intensité et sa rapidité. Je n'hésite pas à dire cependant quec et alluvionnement, tel qu'il résulte des comparaisons rétrospectives, est parfaitement justifié si l'on consulte les travaux de MM. Belloc, Forel et A. Delebecque. *C'est que les lacs d'Hourtin et de Lacanau sont exceptionnellement propres à un rapide alluvionnement.*

D'après M. Delebecque (p. 101, *Lacs français*), le dépôt de vase ne peut s'opérer que dans un milieu tranquille, ce qui est le cas des lacs littoraux landais, exempts de courants horizontaux intenses empêchant la vase de se déposer, comme il en existe au lac de Genève, lequel pourtant reçoit annuellement 2 millions de mètres cubes de matières solides. (Les *Lacs français*, p. 104 et 105.)

D'après M. A. Delebecque encore, il arrive que dans les lacs tranquilles la végétation envahit les fonds qui se transforment en tourbières; ce phénomène se produit dans les parties peu profondes des lacs; il a puissamment contribué à la diminution des lacs des Vosges tels que ceux de Blanchemer, de Sèchemer et de Lispach (*Lacs français*, p. 346). J'ajoute qu'il apparaît comme ayant joué un rôle capital dans l'élévation rapide des plafonds des lacs littoraux du Médoc. Il suffit de lire l'intéressante nomenclature de botanique limnologique publiée par M. Belloc sur la flore de ces nappes, pour se convaincre de l'existence d'un phénomène de végétation limnologique activée par un apport incessant, dans des eaux très calmes, de matières organiques en décomposition, agglutinées de matières minérales et de produits fertilisateurs, qui a comblé d'un dépôt tourbeux au travail actif les grandes nappes médocaines.

Mais il est d'autres causes d'alluvionnement qui ont contribué à un comblement moderne si rapide.

D'après M. Forel, cité par M. A. Delebecque (*Lacs français*, p. 85), il y a en outre quatre types d'alluvions :

1° L'alluvion lacustre grossière, formés par les gros matériaux arrachés à la côte;

2° L'alluvion impalpable, formée principalement des matériaux ténus enlevés au rivage et qui se déposent sur toute l'étendue du lac :

3° L'alluvion fluviatile grossière, qui constitue les cônes de déjection;

4° L'alluvion fluviatile impalpable, qui descend dans les grands fonds et tend à transformer le plafond du lac en une plaine horizontale.

Ces divers types d'alluvions ont agi avec une intensité facile à comprendre dans les lacs gascons.

Aux alluvions du premier type appartiennent les débris des dunes anciennes continentales, du lac de Lacanau notamment, qui formaient les hauts-fonds et les îles du temps de Masse, et dont il ne reste qu'un témoin debout : l'île des Boucs. D'ailleurs M. Bardet, conducteur des ponts et chaussées, déjà cité, m'en fournit une preuve quand il m'écrit «que le plafond du lac de Lacanau est absolument irrégulier et qu'il y existe de grandes fosses à côté de roches d'alios émergeant aux eaux basses, tandis que le plafond du lac d'Hourtin a une forme régulière concave de l'Est à l'Ouest et du Nord au Sud».

Aux alluvions du deuxième type appartiennent les sables abondants portés vers l'Est par les vents d'Ouest avant la fixation des dunes, alluvion intense jusqu'au début du XIXe siècle, presque nulle aujourd'hui. (Voir les cartes.)

Aux alluvions du troisième type les eaux des berles, courants, jalles, fossés d'écoulement, *toujours* chargés de matières organiques, véhiculant des matières minérales, mais surtout en hiver et en automne.

Au quatrième type appartient le comblement des fosses par la précipitation des matières les plus impalpables.

A ces types d'alluvionnements, j'en ajoute un absolument local et rétrospectif : il a, en effet, cessé d'exister depuis la fixation des dunes. C'est la marche orientale du bloc aréneux, sensible dans certains points des lacs où elle a contribué à combler les grandes fosses. Ce phénomène ne s'est pourtant pas uniformément produit, et particulièrement le Nord du lac d'Hourtin, aux Grands Monts, en a été entièrement exempt. (Voir les cartes.)

VII

J'arrive à la conclusion de cette étude.

La preuve scientifique d'un rapide alluvionnement des lacs d'Hourtin et de Lacanau résulte autant des comparaisons des sondages, à deux siècles de distance, que de l'examen physiologique et biologique de la vie des lacs.

Les lacs de Gascogne, du moins ceux du Médoc, achèvent de vivre. Il n'est pas question de supputer leur fin pour une époque déterminée, mais nés d'hier, ils sont en pleine vieillesse géologique. Ils offrent le type des lacs à courte existence.

Je n'ai pu recueillir et analyser des alluvions des deux lacs. Dans un lac similaire, quoique moins comblé, celui de Parentis, M. A. Delebecque a trouvé que les vases renferment une forte proportion de matière organique (*Lacs français*, p. 87) et il donne l'analyse suivante d'un échantillon pris à 1 m. 60 et faite par l'École des ponts et chaussées.

Résidus insolubles dans les acides	54 p. 100
Alumine et peroxyde de fer soluble	11.6 p. 100
Chaux	0.6 p. 100
Magnésie	traces.
Perte au feu	33.5 p. 100
Éléments non dosés et pertes	0.3 p. 100

Ce tableau est éloquent.

Je ne puis donc que maintenir ce que j'ai dit au sujet de la formation récente des lacs médocains, du moins dans leur aspect actuel. Depuis la fermeture de leurs émissaires ou effluents maritimes ils sont sujets à un comblement rapide dont une des causes (l'envahissement éolien) a disparu, mais dont la principale, l'alluvionnement par transports déposés et précipités sur la végétation sous-lacustre qui se renouvelle en se rapprochant des niveaux, est en pleine activité.

Je reviendrai plus tard sur la question des baies anciennes, mais je renouvelle, en attendant, le vœu que des sondages soient faits, au double point de vue de la constatation exacte des profondeurs et de l'examen du sol des plafonds.

ROUTES ROMAINES
DE PAMPELUNE À BORDEAUX
ET
ÉTUDE SUR LES SABLES DU LITTORAL GASCON,

PAR M. SAINT-JOURS,

Ex-capitaine des douanes à Bordeaux,
Membre de la Société de géographie commerciale de Bordeaux
et de la Société de Borda.

L'*Itinéraire* d'Antonin mentionne la voie venant de Pampelune par Roncevaux, Saint-Jean-Pied-de-Port et Dax. On s'accorde à dire que les trafiquants phéniciens suivaient le même trajet au temps de la Gaule indépendante.

Entre Dax et le premier gîte d'étape suivant, la route romaine se bifurquait en deux branches qui aboutissaient également à Bordeaux, l'une directement avec trois stations intermédiaires [1], l'autre par la lisière Est des dunes, marquée par quatre stations médianes [2]. On estime que cette dernière branche est celle du littoral, parce qu'elle passait dans le pays des Boïens (bords du bassin d'Arcachon); mais personne n'est en mesure d'identifier autrement que

[1] *Cequosa*, *Tellonum*, *Salamacum*. Au total, LXIV lieues gauloises, 142 kilom. 980.

[2] *Mosconnum*, *Segosa*, *Losa*, *Boii*. LXIII lieues gauloises, 139 kilom. 860. — Pour que le nombre des colonnes milliaires de la route qui fait le tour par le littoral soit à peine égal à celui de la route directe Dax-Bordeaux, il a fallu les deux conditions suivantes : la bifurcation ne se trouvait qu'après avoir dépassé Dax ; les mesures de la route du littoral ne comptaient qu'à partir de cette bifurcation, attendu qu'à l'extrémité Nord on trouve pour la dernière étape, de la partie inférieure de la Leyre à Bordeaux, les 35 kilomètres et demi de l'*Itinéraire*.

La station de Boii (Boïos) était dans ce cas à hauteur et à l'Est de la Teste, chef-lieu des Boïens. Ou bien, si la route obliquait à l'Ouest depuis Losa (près de Sanguinet) pour passer à la Teste même, elle devait ensuite, comme au point de départ, en raison des distances restreintes, se souder à la voie directe de l'intérieur 20 kilomètres environ avant d'arriver à Bordeaux.

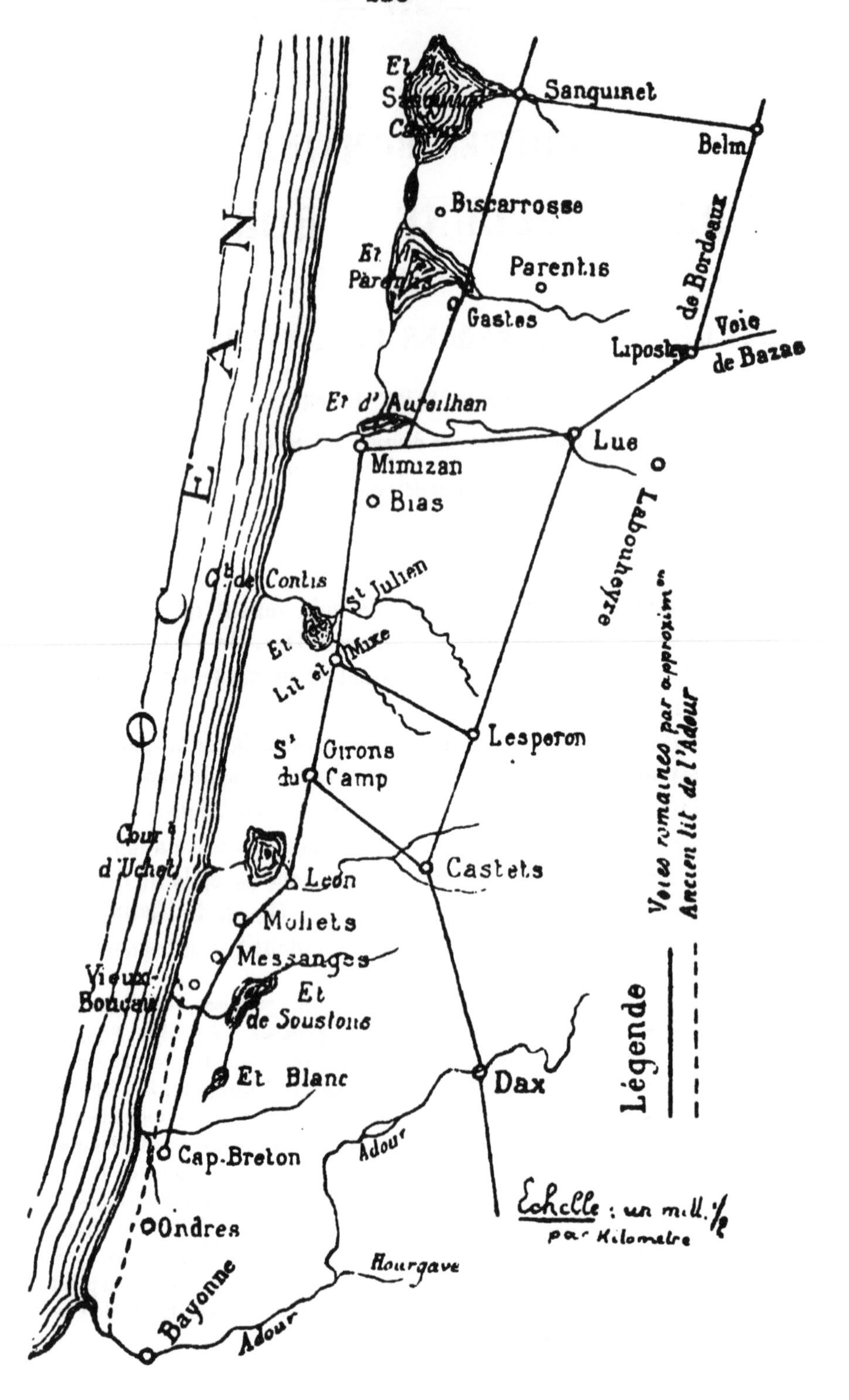
Sanguinet
Belin
Biscarrosse
Et
Parentis
Parentis
Gastes
de Bordeaux
Voie
de Bazas
Liposthey
Et d' Aureilhan
Lue
Mimizan
Bias
Labouheyre
Cte de Contis
St Julien
Et
Lit et Mixe
Lesperon
St Girons du Camp
Castets
Cour t d'Uchet
Leon
Mollets
Messanges
Vieux-Boucau
Et de Soustons
Et Blanc
Dax
Cap-Breton
Adour
Ondres
Bayonne
Hourgave
Adour
Légende
Voies romaines par approxim.on
Ancien lit de l'Adour
Echelle : un mill. ½ par Kilometre

par approximation l'un quelconque des sept gîtes d'étapes de la voie dédoublée.

La route intérieure ou de pénétration directe Dax-Bordeaux a tellement souffert des invasions et des injures du temps, que son tracé reste le plus souvent ignoré. Celle du bord des dunes, ou stratégique, destinée à commander le bassin d'Arcachon, est suffisamment connue, au contraire, et a conservé de Saint-Girons à Mimizan, et même au delà, le double nom de *Camin Harriaou*, *Camin Roumiou*.

Des conquérants aussi militairement scientifiques que les Romains ne pouvaient manquer de relier l'embouchure de l'Adour, alors à Cap-Breton, à la branche de l'*Itinéraire* longeant les dunes. C'était une exigence essentielle découlant de l'ouverture de cette branche venant de Dax et qui s'approchait du bassin d'Arcachon [1], où était le seul et modeste port que connût, alors et depuis, le littoral d'entre l'Adour et la Gironde. Car notre rivage maritime, dans ses effets toujours les mêmes, est régi par une loi physique constante, régulière, représentée notamment par la force qui, tout en véhiculant les sables, rase sans cesse du Nord au Sud la côte plate sans l'éroder, y chasse ou détruit les faibles fleuves côtiers et y a rendu impossibles tous ces ports sans eau et ces baies ouvertes supposées dont ceux qui ne connaissent pas la côte veulent nous gratifier et que nous persistons à repousser comme choses imaginaires [2].

[1] La découverte au bord même des eaux inoffensives d'Arcachon, contre l'église actuelle d'Andernos (1903-1904), des substructions d'une basilique romaine et de l'inscription mortuaire d'un évêque des Boïens permet de croire que le bassin d'Arcachon était, au commencement de notre ère, dans l'état actuel.

[2] Le nom de baie ouverte est un vocable purement contemporain. Soit dans ses précieux travaux cartographiques, soit dans ses écrits, l'ingénieur Claude Masse notait non seulement ce qu'il constatait, mais encore les traditions locales. Or, il n'a pas montré le moindre soupçon d'une baie ouverte, et il dit au contraire, dans son mémoire de 1690, reproduit par M. Hautreux au *Bull. de la Soc. de géogr. de Bordeaux*, 1898, p. 299 : «Ainsi, cette côte (d'Arcachon à l'embouchure de la Gironde) a 20 lieues et demie de 2,500 toises chaque, sans qu'on trouve port, rade ou ruisseau.» Il n'y a pas de plus sérieuse condamnation de ces belles échancrures que présentaient encore au XVIIIe siècle, sur la côte des landes de Gascogne, les cartes du commerce. — En 1901, au sujet du régime des eaux, je prévenais mes compatriotes qu'on dépensait d'une manière mal comprise une trentaine de mille francs à l'embouchure du *courant* d'Uchet, et j'indiquais ce qui surviendrait (voir *Bull. de la Soc. de géogr. de Bordeaux*, p. 128, 1902). En

Le raccordement de route de l'époque romaine partant de l'embouchure de l'Adour (Cap-Breton) et dit, comme à Mimizan, *Camin Harriaou*, *Camin Roumiou*, passait entre la mer et les dunes d'invasion boisées, fixées, et s'éloignait insensiblement de l'Océan pour atteindre la lisière Est des dunes à Saint-Girons-du-Camp, où se trouvent, vieux témoins, des colonnes datant au moins du XIIe siècle, d'après des archéologues de premier ordre. Un peu plus au Nord, vers Lit, commence la région où Brémontier a dû ensemencer les sables blancs et nus qui couvraient la plus grande partie du rayon des dunes (rayon qui comprend en tout une moyenne de 6 kilomètres Ouest-Est). Il n'y a pas là une simple coïncidence, il y a une indication sur l'existence des forêts du Sud, qu'on parcourait en terrain ferme depuis Cap-Breton jusqu'à Saint-Girons.

Ce chemin stratégique de l'embouchure de l'Adour à Saint-Girons, que renient si fort, en faveur du soi-disant empiètement des dunes, les partisans de l'obscure tradition répétée, ne figure pas, en sa qualité de raccordement, sur l'*Itinéraire* d'Antonin. Il se trouve cependant le mieux consacré de toute la région par les trois faits suivants : 1° La légende bayonnaise y fait passer saint Léon en 891. Venant de Rouen, ce religieux arrive par Bordeaux et quitte à Labouheyre (ou à Lue) la chaussée romaine au point où « elle l'aurait conduit à Dax, et se dirige vers la mer en suivant, depuis le Vieux-Boucau, le cours que devait prendre l'Adour au XIVe siècle, par une voie appelée *Camin Roumiou*[1] » ; — 2° le moyen âge n'a pas créé de routes, et les pèlerins, c'est un fait acquis, suivaient les voies romaines, où les ordres hospitaliers marquaient les étapes par des commanderies. Or, un bail à fief du 14 août 1289 est relatif à une commanderie de Moliets et à ses dépendances de la Prade, quartier voisin, et de Messanges[2], trois endroits du Marensin, sur

1904, j'eus à montrer dans le *Bull. de la Sté. de Borda*, pages 56-57, que les faits s'étaient produits selon mes prévisions, et je signalais ce qui se répétera indéfiniment. C'est que sur notre littoral réputé instable, mystérieux, sujet à de subits bouleversements, les choses se passent et se reproduisent au contraire sur place avec une régularité mathématique. — Ceux qui voudront s'occuper de la théorie de la formation simultanée des dunes et des étangs trouveront dans ces deux derniers mémoires de 1902-1904 (*Fleuves côtiers et Étangs et dunes du bassin de Soustons*) des indications utiles.

[1] Commandant du génie Blay de Gaïx, *Histoire militaire de Bayonne*, p. 34.

[2] Delaville le Roux, *Archives de l'Ordre de Saint-Jean-de-Jérusalem de Malte*, Paris, Torin, éditeur.

le *Camin Harriaou*, entre les dunes boisées et la mer ; — 3° en juin 1587, le maréchal de Matignon appelait d'urgence à Bordeaux une compagnie qui se trouvait à Saubrigues, à moitié trajet de Bayonne à Dax. La compagnie s'achemine vers la mer et va coucher à Tosse, suivant un dossier officiel de l'époque, où l'on voit intervenir un sergent royal disant que de Tosse à Bordeaux « le chemin droict passe par le Boucau et pays de Marensin (1). » Il y avait urgence, et au lieu de partir par la route directe de Dax à Bordeaux, la troupe vint passer par l'étang Blanc et le Vieux-Boucau, ce qui revient à supposer que le *Camin Harriaou*, le long des dunes, devait alors être aussi praticable que la branche principale de l'*Itinéraire* d'Antonin.

Ces trois renseignements ont été publiés plusieurs fois. Les méconnaître simplement à distance quand on les a lus, sans chercher à se rendre le moindre compte de l'état du sol mis en question, c'est faire progresser la vérité à rebours et admettre que les Romains n'avaient pas de stratégie.

Cependant, la route d'entre la mer et les dunes du Sud importe moins à la manifestation de la vérité que l'état géologique de la lisière qu'elle parcourt. Pour présenter ce sol avec autorité, j'en prends les données sur les documents de la voie ferrée récemment établie sur ce même parcours.

DÉSIGNATION.	STATIONS DE CHEMIN DE FER.			
	BAYONNAIS (en forêt déserte).	VIEUX-BOUCAU (A l'Est de).	MESSANGES (A l'Est de).	MOLIETS (A l'Est de).
Distance de la mer à la station,	2k 500	1k 200	3k 000	3k 500
Altitude de la voie (d'après le relevé des ingénieurs).....	6m22	4m27	9m07	17m87
Altitude du sol (d'après le relevé des ingénieurs).......	6 26	4 09	9 35	17 50
Forage des puits. Couche d'humus à la surface du sol (d'après les livres de travaux de M. Salles, de Bordeaux)...	1 75	1 50	1 00	1 40

(1) Archives de Cap-Breton, FF 3, enquête judiciaire, mss. de l'année 1587, signalé par l'abbé Gabarra.

On remarquera l'épaisse couche de sable pénétrée d'*humus* qui existe à la surface du sol entre la mer et les dunes d'invasion boisées, lesquelles, à l'Est du *Camin Harriaou*, présentent 30 à 40 ou 45 mètres d'altitude. Il suffit de comparer cette couche d'humus avec le sable blanc des forêts de Brémontier pour comprendre que depuis des centaines de siècles aucun grain de sable de la grève maritime, toute voisine, n'est arrivé sur la lisière en question[1]. La fougère marque nettement la zone à humus.

Sur ce même sol, par surcroît de preuve, l'Adour, déplaçant son embouchure de 16 kilomètres vers le Nord jusqu'au fleuve côtier le plus voisin, vint creuser son lit à l'Ouest du chemin romain en 1310, c'est-à-dire s'interposer entre les dunes d'invasion et la mer. Cependant, nulle part, en dehors des *montagnes* aux forêts antiques de la Teste, la chaîne des dunes d'apports littoraux n'est aussi avancée vers l'intérieur qu'au bout Nord de l'étang de Soustons, à l'Est du bassin de l'Adour et du *Camin Harriaou*.

Le fait suivant peut donner une idée du mouvement des pèlerins[2] et des bateleurs qui passaient sur cette voie du littoral : au XIIIe siècle, Mimizan, qui relevait de la couronne, versait au roi, outre 300 sous d'or morlants, une redevance sur les droits de séjour que payaient les jongleurs de passage[3].

Dans mes investigations sur le littoral, je n'ai pas trouvé de document plus intéressant ni de point d'appui plus sérieux que la *Carte des dunes* dressée par les ingénieurs des travaux de Brémontier ; j'ai pu y constater à loisir un état de choses tel que je le connais depuis cinquante ans. La carte est restée manuscrite, mais M. l'ingénieur Durègne en a reporté la partie essentielle sur la carte au $\frac{1}{320,000}$ de l'État-Major, en teintant en rouge les dunes

[1] Le flux de la mer devait s'étendre en principe sur le sol plat jusque vers cette lisière, c'est-à-dire jusque vers la base des dunes antiques, qui sont, sur cette région, toutes perpendiculaires ou en poches. Il y a là, certainement, près de 2 kilomètres de lais de la mer, en combinant la faible déclivité du sol avec les deux à trois mètres d'élévation de la marée au-dessus du niveau Bourdaloue.

[2] De nombreux pèlerins allant à Saint-Jacques-de-Compostelle s'embarquaient à Cap-Breton sur des pinasses légères et rapides pour terminer le voyage par mer. «Cap-Breton, port pour pèlerins», dit l'abbé Cirot de la Ville dans l'*Histoire de l'abbaye de la Grande-Sauve*.

[3] Acte du 23 mars 1273, passé à Mimizan devant des commissaires royaux et signalé par Delpit dans la *Notice d'un manuscrit de la bibliothèque de Volfenbüttel*, p. 76 et 77.

qui, à l'arrivée de Brémontier, étaient couvertes de vieilles forêts [1]. On y voit, au Sud, les dunes boisées sans interruption de Cap-Breton à Saint-Girons [2], en confirmation de ce que j'ai souvent signalé au sujet de la route romaine du Sud. Vers le Nord, la même carte fait ressortir que depuis Arcachon les forêts antiques étaient importantes. L'ingénieur militaire Masse, dans son mémoire de 1690, a écrit des indications en rapport avec celles qui précèdent [3]. Les vieux pins des rares forêts du Nord étaient d'essence inférieure, d'après un texte officiel [4].

[1] *Bull. de la Soc. de géogr. de Bordeaux*, avril 1897.

[2] La chaîne des dunes ne se prolonge pas de Cap-Breton sur Bayonne, pays préservé de l'invasion des sables en partie par le Gouf, situé à 400 mètres au large, et surtout par l'Adour, qui courait parallèlement et à faible distance de l'Océan jusqu'à Cap-Breton. Deux faits découlent de cette remarque : l'Adour venait déboucher à Cap-Breton depuis les temps primitifs ; les dunes perpendiculaires ou en poches, qui commencent subitement à Cap-Breton avec quatre ou cinq kilomètres de profondeur Ouest-Est, dont on retrouve trace jusqu'au Médoc et qui couvrent plus de cent kilomètres carrés, sont formées de sables d'atterrissement et d'invasion, comme les dunes devenues parallèles depuis l'encombrement du sol primitif. — A Saint-Girons, les dunes perpendiculaires boisées couvraient et couvrent vers la mer près de la moitié du parcours; l'une des colonnes du XIIe siècle, celle de l'Ouest, se trouve sur le flanc d'une de ces dunes antiques les plus à l'Orient, et laisse voir le soubassement triangulaire en pierre garluche qui fut nécessaire pour trouver le niveau de la base de la colonne, construite en pierre de grand appareil. Voilà des témoins démentant l'extension de la zone des dunes vers l'Est !

[3] «L'intérieur de ces dunes, du côté de la terre et à l'Est de la grande côte, est rempli en différents endroits de grands bois de piñadas, principalement depuis la mer d'Arcachon tirant vers le Sud ; la première forêt est celle de Notre-Dame d'Arcachon ; la deuxième est fort grande et est celle de la Raux, qui s'étend le long de ces dunes et dans l'intérieur des terres jusqu'au Boucau et même jusqu'à la rivière de l'Adour ou de Bayonne... Cette espèce de bois, le pin, n'est connue en France qu'entre les rivières de la Leyre et de l'Adour... La forêt de Lacanau est un piñada de 3,500 toises de long sur 1,000 toises de large ; il y a encore quelques autres petits bois vers l'anse des Camps... Il y a encore le long des rives (de l'étang de Hourtin), au pied des dunes, quelques piñadas inondés en hautes eaux.» (Hautreux, *Bull. de la Soc. de géogr. de Bordeaux*, 1898, p. 296 et 300.)

[4] L'un des Suédois appelés par Colbert pour initier les Landais à l'art d'extraire le goudron, Perfrey Asoer, écrivait à ce ministre, le 12 septembre 1664 : «J'ay passé à la forêt de piñadas de Lacanneaux, afin d'enseigner aux habitants de cette terre la facture du goldron ; après y avoir faict un fourneau, je reconneu la mauvaise qualité de pin qui n'est pas propre à rendre goldron. Ceux de la Teste, Biscarrosse et autres sont aussi bons que on scauroit souhaitter à escoler goldron.» (*Correspondance administrative sous le règne de Louis XIV*, tome III.)

On sait que l'immensité des sables nus se mouvaient à leur surface et se superposaient au gré des vents[1]. Mais personne n'est encore en mesure de parler sur le passé de ces sables, dont la nudité et la mobilité étaient peut-être, le plus souvent, aussi anciennes que les bois des dunes perpendiculaires[2] entourées d'une forte couche d'humus. Y a-t-il eu déboisement dans les dunes comme dans les Pyrénées? Nul encore n'a pu s'en rendre compte.

Brémontier a eu la gloire de présider aux débuts de la mise en ensemencement des sables mobiles, à une époque où des fonds

[1] Les sables étaient massés en formes variées où l'action du vent de Nord-Ouest se manifestait le plus à l'époque moderne; par réversibilité, le vent d'Est avait son influence à certaines périodes de l'année. Avant l'établissement par clayonnages de la dune riveraine ininterrompue de Brémontier, le rivage maritime était longé de dunes distinctes, séparées. On les appelait *tourons* de la Teste à Mimizan ou à Contis, région des plus grands et des plus hauts massifs. Venait alors, à l'Est, une sorte de plaine blanche et vite après les masses de sables blancs nus, sans herbes, que les habitants nommaient *tucs* ou *trucs* (dunes), entrecoupés de *lettes* (petites vallées ayant souvent des lagunes et où croissaient l'herbe à pâturage, la centaurée et la douce amère). De Soulac à Cap-Breton, les dunes couvertes de forêts antiques étaient communément appelées *montagnes* (terme de l'époque latine), soit trois catégories de collines. On exagère fort la mobilité et les ondulations que présentaient ces divers sables. — Les *tourons* étaient tapissés de gurbet, d'immortelles et des deux ou trois sortes d'herbages qui croissent naturellement à la vue de l'Océan. Un *touron* était-il entamé par la tempête, sa blessure présentait un réseau serré de racines qui arrêtaient de nouveau le sable. Ces *tourons* stables, avec leur curieuse structure de végétaux qui surmontaient toujours les sables amoncelés, peuvent être présentés comme des vigies certifiant l'antiquité de la ligne dont ils marquaient le rivage maritime.

[2] *Dunes perpendiculaires.* Sont bien différentes de la dune classique *dirigée* d'aujourd'hui et présentent des orientations et des formes curieuses. On peut décrire ainsi ces collines : elles montent d'Ouest en Est; la partie Est, qui est le point culminant, se termine en précipice et se recourbe le plus souvent à droite, vers le Sud, en forme de vaste cirque (telles les dunes longitudinales du désert indien qui finissent par devenir transversales); pente douce au Sud, et escarpée au Nord, ce qui trahit l'influence des vents du Sud-Ouest, ceux qui soufflent au début des tempêtes avant l'arrivée de la pluie. — Devant les étangs, elles sont aplaties en couronnes presque parallèles aux eaux douces, preuve d'une formation simultanée des lacs et des dunes. «Là où le vent a plus d'action sur le sable, dit Vaughan Cornish (*Géographical Journal,* mars 1897), les dunes côtières montrent clairement un développement longitudinal.» Aux premiers âges, notre côte de Gascogne, plate et nue, exposée à la fureur des vents, reçut des dunes perpendiculaires ou en poches sur presque toute l'étendue du littoral. Quand le pays fut encombré, les apports nouveaux se formèrent dans un désordre où la forme parallèle a fini par dominer.

furent enfin destinés à cet usage. Il n'eut cependant, pour toute science personnelle à déployer, qu'à laisser, suivant un rapport officiel du temps, procéder à l'ensemencement avec branchages «à la manière connue et usitée depuis longtemps par les *habitants du pays*»[1], sauf à améliorer le procédé en faisant mêler aux graines de pin des graines de genêt et d'ajonc.

J'ai d'ailleurs déjà eu l'occasion de dire qu'il n'y a pas de fléau plus facile à maîtriser que celui des sables, lesquels peuvent combler les barrières élevées, mais ne les renversent jamais. Aussi a-t-il suffi de se mettre à l'œuvre de la fixation, si colossale fût-elle, pour la conduire à bonne fin partout sans mécomptes.

A côté de la grande part d'honneur qui revient incontestablement à Brémontier, on peut être surpris de voir encore partager les préjugés de ce célèbre ingénieur. Quand il a dit que le rayon des dunes empiétait de 20 à 25 mètres par an vers l'Est[2], il a exprimé une chose tout à fait inexacte et contredite par la carte de ses ingénieurs, où l'on voit les étangs encadrés de vieilles dunes boisées, étangs et dunes aussi immobiles les uns que les autres, ce qui ressort encore de la carte de Masse, plus ancienne d'un siècle; quand Brémontier prévoyait, dans son projet du 25 décembre 1790, d'ensemencer les sables jusqu'à 20 ou 25 toises de la laisse

[1] *Archiv. de la Cons. des for. de Bordeaux;* J. Bert, *Note sur les dunes de Gascogne*, p. 205.

[2] C'était le tarif courant, simplement recueilli par Brémontier. Cent ans avant lui, l'ingénieur Claude Masse disait dans un mémoire de 1690, par conséquent avant ses beaux travaux cartographiques du Médoc qui démentent le fait en vieillissant, et d'après la tradition : «La côte se mange et les dunes avancent tous les ans en terre ferme de 10 à 12 toises.» (*Bull. Soc. de géogr. de Bordeaux*, 1898, p. 295.) — Cent ans encore avant Masse, en 1592, de la Popelinière recueillait dans le Médoc : «Au temps des premiers empereurs romains, la mer ne s'avançoit sur le terroer bourdelois de six lieues si prez qu'aujourd'hui... La mer et Gironde se joignent entre Royan et le Verdon.» (E. Clouzot, *Bibl. de l'École des chartes, Revue* de 1905, p. 415 et 419.) Les onze derniers mots de la citation sont conformes aux dires de Louis de Foix et à ce que nous voyons aujourd'hui. — Douze ans avant de la Popelinière, Montaigne écrivait, en 1580 (*Essais*, I, liv. XXXIII) : «Les habitants disent que, depuis quelque temps, la mer se poulse si fort vers eulx, qu'ils ont perdu quatre lieues de terre.» — Ainsi la mer et les dunes n'auraient cessé d'avancer vers l'Est dans la marche des siècles et nous les retrouvons partout à la même place d'après les chartes, les listes des paroisses et les colonnes de Saint-Girons. Voir *Bull. de géogr. historique et descriptive*, 1904, p. 102.

des hautes eaux, il montrait ignorer qu'aucun arbre ou arbuste ne peut croître dans les 200 mètres environ à l'Est des pleines mers; quand il signe avec Partarrieu, le 9 fructidor an III, un rapport constatant que «ces sables destructeurs, depuis plusieurs siècles, ont enseveli et continuent d'ensevelir journellement de vastes forêts, des établissements, des villages entiers», il invoque des faits absolument imaginaires[1].

Car les listes des paroisses sont là; elles existent et remontent avec leur caractère officiel jusqu'au XIIIe siècle, depuis le voisinage de Soulac jusqu'à la limite Nord du Marensin, pays aux vieilles dunes boisées, et pas une n'a été abandonnée, hors le Lilhan, près de la mer et de Soulac, dans les dunes minuscules de Grayan. Lège, persiste-t-on à dire sans aucune preuve, a fui deux fois, trois fois devant les dunes envahissantes. Une quinzaine de textes authentiques échelonnés du XIe siècle à la fin du XVIIIe, dont deux parchemins de 1040 et 1273, ce dernier signé par le notaire rédacteur de l'acte, montrent le néant de la tradition. Les textes dont il s'agit, déposés aux archives départementales de la Gironde et à l'archevêché, seront publiés en temps et lieu. — A côté de Lège, le Porge, sis à 3 kilomètres des dunes, a une église du XIVe siècle sinon plus ancienne, d'après Léo Drouyn, qui est le Viollet-le-Duc de Bordeaux: on ne signale donc au Porge, comme en tant d'autres endroits, qu'un recul imaginaire. Les «masures» d'un autre édifice religieux du Porge, nommées dans une baillette du 31 janvier 1618, qui en renouvelait une antérieure du 28 juin 1517 (fonds Léo Drouyn, VII, page 204), se trouvent en endroit plat, tout près et entre les dunes et les marais et constituent un repère fort précieux confirmant le non-empiètement des sables agités. S'il y avait eu, selon des opinions sans preuves, ce prétendu refoulement des étangs et des marais par les dunes, la vieille chapelle du Porge serait ou dans l'eau ou dans les dunes, ce qui n'est pas. Une dune et une maison forestière qui portent le nom de Gleizevieille sont au Sud du lieu des «masures», bien désigné par la carte de Masse (1707) et la baillette du 31 janvier 1618.

[1] Il est curieux encore de citer combien Brémontier se trompait sur la mobilité des sables de nos côtes. A Lacanau, ses projets ménageaient en regard de l'étang une large clairière où le vent devait s'engouffrer comme dans un corridor, creuser une tranchée en soufflant dans les sables et remettre l'étang en communication avec la mer! On est confondu de pareille illusion chez un savant.

L'une des deux listes du XIIIe siècle, registre de parchemin[1], cite des églises de l'intérieur disparues précédemment, dont neuf pour les archiprêtrés de l'Entre-deux-Mers et de la Benauge. Aucun vide semblable ne paraissant pour le littoral, la valeur des listes s'en trouve vieillie quant à l'existence des paroisses nommées jusqu'au XIIIe siècle, jusqu'en 1239. En même temps, les chartes portant donation de Soulac (1027), des nasses ou pêcheries du fleuve côtier de Mimizan (1035), de l'église de Sainte-Hélène-de-l'Étang (1099), nous montrent suffisamment le pays tel qu'il est aujourd'hui.

Jusqu'à ces dernières années, on ne parlait guère que par la tradition et la conviction de l'homme. Il ne doit plus être permis de parler qu'avec preuves authentiques à l'appui. Elles sont suffisamment nombreuses. A ces preuves de textes s'ajoutent les sondages, dont je me suis particulièrement occupé. Les forêts sous-marines constatées aussi bien devant les grands étangs que dans leurs intervalles[2], les forêts fossiles reconnues sous les dunes, puis à l'Est d'elles et à l'intérieur jusqu'à Arengosse (entre Morcenx et Mont-de-Marsan), les découvertes archéologiques montrant qu'à l'époque romaine on bâtissait au bord même des eaux du bassin d'Arcachon comme de nos jours, tout cela constitue un ensemble d'indications matérielles sur l'extraordinaire ancienneté de la dernière transformation de notre région.

Le service forestier continue, depuis plus de dix ans, à écrêter la dune riveraine de la mer pour en modifier la hauteur et les bases; les sables, sollicités d'avancer depuis la plage, s'agitent quelque temps, mais personne ne se demande s'ils exercent une poussée sur la masse des dunes vers l'Est. La chaîne, quoique plus menacée, ne reculait pas davantage sa ligne orientale avant Brémontier; les sables nus s'agitaient au souffle des vents divers et n'ont pas franchi les limites des premiers âges, c'est chose indis-

[1] Arch. départementales de la Gironde, fonds de Saint-André. — Ces listes de *quartières* comprenaient les paroisses qui payaient une redevance annuelle à l'archevêché. Les quelques autres qui n'y sont pas reprises, comme Soulac, Sainte-Hélène-de-l'Étang, Lacanau, Mimizan, appartenaient aux abbayes de Sainte-Croix (Bordeaux) et de Saint-Sever, suivant trois chartes des Xe et XIe siècles. Les chevaliers de Malte eurent également quelques paroisses exemptes de la redevance dite *quartière*.

[2] Voir *Bull. de géogr. histor. et descrip.*, 1904, p. 101.

cutable. Leur ligne orientale primitive peut se vérifier par les antiques dunes boisées en poches ou leurs restes, concurremment avec les cartes de Masse, de Cassini et des ingénieurs de Brémontier.

L'État n'est devenu propriétaire avéré de l'immensité des sables nus qu'en intervenant pour procéder à leur ensemencement[1]. Les différentes revendications de communes et de particuliers qui se sont produites et se produisent encore le long de la côte, au sujet de propriétés devenues bois domaniaux, restent sans signification et sont choses futiles quant à la question de : la mer avance, la zone des dunes s'étendait vers l'Est. On n'en présentera aucune preuve sérieuse[2].

[1] Les communes de Grayan et de Vensac ont conservé leurs dunes; celle de Lège ensemença à son profit une partie des siennes. Le 29 janvier 1858, avant l'arrivée de l'atelier de semis, la municipalité de Carcans faisait encore acte de propriétaire en concédant au service douanier l'emplacement d'un corps de garde «sur un *truc* dont la mer bat le pied dans les fortes marées». (Voyez ci-avant la note sur les *tourons*.) — L'État a consenti jusqu'à ce jour à rendre près de trois mille hectares de semis à des communes ou à des particuliers. En outre, le droit de bris, naufrages et épaves que possédaient sur toute la côte les seigneurs, l'abbaye de Soulac et la commune libre de Mimizan montre que l'État français ne revendiquait seulement pas la police du rivage maritime avant l'Ordonnance de la Marine de 1681, qui reste en vigueur. Aux Archives départementales du Gers, registre C 1, folio 51, année 1740, on trouve mention d'un procès existant depuis plusieurs siècles entre la ville de Bayonne et la paroisse d'Anglet, au sujet de 16 kilomètres de dunes allant d'Anglet à Cap-Breton et bordant la mer.

[2] Un inspecteur des eaux et forêts qui a plaidé l'empiètement de la mer et des dunes fait valoir à ce sujet des arguments comme les deux qui suivent : «Un arrêté préfectoral du 27 septembre 1855 autorise un sieur Laloi, de Saint-Girons, à fixer lui-même des sables qui ont envahi depuis peu une partie de sa métairie de Pigude.» (Lisez Pignède d'après le cadastre, Pignude d'après le langage courant. Pour le considérant : *depuis peu*, employé aussi en pareil cas par Montaigne et donné en note ci-devant, on connaît sa valeur.) — «Pareille reconnaissance est faite par un arrêté du 30 juin 1857 à un sieur Saint-Jours pour des sables contigus à ceux du sieur Laloi.» — A ces mentions tendant à faire croire que des propriétés rurales situées à l'Est de la zone des dunes étaient envahies par les sables mouvants, il manque ce simple détail : les pignèdes ou bois de pins de Laloi et de Saint-Jours font partie de forêts antiques des dunes primitives et confrontaient, à l'Ouest, aux sables blancs et nus, où ces deux propriétaires ensemencèrent sur le front de leur bien une lisière de 150 à 200 mètres d'épaisseur. La forêt antique, sur ce point, couvrait et couvre 2 kilomètres de profondeur Ouest-Est (voir la carte de Cassini, où figure Pignède, et celle des ingénieurs de Brémontier). Avec ses sous-bois, elle risquait presque autant, de-

Néanmoins, on persiste à vouloir sauver le dogme de la *mer avance* par des plaidoyers dont Arcachon et le Bas-Médoc offriraient le théâtre. Je ne m'attarderai pas à parler des érosions de la passe Sud d'Arcachon. J'ai démontré assez souvent que le rivage maritime passe à 4 kilom. 500 à l'Ouest du Pilat, lieu de l'érosion, et n'a rien à voir dans des effets de jusant consécutifs à la loi physique qui régit les cours d'eau entre l'Adour et la Gironde[1]. Outre qu'il ne serait pas sérieux de parler ainsi d'empiètement de la mer, près de deux cents chalets ou hôtels construits au cours du siècle dernier sur les dunes riveraines de la mer, depuis la même passe Sud jusqu'à Cap-Breton, sont autant de témoins, pour n'en pas rappeler d'autres, de l'opinion contraire et matériellement démontrée des habitants. A l'ouverture de chaque saison balnéaire, presque toutes ces constructions doivent être dégagées de monticules de sables accumulés sur leurs pourtours. Cela prouve, ce que chacun sait, que les sables non complantés d'arbres avec sous-bois ont été et resteront toujours mobiles, mais leur mobilité est restée sans effet, à travers les siècles, sur la ligne des vieilles masses orientales, en quelque sorte protégées par les lais de mer résultant des sables d'atterrissement qui ont de plus en plus restreint l'extension du flux. On peut estimer à 2 kilomètres environ ce recul de la mer dont il a été parlé ci-devant en note.

En ce qui regarde la célèbre légende du Bas-Médoc détaché naguère de Cordouan, je vais montrer ce qu'on trouve quand on se donne le souci d'examiner la question à fond et d'après des preuves

puis des milliers d'années, d'être franchie par les sables nus, que les semis de Brémontier risquent d'être traversés par les sables des dunes écrêtées dont il vient d'être parlé, et ceux qui envahissent chaque année les deux cents maisons dont il va être question plus loin. — Le même inspecteur a cité des exemples plus irréfléchis encore pour le Vieux-Boucau et Seignosse, où la masse des forêts de dunes antiques, dont le sol accuse jusqu'à 2 m. 75 d'humus, mesure 4 kilom. 500 en profondeur Ouest-Est! Le rapport officiel de Tassin, d'il y a un siècle, dans sa panique des eaux et des sables, donnait des arguments de la sorte, soit pour Mimizan, soit pour les autres communes du Born et du Marensin (voir *Bull. Soc. géogr. de Bordeaux*, 1904, p. 357). Ce que disait Tassin peut être comparé aux racontars *intéressés* que le seigneur de Marbotin adressait de Bordeaux à l'intendant de Guienne, en 1768, au sujet de «sa paroisse de Lège».

[1] Voir «Fleuves côtiers» au *Bull. Soc. de géogr. de Bordeaux*, 1902, et «Étangs et dunes du bassin de Soustons» au *Bull. de la Soc. de Borda*, 1904; voir aussi *Bull. de géogr. historique et descriptive*, 1902, p. 103.

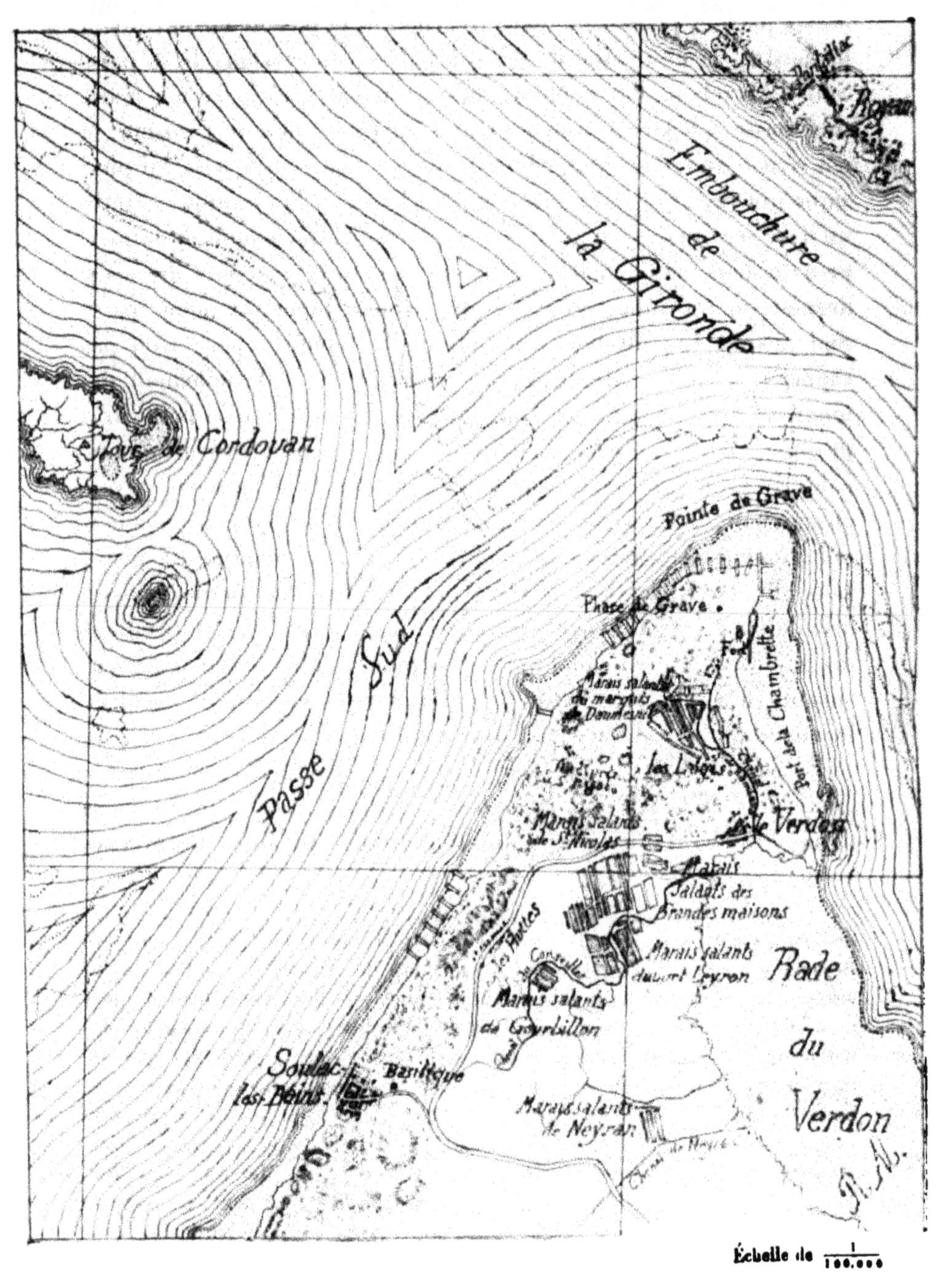

Échelle de $\frac{1}{100.000}$

CORDOUAN ET LA POINTE DE GRAVE.

Marais salants de la Carte des fiefs.

contre lesquelles l'opinion contraire de l'homme ne saurait prévaloir.

Au Ier siècle de notre ère, le géographe Méla notait à l'embouchure de la Gironde une île du nom d'Antros qui, « dans l'opinion des habitants, est suspendue sur les eaux et s'élève au temps de la crue[1]. » Une île aussi mystérieuse devait être exiguë, inhabitée et à distance en mer. Louis de Foix, au XVIe siècle, identifiait l'île d'Antros par Cordouan; Delurbe, contemporain de ce célèbre ingénieur, s'en est fait l'écho[2].

L'Anonyme de Ravenne cite l'île de Cordouan (*Cordano*) au VIIe siècle[3].

« Sachez, écrivait, le 8 août 1409, Henri IV d'Angleterre, que notre grand oncle Edouard, prince de Galles, fit établir et édifier *dans la grande mer*, à l'entrée de la Gironde, une tour... pour diriger la sécurité des vaisseaux[4]. » Il s'agissait de la tour du Prince Noir, construite, croit-on, en 1360-1371 à Cordouan.

Le contrat passé entre Louis de Foix et quatre commissaires royaux, le 2 mars 1584, pour le remplacement de la tour du Prince Noir, porte dans ses premières mentions que Cordouan « est à l'entrée de la grande mer, entre la ville de Royan et Nostre-Dame-de-Soulac, à trois lieues de terre de chaque cousté[5]. » Dans un autre document destiné au roi, Louis de Foix répétait (en arrondissant d'ailleurs un peu trop la distance) que Cordouan est « à trois grandes lieues de terre, *au milieu de la mer*, en un peu de sec qu'elle laisse deux fois en vingt-quatre heures »[6].

On conviendra que nous sommes loin d'un Cordouan relié au cours de notre ère à une presqu'île du Médoc. La question du mouvement des sables et des prétendues érosions n'est pas moins nette dans cette zone d'influence de l'embouchure de la Gironde, où règne cependant entre les éléments un conflit perpétuel.

Deux jurats bordelais, envoyés en mission officielle sur les chantiers de la tour de Cordouan, consignaient dans leur rapport :

(1) *Description de la terre*, chap. II, liv. III.

(2) *Chronique bourdelaise*, p. 4.

(3) Camille JULLIAN, *Revue universitaire du Midi*, t. III, p. 248.

(4) RYMER, *Fœdera*, t. IV, p. 156.

(5) *Actes de l'Académie de Bordeaux*, 1855, p. 485. Il s'agit de la lieue de Paris.

(6) Archives municipales de Bordeaux, EE, 227.

«Serions arrivés le mardy 19 septembre 1595 sur le bout d'un grand banc de sable porté et laissé par la mer depuis quelques années seulement, distant de la tour de Cordouan de envyron deux mille pas[1].» Cet amoncellement de sables n'était pas de courtpassage; il paraît avoir augmenté depuis lors d'une manière constante et dans de telles proportions que, deux siècles plus tard, l'ingénieur Teulère, affecté à la tour de Cordouan depuis janvier 1776, écrivait dans un rapport officiel de 1782 : «Les rochers qui entourent la tour de Cordouan et le banc de sable du côté de l'Est ne permettent de l'approcher qu'aux époques des nouvelles et pleines lunes et avec des vents et des mers favorables. Il a donc toujours été très difficile d'aller à cette tour, et aujourd'hui les difficultés sont au point qu'on craint de ne pouvoir pas l'aborder *si le banc de sable d'atterrage, qui s'est considérablement étendu*, ne finit pas par se partager[2].» La côte de l'îlot augmentait démesurément.

Ces deux siècles d'encombrement à Cordouan (1570 environ à 1782) coïncident, autour de l'estuaire girondin, avec les atterrissements dont Montaigne a vaguement parlé en 1580 et qui ont ensablé la basilique de Soulac et contribué à faire abandonner le village voisin du Lilhan, pays marécageux et aux dunes minuscules[3].

Les bancs de sable, en effet, ne s'accumulaient pas seulement du côté de Cordouan. Analysant en 1874 les vieilles cartes marines, l'ingénieur hydrographe Manen signale les remarques suivantes : «*Carte de 1677*. La passe Sud était très étroite... Elle était, en quelque sorte, fermée par les deux bancs des Olives et du Chevrier[4]. — *Carte de 1767*. La forme générale des passes et des bancs est à peu près la même que dans la carte de 1677... Une barre réunit le Chevrier à la terre et ferme l'ancienne passe de Grave (ou du Sud) que longeait la côte du Médoc. — *Carte de 1772*.

[1] Archives municipales de Bordeaux, EE, 227.

[2] Mss. original de Teulère, en possession de sa famille; G. Labat, 2e *Recueil sur Cordouan*, p. xxv.

[3] J'ai traité cette question d'une manière développée dans «Cordouan d'après les textes», *Revue philomathique de Bordeaux*, sept. et oct. 1905.

[4] Le banc des Olives est un peu à gauche de Soulac et assez près de terre; celui du Chevrier est un peu à droite de la même ville et plus au large que le précédent.

La passe de Grave reprend son ancienne forme; il n'est plus question de barre[1]. »

Au lieu d'érosions, il y avait, d'après le service hydrographique et celui des ponts et chaussées, agglomération de sables et extension de plages et de bancs sur les deux rives du bras de mer qui isole Cordouan (passe Sud). En même temps disparaissaient à la passe Nord de la Gironde les « Asnes de Bordeaux », bancs et barres de sables qui montraient leurs dangereux dos d'âne en dehors des heures de pleine mer.

La rupture désirée en 1782 à Cordouan s'opéra l'année suivante selon les vœux de l'ingénieur Teulère, qui nous l'apprend ainsi : « Avant cette époque (1783), le sable de Cordouan formait un banc qui s'étendait *à 4 kilomètres* de distance dans la partie éloignée de la tour[2]; cette masse ne couvrait pas et celle la plus proche était assez élevée pour rester à sec dans les petites marées[3]. »

Il s'opéra donc sous les yeux de l'ingénieur de Cordouan un renversement de courants qui agirent par érosion non seulement sur les 4 kilomètres avoisinant la tour, mais bientôt encore sur les bancs de la côte médocaine. Dans un mémoire du 13 mars 1800, Teulère constate que la « pointe de Grave a été rongée depuis deux mois d'environ 2 encablures »[4], soit de 400 mètres. Ce devait être le fort de la réaction, du côté du continent, sur la plage grossie par les atterrissements.

M. Manen, dont l'autorité a déjà été invoquée, a dit, en 1874, que depuis 1853 la passe Sud « conserve les mêmes limites »[5]. L'équilibre était arrivé dans ce déplacement de poids et de forces.

Le renversement de courants survenu en 1783 a ainsi érodé dans une cinquantaine d'années ce qu'un autre régime de courants avait accumulé pendant deux siècles sur la rive Ouest et la rive Est du bras de mer qui sépare le Médoc de Cordouan.

Nos contemporains ne parlent que d'érosion remontant à un passé infiniment lointain et agissant d'une manière permanente : elle n'a été, d'après les divers textes officiels existants, qu'une

[1] Manen, *Recherches hydrographiques*, 9e cahier, p. 38 et 42.

[2] Du côté Est, comme il vient d'être dit d'après Teulère.

[3] Devis du 3 ventôse an VIII (Archives des ponts et chaussées); G. Labat, 4e *Recueil sur Cordouan*, p. 77.

[4] G. Labat, même *Recueil*, p. 99.

[5] *Recherches hydrographiques*, 9e cahier, p. 49.

réaction temporaire entre Cordouan et le Médoc, sur des plages et des bancs formés par des sables déplacés et accumulés.

Ainsi la tradition répétée, qui est trop souvent l'empirisme de la science et de l'histoire, se trouve matériellement contredite en ce qui regarde les prétendues modifications du littoral gascon longé par les dunes.

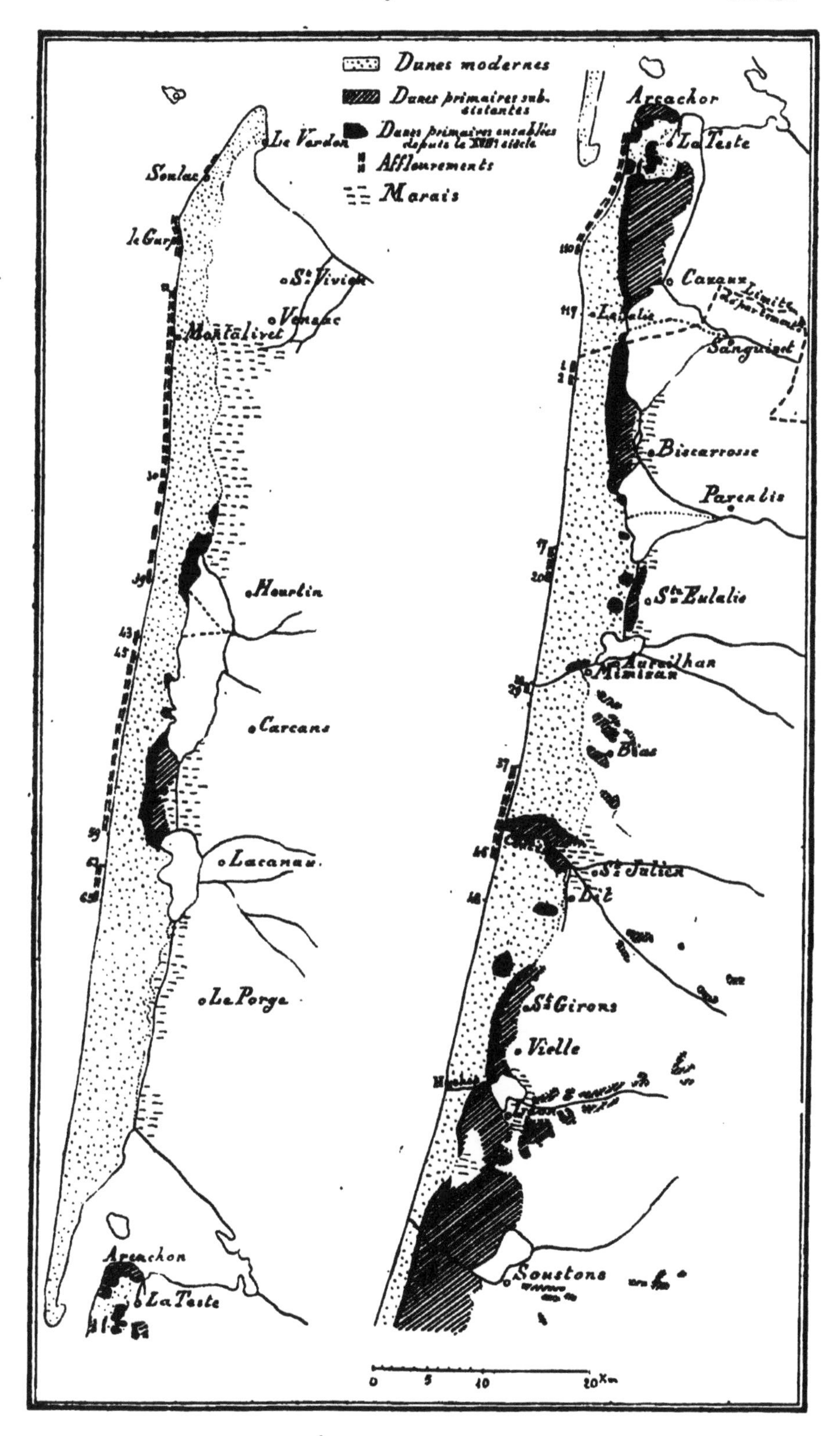

LES GRANDS ÉTANGS LITTORAUX DE GASCOGNE.

BULLETIN

DU

COMITÉ DES TRAVAUX HISTORIQUES ET SCIENTIFIQUES.

SECTION DE GÉOGRAPHIE HISTORIQUE ET DESCRIPTIVE.

PROCÈS-VERBAUX.

SÉANCE DU SAMEDI 3 MARS 1906.

PRÉSIDENCE DE M. BOUQUET DE LA GRYE, MEMBRE DE L'INSTITUT, PRÉSIDENT DE LA SECTION.

La séance est ouverte à 4 heures et demie, et le procès-verbal de la dernière réunion ayant été lu et adopté, il est donné connaissance de la correspondance qui comprend plusieurs communications nouvelles destinées au Congrès de Pâques, deux demandes de subvention des Sociétés océanographique du golfe de Gascogne et Languedocienne de géographie, enfin cinq ouvrages dont les éditeurs demandent des souscriptions au Ministère de l'Instruction publique.

Ces différents envois seront soumis à l'examen de MM. Aymonier, Bouquet de la Grye, Grandidier, Marcel, de Margerie et Vidal de la Blache.

La Section, consultée sur une communication de M. Lecomte, directeur de l'Observatoire de Bruxelles, relative à la création d'un bureau international pour l'étude des régions polaires, propose à l'Administration le renvoi de l'examen de cette question à l'Académie des sciences.

M. Bouquet de la Grye signale à l'attention de la Section une communication de M. Bardey, d'Aden, sur les protectorats du Somal, et donne lecture d'un rapport dont il s'est très volontiers chargé sur les travaux de M. Fabre, de Dijon, relatifs au déboisement du versant nord des Pyrénées, aux inondations qui en sont la conséquence et aux mesures urgentes que l'état des choses nécessite dans toute cette région. A la suite de cette lecture la Section exprime le désir que des félicitations soient officiellement adressées à l'auteur de cet ensemble de travaux tout à fait remarquables.

M. Mancel donne lecture d'une note sur le 2e trimestre du *Bulletin de la Société de géographie de Marseille.*

«Nous releverons d'abord dans ce bulletin, dit le rapporteur, le compte rendu d'une conférence du marquis de Barthélemy, qui est le résumé de ses dix années d'exploration en Indo-Chine. Il y étudie particulièrement les chemins de fer et les transports maritimes, il y examine non seulement ce qui a été fait, mais ce qui reste à faire pour développer et mettre en valeur les ressources de notre colonie et tirer parti des pays voisins.

«L'étude de M. Ernest Fallot sur la démographie maltaise est toute nouvelle. N'avaient jamais été publiés en France les renseignements qu'on y trouve, ainsi que sur l'accroissement très rapide de la population — elle a presque doublé en soixante ans, — sur la comparaison de la natalité et de la mortalité avec les chiffres des autres pays.

«Nous devons signaler également un travail de M. Étienne Giraud sur la Guinée portugaise, ses 6 millions d'hectares et ses 100,000 habitants. L'auteur étudie successivement la navigabilité des rivières qui les arrosent, les productions et l'ethnographie de la région. Il y a là des détails infiniment précieux sur ces populations et il termine par des considérations économiques qui nous démontrent que le Portugal se désintéresse de cette colonie, qui possède cependant tous les éléments de prospérité qu'on rencontre dans la Guinée française et ne la conservent que par souvenir et parce que les lois s'opposent à toute vente ou cession de territoire. C'est là une conception complètement erronée, il est à souhaiter que l'administration comprenne enfin qu'elle a le devoir de concourir à la prospérité d'une colonie qui ne demande qu'à être aidée et qui récompenserait bien vite la métropole de ses sacrifices et de ses efforts.»

M. Emm. de Margerie rend compte des 1er, 2e et 3e trimestres du *Bulletin de la Société languedocienne de géographie* pour l'année 1905.

« Les trois premiers fascicules du Bulletin de Montpellier pour 1905 nous apportent, comme toujours, d'importantes contributions à l'histoire et à la géographie du Languedoc.

« M. Eugène Ferrasse y achève, dans une suite d'articles (p. 15-34, 205-221, 249-264), sa monographie des *Cavités naturelles du département de l'Hérault*, commencée au tome XXVII; c'est un consciencieux résumé de tout ce que l'on sait sur les grottes du Larzac, de la Séranne, du Minervois et des régions voisines.

« Deux autres mémoires, dont la publication se poursuit depuis un certain temps dans le Bulletin, sans être terminée, ont pour titres : *Montpellier, ses sixains, ses îles et ses rues*, par M. Grasset-Morel (p. 139-165 et 291-309), et *Les verriers du Languedoc, 1290-1790*, par M. Saint-Quirin (p. 35-86 et 137-204). Mais ces travaux, quel qu'en soit l'intérêt, sont du ressort de l'histoire locale plutôt que de la géographie proprement dite.

« Il en est autrement de la substantielle étude de MM. L. Blanc et Marcel Hardy sur *la Cartographie botanique détaillée*, avec commentaire d'une carte des environs de Montpellier à 1/20,000e prise comme exemple. En quelques pages très précises, les auteurs y définissent nettement les unités physionomiques que l'on peut reconnaître dans les divers aspects du tapis végétal au nord de Montpellier : bois de chêne vert et de pin d'Alep, garigues à chêne kermès, à buis ou à romarin, falaises rocheuses, friches, cultures des coteaux pierreux, des coteaux siliceux et de la plaine. Les considérations qu'ils développent à ce propos sur les méthodes de la cartographie botanique ont une réelle portée générale.

« Pour sortir de France, mais sans quitter le domaine méditerranéen, nous trouvons une attachante conférence de M. Émile Guimet, sur *les Musées de la Grèce* (p. 121-138) et des notes de M. Jules Maistre sur *les Berabers* du Maroc (p. 86-92).

« Des comptes rendus ou analyses d'ouvrages, des reproductions et enfin la chronique habituelle, rédigée par M. L. Malavialle, complètent ces fascicules. »

M. Aymonier analyse les deux volumes de M. Albert Schrœder intitulés : *Annam, Études numismatiques*.

M. Teisserenc de Bort a examiné l'ouvrage de M. le lieutenant Pierre Castel sur *Tebessa.*

M. Vidal de la Blache donne lecture d'un compte rendu consacré au livre de M. Hamy, *Joseph Dombey, médecin, naturaliste et archéologue, explorateur du Pérou, du Chili et du Brésil* (1778-1785), *sa vie, son œuvre, sa correspondance.*

La séance est levée à 5 heures trois quarts.

Le Secrétaire,

E.-T. Hamy.

SÉANCE DU SAMEDI 7 AVRIL 1906.

PRÉSIDENCE DE M. BOUQUET DE LA GRYE, MEMBRE DE L'INSTITUT.

La séance est ouverte à 4 heures et demie; le procès-verbal de la réunion du 3 mars est lu et adopté et il est donné lecture de la correspondance comprenant des lettres d'excuses de MM. Aymonier et de Margerie, une demande de subvention que voudra bien examiner M. Vidal de la Blache et diverses publications dont rendront compte MM. Boyer, Grandidier, Levasseur et Gabriel Marcel.

M. Bouquet de la Grye dit quelques mots d'une lettre adressée d'Aden au Ministère de l'Instruction publique par M. Bardey, et dans laquelle cet honorable correspondant analyse les conditions du fonctionnement du chemin de fer de Djibouti à Dire-Daoua et montre que son exploitation a arrêté presque complètement le trafic qui se faisait autrefois par Zeilah.

Les Anglais, qui comptaient beaucoup sur cette dernière place, s'occupent actuellement de dériver le commerce de l'Abyssinie du côté du chemin de fer de Kartoum ou du Cap au Caire, sans se préoccuper de la distance qui ne permettrait guère que le transport de marchandises chères.

Nous savons d'ailleurs que leur désir est de prendre d'une manière ou de l'autre le chemin de fer de Djibouti et nous ne pouvons qu'appeler l'attention du Gouvernement sur leurs agissements à cet égard.

M. Bardey ne donne aucune conclusion à sa lettre, mais elle renferme des renseignements précieux sur le commerce de la Côte des Somalis et je crois qu'il y aurait intérêt à la communiquer au ministère des colonies.

M. Grandidier rend compte des derniers travaux publiés par la Société de géographie.

1° *Du Touat au Niger*, par M. E.-F. Gautier. Comme le dit M. Gautier, il ne s'agit pas d'un voyage d'exploration, à péripéties, mais d'un voyage d'études. Deux professeurs, MM. Gautier et Chu-

SÉANCE DU SAMEDI 6 MAI 1906.

PRÉSIDENCE DE M. BOUQUET DE LA GRYE, MEMBRE DE L'INSTITUT.

La séance est ouverte à 4 heures et demie; le procès-verbal de la séance du 3 avril est lu et adopté.

La correspondance renferme des lettres d'excuses, plusieurs rapports sommaires de MM. Bouquet de la Grye, Hamy, Longnon, Vidal de la Blache, relatifs à l'impression de mémoires présentés au Congrès de la Sorbonne, et une brochure de M. Beauvois renvoyée à l'examen de M. G. Marcel.

M. Aymonier donne lecture du rapport suivant sur un travail de M. Figeac intitulé : *Origine et migration du peuple N'da de l'Himalaya à la Gold-Coast* :

« A côté des théories les plus audacieuses qui s'appuient, au moins en apparence, sur quelques bases scientifiques, il en est d'autres qui n'ont plus rien de commun avec le domaine de la science. Supposons, par exemple, qu'un lecteur plus intrépide qu'avisé rencontre le mot cambodgien *dau* « aller », que les indigènes prononcent actuellement *tou*, qu'il rapproche ce mot du terme familier *toutou*, que bébés et bonnes mamans de France ont créé et appliquent fréquemment au chien, puis que, frappé de cette similitude de son, il prétende — nouvelle audace — que le *toutou* est l'animal domestique coureur par excellence et que donc son nom vient du *tou* des Cambodgiens. Pour puérile et mal fondée que soit la théorie à tous points de vue, il la soutiendra en empruntant à d'autres langues des termes plus ou moins ressemblants : pour qui le désire vivement, les langues humaines, même les plus hétérogènes, offrent tant de ressources de ce genre! Si tel est son bon plaisir, notre théoricien citera même moult graves auteurs qui n'en peuvent mais, qui seraient très surpris des déductions tirées de leurs ouvrages.

« On a vu de tout temps, mais particulièrement en ces dernières années, des livres entiers écrits d'après la théorie du *toutou*.

«Heureusement, ce n'est qu'un article de dix-huit pages que nous présente M. Figeac.

«Pour lui, les *Nata* du législateur indien Manou sont devenus les *N'da* de la Côte d'Or, sur le golfe du Bénin. Leurs itinéraires sont même indiqués sur une carte jointe à l'article.»

Page 7, nous lisons ceci :

«Les peuples de race N'da semblent avoir fait partie de l'antique groupement ligure, dont les rameaux, partis de la Lybie, envahirent l'Italie et la Gaule : leur langue a vraisemblablement fourni à la nôtre plus d'une racine ignorée», et l'auteur cite plus de vingt mots caractéristiques parmi lesquels je me contente d'en prendre quatre : *kre* «crapaud»; *kpé* «couper», *tisù* «dessus»; *koko* «coquillage conique». Il aurait pu même faire ressortir, pour ce dernier exemple, la puissance synthétique du langage *N'da*, sa supériorité sur notre pauvre langue française, obligée d'ajouter cinq syllabes aux deux *co co* initiaux.»

Page 5, nous lisons :

«Or, les antiques populations de la Sicile, de l'Italie et de la Lybie semblent être représentées par un dieu féroce, le troglodyte Cacus, étouffé par Hercule. Le nom de ce monstre s'applique aux montagnards Cacou, Cocosates, établis au Sud de la Garonne, et parents des Gouanches troglodytes. Or Kaka-Gye, «le dieu Caca», est le fétiche principal des indigènes de la Côte d'Ivoire; on lui offre encore, comme autrefois à Cacus, les têtes des victimes immolées sur les dolmens; on l'appelle aussi Sirû, Sibû, le Saturne des Latins, le Kronos des Grecs, le Moloch des Phéniciens.»

Ou encore, page 9 :

«Hérodote, racontant l'aventure du navire *Argo*, parle d'un Triton qui monte à bord du vaisseau et y prédit, sur le trépied d'airain, l'avenir de la colonisation grecque. D'après Pindare et Appolonios, ce Triton remit à Euphémos, l'un des Argonautes, une motte de terre en signe d'hospitalité, en lui faisant la même prophétie. Donc, ce Triton était un homme et, de plus, comme il guida parfaitement le navire *Argo*, un pilote habile; il appartenait au clan ou à la tribu des Agni, ou Tritons, fraction des N'da.»

Ces citations suffisent, je pense, pour caractériser cet opuscule, qui nomme ou cite un certain nombre d'auteurs anciens ou modernes, et dont le seul mérite consiste à être assez court.

M. de Margerie analyse l'ouvrage récemment publié sous le patronage du Comité du Maroc et intitulé : *Mission de Segonzac. — Dans le Bled es Siba. Explorations au Maroc*, par M. Louis Gentil.

M. Vidal de la Blache donne lecture d'un rapport sur la demande de subvention présentée par la Société languedocienne de géographie, destinée à contribuer à la publication du tome III de la *Géographie générale du département de l'Hérault*. Ce rapport est renvoyé avec avis favorable à la Commission centrale.

MM. Aymonier et Grandidier donnent communication de deux rapports sur des demandes de souscription renvoyées également avec avis favorable à la même Commission.

M. Teisserenc de Bort rend compte des dernières publications de la Société de géographie d'Alger et de l'Afrique du Nord.

« Cette publication, dit le rapporteur, continue à présenter un très vif intérêt.

« Dans le premier fascicule nous trouvons un travail du lieutenant Charlet sur *les Palmiers du Mzab*. Cette étude débute par les légendes arabes relatives au palmier, puis l'auteur décrit la culture du palmier et, à ce propos, rappelle le proverbe qui s'applique si bien à la culture des pays chauds : « A sept ans de soins « il est déjà palmier adulte; à soixante et dix ans de privations il « ne produit pas encore. »

« La notice se termine par une étude sur les Mozabites en général.

« L'auteur montre comment cette race industrieuse et persévérante a su tirer parti de toutes les ressources pour créer les oasis de palmiers qui ont été la principale richesse du Mzab pendant de longues années. Il pense que les Mozabites seraient les meilleurs artisans pour revivifier les régions du Sahara dans lesquelles il y a encore des ressources en eau, et cite, à ce propos, l'exemple d'un Mozabite de Metlili, Aïssa ben Metlilia, qui s'est établi à 150 kilomètres au Sud d'El-Golea, au fort Mac-Mahon, où il vit avec une nombreuse famille du produit des six jardins qu'il y a créés. »

M. Kieffer, qui a visité les régions du Tchad, examine la question du dessèchement de ce lac et publie, à l'appui de son étude, un croquis de l'archipel du lac Tchad.

Les preuves qu'il donne d'une diminution de sa surface sont très topiques. Une chaîne rocheuse sur laquelle Barth monta en quittant M. Guigmi pour admirer le lac est maintenant séparée du lac par une très grande étendue de terre. Ceci est pour la région Nord. D'autre part, on avait parlé d'un déplacement du lac vers l'Ouest. Or, des points de repère permettent de reconnaître que là aussi le lac diminue d'étendue.

M. Kieffer raconte les péripéties d'un récent voyage du *Blot* qui, à cause de l'absence d'eau, ne put atteindre Madou en 1903, alors qu'il y avait abordé l'année précédente.

Les apports liquides considérables du Chari et du Komodougou ne suffisent pas à compenser l'évaporation qui est d'autant plus grande que la nappe d'eau a une profondeur moindre et s'échauffe ainsi beaucoup sous l'action du soleil. Il semble y avoir aussi une perte due à des infiltrations qui alimentent une nappe souterraine qui fournit de l'eau au Kanem.

Le problème du dessèchement du Tchad est un des plus intéressants de la physique du globe. A vrai dire, il ne saurait être résolu en quelques années, même par des observations tout à fait précises, car on sait déjà par d'autres nappes d'eau qu'il y a des périodes de sécheresse plus ou moins prolongées, intercalées entre des périodes normales ou très pluvieuses. Il semble cependant, d'après les observations faites en Asie depuis de longues années, que les lacs et mers intérieures tendent vers un dessèchement plus ou moins complet, et cela même dans des régions où le déboisement ne peut être mis en cause.

Il faut signaler dans la même livraison : 1° Une intéressante étude historique sur les derniers Mérinides, par M. A. Cour, professeur à la Médersa de Tlemcen, cette dynastie régna au Maroc depuis la fin du XIVe siècle jusqu'à la fin du XVe;

2° Une étude sur les trois ans d'exil du dey Hussein en Italie, par M. Demontès, où il nous retrace les agissements de l'ancien despote d'Alger avant son départ pour Alexandrie, où il est mort en 1838, et, en particulier, ses intrigues politiques à Livourne, qui furent déjouées grâce à la vigilance du consul de France.

M. Hamy dit quelques mots des découvertes de M. le Dr Rivet, qui accompagnait, en qualité de médecin, la mission d'étude du méridien *dit* du Pérou. Les fouilles exécutées dans d'anciens tombeaux dans le Nord de la République de l'Equateur, ont mis à jour les restes abondants d'une civilisation parallèle à celle des Incas, mais qui diffère suffisamment de celle-ci pour que l'on puisse considérer cette région, jusqu'à présent inexplorée, comme un nouveau *foyer de civilisation précolombienne*, intermédiaire à celles du Pérou et de la Colombie.

La séance est levée à 5 heures et demie.

Le secrétaire,
E.-T. Hamy.

SÉANCE DU SAMEDI 2 JUIN 1906.

PRESIDENCE DE M. BOUQUET DE LA GRYE, MEMBRE DE L'INSTITUT.

La séance est ouverte à 4 heures et demie; le procès-verbal est adopté après quelques observations échangées entre MM. de Saint-Arroman, Bouquet de la Grye, Hamy, Vidal de la Blache.

Sur un rapport favorable de ce dernier collègue, une demande de subvention de M. Cavalliès, de Bayonne, destinée à favoriser les recherches géographiques de ce professeur dans les Basses-Pyrénées, est accueillie favorablement et renvoyée à la Commission centrale.

M. de Saint-Arroman communique une demande de subvention de la Société géographique de Dunkerque, en vue du Congrès des Sociétés françaises de géographie de juillet prochain, dont cette compagnie a, cette année, la session à sa charge.

Conformément aux précédents, il sera proposé à la Commission centrale de voter un subside de 1,000 francs affecté aux publications du Congrès.

M. Bouquet de la Grye veut bien se charger d'examiner les revendications que la Société de géographie commerciale de Bordeaux a présentées, par l'organe de M. Hautreux, au sujet de la découverte des cartes de Masse, dont il a été souvent question dans les dernières sessions de nos Congrès.

M. Boyer voudra bien rendre compte d'un mémoire de M. le baron de Baye sur les Tatars de Crimée.

M. Bouquet de la Grye dit quelques mots des derniers bulletins de la *Société des Études maritimes et coloniales*.

M. Hamy entretient la Section des derniers travaux de la Société de géographie de Lille et de l'Union géographique de Douai :

«Le tome XLIV du *Bulletin de la Société de géographie de Lille* se présente avec les mêmes qualités si souvent louées déjà par le rapporteur. Les conférences de MM. Agache, Cotte, Goblet, Pascal, Kahn, Lacroix, Liagre, Mullendorff, Ronsat, Segonzac, Zolla, etc., ne le cèdent pas en intérêt à celles des précédents volumes et les excursions dont j'ai déjà fait valoir l'importance se sont poursuivies, cette année, avec le même succès. La Société a célébré, le 12 novembre 1905, son vingt-cinquième anniversaire et M. Guillot, ancien secrétaire général, dans une allocution fort intéressante, a raconté les origines de l'association et l'évolution toujours croissante qui va lui faire atteindre le chiffre de 4,700 adhérents, réunis tout à la fois par l'éclat de séances presque toujours fort attrayantes et l'abondance et la variété des matières que traite à leur usage un bulletin dont les douze numéros ne forment pas moins de deux volumes de 400 pages chacun.

« Le bulletin publié à Douai par *l'Union géographique du Nord de la France* est beaucoup plus modeste. Cette fédération, réduite à cinq sociétés, prend maintenant de plus en plus le caractère régional que lui imposaient ses premiers statuts, et les deux numéros de 1905 que votre rapporteur a sous les yeux sont consacrés, pour la plus grande partie, à deux études locales, l'une sur le village de Bachy, dans l'arrondissement de Lille, qui a pour auteur M. Huin, l'autre sur le vieux Douai, due à la plume alerte et spirituelle de M. Dubrulle. La chronique, rédigée par le nouveau secrétaire général, M. Brienne, renferme des renseignements géographiques généralement bien choisis, empruntés principalement aux publications consulaires. »

M. Gabriel Marcel fait connaître les dernières publications de la *Société de géographie de Marseille.* « Nous devons remarquer, dit-il, dans le troisième trimestre, une excellente note de M. J. Repelin, professeur libre à la Faculté des sciences de cette ville, sur la véritable source de la Durance. Ce n'est pas le petit ruisseau qui descend du mont Genèvre, mais bien la Clarée qui doit être considérée comme la tête de la rivière provençale. La question a été déjà traitée par Elisée et Onésime Reclus, mais ils ne l'avaient pas fait avec l'abondance et le luxe des nouvelles doctrines géologiques qu'apporte M. Repelin à la discussion du problème. Il semble bien qu'il ait complètement raison, mais il faut lutter contre l'habitude, et il lui paraît difficile de baptiser d'un nom nouveau le ruisseau du mont Genèvre sans provoquer de nombreuses protestations; aussi propose-t-il de lui réserver le nom de petite Durance, alors qu'on donnerait celui de grande Durance à la Clarée.

« M. George Bourge étudie avec la compétence que nous lui connaissons dans les questions océaniennes dont il a fait depuis longtemps son domaine, l'archipel des Nouvelles-Hébrides, sa situation géographique en pleine zone d'influence française, l'histoire de sa découverte par Quiros et des établissements européens, notamment des missions anglaises et des nôtres, qui sont arrivées toutes deux à de maigres résultats au point de vue religieux. Envisageant la situation politique actuelle et la lutte commerciale qui s'y est établie entre la France et l'Angleterre, il loue l'initiative de M. Emile Mercet qui a continué les efforts de feu Higginson et conseille l'application de certaines mesures destinées à assurer le triomphe des idées et de l'influence française.

« L'industrie des pêches maritimes au Tonkin a attiré toute l'attention de M. André Gérard, un ancien agent de la Société de Kebao. On sait que la consommation du poisson séché, aliment sain, facilement transportable et très bon marché, est considérable dans toute l'Indo-Chine; elle pourrait l'être encore bien plus si les indigènes se groupaient pour pratiquer la grande pêche en eau profonde et avec de longs et larges filets. M. Gérard étudie de très près les conditions dans lesquelles se pratique la pêche et estime qu'une entreprise européenne, munie de nouveaux engins, préparant scientifiquement les produits de la pêche, aurait grande chance de réussite, car la consommation du poisson séché est pour ainsi dire illimitée dans toute l'Asie orientale. Il faut étudier les moyens pratiques d'organisation proposés par M. Gérard, qui a été sur les lieux; il y a là une industrie nouvelle à créer dont les produits peuvent être considérables. C'est une idée à creuser.

« Nous ne nous arrêterons pas sur l'étude que fait des territoires du lac Tchad M. Fernand Sabatier, ni sur les comptes rendus de l'Exposition universelle de Liège ou de l'Exposition coloniale de Marseille, qui a lieu en ce moment; nous nous contenterons de dire que les Variétés renferment, comme toujours, d'utiles informations, insistant seulement sur le caractère utilitaire et pratique des articles contenus dans cette revue et qui nous paraissent merveilleusement répondre au but que se propose la Société de géographie de Marseille. »

Le même membre analyse le n° 80 des *Annales de géographie* (15 mars 1906) :

« Dans une étude sur les nouvelles mappemondes paléogéographiques, M. de Lapparent nous montre l'application sur les cartes des découvertes récentes qui nous permettent de nous faire une idée de la répartition des terres et des mers aux diverses époques géologiques. Dès 1885, Neumayr s'était occupé des mers jurassiques, puis Katzer et Fliegel avaient résumé les dernières informations sur le dévonien moyen et le carboniférien. C'est de ces données que s'était inspiré M. de Lapparent dans la quatrième édition de son traité de géologie pour tenter sur des mappemondes des restitutions des contours maritimes. Mais le grand obstacle à ces généralisations était le manque d'informations précises pour les pays extra-européens. Les informations recueillies durant les cinq dernières années ont été si nombreuses que M. de Lapparent a songé à reprendre ses tentatives qui avaient surtout pour but d'imprimer une tournure géographique à une science faite surtout de coupes de terrains et de listes de fossiles.

« Mais le savant géologue trouvait que la projection de Mercator, faite surtout pour les cartes marines, amenait de trop graves déformations; il en chercha donc une autre qui convînt au but qu'il se proposait et la trouva dans l'atlas physique de Berghaus. C'est la planche n° 16 de cet atlas dont il s'est servi pour nous montrer dans une série de sept figures les modifications apportées dans la répartition des mers et des terres à différentes époques. De la comparaison de ces esquisses résulte pour M. de Lapparent que tous les traits de la géographie actuelle ont été dessinés dès l'origine, que l'évolution a été progressive et que la dislocation des terres stables du début (Indo-Afrique et Atlantique) a compensé les émersions successives.

« M. Coijic, qui s'est adonné aux recherches ethnographiques, étudie cette fois la Macédoine, où les nationalités sont excessivement mêlées; la solution du problème est fort difficile, car la fusion des races est tantôt complète, tantôt en voie de se faire et parfois même elle n'existe pas. Puis aux différences ethniques s'est superposée la question politique donnant aux uns une langue qui n'est pas la leur, faisant rejeter par les autres une nationalité qui est en réalité celle à laquelle ils appartiennent. Il faut dans ces questions un grand tact et une sûreté d'appréciation ainsi qu'une absence totale de parti-pris. Ce sont ces qualités qui ont permis à M. Coijic de conclure que les Slaves macédoniens ne sont ni Serbes ni Bulgares bien qu'ils soient apparentés de très près à ces nations, que le nom de Bulgares qu'ils se donnent n'est pas un nom ethnographique et ne signifie pas Bulgares de nationalité et qu'il faut enfin se méfier tout autant des tableaux statistiques que des cartes ethnographiques de la Macédoine qui ne sont ni linguistiques ni ethnographiques et ne font qu'adopter la manière de voir des Slaves macédoniens qui se qualifient de Bulgares.

«A la suite de cette étude vient un très remarquable travail de M. Louis Gentil, qui fit partie de la mission de Segonzac et qui a publié, sous le titre «Dans le Bled es Siba», le récit de son exploration. Il se contente de consigner ici les principaux résultats géologiques qu'il a recueillis — et ils sont considérables — dans les parties du Maroc qu'il a parcourues, régions qui, pour la plupart, étaient inconnues. Dans le Nord il s'est particulièrement attaché à la discussion du mémoire de Coquand sur la structure de la chaîne du Rif et il a constaté qu'il faut y apporter des changements importants. Quant au Sud, il nous fournit des données sur la chaîne du Haut-Atlas, qu'il a explorée depuis le méridien de Denmat jusqu'à la côte et notamment sur le flanc méridional de cette chaîne jusqu'alors presque vierge d'explorations européennes, puisque seuls Lenz, Segonzac et le capitaine Lavras en avaient reconnu certains points. Pour M. Gentil, la haute chaîne comprend deux systèmes principaux de plis primaires et tertiaires, et l'Atlas marocain a certainement participé aux plissements alpins. On n'avait auparavant que peu de renseignements sur le Siroua, massif volcanique aujourd'hui couvert d'un manteau glacé, sorte de chaîne traversable reliant le haut Atlas à l'Anti-Atlas. M. Gentil a pu le traverser de part en part de Tizirt au Tizi n'Tarat. La surface envahie par les déjections volcaniques est de plus de 20 kilomètres, et si le Siroua par son importance comme par son altitude rappelle l'Etna, la nature de ses déjections le rapproche du Cantal. M. Gentil termine par quelques considérations sur deux essences forestières : l'arganier et le thuya à gomme sandaraque, qui jouent un rôle important dans la vie économique du pays.

«Les renseignements que nous venons de résumer brièvement sont d'une importance considérable; si certaines hypothèses que met en avant M. Louis Gentil ont besoin d'être confirmées par l'expérience, on a, dès aujourd'hui et grâce à lui, des vues beaucoup plus nettes sur la constitution des deux Atlas, et la géologie du Maroc a fait un pas décisif.

« Avec le travail de MM. Augustin Bernard et N. Lacroix nous restons en Afrique. L'évolution du nomadisme en Algérie est une étude faite avec une grande légèreté de touche et sans parti-pris, où les intérêts des agriculteurs ne sont pas sacrifiés à ceux des pasteurs, et inversement. Très sages sont les considérations des deux auteurs qui veulent non d'une politique inflexible, mais qui se plie au contraire aux circonstances de lieux et de temps. Depuis les temps anciens jusqu'à nos jours ils suivent le nomadisme en partant de ces principes que tous les peuples n'ont pas passé par l'état pastoral et que tous ne sont pas non plus destinés à s'élever à l'état agricole. Certes la partie historique de cette étude est intéressante, mais combien est plus précieuse celle qui part de la conquête pour nous mener à l'époque actuelle. Il n'y a rien à détacher de cet excellent morceau qui se tient parfaitement, qui est à lire, encore plus à méditer... surtout par nos administrateurs qui ont trop souvent des idées préconçues. Ils auront beaucoup à apprendre dans les quelques pages de MM. Bernard et Lacroix, dont la compétence est depuis longtemps reconnue par tous ceux qui s'occupent de l'Algérie. »

M. Vidal de la Blache a résumé les n°s 3 et 4 du *Bulletin de la Société de géographie de Toulouse* pour 1905 :

« Parmi les conférences dont ces livraisons nous donnent le résumé, je citerai, comme ayant un intérêt particulièrement géographique, celle de M. Préaudet, qui a exploré le désert de Ferlo. Cette région figure, dans la plupart des cartes d'Afrique, sur la rive gauche du Sénégal, entre Bakel et la Gambie; elle est traversée par le 14° degré de latitude. La description qu'en donne le voyageur répond bien à l'aspect de zone de transition, moitié steppe et moitié savane, aux approches de la zone tropicale humide. Ce n'est pas un désert, à proprement parler, sinon intermittent et en quelque sorte saisonnal.

« Voici, en effet, l'image que nous en retrace le voyageur. Il y décrit des collines couvertes de forêts buissonneuses, où il cite des mimosées, gommiers, fromagers, et çà et là de gigantesques baobabs. Une faune abondante l'anime pendant la saison des pluies ;

éléphants, girafes, lions, panthères, bœufs sauvages, gazelles et antilopes. Mais à la fin de la saison des pluies, vers le commencement d'octobre, le spectacle change ; il ne reste de cette foule d'animaux que quelques sangliers attardés se vautrant dans les mares temporaires qu'ont laissées les pluies. Bientôt, dès le mois de février et mars, commence le régime des vents d'Est, très chauds, très desséchants, semblables aux *hot winds* de l'Hindoustan. Ils ne tardent pas à changer le pays en fournaise. C'est alors qu'il devient un désert, pour quelques mois. Les Peulhs ou Foulbé, qui le fréquentent avec leurs troupeaux pendant la belle saison, s'éloignent comme tout le reste ; la vie s'éteint aussi complètement qu'en hiver dans les hautes montagnes.

« Les traits que nous résumons ainsi, d'après M. de Préandet, ont un caractère de vérité qui témoigne en faveur de ses qualités d'observateur.

« Quel parti, se demande-t-il, les Européens pourraient-ils tirer de cette région ? L'élevage est évidemment la seule destination possible ; mais les Peulhs, excellents pasteurs, sont seuls en état de pratiquer cet élevage, dans les conditions physiques qui viennent d'être décrites.

« Nous avons souvent exprimé le regret que les études locales ne tiennent pas assez de place dans les Bulletins de nos Sociétés provinciales de géographie. Combien on aimerait à y trouver des renseignements précis et topiques sur les régions où se recrutent leurs membres, plutôt que des considérations générales sur des sujets rebattus qui tiennent, il faut bien le dire, trop de place en général dans ces recueils ! Naturellement ce ne sont pas des impressions de promeneur ou de touriste qui donneraient satisfaction à ce désir, mais des études documentées, vues et observées sur place.

« Je suis bien aise de constater que, sous une forme modeste et sans prétention, les n°s 3 et 4 du Bulletin de la Société de Toulouse nous présentent une monographie locale qui rentre dans le type indiqué. Il s'agit d'un village du Lauragais, nommé Montesquieu du Lauragais ou Montesquieu du Canal, situé à peu près à mi-chemin entre Castelnaudary et Toulouse. L'auteur, M. Paul Fourès, est si j'ai bien compris, un notaire qui a compulsé pour ce travail les archives de son étude. Situé sur le rebord du plateau de molasse qui encadre la large vallée de l'Hers, ce village est une ancienne place forte, qui a conservé une partie de ses remparts, comme plusieurs villages placés dans les mêmes conditions topographiques, le long de ce couloir d'invasions qui se prolonge de Narbonne à Toulouse. Il forme aujourd'hui une commune de 2,476 hectares de superficie. La population agglomérée au chef-lieu de la commune n'est que de 120 habitants, soit le septième de la population la totale (820, d'après le recensement de 1901). Cette supériorité de population disséminée sur la population agglomérée est, autant que je puis le savoir, ordinaire dans ce terroir fertile, tout couvert de métairies ou *bordes;* je crois cependant que, dans le cas particulier de Montesquieu, la disproportion est plus forte que d'habitude.

«M. Fourès apporte, dans ce petit cadre, des faits intéressants et que je crois susceptibles de généralisation pour la région du Lauragais tout entière, sur l'évolution de la propriété. Il constate qu'au moment de la Révolution la plus grande partie du territoire était entre les mains d'une demi-douzaine de familles, possédant chacune plusieurs métairies; en dehors de ces gros blocs il n'y avait que de petits lopins de terre. La moyenne propriété, pour emprunter ses expressions, n'existait, pour ainsi dire, pas. Aujourd'hui, au contraire, ces grosses propriétés ont disparu pour la plupart. Elles ont fait place à une propriété de dimensions moyennes. Mais, si je comprends bien les conclusions de l'auteur, ce ne serait qu'un état transitoire; car il semble prévoir, d'après certains indices généraux, que dans un avenir qui n'est peut-être pas éloigné, ce qui prévaudra, c'est un morcellement par lopins de 5 à 6 hectares appartenant aux cultivateurs eux-mêmes.

«En tout cas ces transformations ne s'accomplissent pas sans modifier profondément les habitudes, le régime, la mentalité peut-être, l'état social. La condition du métayer d'autrefois n'est pas dépeinte sous des couleurs avantageuses. Il était presque toujours engagé de dettes envers son propriétaire. Chargé de famille, où le nombre des enfants allait souvent à 10 ou 12, il ne changeait pas facilement de place. Soit nécessité, soit crainte de ne pas trouver mieux, ces familles de métayers se perpétuaient de génération en génération dans la même borde.

«Les propriétaires n'ont pas moins changé que leurs salariés. Les plus âgés d'entre nous ont pu connaître ce type de propriétaire non cultivateur, vivant bourgeoisement, mais courant les foires et les marchés, s'occupant activement à trafiquer du bétail ou à vendre ses grains : ce type, paraît-il, est en train de disparaître.

« Les cultures aussi changent, quoique dans une moindre mesure, car ici les conditions de sol et de climat sont impératives. Les labours, comme l'indique le nom même du pays, dominent, ne laissant qu'une place insignifiante aux bois, et ont depuis quelques années complètement éliminé la vigne. Mais aux récoltes principales, blé et maïs, s'ajoutent des fourrages artificiels, luzernes, trèfles, vesces, etc.

« Abondance relative de produits tenant à la bonté naturelle du sol, progrès incontestables dans les conditions matérielles d'existence du paysan; mais, d'autre part, mesquinerie et appauvrissement de la vie bourgeoise, sur laquelle la grande ville voisine exerce une attraction fâcheuse : tels sont les traits par lesquels le notaire de Montesquieu résume la physionomie de son village. Ce n'est pas à lui seulement qu'ils s'appliquent. »

M. G. Marcel donne lecture d'un rapport sur une demande de souscription, renvoyée avec avis favorable à la Commission centrale.

La séance est levée à 5 heures et demie.

Le secrétaire,

E.-T. Hamy.

SÉANCE DU SAMEDI 7 JUILLET 1906.

PRÉSIDENCE DE M. BOUQUET DE LA GRYE, MEMBRE DE L'INSTITUT.

La séance est ouverte à 4 heures et demie; le procès-verbal de la séance précédente est lu et adopté. En l'absence de M. de Saint-Arroman excusé, M. Charpentier donne lecture de la correspondance qui comprend notamment des lettres de M. Chauvigné, relatives au Bulletin. Après un court entretien relatif aux questions soulevées par cette correspondance et auquel prennent part notamment MM. Bouquet de la Grye et Vidal de la Blache, il est donné connaissance de deux demandes de souscription, renvoyées à l'examen de MM. Hamy et Longnon.

M. Bouquet de la Grye donne lecture d'un court rapport relatif aux démêlés qui ont surgi à l'occasion de la découverte des cartes de Masse entre M. Duffart, l'un des collaborateurs assidus du Congrès des Sociétés savantes, et la Société de géographie commerciale de Bordeaux.

« Cette Société, dit M. Bouquet de la Grye, a envoyé au président du Comité des travaux historiques et géographiques une longue lettre de protestation contre quelques mots insérés dans le deuxième fascicule de notre Bulletin de 1905, page 213.

« La phrase entière émanant de M. Duffart et prononcée au Congrès des Société savantes tenu à Alger est la suivante; les mots incriminés sont soulignés :

« Pour arriver à ces conclusions (il s'agit des modifications du « littoral médocain), je me suis appuyé sur une argumentation scien- « tifique tirée de la comparaison de la Cartographie, de l'Hypsométrie « et de la Bathymétrie les plus complètes du XIXe siècle, avec le « document cartographique d'incontestable valeur *que je découvris à « Bordeaux en 1898 : la carte manuscrite de Claude Masse, ingénieur « de Vauban.*

« Le Bureau de la Société de géographie de Bordeaux ne nie pas que M. Duffart ait eu le mérite de démontrer que trois cartes faisant partie des archives de la conservation des forêts de Bordeaux étaient de Masse et que c'est sur ces cartes que sont appuyées ses conclusions, mais il croit voir dans la phrase soulignée que M. Duffart a découvert toutes les cartes de Masse.

« C'est un procès d'intention contre lequel proteste M. Duffart, en produisant une brochure imprimée en 1898 par les soins de la même Société de géographie commerciale (Bulletin de juin), dans laquelle il annonce sa découverte, qui vient combler une lacune dans la partie la plus importante du littoral médocain, rendant hommage d'ailleurs à tous ceux qui ont trouvé les treize premières feuilles du travail de Masse.

« Nous pensons que cette explication est de nature à satisfaire la susceptibilité de la Société de géographie commerciale de Bordeaux, qui a eu la première le mérite d'appeler l'attention des cartographes sur les travaux remarquables de Masse, et qu'il n'y a pas lieu d'insérer sa protestation dans le Bulletin de notre Comité. »

M. Boyer dit quelques mots d'une brochure envoyée au Comité par M. le baron de Baye et intitulée : *Chez les Tatars de Crimée, souvenirs d'une mission.* Il recommande à l'attention de la Section un tirage à part des *Annales de géographie* comprenant un remarquable travail de M. Aitoff sur les peuples et les langues de la Russie, accompagné d'une carte en couleurs.

M. Grandidier passe en revue les derniers numéros de la *Géographie*, qui contiennent les principaux articles suivants :

1° *L'âge des derniers volcans de la France*, par M. Marcellin Boule. — Les anciens volcans de la France centrale se divisent en deux grands groupes que sépare la vallée de l'Allier : à l'Ouest, le groupe Auvergne-Gévaudan ; à l'Est, le groupe Velay-Vivarais, qui comprennent eux-mêmes plusieurs régions qui ont chacune leur physionomie particulière. M. Boule, qui a étudié pendant de longues années ces régions, donne dans ce très important mémoire le résultat de ses études et fixe, par la stratigraphie comme par la paléontologie, l'âge des éruptions volcaniques des divers massifs ; nous ne pouvons naturellement pas le suivre dans l'exposé de ses recherches sur les plateaux de l'Aubrac, dans les massifs du Cantal et du Mont-Dore, dans la chaîne des Puys, sur le plateau des Coirons, sur les volcans à cratères de l'Ardèche et sur ceux du Velay, non plus que sur les buttes basaltiques du Forez ; nous devons nous contenter de résumer les conclusions auxquelles elles l'ont conduit.

C'est à partir du Pliocène supérieur que les éruptions volcaniques, exclusivement basaltiques, se sont poursuivies dans la région du Puy et dans celle du Mont-Dore; au début du Pléistocène, de nouveaux volcans se sont fait jour dans la Haute-Loire et dans la chaîne des Puys dont la principale phase éruptive a eu lieu pendant le Pléistocène moyen.

Les volcans de la France centrale sont-ils complètement éteints? se demande M. Boule. Se basant sur la succession des manifestations volcaniques, qu'ont fort bien étudiées MM. Sainte-Claire Deville et Fouqué, il montre que la Cantal, avec son prolongement l'Aubrac, est à peu près sûrement à l'abri d'éruptions futures; on en peut dire presque autant de l'Ardèche, du Mézenc et du Mont-Dore, quoiqu'il y ait lieu de tenir compte que ces trois régions volcaniques ont eu des périodes de repos beaucoup plus longues que celle qui s'est écoulée depuis leurs dernières éruptions. Il n'en est pas tout à fait de même dans la région de Clermont où l'avenir de la chaîne des Puys peut au contraire nous préoccuper, car ses volcans sont parmi les plus récents et nous offrent aujourd'hui un ensemble de phénomènes qui sont l'écho prolongé des manifestations volcaniques, mofettes ou dégagements d'acide carbonique libre, dégagements variés d'hydrocarbures, notamment de bitume, sources d'eaux minérales nombreuses et d'une température élevée, température du sol beaucoup plus grande que d'ordinaire, etc. L'Académie des sciences a attribué un prix à cet important travail.

2° *Exploration du lac Tchad (février-mai 1904)*, par le capitaine Jean Tilho. — M. le capitaine Tilho, qui a dressé la carte générale du Tchad, donne dans ce mémoire le compte rendu de ses opérations astronomiques, tant au lac Tchad que dans le Bornou septentrional et au Kanem.

L'impression qu'il a rapportée de ce voyage est que l'immense marécage pestilentiel, qu'est le Tchad, est tout ce qui reste de ce qui fut autrefois la grande mer Centre-Africaine. Disparaîtra-t-il complètement, ou l'assèchement actuel n'est-il qu'un épisode des variations cycliques de climat, c'est ce qu'il ne saurait dire, quoique certains témoignages sembleraient montrer que les oscillations de niveau du Tchad ont un caractère périodique.

En ce qui concerne la région du Tchad, dit-il, c'est un pays laid, morne et triste, sur lequel semble peser une implacable malédiction. Si Nachtigal et d'autres voyageurs l'ont décrite, comme belle, riche et fertile, c'est que, après avoir traversé le désert, en arrivant dans une contrée moins déshéritée, où ils ont trouvé des champs de mil, des pâturages, des jardins, des villages à chaque étape et quelques troupeaux, ils ont éprouvé une sensation de bien-être qui la leur ont fait trouver riche par comparaison avec les terres désolées qu'ils venaient de quitter, et il s'est établi une légende qu'il est bon de détruire.

3° *La population du Maroc*, par le capitaine Larras. — L'évaluation de la population du Maroc varie énormément suivant les auteurs; il en est qui lui attribuent de 3 à 4 millions d'habitants, d'autres parlent de 7, de 9, de 15 et même de 30 millions! Le capitaine Larras, qui est détaché au Maroc depuis 1898 et qui possède une connaissance approfondie de l'empire chérifien, étudie dans cette note la répartition de ses habitants qui sont au nombre de 4,600,000 au maximum.

4° *L'île de San Thomé*, par Aug. Chevalier. — L'île de San Thomé n'est pas connue en Europe comme elle le mérite. Dès le XVIe siècle, elle était déjà une des colonies les plus riches du monde pour la production de la canne à sucre; aujourd'hui, c'est le cacao qui en est la grande ressource agricole. M. Aug. Chevalier dit que nul pays tropical au monde ne possède pour une aussi petite superficie un état de prospérité comparable à celui qu'elle atteint aujourd'hui; l'exportation annuelle est de 30 millions de francs de cacao et de café, et cependant il n'y a pas plus de 25,000 travailleurs noirs et un millier d'Européens. Dans cette note, M. Chevalier donne la description de cette île et de ses plantations et raconte son ascension à l'ancien cratère de Lagoa Amelia et au sommet du Pic qu'aucun naturaliste n'avait gravi depuis la célèbre première ascension de Gustave Mann en 1862; il a eu la bonne fortune d'y rencontrer au-dessus de 1,000 mètres des séries de plantes caractéristiques, s'étageant suivant l'altitude, dont plusieurs espèces avaient déjà été rencontrées sur diverses montagnes de l'Afrique tropicale jusqu'au Kilimandjaro. La dispersion de ces plantes alpestres en des points si éloignés constitue un très important et très intéressant problème de la géographie botanique.

«Dans le fascicule du premier trimestre 1906 de la *Société de géographie de l'Est*, qui a été renvoyé à mon examen, je signalerai, dit M. Grandidier, l'article de M. Pfister sur la *Place de la Carrière à Nancy*, qui est une étude d'histoire locale intéressante, et le mémoire de M. J. Thoulet sur son *Atlas océanographique de l'archipel des Açores*, qui comprend les cartes suivantes : bathymétrique, de la distribution du calcaire sur le fond, de la distribution de la température au fond et à 1,000 mètres de profondeur et de la distribution de l'ammoniaque totale dans les fonds, cartes dressées avec un grand soin et qui ont un réel intérêt. »

M. G. Marcel analyse le n° 81 (xv° année) des *Annales de géographie* :

« Dans ce numéro nous relevons tout d'abord un travail fort bien fait et très documenté de M. Passerat, sur le régime des pluies de mousson en Asie. Il détermine la hauteur totale de la précipitation annuelle, sa répartition suivant les mois et sa durée. Cette dernière donnée du problème est importante; on comprend en effet qu'un pays comme la boucle du Niger, qui reçoit une pluie d'hivernage et qui est absolument privé d'eau pendant l'été, ne puisse porter une végétation semblable à celle de la Chine méridionale fréquemment arrosée par la pluie. La différence des produits du sol influence profondément l'existence des hommes et modifie leur manière de vivre; il y a là des rapports de cause à effet fort intéressants à étudier. Après avoir recherché la limite des pluies de mousson, l'auteur en étudie le régime dans les différentes contrées qui y sont soumises : Annam, Tonkin, Chine, Corée, Sakhalin et l'Inde jusqu'à l'Himalaya qui présente un régime particulier, c'est par cette étude qu'on arrive à connaître les liens qui unissent le climat et la végétation.

« La Bretagne offre comme structure, avec les Appalaches, une ressemblance frappante, mais elle est plus apparente dans la géologie que dans le relief. M. de Martonne étudie certains coins de ce pays dont les formes topographiques accusent le plus particulièrement une évolution qui rappelle celle de la région appalachienne : ce sont la Vilaine à Pont-Réon, le plateau breton septentrional, les monts d'Arrée et le massif granitique du Huelgoat, la zone maritime méridionale. Cette étude, qui se continue dans le fascicule suivant, est accompagnée de photographies suggestives.

« Afin d'étudier la végétation des Highlands, M. Marcel Hardy cherche à se rendre compte de la géologie assez embrouillée, de la topographie et du régime des vents et des pluies; il examine ensuite les divers produits du sol et indique les espèces qui lui paraissent le mieux convenir au reboisement dans les différentes localités. Notons la conclusion de M. Hardy : « Si la haute Écosse « est aujourd'hui presque entièrement livrée aux pâturages plus ou « moins riches, aux landes de bruyère et aux tourbières, son avenir « est au reboisement. » Elle fut avant l'arrivée des Romains couverte d'épaisses forêts, et de celles-ci dépend un développement pastoral aujourd'hui gravement compromis. Ajoutons que l'étude de M. Hardy est accompagnée d'une excellente carte en couleurs.

« M. Coijic, professeur à l'Université de Belgrade, continue dans un second article l'examen de l'ethnographie de la Macédoine. Aucune des cartes publiées en Europe, depuis celle d'Ami Boué, n'a de valeur, aucun des auteurs ne connaissant le serbe et le bulgare, et quand bien même ils auraient connu ces idiomes, la langue n'est qu'un des éléments de la nationalité. Kiepert a été trompé comme les autres. Quant aux cartes dues à des auteurs appartenant à des nationalités balkaniques, elles sont toutes tendancieuses ou partiales. Les tableaux statistiques ne sont pas plus exacts. Le problème n'est d'ailleurs pas facile à résoudre puisqu'il s'agit de territoires contestés formant la transition entre deux peuples. Il faudrait, pour arriver à une solution équitable, des étrangers connaissant à fond les deux langues, parce qu'ils seraient impartiaux et qu'on aurait ainsi plus de chance de s'approcher de la vérité. »

Le même membre rend compte d'un livre de M. P. Gouraud : *La colonisation hollandaise à Java, ses antécédents, ses caractères distinctifs* (Paris, 1905, 1 vol. in-8°).

M. de Margerie examine rapidement le contenu des dernières livraisons du *Bulletin de la Société de géographie du Cher.*

M. Fr. Schrader donne lecture d'un rapport sur deux publications nouvelles, relatives à la géographie des Pyrénées : l'une, de M. le comte A. de Saint-Saud, ayant pour titre : *Étude orographique sur le bassin lacustre de Néouvielle*; l'autre, issue de la collaboration du même auteur avec M. Labrouche, et qui est consacrée à l'étude des *Picos de Europa* dans les monts Cantabriques.

La section émet un avis favorable au sujet d'un projet de mission dans les Carpathes présenté par M. de Martonne.

M. Hamy fait connaître l'état d'avancement des publications de la section.

La séance est levée à 5 heures trois quarts.

Le secrétaire,
E.-T. Hamy.

SÉANCE DU SAMEDI 10 NOVEMBRE 1906.

PRÉSIDENCE DE M. BOUQUET DE LA GRYE, MEMBRE DE L'INSTITUT.

La séance est ouverte à 4 heures et demie; après la lecture et l'adoption du procès-verbal de la dernière réunion, il est donné connaissance de la correspondance qui comprend diverses communications du Ministère des Affaires étrangères que MM. H. Cordier et A. Grandidier voudront bien examiner, une série de vœux adressés par les récents congrès spéciaux et qui sont renvoyés à l'étude de MM. Bouquet de la Grye et Hamy et deux publications de MM. Duval et Vissière dont MM. Boyer et Cordier rendront compte à la Section.

Il est procédé au vote pour la formation de trois listes de candidats aux places déclarées vacantes dans la Section de géographie. Ces listes, de trois noms chacune, seront soumises à M. le Ministre de l'Instruction publique.

M. Bouquet de la Grye analyse le *Bulletin de la Société de géographie de Rochefort*, dont le n° 1 contient un article très savant et très étendu de M. Silvestre sur les monnaies chinoises.

« Il donne force détails sur les plus anciennes pièces fondues plus de deux mille ans avant Jésus-Christ et qui sont très recherchées des collectionneurs chinois et européens.

« L'or en Chine n'est pas considéré comme une monnaie, c'est une réserve dans les caisses du gouvernement et une marchandise réelle. Sa valeur varie de 15 à 18 par rapport au métal argent, proportion plus grande qu'à l'heure actuelle en Europe et en Amérique; du reste l'or est très rare dans le commerce et la frappe des pièces qui a été adoptée au Japon ne paraît pas devoir être introduite en Chine.

« L'argent et le laiton servent à former les unités monétaires de l'empire sous la désignation de taëls et de sapèques. Le taël a un poids qui varie de province à province, mais oscille autour de 27 grammes poids de la piastre mexicaine. La sapèque est le millième du taël et est surtout employée pour les achats courants.

« Le mémoire de M. Silvestre contient la description de plusieurs centaines de sapèques et servira de guide aux collectionneurs. Il est illustré de plusieurs planches donnant les dessins des plus anciennes monnaies Sycées.

« Le n° 2 du même Bulletin contient la biographie d'un ingénieur des constructions navales, M. Niou, qui passa la plus grande partie de sa vie à Rochefort et y fut envoyé à l'Assemblée législative. Il fit ensuite partie de la Convention et y siégea parmi les membres de la gauche.

« Le Bulletin publie des lettres de Niou protestant contre les accusations de modérantisme qui ont été portées devant la Société populaire des frères et amis de la constitution de Rochefort et aussi celles de son défenseur Bernard, qui signe *Député libre sans fard*. Les procès-verbaux de la Société populaire nous font vivre au milieu de la révolution en province dans les années comprises entre 1791 et 1794.

« La suspicion était à l'ordre du jour. Une lettre de Niou, lue dans une réunion de cette société donne quelques renseignements sur les massacres du 2 septembre et les explique en disant qu'ils étaient aux yeux d'un homme d'État *nécessaires dans des circonstances aussi désespérées*.

« La séance du 24 frimaire (1793) est curieuse par suite du récit d'une perquisition qui provoqua l'accouchement et la mort d'une jeune femme.

« Le 27 prairial an VI, Niou fut envoyé comme directeur des constructions navales à Lorient.

« Le même numéro publie le rapport du chef de division Étienne, capitaine de vaisseau commandant l'*Heureux* à la bataille d'Aboukir.

« L'amiral Jurien de la Gravière avait publié un récit de la bataille en s'entourant de tous les documents qu'il avait pu se procurer. Le manuscrit du commandant Étienne, communiqué par son petit-fils, rectifie sur plusieurs points ce que dit l'amiral et blâme les dispositions prises au mouillage par la flotte française qui permettaient à l'ennemi de placer nos vaisseaux entre deux feux grâce à leur écartement.

« La description de la bataille est longue et émouvante; si nous fûmes écrasés, les Anglais perdirent eux aussi beaucoup de monde et Étienne insiste sur la faute de notre amiral de n'avoir pas fait venir d'Alexandrie les deux ou trois mille marins qui s'y trouvaient pour renforcer des équipages absolument incomplets.

«Le Bulletin donne ensuite une note sur la fabrication du sel dans les marais de la Charente-Inférieure.»

Le même membre a examiné le *Bulletin de la Société bretonne de géographie* qui contient sous la signature de M. Legrand une histoire de la Corée des plus intéressantes.

«L'auteur montre la lutte entre la Chine et le Japon se poursuivant pendant plusieurs siècles en Corée et donnant la suprématie tantôt à la puissance continentale, tantôt au souverain de Yedo. Les puissances européennes, la France, l'Angleterre et plus tard l'Amérique veulent dans la dernière moitié du XIXe siècle aussi intervenir pour venger des massacres ou des insultes, mais ces expéditions se terminent généralement assez mal. Les puissances qui convoitent la Corée emploient pendant ce temps tous les moyens, même les plus déloyaux, pour asseoir leur pouvoir à Séoul.

«Dans les dernières années on devait penser que la Chine et le Japon seraient départagés par la Russie s'avançant par la Mandchourie et étant mieux accueillie par les Coréens que les Japonais.

«M. Legrand donne l'histoire des incidents diplomatiques ayant précédé la dernière guerre en montrant que la question de la possession de la Corée est pour le Japon une question de vie ou de mort. La population nipponne est tellement serrée sur son territoire qu'elle présente un total de 316 personnes par hectare, soit 100 de plus qu'en Belgique, le plus peuplé des royaumes occidentaux. En Corée, il n'y a par kilomètre carré que 50 habitants et le sol est très riche. Le déversement du Japon sur la Corée est indispensable au premier pays. Pour les Russes, la même raison ne saurait être mise en avant.

«Seulement ces raisons, que les statisticiens se bornent à inscrire, ne peuvent être que temporaires, nos neveux auront sans doute à se préoccuper du surpeuplement pour d'autres raisons.»

M. Hamy rend compte des publications de la *Société de géographie et d'archéologie de la province d'Oran* pour 1905. Le bulletin de cette compagnie est toujours intéressant, et le tome XXVe de ce recueil, qui vient de s'achever, n'est pas moins digne que les précédents d'attirer l'attention du Comité. On y trouve notamment la fin d'un curieux travail de M. Mouliéras sur les Zkara, tribu marocaine d'origine zenète, trois rapports du lieutenant-colonel de Colomb sur la question du commerce transsaharien, des notes archéologiques de M. Flahault, un travail du lieutenant Petit sur les tumuli d'Aïn-Sefra, une note sur le port d'Oran de M. Déchaud, un mémoire de M. Albert sur les Oulad-Djews, les nouvelles contributions au préhistorique de la province par M. Doumergue, une étude de M. le capitaine Cavard sur le ksar de Beni-Ounif, enfin, une revue critique publiée par le lieutenant Labrosse sur les opinions espagnoles relatives au Maroc.

Tous ces travaux ne sont pas également intéressants; M. Petit, par exemple, a été devancé à Aïn-Sefra par MM. Dessigny, Gautier et de Kergorlay, dont j'ai commenté les découvertes devant l'Académie des inscriptions, et le travail de M. Doumergue n'est qu'un complément d'un précédent catalogue présenté au congrès de Nantes de l'Association française. Je signalerai plus particulièrement à ceux de nos lecteurs qui s'occupent de l'ethnologie africaine les articles de MM. Albert et Cavard, qui leur fournissent des renseignements nouveaux sur nos tribus de l'Ouest. J'ajouterai que le Bulletin d'Oran donne régulièrement des tableaux météorologiques et de temps à autre une chronique nord-africaine, géographique ou archéologique, qui rend service aux travailleurs.

M. G. Marcel a été prié d'examiner un travail de M. Beauvois intitulé : *Le Monastère de Saint-Thomas et ses serres chaudes au pied du glacier de l'île Jan-Mayen*... (Louvain, 1905, in-8°).

«M. Beauvois, dit le rapporteur, depuis le temps qu'il les étudie, connaît admirablement les documents nordiques; on peut même dire qu'il les connaît trop bien. Il s'est fait un *Credo* dont il lui est impossible de sortir; son siège est fait. Il a d'ailleurs une façon de raisonner qui ne lui est pas particulière, mais qui est cependant bien curieuse. Il dit à un moment donné, à propos des moines de Saint-Thomas : «Rien n'empêche de croire qu'ils fussent de l'ordre «de Saint-Dominique»; notez qu'on pourrait en dire autant de tout autre ordre; et plus bas, après cette hypothèse, il conclut par l'affirmative en disant : «Qui sait si ce n'est pas la pré«sence de ces pierres qui porta les Dominicains de la province de «Dacia à fonder le monastère de Saint-Thomas». Dans une pièce de théâtre jadis célèbre, n'avons-nous pas entendu Robert Macaire dire : Cette malle n'est à personne, donc elle est à moi. C'est un raisonnement qui ne manque pas d'analogie avec celui de M. Beauvois.

« Au reste, il n'est pas toujours facile de suivre et de comprendre les raisonnements de M. Beauvois, qui a une mentalité spéciale. Il se sert pour sa description du monastère de Saint-Thomas du texte de la pérégrination de Saint-Brandan, de l'Itinéraire brugeois ou de la Relation des Zeni. On sait combien ces textes ont prêté à des interprétations : M. Beauvois reconnaît lui-même que « les légendaires « irlandais ne pouvaient conter un fait, sans l'entremêler de traits « merveilleux ou tout au moins extraordinaires ». Il entreprend ici de les expliquer, et nous avouons que nous sommes souvent déconcertés par ses explications : Dans une nuée transparente, il voit un iceberg; une île remplie d'ateliers de forgerons est pleine de cratères, etc.; c'est ainsi qu'il arrive à retrouver le volcan de Jan-Mayen. Comparant entre elles les données des trois voyages, il trouve que les textes s'accordent entre eux pour les principales circonstances, mais diffèrent assez pour qu'on ne puisse les accuser de s'être copiés. Il y a là une suite de raisonnements qui s'enfilent à perte de vue, mais qui ne reposent sur aucune base solide; ce sont des hypothèses construites sur des hypothèses, sur des rapprochements plus ou moins forcés dont il n'y a rien à tirer pour l'histoire de la géographie.

« M. Beauvois, qui est si documenté sur la bibliographie nordique, ne cite nulle part l'ouvrage de Fred-W. Lucas : *The Annals of the voyages of the brothers Nicolo and Antonio Zeno*. London, Stevens, 1898, in-fol. Ne le connaît-il pas ou le passe-t-il sous silence parce qu'il est gênant pour sa thèse? »

M. E. de Margerie fait connaître les derniers travaux de la *Société de géographie du Cher*. (Bulletin trimestriel. Quatrième année [1905-1906]. 4e, 5e et 6e fascicules du tome II.)

« C'est l'Afrique, dit M. de Margerie, qui semble avoir surtout défrayé les séances de la Société de géographie du Cher en 1905, si l'on en juge par les communications insérées dans son *Bulletin*. M. Jean Chautard, docteur ès sciences, et natif de Bourges, y a rendu compte (p. 321-346) d'une *Mission dans l'Afrique occidentale française*, qui lui a fourni les matériaux d'une excellente thèse, présentée à la Sorbonne, sur la géographie physique et la géologie du Fouta-Djallon. Un autre jeune savant berruyer, M. l'abbé Th. Moreux, directeur de l'Observatoire de Bourges, dans un récit intitulé : *Vers l'Eclipse. Impressions de Tunisie* (p. 353-375, 497-512), a raconté, d'une plume alerte, son voyage à Sfax, pour observer le beau phénomène qui, le 30 août 1905, avait mis en mouvement tous les astronomes de l'Europe. Un troisième orateur, que des liens de famille et d'éducation rattachent également au Berry, le capitaine Joseph Mornet, a parlé de *Notre colonie de la Côte d'Ivoire* (p. 539-544), où il a séjourné pendant vingt-deux mois comme attaché aux études et à la construction du chemin de fer de Kong. Enfin, M. Paul Bourdarie a entretenu la Société de *la Vie de l'Européen au Congo* (p. 383-390); le résumé de sa conférence est accompagné d'une carte figurant l'aire actuelle d'habitat de l'éléphant d'Afrique, animal dont la conservation préoccupe à bon droit, depuis longtemps, l'ancien compagnon de l'infortuné de Béhagle.

«L'Asie n'est guère représentée (p. 484) que par une lettre inédite, dans laquelle le lieutenant Grillières exposait au Président de la Société le programme de voyage qu'il comptait remplir : «Je quitte Hanoï dans cinq jours, écrivait-il le 26 février 1905, pour me diriger vers le Laos, le Siam, la Birmanie, le Yunnan. Je resterai quelques jours à Yunnan-Sen, puis je me dirigerai sur la Mongolie, à travers le Sé-Tchouen et le Kan-Sou. Après l'hiver 1905-1906, je descendrai sur les Indes à travers le Thibet. J'ai pour près de deux ans de route, mais j'ai bon espoir de réussir...» On sait que la mort de l'explorateur, survenue le 15 juillet 1905 à Sse-Mao, devait déjouer cruellement ces projets.

«Les régions polaires ont fourni à M. le docteur J.-B. Charcot le thème d'une conférence sur l'expédition qu'il a dirigée, de 1903 à 1905, au nord de la zone antarctique (p. 407-414), et M. le professeur Thoulet a parlé, avec l'enthousiasme qu'on lui connaît pour ces études, de l'Océan et de l'*Océanographie* (p. 391-396).

«Plusieurs communications se rapportent à la France, et en particulier à ses cours d'eau. Sur la proposition de M. Albert de Grossouvre, ingénieur en chef des mines à Bourges, et de M. Paul Buffault, inspecteur des forêts, la Société a émis le double vœu suivant : «1° Du boisement par l'État, même par voie d'expropriation, des vastes étendues de terrains improductifs existant dans les montagnes et sur les hauts plateaux du massif central; 2° et de la création, dans les pays de montagnes et de plaines, de réservoirs destinés à régulariser le régime des cours d'eau» (p. 487-488). On ne peut qu'applaudir à cette initiative, dont le Congrès du Sud-Ouest navigable s'est fait l'écho, d'autre part. A signaler également, dans cet ordre d'idées, un article de M. Paul Buffault, déjà nommé, sur *Les Inondations du Tarn* (p. 513-521) et le danger permanent qu'elles font courir à l'existence même de la petite ville de Millau.

« C'est encore d'un fleuve français qu'il est question dans la conférence de M. Paul Berret, professeur au lycée Hoche, sur *Les Rives du Rhône dauphinois* (p. 545-551). L'auteur s'y fait malheureusement l'interprète d'une opinion dont la géologie aussi bien que la critique historique ont depuis longtemps fait justice : à l'en croire, le Rhône, à l'époque romaine, aurait coulé par le lac du Bourget, puis par la vallée actuelle de l'Isère jusqu'aux environs de Valence; et c'est seulement en 1248, à la suite de l'éboulement du mont Granier, près de Chambéry, que ce chenal se serait vu obstrué! M. Barret a beau invoquer le témoignage de Strabon et de Polybe, comme naguère M. Paul Azam, il aura de la peine à faire admettre une pareille hypothèse, que contredisent formellement et les textes et l'état des lieux.

« Les questions commerciales sont ordinairement traitées, devant la Société de géographie du Cher, par le publiciste averti qu'est M. Georges Blondel. En 1905-1906, il n'a pas fourni moins de trois rapports, dont l'information est toujours puisée aux meilleures sources, sur *le Congrès économique de Mons* (p. 347-352), sur *l'Essor économique et les richesses du Canada* (p. 453-459) et sur *le Développement de la Suisse contemporaine* (p. 523-530).

« Mentionnons encore un compte rendu du Congrès de Saint-Étienne, par M. Paul Hazard (p. 415-436), et une bonne *Chronique géographique de l'année 1905* (p. 437-449), rédigée, comme à l'habitude, par M. J. Machat.

« En terminant, la rédaction du *Bulletin* de Bourges nous permettra de lui demander d'être plus sévère dans le choix de ses « Petites nouvelles géographiques ». On lit par exemple, sous cette rubrique, à la page 556 : « Le chef distingué de notre musique d'artillerie, M. X., membre titulaire, a composé *Menuet de Lucette*, pour piano, qu'il a fait éditer par M. Y., également membre titulaire, et qu'il a dédié à notre collègue M. Z., autre excellent musicien : celui-ci, de son côté, vient de faire paraître la *Valse de la Fileuse*. » Voilà qui est parfait, sans doute, mais ne pourrait-on alimenter les géographes du Berry d'une « Moelle plus substantificque ? »

Le même membre dit quelques mots de la *Revue de la Société de géographie de Tours.* (23e année, Nos 1 et 2, 1er et 2e trimestres. 1906.)

«Avec le premier fascicule de l'année 1906, la *Revue* publiée par la Société de géographie de Tours a changé de couverture, et l'aspect en est devenu plus coquet : dans un cadre «art nouveau», une barque à voile y symbolise désormais les espérances des partisans de la Loire navigable.

«Le morceau principal des deux numéros renvoyés à mon examen est une brève étude sur les *Ressources de la Colombie*, avec une carte (p. 33-54), par M. Fernandez E. Baena, secrétaire du consulat de cette République à Tours. Les éléments en sont d'ailleurs empruntés, en grande partie, aux ouvrages d'Élisée Reclus et du général Rafael Réyes, que l'auteur appelle le «Stanley colombien». On ne s'étonnera pas, en raison des fonctions de M. Baena, de l'optimisme peut-être excessif qui règne d'un bout à l'autre de ces vingt-deux pages; l'on comprendra également, et l'on partagera, sans doute, sa juste indignation contre ce qu'il appelle le «rapt inique et violent» du ci-devant département de Panama.

«Les conférences ont été nombreuses, et toutes font l'objet, dans la *Revue*, d'une courte analyse; une mention spéciale est due à celles de MM. Cloarec, Louis Laffitte et André Chéradame, qui ont parlé, avec la compétence que l'on sait, sur *le commerce maritime et les grands ports de la France, le rôle des grands fleuves dans la vie économique de l'Europe* et la situation de *la France entre l'Angleterre et l'Allemagne.* Enfin, un étranger, chargé de mission en France, M. P. Oesterby, a entretenu la Société du *Danemark*, en insistant sur le développement agricole si remarquable de ce petit pays.

«Je signalerai encore un rapport d'ensemble de M. Georges Chevrel, secrétaire général, sur le *Mouvement géographique de l'année 1905* (p. 8-16), et un compte rendu du *Congrès des sociétés savantes à la Sorbonne*, par M. Aug. Chauvigné, président et délégué de la Société (p. 69-75). Les *observations météorologiques faites à La Tranchée pendant le 4e trimestre de 1905* sont résumées, comme de coutume, par M. L. Robin, directeur du Service météorologique d'Indre-et-Loire.»

Le même membre rend compte du premier semestre des actes de la *Société languedocienne de géographie pour 1906.* (T. XXIX, fasc. 1 et 2.)

«Dans ces deux fascicules, M. Saint-Quirin termine son important mémoire sur *Les verriers du Languedoc*, de 1290 à 1790 (p. 35-83 et 149-203). L'auteur achève de passer en revue tous les établissements qui ont existé, sous l'ancien régime, dans les «départements» de la Haute-Guyenne, de la Grésigne, du Bas-Languedoc et du Vivarais. Son travail, très minutieux, est une contribution solide autant qu'attachante à l'histoire économique du Midi de la France, où l'on trouvera nombre de renseignements sur les familles qui ont pratiqué jadis, entre le Rhône et la Garonne, l'industrie du verre. M. Saint-Quirin, d'ailleurs, n'est pas seulement un érudit, c'est aussi un écrivain qui sait peindre avec beaucoup de charme les sites gracieux ou sauvages des Cévennes — témoin ce tableau du vallon de la Boissière : «Un air léger et chaud tombe du ciel couleur de lavande, les montagnes au loin se profilent comme des acropoles, et il n'est pas besoin d'abeilles pour penser à l'Hymette des cigales, pour songer à Platon, ni d'efforts pour rêver à la Grèce» (p. 11).

«M. Grasset-Morel nous donne un nouveau chapitre de son étude sur *Montpellier, ses sixains, ses îles et ses rues* (p. 19-34). Il ne lui reste plus à décrire, pour achever cette monographie, que le sixain de Sainte-Foy, le plus important, d'ailleurs, par son étendue comme par les souvenirs historiques qui s'y rattachent.

«M. Albert Manche fait connaître, dans une note accompagnée de deux planches, *Les singes fossiles de Montpellier* (p. 137-148). Il s'agit de pièces nouvelles se rapportant à une espèce pliocène décrite par Gervais, il y a plus d'un demi-siècle, sous le nom de *Semnopithecus monspessulanus*.

«M. Maurice Gennevaux commente la *découverte d'une nouvelle station néolithique sur les bords de la Mosson*, aux portes de Montpellier (p. 5-18). Ce gisement, situé au sommet du Pech de Boulidou, par 118 mètres d'altitude, paraît se rapporter à l'époque «tourassienne» de la classification de Gabriel de Mortillet, c'est-à-dire à l'étage du Mas d'Azil, et rappelle beaucoup ceux qu'ont déjà signalé, sur d'autres points de l'Hérault, MM. Miquel et Cazalis de Fondouce. M. Gennevaux figure, sur cinq planches en phototypie, d'une bonne exécution, un grand nombre de nucléus, percuteurs, perçoirs, racloirs, grattoirs, pointes de flèches, etc., provenant des fouilles qu'il a pratiquées dans cette riche station.

«M. Max Sorre commence la publication d'un mémoire sur *la*

répartition des populations dans le Bas-Languedoc (p. 105-136). Nous reviendrons sur cet important travail, qui semble très sérieusement étudié, quand la suite aura paru.

«Grâce à l'intelligent libéralisme du Bureau, les membres de la Société languedocienne de géographie, plus favorisés que ceux de la Société de géographie de Paris, ont eu le plaisir d'entendre, le 23 mars, dans la salle des fêtes du palais de l'Université, une conférence de M. le docteur Récamier sur *le voyage du duc d'Orléans au Groënland* (p. 204-210). Comme l'a fort bien dit le Président, M. le docteur Vigié, le «prince français qui a eu la pensée de l'expédition l'a organisée avec un soin spécial et l'a menée à bonne fin avec plein succès» a droit à toute la reconnaissance des géographes; grâce à son heureuse initiative, la *Belgica*, que commandait M. de Gerlache, a pu s'avancer sur la côte orientale du Groënland, jusqu'à 78° 50′ de latitude, c'est-à-dire de 2 degrés plus au Nord que l'expédition allemande de 1870. Les observations océanographiques faites en cours de route sont particulièrement importantes : la découverte, à 50 milles de la côte, d'un banc arrivant à 58 mètres seulement de la surface, par 78° 13′ de latitude et 16° 50′ de longitude W. (P.), est un indice inattendu du relèvement des fonds sous-marins dans la direction du Spitsberg.

«Je n'insisterai pas sur les *Variétés* et la *Chronique géographique*, signée de M. Louis André, qui complètent, comme à l'habitude, ces deux fascicules.»

La séance est levée à 5 heures trois quarts.

Le Secrétaire,

E.-T. HAMY.

MÉMOIRES.

LES TRANSFORMATIONS DU LITTORAL FRANÇAIS.

LE PAYS DE DIDONNE, LE TALMONDAIS ET LE MORTAGNAIS GIRONDIN,

D'APRÈS LA GÉOLOGIE, LA CARTOGRAPHIE ET L'HISTOIRE

PAR M. AUGUSTE PAWLOWSKI,

Licencié ès lettres, ancien élève de l'École des Chartes,
membre de la Société de géographie de Rochefort,
correspondant du Ministère.

Des études antérieures [1] m'avaient conduit à examiner le double régime d'érosions et d'atterrissements qui ont déterminé un cheminement de l'Ouest à l'Est, aussi bien pour la péninsule du Médoc que pour les pays d'Arvert et de Vaux, qui forment le prolongement géographique du sol médocain.

Les mêmes phénomènes de colmatage et d'effondrement se sont produits sur la rive droite de la Gironde, qui continue vers le Sud les rivages arvertois et vallois. Mais ici, par le fait qu'aucune anfractuosité maritime ne limite à l'Est les territoires dont nous nous proposons de retracer l'histoire, les variations côtières se sont localisées au cours des âges de bourg à bourg, sur un plan longitudinal. Aux disparitions successives des promontoires qui dressaient leurs têtes altières au-dessus des flots boueux de la Gironde, ont correspondu les envasements des parties basses, qui alignaient leurs plaines monotones au pied des hauteurs.

[1] A. PAWLOWSKI. *Les pays d'Arvert et de Vaux*, d'après la géologie, la cartographie et l'histoire, *Bull. de géog. hist. et descriptive*, 1902, n° 3, et tirage à part, Imprimerie nationale, in-8°, 1903. — *Les villes disparues et la côte du pays de Médoc*, d'après la géologie, la cartographie et l'histoire, *Bull. de géogr. hist. et descriptive*, 1903, n° 2, et tirage à part, Paris, Imprimerie nationale, in-8°, 1903.

Le littoral oriental de la Gironde n'a pas assez de solidité géologique pour résister aux empiétements de la mer et du fleuve.

De Royan à Mortagne, la côte appartient, à l'exception des terrains dus aux apports limoneux, à la craie [1]. Encore les couches inférieures des zones d'atterrissements sont-elles, elles-mêmes, d'origine tertiaire et peut-on découvrir le crétacé près de la surface [2].

A l'Est de ces régions, la craie ne reparaît que vers Mirambeau et Montendre [3].

Ces calcaires, d'ailleurs, sont d'ordinaire alternés avec des marnes, mais celles-ci sont plus fréquentes dans le Blayais qu'au Nord [4]. On rencontre également des silex dans les parois des falaises [5].

Entre les collines calcaires, ou à leur base, s'étendent d'anciennes lagunes, d'anciens golfes, dont le fond tourbeux [6] atteste l'antiquité : de Royan à Saint-Georges, de Saint-Georges à Chenaumoine, et, de manière plus frappante, de Meschers à Talmont, de Mortagne à Blaye.

La présence de la mer ne saurait être niée dans ces baies disparues, car on a pu retrouver en divers points des lits de coquilles marines [7], et l'on peut encore constater sur les rochers du Vieux-

[1] Jouannet. *Statistique de la Gironde*, Paris, 1837-1839 et 1847 (suppl.), in-4°, t. I, p. 5. — D'Orbigny. *Paléontologie et géologie stratigraphique*, t. II (2), p. 778 : «Le crétacé sénonien commence à Terre Nègre et se dirige vers Meschers». — Delesse. *Lithologie des mers de France*. Paris, Lacroix, 1872, in-8°, p. 190. — «A Royan, calcaire terreux et grenu, avec fossiles», Dufrénoy et Élie de Beaumont. *Explications de la carte géologique de France*. Paris, in-8°, t. II, p. 19. «Au faîte des falaises de Royan, calcaires blancs compacts, bancs d'ostrea dans le sable argilo-calcaire jaunâtre, épais de 2 mètres.» Maizand, *Mém. sur les dépôts littoraux de Nantes à Bordeaux*, dans *Soc. linnéenne*, Bordeaux, 1858, t. XXII, p. 83.

[2] «Le marais de Chenaumoine est séparé de la mer par un banc de calcaire où il a fallu creuser un effluent.» E. Reclus. *Le littoral de la France*; l'embouchure de la Gironde et la péninsule de Grave, dans *Revue des Deux-Mondes*, 2° sem. 1862, livr. du 15 déc., p. 914.

[3] Dufrénoy. Ouv. cité, p. 19.

[4] «De la série oligocène, du système éogène, marnes et anomies.» De Lapparent. *Traité de géologie*. Paris, 1893, in-8°, t. II, p. 1271.

[5] A Talmont spécialement. Dufrénoy, ouv. cité, p. o.

[6] Jouannet, ouv. cité, p. 5.

[7] «Sur le chemin de Meschers à Talmont, à 1 kilomètre au Nord de Talmont, à 500 mètres de la côte, au fond des fossés d'une prairie, à 2 ou 3 mètres

Mortagne, que le fleuve a cessé de baigner, des traces visibles de l'assaut des eaux[1]. De Mortagne à Blaye les sédiments fluviatiles reposent sur un socle d'argile marine[2].

La double action de l'Océan, au flux, du fleuve, au reflux, a donc consisté à ronger à la base les falaises abruptes et friables, à les renverser comme des châteaux de cartes, et à utiliser les débris pour remblayer les baies ouvertes. Aux matériaux érodés venaient s'ajouter les limons considérables charriés par la Garonne et qui encombrent ses flots[3].

Il n'y a pas lieu de s'étonner de l'intensité de ces phénomènes, si l'on se rappelle les conseils du vieux pilote Garcie-Ferrande et le soin qu'il prenait d'indiquer à ses camarades navigateurs la violence du courant aux abords de Meschers[4].

Pas plus que dans mes mémoires précédents je ne me range aux théories qui supposent des abaissements ou des relèvements du niveau des rivages au cours des temps[5].

Comme je l'ai déclaré antérieurement, la lecture de la carte

de profondeur, on observe un lit de coquilles marines, parmi lesquelles une grande quantité de lutraires ou pétricoles». Delfortrie, *Émersion des fonds de la mer sur la côte de Gascogne*, dans *Société linnéenne de Bordeaux*, 1869, t. xxvii. — Cf. Mairand, ouv. cité, p. 108. — M. G. Vasseur (dans *Annales des sciences géologiques*, Paris, 1884, in-8°, p. 9) cite l'appréciation de M. d'Archiac, *Mém. de la Société de géologie*, 2° série, t. II, p. 145, qui croit à la formation lacustre du golfe de Saint-Georges.

[1] Reclus. *Le littoral de la France*; l'embouchure de la Gironde et la péninsule de Grave, dans *Revue des Deux-Mondes*, 2° sem. 1862, livr. du 15 décembre, p. 913. — *Ports de France*, t. VI, 1re partie, p. 413 : «Les roces dénudés de Mortagne font croire que la mer les battait jadis. La vallée de Font-de-Vine devait être couverte par les eaux.»

[2] Mairand, ouv. cité, p. 95.

[3] Le dépôt à Talmont contient 80 p. 100 de carbonate de chaux. Delesse, ouv. cit., p. 190. — A Royan, seulement 12 p. 100. — A Talmont, on trouve un sable grossier, blanchâtre, en grains, des débris de calcaires, de silex. D'autres sables sont formés de débris de bryozoaires fossiles de la craie, avec des echniques de même époque. Près des marais de Talmont la vase est argilo-sableuse, grisâtre, parsemée de mica, et ne contient que 19,5 p. 100 de chaux. *Id.* — La vase, à Royan, contient 0,286 p. 100 d'azote. Mairand, ouv. cité, p. 94.

[4] «Meschers est la seconde pointe en amont de Royan, et y court si fort de jusant que c'est merveille.» Pierre Garcie-Ferrande. *Routier de la mer*. (Gironde et golfe de Gascogne), par A. Pawlowski, *Société de géographie de Bordeaux*, 1902, et tirage à part, Bordeaux, in-8°, 1902, p. 11.

[5] Reclus, art. cité, p. 913, croit à un élèvement des terres.

d'état-major[1] offre les indications les plus précieuses sur la topographie antique du rivage oriental girondin.

La baie de Pontaillac est évidemment due à de modernes érosions, comme les conches du Chai et du Pigeonnier.

Au Sud de Royan, s'ouvrait le golfe de Belmont, limité à Saint-Pierre-de-Royan, le Vannier, Monsonge, l'Anglade, la Robinière, Maisonfort, Belmont, Pommezaigne, Roube, la croupe 26, la Grange, Enlias et au promontoire de Vallières.

Le golfe de Didonne s'ouvrait près du port actuel de Saint-Georges, suivait le coteau de Didonne, jusqu'à Chez-Monchet, s'infléchissait vers le Sud, contournait la crête de Chenaumoine, s'avançait profondément vers le Berceau et Serres, et, par la Tuilerie, rejoignait le détroit de Didonne.

Le littoral de Suzac à Meschers était plus rectiligne, moins tailladé.

Au Sud de Meschers, la côte s'échancrait vers Saint-Martin, la Grange, Beloire, Biscaye, Cassine, ouvrait l'estuaire du ruisseau de Fonteneuille, s'enfonçait sur Bardecille, contournait la Butte de Brézillas[2], descendait vers Pimpeil, Bussas, la Passe, le Coudinier, Gachin, laissait à l'Est le moulin du Fa, au Sud le Cailleau et venait baigner Talmont[3].

Au Sud de Talmont, la cote 4 décèle un atterrissement.

La Gironde s'est empâtée aux Monards, où une baie existait entre le Moulin, Barzan, Langlade et Barabe.

A Mortagne, le flot a également reculé[4], s'éloignant des falaises du Vieux-Mortagne, de la Combe, à la Rive, au nom caractéristique, à la Gravelle, au vocable également typique; à la Gravelle,

[1] Feuilles Saintes S. E. et S. O., Lesparre, N. E. et S. E.

[2] «A l'Ouest d'Arces, vis-à-vis de Brézillas et Liboulas, prairies marécageuses jusqu'à l'ilot de Déaux», Jouan, *Monogr. d'Arces*, p. 61 du *Recueil de la Commission des arts et monuments historiques de la Charente-Inférieure*, t. VI, 1882.

[3] Masse. Ms. 134. A. G. «Toute la prairie au Nord de Talmont a dû être baignée par la mer.»

[4] «Selon la tradition la mer était jadis à Mortagne.» Masse, *Extrait d'un mém. sur Bordeaux*, p. 11. — «Le château de Mortagne était jadis baigné par la Garonne.» Masse. *Mém. du 5e carré d'Aunis et Saintonge*, p. 10. — «L'hermitage de Saint-Martial était baigné par le flot ainsi que tout le pied des coteaux de Garonne, à l'Est.» Masse, *9e carré de Médoc*, p. 9. «Les anciennes rives étaient à près de 600 toises plus à l'intérieur des terres.» Masse, ms. 131, f. 58. — «La mer flottait jadis contre l'ermitage de Saint-Martial. Tous les vallons entre les pointes de rocs étaient, selon la tradition, autant de ports.» Masse. *Idem.*

la rivière entrait dans les terres, vers Font-de-Vine, et la cote 3, laissant à l'Est le Breuil et le Pontet, les hautes falaises de Mageloup, de Saint-Romain de Beaumont, de Camailleau, de Carillon et s'enfonçant jusqu'à Saint-Dizant-du-Gua [1].

Les monuments des âges de la préhistoire jalonnent cet antique rivage : à Pontaillac et Saint-Georges-de-Didonne [2], à Meschers [3], au Fâ [4], à Barzan [5], à Mortagne [6], à Floirac [7], à Saint-Seurin d'Uzet [8].

Durant l'hégémonie de Rome, le littoral charentais de la Gironde, pénétré par des anfractuosités où s'acheminaient les navires armoricains, ibériques et ligures, fut le siège d'un commerce intense.

Les ruines romaines se rencontrent, comme les stations préhistoriques, de Vaux à Saint-Dizant-du-Gua. On en a relevé des traces à Saint-Georges-de-Didonne [9], à Suzac [10], à

[1] «Jadis les barques remontaient à Saint-Fort. Jadis le coteau de Saint-Romain de Mortagne était baigné par la Garonne, ainsi que Saint-Nicolas, et depuis la maison de la Gravelle, au Sud de Mortagne, jusqu'à Saint-Seurin.» Masse. *Mém. du 51e carré*, p. 11 et 16.

[2] A Pontaillac et Foncillon, lames, flèches, grattoirs. *Soc. Avanc. des sciences*, Lille, 1874, p. 592. A Saint-Georges, cendres, débris culinaires, *Id.* Station de pierre taillée à Vallières.

[3] Dolmen du Chai (*Écho rochelais*, 1840, 28 avril, n° 34, p. 2. Art. de M. de Vaudreuil). Près de Béloire, station de pierre taillée. Foyers aux Châteliers. Musset, *La Charente-Inférieure préhistorique*, p. 61-62.

[4] Au Fa, M. Jouan a trouvé, au milieu de marbres et de tuiles romaines, des silex taillés. *Actes de la Commission des monuments hist. de la Charente-Inférieure*, t. VIII, 1885-1886, p. 87. Cf. Jouan, *Monographie de Barzan* dans *Recueil des actes, archives et mémoires*, t. V, 1882. «Près des Piloquets, silex, haches polies, flèches, grattoirs. Haches chelléennes à Talmont.» Musset, p. 100.

[5] Aux Justices, M. Jouan a trouvé des percuteurs ovoïdes. Ouv. cité, p. 87. — Chiron de la Garde, dolmen renversé à Barzan. Musset, p. 32.

[6] Types paléol. et Robenh., Musset, p. 70.

[7] Station moustérienne et robenhausienne, Musset, p. 43.

[8] Tertres, Musset, p. 95.

[9] «A Vallières, en 1840, la falaise s'étant éboulée mit à jour des fragments de mosaïques, des dalles en marbre, des briques à rebords.» Lesson, *Fastes historiques du département de la Charente-Inférieure*, Rochefort, 1842, 2 vol. in-8°, t. II, p. 71. — Lièvre, *Les chemins gaulois et romains entre Loire et Gironde*. Poitiers, 1892, in-8°, p. 85.

[10] Fondements de murailles romaines, briques. (Rapport sur les fouilles à faire dans l'arrondissement de Saintes. *Bull. monumental*, t. IV, 1838, p. 338.)

Talmont [1], à Barzan [2], à Saint-Seurin [3], à Mortagne [4].

Des voies romaines faisaient communiquer l'intérieur avec l'estuaire du fleuve aquitanique.

La voie romaine de Mediolanum (Saintes) à Burdigala, n° 1 [5], quittait Cozes, gagnait Arces, par Théon [6], et, longeant le versant oriental du coteau, atteignait un point entre Talmont et Barzan [7].

De là elle se dirigeait vers le Sud-Est, traversait Chenac, en tirant toutefois vers Saint-Seurin [8], coupait la route moderne de Saintes à Mortagne, se confondant parfois avec le chemin actuel de Cozes à Saint-Thomas-de-Conac, laissait, sur la droite, à un demi-kilomètre, Floirac et Saint-Fort, coupait la route de Port-Maubert à Pons, près de Chez-Bizet, pour rejoindre les environs de Lorignac.

Une autre route, de Médis [9], longeant le sommet des collines, se rendait à Sémussac [10] et, de là, à Arces par le versant Sud-Ouest des hauteurs, touchant à la Grosse-Pierre, et se confondant avec l'artère précédente [11].

Une troisième route [12] joignait Médis à Sémussac, la route proprement littorale.

[1] «On y a trouvé nombre de monnaies et médailles.» Masse. Ms. 134. A. G.

[2] Ruines d'une mansion militaire. Le mot *Fa* indique un temple (*fanum*). Gautier, *Statistique de la Charente-Inférieure*. La Rochelle, 1839, in-4° en 2 parties, p. 50.

[3] «A la Chapelle, à la Tour, au Bassin, au Port-Saint-Rémi, tout trahit une origine reculée.» Jouan, *Monogr. de Barzan*, déjà citée, p. 153.

[4] «En 1810, au château, on a trouvé une pièce d'or de l'an 118 après Jésus-Christ.» Gautier, *Statistique*, p. 55.

[5] Lacurie. *Notice sur le pays des Santons*, dans *Bull. monumental*, t. X, 1844, p. 608-610.

[6] «Villa considérable». Lacurie, p. 608.

[7] Bourignon. *Recherches topographiques, historiques, militaires et critiques sur les antiquités gauloises et romaines de la province de Saintonge*. Saintes, an IX, in-4°, p. 293. — Le Chemin Blanc va de Barzan à la métairie de la Garde; une voie se dirige vers Moque-Souris. (Jouan, *Monogr. de Barzan*, p. 154.)

[8] «Ville dont M. de Saint-Seurin a levé le plan linéaire.» (Lacurie, p. 699), Lièvre, ouv. cité, p. 81.

[9] Lacurie, p. 611.

[10] «Laissant entre La Valade et Trignac des traces sensibles.» (Lacurie, p. 611.)

[11] Lacurie, p. 611.

[12] Lacurie, p. 611.

Elle passait au Chantier, aux Vignes[1], à Suzac, qu'elle atteignait par le versant Sud du coteau[2], traversait Saint-Georges, et retrouvait la route de Médis aux environs de Belmont.

Une quatrième voie, enfin, partait des environs de Talmont se dirigeant vers Saintes, et gardait, au XVIIe siècle, le nom de grand chemin de Talmont[3]. Une voie devait aller de Médis vers Royan[4]. Si l'on en excepte la voie n° 3, dont le tracé est problématique de Suzac à Saint-Georges, et a été reconstitué par M. Lacurie sur la simple indication fournie par quelques substructions, on remarquera qu'aucun de ces chemins n'affecte les parties basses du sol. Je suis donc porté à croire que les baies n'avaient pas cessé d'être praticables à la navigation aux temps de la domination césarienne.

D'ailleurs, la preuve de l'existence de la voie n° 3 entre Suzac et Saint-Georges n'infirmerait aucunement cette opinion, car la route eût pu être interrompue à Enlias et à Belmont, les communications étant assurées entre ces localités par des bateaux, comme cela se pratique encore aujourd'hui du Chapus au château d'Oléron, la route nationale étant supposée se prolonger sous la mer.

L'importance des vestiges gallo-romains sur cette côte ne saurait être mise en doute. On ne peut donc s'étonner que les Itinéraires de la fin de l'Empire signalent deux grandes cités dans la zone qui nous occupe : Novioregum et Tamnum ou Lamnum[5].

[1] Villa et dolmen. LACURIE, p. 611.

[2] A Suzac, pans de murailles, briques, marbres, traditions touchant la ville de Cana (?).

[3] «Voie romaine de Mediolanum à Tamnum. Passait à la Fosse-Pérot, où, suivant une tradition, on voyait, autrefois, un bassin pavé, dont les larges dalles ont été enlevées par les propriétaires, et qui communiquait avec la Gironde. La voie atteignait le Porteau de haut, traversait le Péré du Gua, le Désir et piquait vers Epargnes.» JOUAN, *Monogr. de Barzan*, p. 154.

[4] LIÈVRE, p. 81.

[5] «De Aquitannia in Gallias.

	Milles plus minus.	Chiffres de Lapie.
Blavio (Blavia) Blaye	19	29
Tamnum (Talmont)	16	37
Novioregum (Saujon)	12	12
Mediolanum Sant. (Saintes)	15	15

(*Itinéraire d'Antonin*, CXXII, dans *Recueil des Itinéraires Anciens* de FORTIA D'URBAN, Paris, 1845, in-4°, p. 138.)

La *Table de Peutinger* indique pour la route de Bordeaux à Sens :

On a écrit aussi longuement sur ces deux villes, jamais identifiées, que sur le fameux promontoire des Santons, sur le port Sicor ou sur Noviomagos.

Les uns ont fait de Novioregum la même cité que Noviomagos[1].

D'autres l'ont placé à Toulon au voisinage de la Seudre[2], d'autres à Saint-Georges[3], à Talmont[4], à Barzan, ou loin de l'endroit où l'on se plaisait à le rechercher[5].

La majorité s'est ralliée sur le nom de Royan[6].

Pour le Tamnum de la Table théodosienne, on a non moins ergoté. Fut-il à Talmont, comme le nom semble le désigner normalement[7],

			Milles romains.	Lieues gauloises.
Blâma (Blaye).....	9	Selon Lapie	29	19
Lamnum (Talmont).	22		37	25
Med. Sant. (Saintes).	13		23	15

(*Id.*, p. 232.)

[1] Cellarius, *Noticia orbis antiqui*, Lipsiæ 1701, in-4°. Dom Jacq. Martin, *Histoire des Gaules*, Paris, 1754, in-4°, t. II. Voc. Noviomag. et Novioregum.

[2] De Horn. *Orbis antiqui delineatio*, Jansonn, 1654. Bibl. Nat. Cartes, Ge DD 1214 (Gallia vetus). — Ukert, *Geographie der Griechen und Römer*, Weimar, 1832, in-8°, t. II, p. 391, le place à Arvert. — Massiou, *Histoire de Saintonge et d'Aunis*, t. I, p. 59.

[3] Blondier et Bertrand, *Soc. des antiquaires de France*, 1866, p. 134-135.

[4] Bourricaud. *Marennes et son arrondissement*, Marennes, 1866, in-8°, p. 18. — Lacurie, ouv. cité, p. 608-609. Il estime que Tallemundus est un nom du moyen âge.

[5] Desjardins, *Gaule romaine*, t. IV, le place au Nord-Est d'Antignac.

[6] Adrien Valois. *Noticia Galliarum*, in-f°, p. 222-223-502. — Expilly, *Dict. géog. des Gaules et de la France*, Paris, 1762, voc. Novioregum. — D'Anville. *Notice de l'Ancienne Gaule*, Paris, 1760, in-8°, voc. Novioregum, dit que «l'étymologie s'y prête, mais pas la distance», croit qu'«il y a eu erreur de la part des copistes», p. 497-498. — Jouannet, *Statistique*, p. 221. — L. B. D. M. (Barentin de Monchal, *Géog. anc. et hist.*, d'après les cartes de d'Anville, Paris, 1823, in-8°, t. II, p. 263. — Walckenaer, *Géog. anc. hist. et comparée des Gaules*, Paris, 1839, in-8°, t. III, p. 97. — Reclus, art. cité, p. 917. — Forcellini, *Onomasticon*. Voc. Novioregum. — Vidal de la Blache, *Atlas général*, 1896, carte n° 18, *Gaule au temps de César*. — Lièvre, p. 85. — Mannert, t. II, p. 110.

[7] «Peut être avec raison le Tamnum de la Table Théodosienne», Nicolas Alain, *la Saintonge et ses familles illustres*, 1598; ed. Audiat, Bordeaux, Chollet, 1889, in-18, p. 35. — A. Valois, *Noticia*, p. 502. — Baudrand, *Dict. géog.*, Paris, 1705. Voc. Tallemond. — Corneille, *Dict. universel géog.*, Paris, 1708, voc. Tamnum. — Dom Jacq. Martin, voc. Tamnum : «Talmon ou Tallemon». — Ukert, ouv. cité, p. 391. — Massiou, p. 59. — Sanson, *Galliarum descriptio*,

à Barzan[1], Mortagne[2], Saint-Ciers-du-Taillon[3], en pleine Gironde sur le banc de Saint-Romain[4], sur la rive du Taillon[5]?

J'estime qu'en ce qui concerne le Tamnum, la question peut être facilement résolue. Outre le fait étymologique, il semble très simple d'assimiler cette ville à Talmont, mais un Talmont qui devait être, à l'ère romaine, plus loin dans les terres, dans le golfe ouvert à travers les bas-terrains qui furent longtemps des salines, au pied du moulin du Fa.

Les ruines considérables, retrouvées par Masse, attestent l'existence, sur le coteau situé à l'Est de Talmont, d'une cité de premier ordre. Les Romains n'ont, à coup sûr, pas construit un cirque dans les champs, loin d'une agglomération d'habitants assez sensible. L'ingénieur de Louis XIV nous a révélé une ville importante aux portes de Talmont[6]. Cette ville ne put être que le Tamnum des Itinéraires.

corrigée par Robert selon Dom Bouquet et Lebœuf. Bibl. Nat., Cartes, C. 8422. — L. B. D. M., Barentin de Monchal, ouv. cit., p. 263.

[1] Jouannet, *Statistique*, p. 221, dit que Lammum n'est pas Tamnum. Lammum c'est Barzan (Théorie de Bourignon, p. 298).

[2] A. Valois, *Notitia*, p. 508, dit «a semblé être Mortaigne».

[3] Jouannet, *Statistique*, p. 221. — Il s'appuie sur l'autorité de Hus (Dissertation sur une voie romaine qui traversait le pays des Santones ou Saintongeois, dans *Académie de La Rochelle*, 1768, t. III, p. 194-196) qui suppose «le Tamnum détruit, à 3,000 toises de Mortagne, entre ce bourg et Cosnac».

[4] Walckenaer, ouv. cité, p. 97. «Valeyrat ou le Banc vis-à-vis de Saint-Romain. — Desjardins, ouv. cité, le place au Nord-Est de Mérignac (?).

[5] Près Saint-Romain d'après Blondier et Bertrand, *Soc. des Antiquaires de France*, 1866, p. 184-185.

[6] «A 1,100 toises de Talmont, ville fameuse, peut-être le *Santonum portus*. On dit qu'elle s'appelait Tête de Saintonge ou Saintonne. On y voit une tour de 13 à 14 toises de diamètre sur laquelle on a bâti un moulin, dit du Phar, où devait être l'ancien fanal.

Au Sud-Est du logis de la Garde, sur la hauteur de ce nom, paraissaient, en 1708, les vestiges d'un château, qu'on croit être les fondations d'un cirque, d'après sa figure ovale. On a découvert des débris prouvant qu'il y avait là un amphithéâtre, par les vestiges de trois ou quatre gros murs parallèles, des bases de pilastres ou colonnes autour; l'édifice avait 50 toises de diamètre maximum. La quantité de vestiges antiques, de matériaux qu'on a découverts à l'Ouest de la hauteur, sur son flanc, fait qu'on tient que le port était au Nord-Est de la conche d'Aury et de Pilloux; et proche une maison au bout de la prairie on voit encore des vestiges de gros murs. Toute la prairie au Nord de Talmont a dû être baignée par la mer.» Masse, ms. 134, p. 170-171. A. G. — «Au Sud-Est d'Arces, environ à 1,000 toises de Talmont, à la Garde, j'ai vu à 200 ou 300 toises des

Je dois reconnaître, toutefois, que cette ville pouvait avoir son havre sur la Gironde même, peut-être au pied de la falaise de Chant-Dorat[1]. Rien ne s'y oppose, pas plus que rien ne nous prouve qu'elle n'eût un double débouché, à Chant-Dorat, et aux Mottes, sur le fleuve et dans la baie. Dans les deux cas, la fameuse cité eut été à deux pas du Talmont actuel, et il est naturel de la confondre avec le berceau du chef-de-lieu de canton charentais. La voie Mediolanum-Burdigala, enfin, aboutissait près du Fa.

Pour Novioregum, le problème est plus complexe. Pourtant, certains faits peuvent aider à l'identification de cette ville. D'abord, le Novioregum ne devait pas être très éloigné du Royan moderne, car ce port est signalé dès le moyen âge. En second lieu, il devait être à l'issue d'une voie romaine. Enfin, un point cité par les Itinéraires n'a pas dû disparaître tout entier.

Un seul endroit répond aux deux dernières conditions. La voie romaine n° 3, de Lacurie, touchait à la péninsule de Suzac. Or, à Suzac, sur des falaises depuis éboulées, Masse a retrouvé les

bords de la Garonne la base d'une tour de 13 à 14 toises de diamètre. On dit qu'il y avait là une ville fameuse et un *grand port*. Presque au sommet, j'ai vu des débris d'un cirque enfoncé en terre que le vulgaire appelle Castro. Tout autour on trouve des débris anciens. Sur le tertre, il y a un moulin à vent, qu'on appelle le Fas, en ancien patois le phare.» Masse, ms. 135, p. 431-432, A G. — «*Santonum Portus* à Talmond.» Masse, *H^re abrégée sur la ville de La Rochelle*, fol. 96, r° 3° col. — «Environ à 1,100 toises de Talmont, la tradition place une ville fameuse (*Santonum Portus*). Il y a là le moulin du Far, l'ancien fanal. L'on tient que le port était au Nord-Est de la Conche d'Aury ou de Pilloux, et proche une maison à l'extrémité de la prairie.» Masse, *Mém. du 8e carré de Médoc*, p. 48. — «Le port entre la pointe d'Ory et le moulin, du Fas pouvait avoir été fort bon.» Masse, ms. 131, f° 58. Cf. Masse, *8e carré de Médoc* : «Port des Saintongeois au pied du moulin du Fa.» — «Le port de l'Est, qui est dans la Conche de Talmont entre cette ville et le faubourg du Caillaud a été autrefois plus profond, il y tombait un chenal qui passait sous le pont d'Arceau.» Masse, *Mém. abrégé sur Talmont*, ms. 138, p. 163.

[1] Masse, ms. 135, A G. — «De Talmont à Saint-Seurin, la tradition dit qu'il y avait un bon port et une ville fameuse. On ne sait pas son nom, ni quand elle fut détruite. On en voit quelques fragments.» Masse, *Mém. sur les Renvoys de la Carte générale de 1719*, p. 24. — «A Ory, au pied du moulin du Fas, en Gironde, ancien port, à distance de la rivière.» Masse, *Plan de Saint-Seurin d'Uzet*. — «Il y en a qui assurent qu'ils avaient vu des anneaux au mur qui est au Sud du moulin du Far et de la maison de la Garde, où l'on prétend que le port était, aujourd'hui un pré distant de 200 toises de la rive. On dit que c'était le *Portus Santonum* des Saintongeois.» *Mém. sur Saint-Seurin.*

vestiges d'une cité, de solides murailles, et la tradition, qu'il a consignée, assurait qu'il y eut là une forte citadelle surnommée Gériost[1].

Je crois donc que Novioregum fut le Gériost du moyen âge, et que son éboulement dans les flots donna naissance à Royan, phénomène analogue à celui qui procréa la Rochelle. Il convient de noter que Suzac n'est qu'à 8 kilomètres de Royan.

Les dix premiers siècles de notre histoire sont aussi muets sur Novioregum que sur Tamnum; aucune mention n'est faite de ces ports où se développait le commerce gallo-romain.

Jusqu'au XIVe siècle, les rives des baies demeuraient couvertes de végétation; des bois étendaient leurs ramures à Royan[2], à Semussac[3]; des vignes dressaient leurs pampres sur les falaises de Vallières[4], de Talmont[5].

[1] «Sur la falaise, vestiges de gros murs et débris d'une ville que le vulgaire nomme Gériot.» Masse, *Mém. du 8e carré de Médoc*, p. 13. — «Entre Méché et Saint-Georges, j'ai trouvé des vestiges de gros murs sur le bord de la rivière.» Masse, ms. 135, p. 432. — «Sur la pointe de Suzac était jadis la ville de Gériost.» Masse, ms. 136, p. 370.

[2] «Jadis de hautes futaies ombrageaient les deux rives de la Garonne. Sur la rive droite, on voyait croître et l'ormeau et le chêne noir. Quand on descendait la Garonne, à partir de Bordeaux, on ne quittait pour ainsi dire pas les forêts. C'était comme une véritable marche forestière qui séparait le pays d'Oc du pays d'Oïl.» A. Maury, *Histoire des grandes forêts de la Gaule*, Paris, 1850, in-8°, p. 287. — En 1092, Hélie de Didonne donne à Saint-Nicolas de Royan «apud castellum Rugianum, silvam que vocatur Castellars (Chatelard).» (*Ch. du Prieuré de Saint-Nicolas de Royan*, par Dorat (ext. du *Cart. de la Grande-Sauve*), dans *Archives d'Aunis et Saintonge*, t. XIX, p. 28 (En note, p. 29 «la forêt touchait le prieuré».) — S. d. (début du XIIe siècle) : Don au prieur de Saint-Nicolas de Royan d'une sexterie «in nemore de Montchoia (Monsonge) apud Chastelars». (Ch. du prieuré de Saint-Nicolas de Royan, p. 37).

[3] 1300. Pierre de la Brosse, seigneur de Didonne, abandonne à Guillaume de Chaillonney : «Garennam seu Chassiam (la Chasse) sitam in parrochia de Sémussac.» Marchegay, *Doc. tirés des archives du duc de la Trémoille*, dans *Archives d'Aunis et Saintonge*, t. I, p. 61.

[4] «Decem quarterios terre ad plantandam vineam in loco qui vocatur *Valeria*.» Ch. de Saint-Nicolas de Royan, dans *Aunis et Saintonge*, t. XIX, p. 29. — «1092. Donation du même (même recueil, p. 31) : «Apud Valerias, terras et vineas, terram quoque de Doeria et de Tusca». Cf. ch. de 1097 (p. 31-32). — Id. Ch. de Saint-Nicolas, du début du XIIe siècle (même recueil, p. 37).

[5] V. 1097. Bernard de Pardellan donne «pratos ac vineas quæ sunt de Gugeilo [le Gat] usque ad Talamonem». *Cart. de Saint-Jean-d'Angély*, dans *Archives d'Aunis et Saintonge*, t. XXX, p. 356.

Aux ports, disparus peut-être, ou pillés par les navigateurs scandinaves, de Novioregum et de Tamnum, avaient succédé ceux de Royan, le *Rugianum* de la *Gallia Christiania*, et de Talmont.

Le sire de Montendre ne semble pas faire un don minime en léguant à la Sauve des produits de sa pêche baleinière à Royan[1].

On est frappé de ce fait que les premiers géographes n'ont connu, de Maumusson à Blaye, que Royan, qu'ils orthographiaient de préférence Roan[2], et Talmont, ou Talamon[3].

Toutefois Meschers vit bientôt briller son port. Il en est fait mention dès le XIVe siècle[4].

Il semble, d'ailleurs, qu'au XIVe siècle subsistaient les anfractuosités de Royan, de Didonne et de Talmont, car les Portulans paraissent avoir eu connaissance de leur existence[5].

Toutefois, les golfes du passé avaient déjà dû s'empâter dans leurs parties les plus profondes, exception faite des salins de Royan et Meschers.

Nous constatons, en effet, par les documents d'archives, qu'au XVe siècle l'échancrure de Didonne est devenue un vaste étang[6].

[1] 1118-1140. Accord entre la Sauve et Guillaume et Arsende de Montendre : «duo frusta de balena qualia ipsi reciperent in portu de Roiano». Ch. de Saint-Nicolas de Royan, même recueil, p. 41.

[2] Roam, *Charta navigatoria*, 1351 (Portulan Laurent. Gaddiano. seu Atlante Mediceo), dans Nordenskiöld, *Periplus*, Stockholm, 1897, *fac. sim.* 15. Id. *Charta navigatoria*, 1384 (Port. Pinelli-Walckenaer). — Roanj, *Carte Catalane*, 1375 (Bibl. Nat., galerie Mazarine). — Rotuna, Volpius, 1397. — Rom(?) *Charta navig.* du XVe siècle, conservée à la bibl. d'Upsal. — Rogan, Andrea Bianco, 1436. — Roa. Ed. de Ptolémée de 1490, Tabula moderna. — Roam, Freduci d'Ancône, 1497, à la Bibl. de Wolfenbuttel. — Rohan, dans Domingo Olives, 1568.

[3] Talamon. Ch. navigatoria 1351. — Id. 1384. — Tallamam, Carte Catalane, 1375. — Talamon, *The Portolano of* Tamare Luxoro, Gênes, XIVe siècle. — Tallamon, *Giroldis Port.*, Venise, 1426. — Talamon. Ptolémée de 1490. Id. Freduci d'Ancône, 1497. — Talamon, F. Gaudentius, 1570. — Bibl. Nat. Cartes, B. 1707.

[4] «Mers, Tamare Luxoro, XIVe siècle, fin. — Mers, *Giroldis Port.* 1426. — Merché, dans Ant. Lavasini, *La vera descrittione della navigatione di tutta l'Europa*, 1572. Bibl. Nat. Cartes, Ge. D D., vol. 1140.

[5] Ch. navigatoria, 1384. — Cf. également *Harleian anon. Mappemonde*, v. 1536. British Museum, add. mss. 5413. — Id. Pierre Desceliers, 1546, Bibl. Lindsay. French ms. n° 15.

[6] 1452. Aveu de la Chatellenie de Didonne, par Olivier de Coëtivy : «Laquelle chastellenie s'extend tout d'un costé, tenant à la chastellenie de Royan, en

La baie de Talmont avait mieux résisté aux empiétements des atterrissements[1] et les salines y demeurèrent florissantes.

Au XVIe siècle, cependant, ces atterrissements ont comblé si bien les golfes primitifs, que le chenal de Deau, sous Meschers, est devenu presque inutilisable[2] pour l'alimentation des marais salants du Talmondais.

Les bourgs qui jalonnaient les rives des anciennes baies prennent alors de l'importance[3]. Les anciennes salines se sont muées en paluds où stagne une eau à demi salée.

Ce n'est pas seulement la rive orientale de la Gironde qui se modifiait au gré des forces de la nature. Le fleuve lui-même se jouait des matériaux accumulés dans son lit.

Le banc des Marguerites[4] était connu, au XVe siècle, de Garcie-

alant tout le long de la Gironde, jusques à la chenau Didonoise. » *Aveux et dénombrements* dans *Archives d'Aunis et Saintonge*, t. XXIII, p. 368. — 1489 (v. s.) : Exemptions et droits accordés par Ch. de Coëtivy. « Et pourront faire pasturer leurs bestes à cornes et autres, tant grandes que menües, tant ès rivières de Bouhe et grans estangs que en la fourest dudict lieu de Didonne. » Marchegay, *Documents inédits sur l'Aunis*, Les Roches-Baritaud, 1877, in-8°, p. 109.

(1) Jehan Allofonsce et Raullin Secalart, *Cosmographie*, Plan de la rivière de Bourdeaux, 1545.

(2) 1567. Adjudication de travaux « pour curer, nectoier et oster les bouhes et fanges du chenal du moulin de Deaue. » Ch. de Thenars. In Marchegay, *Documents inédits*, *Arch. d'Aunis et Saintonge*, t. V, p. 42.

(3) Un titre mentionne la Grange, près Meschers, les Granges, près Brézillac, les métairies de Lestang et Bédigne. *Talmont et Théon*, 1492-1764, par de Bremond d'Ars, d'après les Archives du Breuil de Théon à Chatembardon, dans *Archives d'Aunis et Saintonge*, t. VIII, p. 221. — Une déclaration de Gilles du Breuil de Théon, de 1540, cite les fiefs de l'Angledo, paroisse d'Epargnes, de Sers, de Compain, de Pissault, des Ardillaux, de Chassaigne et de Puyreneau. » Id. p. 230. — Un aveu de 1555, du même, nomme Beloire, le Bresnou (le Bersaud de Cassini), Saint-Pierre, Maupassaige, Lagrède, le Mayne-Pommier, le Mayne aux Argans, le Mayne aux Faures, le Mayne-Prestre, Château-Gaillard, les *Mathes* de Beloire, les prés Tressablon, Bonnart, la Barre assis à la palus salée » pré Foucauld, le palus de Carnelle. Id. p. 232-234.

(4) Marguerites, Garcie, *ouvrage cité*, p. 12 : « et aussi saches que le travers d'icelle pointe de Meschers y a ung danger que l'on appelle les *Marguerites*, et sont le travers d'elle en chenal bien hors. Et pour toy garder d'elle et aller bon chenal qui est au nort d'elle, mets l'église parrochiale de Ryan, qui est hors de la ville, mets icelle église parmi la pointe qui est aval de la pointe de Meschers, qui est la première pointe en amont de Ryan, et tu ne la craindras rien,

Ferrande. Il s'alignait alors, à la hauteur de Meschers, assez au large du promontoire calcaire sur lequel est juchée la ville.

A la fin du xve siècle, ce banc s'était allongé vers le Nord-Est, se rapprochant du rivage, ne laissant entre lui et Talmont que des profondeurs de 5 à 7 brasses.

Le banc de Talmont[1] s'étendait, parallèlement à la côte, et, en prolongement des Marguerites, de Talmont, à la hauteur de Saint-Seurin[2].

Un banc se dessinait devant Mortagne[3], continué par un dépôt, qui lui-même était séparé de Saint-Sorlin-de-Conac par un banc fort étroit[4].

Entre Saint-Yzan et le littoral de Saint-Ciers, deux bancs devaient exister[5].

Devant Mortagne, on comptait 5 brasses d'eau dans le chenal. Plus au Sud, 3 brasses et 6 brasses; 5 brasses, enfin, devant Saint-Ciers.

Au milieu du xviie siècle, la situation est assez bien caractérisée sur le continent.

Entre Boube et Belmont persistait un marais boueux, dernier vestige de la baie de Belmont, déversant ses eaux dans la mer, sur la Conche, à ce moment plus profonde[6].

et un petit à ouvert d'elle tu sera au nord d'elle. Et ne te approche point plus prez d'elle de six brasses, si tu ne vois ton bon.»

(1) Janz Wagheraer, *Miroir de la mer*, Anvers, 1590. Bibl. Nat., Cartes Dl. 94-77. Embouchure de la Gironde. — Lucas, fils de Jean Chartier, *Le nouveau miroir des voiages marins* (compl. par Guill. Bernard), Anvers, Bellère, 1600 (carte Die Zee custe vantlandt van Poictou ende Bordeaux, etc.) Bibl. Nat., Cartes Ge DD 314. — Lucas Janz. Wagenaer, *Thrésorerie* ou *Cabinet de la routte marinesque*, Bonaventure d'Aseville, Calais, 1601. Bibl. Nat., Cartes Ge FF, 3426.

(2) Entre la côte et le banc, 5, 3 et 6 brasses, Wagenaer, 1590.

(3) Wagenaer, 1590.

(4) Wagenaer, 1590.

(5) Wagenaer, 1590.

(6) 1673. Aveu de Louis de la Trémoïlle au Roy pour Royan. Archives dép. de la Gironde, série Trésoriers de France; reg. 2245, dans *Archives d'Aunis et Saintonge*, t. XI, p. 149 : «Du costé du midy à la terre de Didone un ruisseau ou riveau entre deux enclavant la garenne dudict Royan, depuis la mer, comme aussy enclavant le maroys et palus qui est entre Boube et Belmont, rendant au villaige de Pommes-Aigres, etc.» — Cf. Plan de Royan par Jean Auger Provençal, 1652. Vf. 4, Estampes (Bibl. Nat.). — Samson,

Le port de Saint-Georges s'ouvrait sur le déversoir des lagunes de Chenaumoine[1]. Celui de Meschers recevait des bateaux de 90 tonneaux et possédait 55 livres de marais salants[2].

La rive, vers Barzan, devait être moins à l'Ouest, et le flot devait baigner les environs du moulin des Monards et la base des rochers des Ruisselles[3].

En arrière, l'échancrure de Barzan avait été remplacée par des prairies mouillées qu'irriguait un cours d'eau descendant d'Arces[4].

Plus au Sud le fleuve devait sensiblement lécher la base des falaises du moulin de Bert, au port de Mortagne, de la Gravelle et du Pontet, à Saint-Romain[5]. L'anse de Boutenac n'était plus qu'un souvenir.

Les cartes marines de la première moitié du XVIIe siècle n'offrent

La Saintonge vers le Midy avec le Brouageais, etc., 1658. Bibl. Nat., Estampes, Vx 20.

(1) SANSON, 1658. — J.-B. NOLIN, 1700. — CHAUVIN (ingr), Carte de Royan, s. d., ms. Bibl. Nat., Cartes C 9519.

(2) *Ports de France*, t. VI, p. 385.

(3) 1659. «Item tenons et advouons tenir de mondict seigneur ce que nous avons et autres tiennent de nous à Mageloup, c'est à sçavoir le fief de Mageloup, lequel fief s'estend de Font-Ruselle jusques à la Cafourche du Pré du Breuil, et d'ilec à la place du Pontet, et d'ilec au Pré Baudain, et d'ilec au carrefour de Bauja, et d'ilec à la coste au Bérault, et d'ilec à la coste aux Mosnards et de là s'estend et conclut à ladicte Font-Rouselle.» *Mascion et Mortagne*, dans *Archives d'Aunis et Saintonge*, t. II, p. 197.

(4) 1643. Aveux de la seigneurie de Saint-Seurin d'Uzet : «La prée située depuis le moulin des Mosnards jusques au lieu appellé les Chastellars, en la paroisse de Champnac, suivant le cours d'eau qui descend du moulin Renbauld.» *Aveux et dénombrements*, ds. *Archives d'Aunis et Saintonge*, t. XXIII, p. 393. — Cette charte mentionne «l'estier des Mosnards», reste du détroit qui faisait communiquer autrefois la baie et la Gironde. Le moulin des Mosnards y est dit «proche de la mer». p. 394.

(5) 1666. Aveu fait au Roy par César Phébus d'Albret : «Plus une autre pièce de pré appelée «les Poteries», qui confronte du costé du couchant à l'achenal de la Gravelle,... du bout du septentrion à de mauvais prez appelez «les Joncs», autrefois communaux... une autre pièce de pré appelé le «prez des Moutons», qui confronte d'un costé à la rivière de Gironde, d'un bout du couchant aux communaux qui sont entre ledict pré et l'achenal dudict Mortagne;..... plus un moulin à eau, appelé le «moulin de la Rive», qui confronte au bout du couchant au chemin par lequel on va du bourg de Mortagne au port de la Rive, d'un costé au chenal dudit Mortagne..... d'autre bout du midy aux communaux..... d'autre costé de l'Orient, à l'estier et cours d'eau dudict moulin.» *Mascion et Mortagne*. Déjà cité, p. 203-204. — Cette charte cite le Pontet.

pas la même netteté de détails que les Miroirs de 1590 à 1601 sortis des presses néerlandaises[1].

Celles de 1660 à 1690 sont plus explicites. La carte de Clairville dessine un long banc au Sud de Mortagne, séparé de la côte par des profondeurs de 4 brasses seulement, et du banc de Valeyrac par des hauts-fonds de 3 brasses[2].

Vers 1680, on constate : 1° la formation d'une barre, parallèlement à la Conche de Royan, et dirigée du Sud au Nord, à partir de la pointe de Vallières[3] ; 2° le creusement de la passe Est entre les Margarites et Meschers[4] ; 3° le rejet vers l'Ouest du banc de Talmont, et l'approfondissement de la passe orientale[5] ; 4° l'orientation du banc de Saint-Seurin dans le sens Nord-Ouest et Sud-Est[6] ; 5° l'agglutinement des bancs au Sud de Mortagne[7].

Au début du XVIIIe siècle, la topographie de la région nous est marquée, avec une précision toute contemporaine, par l'œuvre ad-

(1) W. JANZ. *Zee Spiegel*, Amsterdam, Blaeu, 1616. Bibl. Nat., Cartes Ge FF 829, indique 20 brasses devant Foncillon, 6 devant la Conche de Royan, 20 sous Messié (Meschers). — Jacob AERTS COLOM, *Spiegel der Zee*, Amsterdam, 1632 (De Carten van Poictou en Xantoignes, van den Gardinael de Rivier van Bourdeaux. Bibl. Nat., Cartes Ge DD 318), marque 12 brasses sur la Conche de Royan.

(2) CLAIRVILLE, *Carte topographique des entrées et du cours de la rivière de Garonne*, ms. Bibl. Nat., Cartes C. 15282. — Du même et LA FAVOLLIÈRE, *La Garonne, de Bordeaux à la mer*, Arch. de la Marine : bancs de Talmont, Saint-Seurin, Mortagne, etc.

(3) *Carte de l'embouchure de la Gironde*, 1677. Bibl. Nat., Cartes Dl. 94-77. — *Nouvelle carte marine croissante en degrés*, etc. N. DE VRIES, Amsterdam, by Ant. de Winter en Claes de Vriès, geom. s. d. Bibl. Nat., Cartes, rec. factice 168, feuille 78.

(4) 6 br. 5 à 8 dans la Carte de 1677.

(5) 8 à 24 br. Carte de 1677. Voir aussi note 6.

(6) Carte de 1677. — Carte particulière des costes de Guienne, de Gascogne en France, et de Guipuscoa en Espagne, *Neptune François*, 1693. Bibl. Nat., Cartes Ge 1128 et 27663. — *Id.* JAILLOT, 1698, même dépôt, C 12820.

(7) Paul YVOUNET, *Le grand et nouveau miroir ou flambeau de la mer*, traduit du flamand en français. Amsterdam, Hendrick Donker, 1684, in-folio. Bibl. Nat., Cartes, Ge DD 188. — Cf. *Parfaete Pascaert van de Rivier*, Amsterdam, Hendrick Donker, s. d. Id. Pf. 198 [5658] et *Pertinente Vertooninghe van het in kommen der Rivier van Bourdeaux. Ibid.* Pf. 198 [5655]. — Cf. *A chart of the entrance of the river Gironde*, s. l. n. d., 1 feuille. Bibl. Nat., Cartes C 17422.

mirable de Masse [1]. La Conche de Pontaillac recevait le ruisseau du Maine-Geffroy; celle du Château, à Foncillon, les petits bâti-

[1] Nous réunissons ici la liste des travaux de Masse que nous avons utilisés pour cette étude :

I. Cartes :

Carte générale des costes du bas Poitou, pays d'Aunis et Saintonge, îles adjacentes, Médoc, etc., 90/65.

Carte générale des costes de Poitou, Aunis, Saintonge et Guyenne (1688-1716), 88/40.

Carte générale du bas Poitou, pays d'Aunix, Saintonge et isles adjacentes, Médoc et parties de celles de basse Guienne, 1719.

Carte de partie de Saintonge, du Médoc et partie de Guienne. (Carte d'assemblage de l'île d'Arvert à Bourg et Cazeaux), 1710.

Carte générale de partie des costes du bas Poitou, pays d'Aunis, Saintonge, de partie de celles du Médoc avec les isles adjacentes, etc., 90/78 (1696-1781).

8e carré de Médoc.

9e carré de Médoc.

15e carré de Médoc, 1718.

Carte d'une partie de la côte de Saintonge, de Pontaillac à Méché, 1697.

Carte-tableau de l'embouchure de la Garonne à Arcachon (en 21 carrés) 88/65.

18e carré d'Aunis et Saintonge.

51e carré d'Aunis et Saintonge.

52e carré d'Aunis et Saintonge.

Embouchure de la Garonne et pays de Médoc, pour donner idée des parties qui sont levées et mises au net. (Carte d'assemblage de Mornac à Libourne), 8 mai 1706.

II. Mémoires :

Mémoire sur la carte générale du bas Poitou, pays d'Aunix, Saintonge et isles adjacentes, Médoc, et parties de celles de basse Guienne; la Rochelle, 1719, in-4°, 187 feuillets ms.

Mémoire sur les renvois pour les lettres et chiffres de la carte générale du bas Poitou, Aunis, Saintonge et partie de Guyenne; la Rochelle, 30 janvier 1719, 56 feuillets ms.

Mémoire géographique de Masse sur partie de bas Poitou, pays d'Aunix et Saintonge, ms. 6 feuillets + 804 p. et une table de 8 feuillets + 2 feuillets blancs. A G, in-4°, 185. Id., Bibl. la Rochelle, n° 2926.

Mémoire des lieux les plus remarquables qui sont dans la province de Saintonge jusqu'en 1718, ms. in-4°, 136.

Mémoire sur le 8e carré de Médoc; la Rochelle, 28 mai 1709, 80 feuillets dont 3 blancs; ms.

Mémoire sur le 9e carré de Médoc; la Rochelle, 15 décembre 1708, 6 feuillets, ms.

ments [1]. L'étang de Royan et celui de Belmont étaient alors distincts. L'étang de Royan [2], formé évidemment de rouches et de platins cultivés, voire même parsemé de salines, qui figureront sur les cartes de Cassini, entre la Robinière et Saint-Pierre-de-Royan, l'étang de Royan était séparé de celui de Belmont [3] par des dunes qui incursionnaient depuis le moyen âge [4], et se déversait dans la Conche de Royan par un ruisseau souvent envahi par les sables [5].

Les falaises de Vallières et de Suzac continuaient à s'effondrer sous les coups de boutoir répétés de l'Océan.

Mémoire sur le 15ᵉ carré de Médoc, ms.

Mémoire abrégé sur la ville de Talmont ou Tallemont sur Gironde, ms. 138, p. 161-171.

Mémoire sur le 13ᵉ carré d'Aunis et Saintonge; la Rochelle, 5 mai 1708, 8 feuillets ms.

Mémoire sur le 51ᵉ carré d'Aunis et Saintonge; la Rochelle, 12 nov. 1718, 10 feuillets ms. Bibl. la Rochelle, nº 2927, p. 25-41.

Mémoire sur le 52ᵉ carré d'Aunis et Saintonge; la Rochelle, 12 nov. 1718, 18 feuillets ms. Bibl. la Rochelle, nº 2927, p. 41-55.

Extrait d'un mémoire sur Bordeaux, 1723, 34 p. ms.

Histoire abrégée sur la ville de la Rochelle, depuis sa fondation jusqu'en 1718, feuillets 93 à 147 (sur 4 colonnes) du vol. 131, ms.

Mémoire sur Talmont, 1706, ms.

Projet pour fortifier Talmont, 1706. — Mémoire sur Mortaigne, ms. 131 feuillets (de 1695 à 1720). — Mémoire de Saint-Surin. *Id.*

III. Plans :

Deux plans de Talmont, 1706. — Plans de Saint-Georges-de-Didonne, des châteaux de Belmont, Boube, Méché. — La côte de Saintonge, de Terre-Nègre à Vallières (in-fol. 131). — Bourgs et ruines de la forteresse de Royan. — Plans de Saint-Seuret, Talmont, Royan. — Plan du bourg et château de Mortagne. — Plan de Saint-Seurin d'Uzet.

[1] Masse, ms. 136, p. 366.

[2] «Le marais de Royan a plus de 1,500 toises sur 300.» Masse, ms. 136, p. 367. Masse, cartes.

[3] «Le marais de Belmont a 1,200 toises sur 300.» Masse, ms. 136, p. 367. Masse, cartes. «Il va des Brandes à Boalles, les moulins de Didonne, Brimont, et au Nord de Saint-Georges.» Masse, *Carte du 8ᵉ carré de Médoc. Carte de Xaintonge, partie de haut et bas Poitou, pays d'Aunix, isle de Ré et d'Oléron*, etc. Ms. 1701. Bibl. Nat., Cartes Pf. 26 (123).

[4] «La forêt de Didonne se couvre insensiblement de sables.» Masse, *Mémoire du 8ᵉ carré de Médoc*, p. 12.

[5] «Les dunes de Saint-Georges sont peu élevées et comblent les ruisseaux qui font les écoulements des marais.» Masse, *Mémoire du 13ᵉ carré d'Aunis et Saintonge*, p. 2. — «Des dunes arrêtent l'écoulement des marais de Didonne, Belmont et Royan. *Id.*, p. 8. — Masse, cartes, *passim*.

Le marais de Chenaumoine se traçait péniblement un étier sur la Conche de Saint-Georges [1].

Le marais de Meché à Talmont appartenait à la terre en temps ordinaire, à la mer aux jours de malines [2]. La falaise de Talmont se perdait [3]. Les platins conquis sur le flot, de Talmont à Saint-Fort, n'étaient point assez élevés au-dessus des hautes eaux pour éviter l'inondation aux malines [4].

Les ports, jadis d'accès facile, voyaient leur commerce entravé. Meschers ne recevait plus que de petites barques [5]. Le chenal, au Sud de Talmont, et qui passait sous le pont d'Arceau, était comblé [6].

Mais les ports des Monards [7] et de Saint-Seurin étaient encore praticables [8]. De même celui de Mortagne [9].

[1] Ce que Masse appelait «auparavant relais de mer, maintenant terre inculte et marécageuse». *Mémoire du 52e carré d'Aunis et Saintonge.* — Masse, *Mémoire du 13e carré d'Aunis et Saintonge*, p. 8. — «Les dunes incommodent Saint-Georges.» Masse, ms. 136, p. 368. — «Marais de Didonne a 1,100 toises sur 800, communique avec la mer par un ruisseau.» *Id.*, p. 370. — «Les sables couvrent les pinadas de la forêt.» *Id.*, p. 370. — «L'étang est distant de celui de Campain.» Masse, *8e carré de Médoc.*

[2] «Le fond des marais de Méché est de vase, et souvent inondés de la mer.» Masse, *Mémoire du 13e carré d'Aunis et Saintonge*, p. 8. — Limites du marais : Méché, Beloir, Pont-à-Lusson, Bardesilla, Mainvielle, la Palue; marais de Talmont, entre la Paleu, la Passe, Goudine, Collube, Talmont. Masse, *8e carré de Médoc.*

[3] «Le port de l'Est qui est dans la Conche entre cette ville et le faubourg du Caillaud a été autrefois plus profond; il y tombait un chenal qui passait sous le pont d'Arceau. Le flot détruit la falaise. Les Espagnols avaient fait des travaux. On ne les distingue presque plus en 1706.» Masse, in-4° 138, p. 163-164. — «La fosse de Médoc était jadis un petit port.» *Id.*, p. 166.

[4] «Le terrain ou la rivière ne flotte plus contre les rochers s'inonde en malines. La prairie de Saint-Romand est couverte en malines.» Masse, ms. 131, f. 58. — «Ile d'Endeau, entre Meschers et Talmont, île d'Ode sur la rivière.» Masse, Mémoire ms. 136, p. 378 et 379. — Ile de la Grange, *id.* — Le rivage de Mesché à Talmont est dit *les Faignes* (les Fagnes) *8e carré de Médoc.* — «Prairie de Saint-Romain s'inonde en malines.» Masse, *8e carré de Médoc.* — «La Garonne, vers 1715, était à près de 300 toises de ses anciennes rives.» *Mémoire du port de Mortaigne.*

[5] Masse, *Mémoire du 8e carré de Médoc*, p. 15. — Masse, ms. 136, p. 371.

[6] *Plan de Talmont*, par Masse, 1706.

[7] «En 1681 beaucoup de protestants filèrent par les ports de Saint-Seurin et des Monards.» Crottet, *Histoire des églises réformées de Paris et Mortagne*, p. 150-162. Ce port exportait en Angleterre en 1681. *Ports de France*, t. VI, p. 394.

[8] Masse, *Mémoire du 8e carré de Médoc*, p. 51. — Le port de Saint-Seurin au temps de Masse était au bourg, et loin de la berge actuelle (plan de Saint-Seurin).

[9] «Petits bâtiments». Masse, *15e carré de Médoc*, et *passim.*

Le lit de la Gironde est coupé en deux passes par une série de bancs[1] : les Marguerites, de la hauteur de Suzac à celle de Talmont; au S.-S. E. du précédent, le banc de Talmont, de la hauteur de Talmont à celle de Chenac; de Saint-Seurin à Mortagne, prolongeant le précédent, le banc de Seurin lui-même, continué par celui de Mortagne, juxtaposé avec le banc de Valeyrac, le banc de By, etc. Ces bancs, longs de 2 à 4 kilomètres, larges de 400 à 500 mètres, étaient séparés par des détroits de 300 à 400 mètres environ.

La profondeur du chenal de Saintonge variait entre 36 mètres, vers Suzac, 7 mètres à Mortagne et 5 mètres à Port-Maubert.

Le XVIIIe siècle voit se continuer l'ensablement des Conches girondines. Les promontoires s'effritent, et, suivant un mot historique, «sentinelles avancées sur la pleine mer, s'effondrent tout entiers», alors que, par l'éternel phénomène d'équilibre des éléments de la nature, les plages s'agrandissent et font reculer la mer[2].

L'entassement des matériaux détermine, en outre, la fermeture des *étiers*, permettant à l'industrie humaine ce qu'on a nommé, en Poitou et Saintonge, la conquête des relais sur l'Atlantique. Ainsi atterrissent les grèves de Pontaillac, de Royan, de Saint-Georges, de Meschers[3].

[1] Cf. A. Hautreux, *Les mouvements des sables dans la Gironde depuis deux cents ans*, Bordeaux, 1898, in-8°, broch. de 16 p. Extrait des *Actes de l'Académie de Bordeaux*, 1898, et cartes. — «Le banc des Marguerites est très variable et va du Bec de Vit à Talmont (6 pieds d'eau), celui de Talmont (2 pieds) s'étendait jusqu'à la hauteur des Monards.» Masse, *Carte du 8e carré du Médoc*. — Cf. Réveillaud, de Blaye, *Carte de l'entrée de la Gironde et de son cours jusqu'aux rivières de Garonne*, 1728, ms. Bibl. Nat., Cartes, C 18550. — Ricard, 1755. Bibl. Nat., Cartes C 18520 (6).

[2] Cf. de Kearney, 1767. Bibl. Nat., Cartes Dl, 94-77.

[3] «Nos plus expérimentez marins de Royan assurent qu'en moins d'un an, il y aurait dans la rade 3 ou 4 pieds de vase molle qui servirait de lit aux bâtiments.» — En 1727, le havre de Royan dépassait 14 pieds de fond aux basses marées et 18 aux hautes marées. De Bitry, *Mémoire sur le port de Royan*, 1727, 2 feuillets, 1 carte, ms. A G, p. 2. — «Il y a grande apparence que Royan avait jadis un port considérable. Le temps l'a détruit et le port, qui s'est comblé sans doute, ne reçoit plus que des barques de 20 à 25 tonneaux.» Lafitte, *Mémoire sur le voyage que MM. de Rochepiquet, Godefroi et moi avons fait dans le Médoc, au Verdon et sur la côte de Royan*, 1768, 8 feuillets, ms. A G, p. 13. — «La Conche a 1,080 toises de long.» Note de Masse, jointe à la lettre

Les falaises de Vallières, de Suzac, de Meschers, sapées à leur base, s'émiettent dans le fleuve [1]. Seuls subsistent les marais-gâts de Royan et de Talmont [2]. Les modifications sont plus sensibles encore quant à l'estuaire de la Gironde. Il n'y a lieu d'être surpris, et c'est à juste titre que l'on pouvait écrire, en 1718 «que l'on découvre de basse-mer des bancs que l'on ne connaissait pas six ans plus tôt» [3].

Le banc de Royan se rapproche de la Conche et de Vallières [4].

Le banc de Talmont s'agglomère avec le banc des Marguerites [5] et se rapproche également du rivage oriental. Il perd, d'ailleurs, en longueur [6].

Les bancs de Talmont, de Saint-Seurin, de Mortagne, se profilent en un chapelet presque ininterrompu [7].

Toutefois, les profondeurs de la passe Est de la Gironde permettent encore aux bâtiments de suivre le rivage [8].

À la fin du siècle, le banc de Talmont incline toujours plus vers la côte, comme pour déterminer son atterrissement [9].

Au XIXe siècle se formera, sur l'emplacement d'un haut-fond, le banc de Saint-Georges, vestige du banc de Royan, morcelé par l'Océan et rejeté vers le Sud [10].

de Sicre, du 13 juin 1772, 4 p. ms., A G. — *Carte de l'embouchure de la Gironde*, au 28800e par Ricard, 1756, ms. A G. — Cassini.

(1) À la pointe de Saint-Georges, «il y avait une batterie». *Carte particulière de l'embouchure de la Gironde*, par Thollenet, Bourckeuf, Duvignon, de Beaulieu, au 14400e, XVIIIe siècle, ms. A G.

(2) Cassini.

(3) *Extrait d'un mémoire sur Blaye*, 1718, ms. A G, p. 355.

(4) *Carte des côtes comprises sur l'Océan, dans l'étendue de la généralité de Bourdeaux*, d'après le système de Buache; après 1752. Bibl. Nat., Cartes C, 18550, n° 248, ms. — Cf. De Tourondet, *Carte de la rivière de la Gironde et partie de la Garonne*, 1713, A G.

(5) Kearney, 1767.

(6) Belin, *Embouchure de la Gironde*, 1751-1753. Bibl. Nat., Cartes Dl, 94-77.

(7) Belin, 1751-1753.

(8) Kearney, *Plans des ports maritimes et de commerce*, 1778. Bibl. Nat., Cartes, vol. C, 2936, ms.

(9) Teulère, *Embouchure de la Gironde*, 1798. Bibl. Nat., Cartes Dl., 94-77.

(10) Carte marine de 1894 : «Ce banc était un haut-fond en 1812. Il s'arrête devant Royan, mais ne s'est pas exhaussé.» *Ports de France*, t. VI. Royan, par M. Veau, p. 351. — Manès (*Étude sur le port de Bordeaux*, dans *Actes de l'Académie de Bordeaux*, 29e année, 1867, p. 165), dit cependant qu'en 1853, «il s'était élevé et brisait de gros temps.»

Le banc des Marguerites tend à disparaître et ses débris à empâter les Conches de Meschers [1], associé en cela au banc de Talmont dont les sables ont rempli les marais voisins.

Le banc de Saint-Seurin s'est approché de la falaise, dont ne le sépare qu'un petit kilomètre [2].

Mais le banc de Goulée a absorbé celui de Mortagne et s'étend de la hauteur de Mortagne à By, coupant la Gironde en deux tronçons [3].

Le rapprochement des bancs par rapport au littoral talmondais et mortagnais a eu pour conséquences : 1° le comblement de la passe de Saintonge, pratiquée par Garcie et ses successeurs; 2° le colmatage toujours plus net du rivage Charentais.

Le port de Royan est envahi. A Meschers et aux Monards, l'accès jadis facile pour des navires de 80 tonneaux, n'est plus permis qu'aux grosses barques de 20 à 30 tonneaux [4].

La Gironde se perd, en un mot, et ce n'est pas à tort qu'à la fin du XIXe siècle les ingénieurs de Bordeaux ont pu jeter un grand et douloureux cri d'alarme.

---

(1) «Depuis 1818, il s'est abaissé de 6 mètres.» Gousserau, *Supériorité de la Charente sur les autres fleuves océaniques*, dans *Bull. de la Société de géographie de Rochefort*, t. I, 1879, p. 24.

(2) *Ports de France*, Saint-Seurin, par Sauvion, t. VI, p. 403 : «Ce banc découvre sur 7 kilomètres, et se prolonge sur la côte par des ensablements, sur lesquels il n'y a plus que 2 mètres d'eau.» Hautreux, *ouv. cité*, p. 9.

(3) Carte marine de 1894.

(4) «En 1746, ces ports recevaient des bâtiments de 30 à 40 tonneaux.» De Chabannes, *Mémoire sur la côte de Saintonge*, 1746, ms. 4 feuillets, p. 6. — *Ports de France*, t. VI, p. 385.

LES

TRANSFORMATIONS DU LITTORAL FRANÇAIS

L'ÎLE DE RÉ

À TRAVERS LES ÂGES,

D'APRÈS LA GÉOLOGIE, LA CARTOGRAPHIE ET L'HISTOIRE

PAR M. AUGUSTE PAWLOWSKI,

Licencié ès lettres, ancien élève de l'École des Chartes,
membre de la Société de géographie de Rochefort,
correspondant du Ministère.

Comme Oléron, l'île de Ré n'est que le débris d'une ancienne terrasse continentale, que des phénomènes sismiques très anciens ont séparée de la côte proprement dite.

J'avais cru jadis[1] que cette île avait pu être reliée au rocher de Rochebonne, situé dans sa partie occidentale, à 50 kilomètres de la côte.

Mais les découvertes géologiques récentes ne permettent plus cette supposition, ainsi que je l'ai dit dans un mémoire précédent[2].

Toutefois, il est incontestable que l'île de Ré fut jadis une portion du littoral poitevin et aunisien, et que, de Talmont-de-Poitou à la Gironde, le rivage devait former une ligne droite[3].

[1] *Le golfe du Poitou à travers les âges*, dans *Bull. de géographie historique et descriptive*, 1901, n° 3, et tirage à part, Paris, 1902, in-8°, p. 5.

[2] *L'Orcanie géologique et historique*, dans *Bull. de géographie historique et descriptive*, 1904, n° 2, et tirage à part, Paris, Impr. nationale, 1904, in-8°.

[3] «Les îles de Ré et d'Oléron ont leur bord occidental qui s'aligne à peu près sur la côte de la Vendée et sur la rive droite de la Gironde. Elles peuvent être considérées comme les témoins d'un ancien rivage.» DELESSE, *Lithologie du fond des mers*, Paris, 1872, in-8°, p. 191. — «Il est certain que les terres joignaient au continent le rocher de Cordouan, l'île d'Aix et très probablement l'île de Ré.» DESJARDINS, *Gaule Romaine*, t. I, p. 275. — «A l'origine de l'époque actuelle, Ré était réunie à la pointe Saint-Marc.» *Ports de France*, t. V, p. 564.

On en trouve un témoignage dans la médiocrité des fonds relevés entre Ré et l'Aiguillon, Rivedoux et la Repentie.

Une seconde preuve nous paraît devoir être fournie par l'orientation du territoire rhétais, qui n'est que le prolongement des collines continentales [1], comme les Pertuis ne sont que le prolongement de vallées fluviales.

L'île de Ré, en outre, est de même constitution géologique que le littoral voisin [2].

C'est, pour les trois cinquièmes, une terre d'oolithe moyenne, comme l'Aunis, l'ancienne Viguerie de Châtelaillon et le Rocher d'Yves [3], répartie en trois îlots; l'un englobant Sainte-Marie, la Flotte, Saint-Martin, le Bois, et la Couarde, le second contenant la péninsule de Loix, le troisième comprenant Ars, Saint-Clément, les Portes [4].

L'île de Ré n'était pas seulement rattachée au continent. Elle faisait corps avec Oléron.

Peut-être immédiatement après le dépôt de la craie supérieure se produisit la faille qui morcela les deux grandes îles et creusa le Pertuis d'Antioche [5].

A la même date dut se former le Pertuis Breton, et cette fosse de Chevarache qui dut naître d'une secousse violente des entrailles du sol sous-marin [6].

(1) «Les collines sont dirigées du Sud-Est au Nord-Ouest. Ré et Oléron sont leurs prolongements.» De même pour les vallées des fleuves et les Pertuis. De même encore pour les vallées sous-marines. DUFRÉNOY ET ÉLIE DE BEAUMONT, *Explications de la Carte géologique de France*, Paris, in-8°, t. II, p. 624.

(2) «C'est le même fond de banche couvert d'une terre végétale fertile en vin.» DELORME, Valognes, 1783, ms. papier, 8 feuillets et 4 blancs. (Mém. relatif aux environs de la Rochelle. Bibl. des Ponts et chaussées, ms. 1990).

(3) FLEURIAU DE BELLEVUE, *Mémoire sur l'état physique du territoire de la Charente-Inférieure*, pour servir à la statistique de ce département. La Rochelle, 1838, in-4°, p. 92. — L'oolithe est vraisemblablement ce que le Dr Kemmerer appelle «des pierres madréporiques». *Ile de Ré*, dans *Archives d'Aunis et Saintonge*, t. VI, p. 312. «A la Couarde, à 2 mètres de fond.»

(4) *Ports de France*, t. V, *L'île de Ré*, par [illegible], p. 643.

(5) «Il se forma un pli anticlinal, dont la voûte rompue et dispersée ensuite a fait place à une large vallée qui se prolonge jusqu'à plus de 100 kilomètres de la mer, dans la direction du Sud-Est.» A. BOISSELIER, *Sur les plissements du sol dans le massif vendéen, le détroit du Poitou et le bassin de la Charente*, dans *Associat. française pour l'avancement des sciences*. Congrès de Toulouse, 1887, 2e partie, p. 524.

(6) DELORME, ms. cité. L'opinion de Masse (*Description physique et minéralogique*

On ne peut guère expliquer un phénomène d'une telle ampleur que par l'intervention d'une éruption souterraine qui, soulevant les terres, les laisse retomber avec fracas, déterminant les déchirures dénommées depuis Pertuis[1].

En aucun cas, il n'y a lieu, croyons-nous, de supposer un affaissement plus au moins lent du sol. En effet, les digues destinées à protéger l'île de Ré contre les attaques de l'Océan n'offrent aucune trace d'immersion depuis leur construction; on va de Sainte-Marie à Chauveau comme autrefois, à mer basse, enfin les hauteurs conservent la même altitude que par le passé[2].

L'île de Ré, coupée d'Oléron et des falaises de l'Aunis, commença d'avoir une vie propre, mais accidentée.

Deux phénomènes se produisirent, qui ne cessèrent au cours des âges de modifier sa physionomie géographique : 1° à l'Ouest et au Nord, en butte aux coups de bélier du flot, elle a reculé; 2° à l'Est, des atterrissements, dans le bassin plus calme du Pertuis Breton, ont tendu à la rapprocher de ce continent dont elle avait été brusquement isolée.

Si l'on considère, en effet, une carte de l'île de Ré, on constate que celle-ci se continue en mer par une série de platins, ou banches, qui, sans aucun doute, ont été envahis par la mer, laquelle trouvait un facile aliment dans la fragilité des calcaires[3].

gique de la Charente-Inférieure, Bordeaux, 1853, in-8°, p. 30) paraît inadmissible. L'action de l'Océan n'a pu séparer les îles de la côte. — Masse croit que la fosse de Chevarache est due à l'action de la mer sur un fond moins solide, ou que le canal s'y soit moins comblé de limons. *Mém. du 1er carré*, p. 2-3.

(1) Delorme, ms. cité. — Arcère, *Histoire de la Rochelle*, t. I, p. 9.

(2) Dor, *Modifications subies par les côtes de la Charente-Inférieure*, dans *Annales de la Section des sciences naturelles, de l'Académie de la Rochelle*, 1874, nº 11, p. 57-58.

(3) « Il y a grande apparence qu'elle était autrefois plus grande qu'elle n'est aujourd'hui. Le commun sentiment du vulgaire tient qu'elle était beaucoup plus grande vers le Sud et Sud-Ouest, et à l'Ouest. Et cela paraît assez probable pour les grands bassins de rochers qui l'environnent du côté de la mer Sauvage dont les trois quarts ne découvrent jamais. Comme il paraît à la carte, que l'opinion des peuples est qu'elle était de l'étendue de ces rochers et que la mer en a mangé la superficie de la terre, comme elle la mange actuellement, ce qui diminue par conséquent insensiblement cette île et que des terres que la mer détruit les parties les plus liquides se convertissent en vases et limons; le reflux de la mer les pousse insensiblement dans le golfe de l'Aiguillon, qui se comble visiblement, comme s'est comblée une étendue prodigieuse de pays qui formait jadis un

Les rochers des Baleines, de Chanchardon, de Chauveau ont, jadis, appartenu à la terre ferme[1].

Il faut remarquer, en outre, que le littoral occidental de l'île descend en pente relativement douce vers les hauts-fonds. On ne trouve, en effet, des profondeurs de 100 mètres qu'à 45 milles de la côte[2].

D'autre part, l'île de Ré, de même que celle d'Oléron, formant une digue naturelle aux empiétements de l'Océan[3], la côte orientale, bien abritée, a subi le colmatage, et s'est empâtée par le double jeu des courants et du flux[4].

très grand golfe entre le Bas-Poitou et le pays d'Aunis, et tout ce grand espace de marais qui sont aujourd'hui desséchés, et qu'il paraît très probable que ce golfe ne s'est comblé que des terres provenues de la diminution de l'île de Ré.» Masse, *Extrait sur Ré*, p. 87-88.

(1) «Le banc des Baleines court Nord-Ouest, environ 3/4 de lieue dans la mer. Ce monument trop durable d'un édifice qui a cédé aux ravages des temps est aujourd'hui un écueil dangereux.» Arcère, p. 9. — Le nom de Chanchardon est typique. Il est orthographié Champ-Chardon dans la carte de Michel Baudier, *Histoire du maréchal de Toiras*, Seb. Cramoisy, 1644, in-folio. — «La pointe de Chanchardon se mange, et la tradition assure que l'île fut plus étendue jadis où se trouve un rocher fort avancé en mer. Les anciens de l'île assurent que par tradition de père en fils, à l'extrémité de ce rocher, il y avait autrefois une ville ou du moins un gros bourg où l'on découvre encore quelquefois, quand la mer est basse, des vestiges.» *Mém. du 4e carré*, p. 1 et 2. — Reclus, *Géographie universelle*, t. II, la France, p. 300.

(2) Bouquet de la Grye, *Pilote des côtes Ouest de la France*, t. II. (De Loire à Bidassoa), Paris, 1873, in-8°, p. 107 :

325 mètres à 116 milles des Baleines;
150 mètres à 97 milles des Baleines;
100 mètres à 41 milles des Baleines.

(3) Delesse, *Lithologie*, p. 191.

(4) «A l'Ouest de la Couarde, le sol de Ré est d'alluvions marines. Les sables et glaises reposent sur des bancs de roches.» Mary, *Notice sur les digues de l'île de Ré*, dans *Annales des Ponts et chaussées*, Mémoires, 1832, t. II, p. 50. — Vases :

De la jetée de Rivedoux au fort La Prée	2,000,000m³
De l'entrée du fort La Prée à l'Écluse des Moines	200,000
De la Moulinatte au Passage de Loix	300,000
Du Passage de Loix à la Touille	180,000
Baie d'Ars	300,000
Chenaux	100,000

Kemmerer, *Histoire de l'île de Ré*, La Rochelle, 1868, 2 vol. in-8°, t. I, p. 67. — Bri aux Marattes : «bri inférieur bleu; bri gris, 0,442 de silice, 0,338 d'alumine et oxyde de fer; bri supérieur, 0,360 de silice, 0,475 alumine et fer, sels rouges.» *Idem*, t. II, p. 319.

Les baies d'Ars et de Loix s'envasèrent et s'envasent à tel point qu'un géologue a pu improprement déclarer que le sol s'y élevait d'une manière inquiétante[1].

Par suite du ressac, l'alluvionnement est insignifiant à la Flotte, où la lévigation n'existe pour ainsi dire pas[2]. Il n'en est pas autrement à Rivedoux[3].

Des bancs de sable et de rochers courent le long du littoral oriental. Ils aideront à la soudure future, mais lointaine, de l'île de Ré au sol continental qui lui fait face.

On a commis une grave erreur en prétendant que l'île de Ré avait pu ne pas exister à l'époque romaine, puisque son nom ne figure ni dans Strabon, ni dans Ptolémée, ni dans Marcien d'Héraclée.

Elle fut habitée de toute antiquité. Dans ses forêts[4], les Troglodytes avaient élu domicile. On y rencontre, en effet, des tumulus[5], un chiron[6].

Masse s'est donc égaré lorsqu'il assure que l'île était inoccupée[7].

[1] Fleuriau de Bellevue, *ouvr. cité*, p. 96. — Je n'admets pas plus la théorie de M. Mary, *ouvr. cité*, p. 70. «Aux Baleines la plage s'exhausse tous les jours (?).» — «Alluvions continues à la Fosse de Loix, à Ars.» *Ports de France*, t. V, p. 665 et 675.

[2] *Ports de France*, t. V, p. 639.

[3] *Ports de France*, t. V, p. 651.

[4] «En 1881, près de la Pierre qui vire, on a trouvé un chêne enfoui à deux mètres sous le sable. A l'ancien Port-aux-Vins, on trouve des troncs d'arbres dans les marnes.» Kemmerer, *Atlas hist. de l'insula Rhéa*, p. 61. — Masse, *Mém. de la carte générale de partie du Bas-Poitou, Aunis, Saintonge et les îles adjacentes*. La Rochelle, 20 oct. 1701, 14 feuillets dont un blanc, p. 10.

[5] Nombreux tumulus. Musset, *De la formation du pays d'Aunis*, dans *Association française pour l'avancement des sciences*, La Rochelle, 1882, p. 46. — Musset, *La Charente-Inférieure préhistorique*, *passim*. — Philippot, *Rapport sur le tumulus gaulois du Bois*, dans *Recueil de la Commission des monuments historiques de la Charente-Inférieure*, 1885, t. V, n° 1 de la 2e série, p. 96-102. — Tombelles du Peux-Perroux, Kemmerer, Atlas hist. de l'insula Rhéa. *Actes de la Commission des monuments historiques de la Charente-Inférieure*, t. VIII, 1885-86, p. 56. «Les grosses pierres de la crête viennent des bancs de Lumachette, au-dessus du Martray; les trois pierres qui virent sont des assises de calcaire coquillier de la Baleine.» *Idem*, p. 57.

[6] «Aux Basses-Plumées, chiron et cimetière romain.» Philippot, *Précis historique sur l'ancienne seigneurie et fief de la Benatière*, dans *Bull. des Travaux de la Société hist. et scient. de Saint-Jean-d'Angely*, 1865, p. 155.

[7] Masse, *Mém. de la carte générale du Bas-Poitou*, etc., 1701, p. 9.

Les Romains eurent, à coup sûr, des colons dans ce pays dont les historiens n'ont laissé aucune mention[1]. A la Clairsie ou la Clairière, près du Bois, on découvrit en 1821 un cimetière romain[2], et même les débris d'un temple[3], des tombeaux de pierre à Saint-Martin, les Salières, les Plumats[4]; Lacurie a relevé, enfin, des vestiges d'urnes dans l'intérieur de l'île[5].

On s'est demandé si le silence des écrivains de Rome, concernant l'île de Ré, ne s'expliquerait pas par la non-existence, au moment de l'hégémonie césarienne, du Pertuis Breton. M. Kemmerer a nettement élucidé le problème. Des fouilles faites au tumulus du Peux-Pierroux ont mis à jour, au-dessus du roc, une argile rouge qui n'existe qu'à la lisière du Pertuis d'Antioche. Ce dernier détroit existait donc à l'ère romaine, et, par analogie, le Pertuis Breton[6].

La première mention de l'île de Ré apparaît sous la forme Radis ou Ratis, dans l'Anonyme de Ravenne[7], les *Annales de Metz* et les Martyrologes[8].

Ce nom de Radis ou Ratis fut, depuis le moyen âge, celui qu'on appliqua d'ordinaire à l'île de Ré[9], bien que certains écrivains

(1) M. Kemmerer dit qu'elle fut appelée «insula Rhéa par les Romains». C'est une pure invention. — Kemmerer, *Les Celtes et les Romains dans l'île de Ré. Recueil des actes, archives et mém. de la Commission des arts et monuments hist. de la Charente-Inférieure*, Saintes, 1877, p. 257.

(2) *Ports de France*, t. V, p. 621. — «On a trouvé en cimetière romain une corne d'abondance. Rhéa c'est l'abondance (?).» Kemmerer, *Atlas*, p. 58.

(3) Kemmerer, *Les Celtes à Ré*, p. 251.

(4) Kemmerer, *Les Celtes*, p. 260.

(5) *Notice historique sur le pays des Santons*, dans *Bull. monumental*, t. X, 1844, p. 599.

(6) Kemmerer, Atlas hist., ouvr. cité, p. 57. — En 1877 (*Les Celtes à Ré*, ouvr. cité, p. 257) il écrivait : «Ré a été séparée du continent peu de temps avant la conquête romaine».

(7) Ed. Pinder et Parthey, Berlin, 1860, in-8°, «Ratis, Corda, Noctoia» v. 33. — Ed. Jacobs, Paris, 1858, p. 49 «Ratis, Cordana et Oia». Pinder, p. 328.

(8) «Hunoldus corona capitis deposita et monachi voto promisso in monasterium quod Radis insola situm est intravit anno domini DCCXLIV.» Ad. Valois, *Notitia Galliarum*, p. 463. — «Marty. xii februarii in insula Ratensi S. Basilii monachi» (Mart. de Saint-Savin), «in insula Ratensi natalis S. Basilii monachi» (Mart. de Tournay). *Idem*, p. 463. — «Ré, connue au IVe siècle sous le nom de Ryde, Rata, Ratenssis, île des Rades.» Kemmerer, Atlas, p. 53.

(9) D. Jacq. Martin, *Histoire des Gaules*, Paris, 1754, in-4°, t. II, voc. *Ratis insula*

aient confondu l'île de Saint-Martin avec l'îlot de Gracina ou Gracina, perdu dans l'immense golfe du Poitou[1].

L'île de l'Oie formait, à cette date, un territoire évidemment distinct. C'est, à coup sûr, l'*Insula Oia* de l'Anonyme de Ravenne, l'île d'Yeu étant cette *insula Obcearum* de l'Anonyme ou *Ovorum* de Papyre Masson[2].

Il y a lieu, cependant, d'accueillir l'opinion qui n'est pas pour simplifier la question, d'après laquelle l'île de l'Oie fut, au gré des variations des bancs de sables, alternativement jointe à Ré ou isolée[3]. En tous les cas, il est difficile d'accepter la version d'après laquelle l'île de Loix fut submergée au VIIe siècle[4].

Le moyen âge est aussi peu explicite, en ce qui touche l'île de Ré, que la période gallo-romaine, et il faut regretter la disparition des titres dont l'inventaire fut signalé par le Père Lelong[5].

On peut, toutefois, déclarer que Ré se présentait alors comme une vaste forêt giboyeuse, au point qu'un sire de Mauléon ordonne la destruction des daims qui l'infestaient[6].

(1) Monet, *Nomenclatura géog. Galliarum*, Paris, 1643, p. 2, in-4° : «Gracina, île de Ré, ad laevam Corelli Sinus», p. 22.

(2) «Isle d'Oye, Ogia, Ogiaca, Ogea, petite isle de France, sur la coste de Saintonge. Elle est presque jointe à l'isle de Ré, n'en étant séparée que par un petit canal, en sorte qu'elle est souvent comprise sous elle.» Baudrand, *Dict. géogr. et hist.*, Paris, 1705. — «Et Oia et Insula Obcearum et ; selon la correction de Papyre Masson, Ovorum ou Oborum.» Arcère, p. 67. — Arcère, p. 69, dit que «au commencement du VIIe siècle, l'île de Loix devait être unie à l'île de Ré, et par conséquent n'était pas île. Le canal qui la sépare n'a guère que 50 ou 60 toises de largeur. Or si nous consultons la progression du mouvement annuel des eaux sur nos côtes, le canal qui sépare les deux îles devrait être bien plus grand qu'il ne l'est, supposé que la mer les divisât alors. Il faut donc conclure que Loix tenait encore au terrain de l'île de Ré.»

(3) *Association française pour l'avancement des sciences*, Congrès de La Rochelle, 1882, p. 685 (communication du Dr Bourru).

(4) Kemmerer, *Ile de Ré*, p. 226-227.

(5) Inventaire des titres et privilèges de l'isle de Ré, ms. La Rochelle, 1728, in-4° de 59 pages. P. Lelong, t. II, n° 35783.

(6) 1199. Charte de Raoul de Mauléon, dans *Bibl. de l'École des chartes*, 1857-58, p. 370-371. — En 1178, Eble de Mauléon faisait don de ses bois jusqu'à Port-Chauvet. Kemmerer, *Atlas*, p. 61. — En 1217, Savary de Mauléon se réservait la forêt de la Blandinerie, *idem*. — Une charte (s. d.) dit que l'île de Ré est recouverte de bois. Kemmerer, *idem*, p. 60 (d'après le cart. de Noaillé). — «Le banc du Bucheron était une ancienne forêt». Kemmerer, *Ile de Ré*, p. 238.

Quoique les portulans aient ignoré l'île de Loix et n'aient connu que l'île de Rey ou de Roy[1], j'estime que l'île devait se présenter au moyen âge avec la topographie suivante :

A l'Ouest-Nord-Ouest, la côte des Baleines se prolongeait jusque vers le phare fixe actuel, dit du *Haut-Banc du Nord*, formait un vaste promontoire, déjà rongé, où le Dr Kemmerer a vu le Promontoire des Santons[2], et où l'on pêchait, comme à Royan, des baleines[3], d'où le vocable caractéristique de la pointe.

Le littoral occidental de Ré, moins érodé que de nos jours, comprenait une bonne partie du platin de Chanchardon, de celui de la Couarde, de celui de Chauveau[4]. Des ports s'ouvraient à Saint-Sauveur[5] et au lieu dit Notre-Dame[6], près de Sainte-

(1) «Rey». *Charta navigatoria.* Portulan Laurenz-Gaddiano seu Atlanto mediceo, 1350, dans Nordenskjold, *Periplus*, Stockholm, 1897, fac-simile 15. *Idem, Ch. navigatoria*, seu Port. Pinelli-Walckenaer, 1384. — «Rey». *Carte catalane*, 1375. Bibl. Nat., galerie des chartes. — «Rey». G. Soleri, 1385, dans Nordenskjold. — «Rey». Barcas. Balenas, Andrea Bianco, 1436, *idem.* — «Roy». Ptolémée, éd. Rome, 1482. Bibl. Nat., Imprimés, Res. G. 34. — *Idem*, éd. de 1508, Rome. Res. G. 40 (Tabula moderna). — «Rei». Freduci d'Ancône, 1497. Bibl. de Wolfenbutten. — «Rey». Portulan, début du xvie siècle. Bibl. Nat., ms. fonds français, 24909. — «Roy». M. Ant. Radici, *Galliæ descriptio*, Venise, Zaltérius, 1566. Bibl. Nat., Cartes, GeDD 627. — «Roi». Diego Homem, Nordenskjold, *Periplus*, 1569. — «Rai». Forlani, 1569, Bibl. Nat., Cartes, B. 1707. — «Roy». F. Camocius, *Europe*, 1578, *idem.* — «Ré». Ortelius, *Orbis Theatrum*, Anvers, 1570, Bibl. Nat., Cartes, GeDD 2205. — «Rai». Ant. Lafrère, *La Vera descrittione della navigatione di tutta l'Europa*, 1572. Bibl. Nat., Cartes, GeDD vol. 1140.

(2) Kemmerer, *Les Celtes*, passim. — *Idem, Ile de Ré*, p. 234.

(3) Kemmerer, Atlas, p. 59. «Charte du roi Jean le Bon». — *Idem*, p. 59. «En 1585, le notaire Herpin constate avec étonnement qu'une baleine a été prise à Ars.»

(4) «Les dépendances du Martray ont été dévorées par l'océan. En 1809, le lieutenant Charrier mit une batterie à 4 kilomètres du rivage sur un plateau pavé en carreaux gris ardoise, qui parut un reste de constructions.» Kemmerer, *Ile de Ré*, p. 229. — «L'ancienne rive de Ré allait du Nord-Ouest du roc des Baleines jusqu'au roc de Chauveau. La tradition dit que l'île s'étendait jusque-là. Sur ce terrain, il y a 25 à 30 pieds d'eau en maline.» Masse, cartes. — Reclus, ouvr. cité, p. 303, dit que «sur le platin de Chanchardon s'élevait la ville d'Antioche.»

(5) «Près de l'abbaye détruite de Saint-Sauveur était le port du même nom, où firent naufrage des navigateurs de distinction qui venaient d'un long cours.» Masse, *Mém. du 5e carré*, p. 21. — *Idem, Extrait d'un mémoire sur Ré*, 1711-1712, p. 123.

(6) «On peut juger qu'il y avait autrefois un bon port sur la côte de la mer Sauvage, à Sainte-Marie.» Masse, *Extrait sur Ré*, 1711 ou 1712, p. 122.

Marie, hâvres dont nous retrouverons l'existence dans les siècles postérieurs.

Les Portes pouvaient former une île, limitée au Petit-Marché, au Moulin du Gros-Jonc, à Villeneuve, à la Rivière, aux Jonchères, et englobant le banc actuel du Bucheron[1].

L'île de Loix était bornée à Loisellière, au Groin, à l'Abbaye.

Le hameau du Fier était sans doute un banc entre les Portes et Loix.

Des Baleines, la côte de l'île descendait vers le Sud, par le Gillieux, le Port, à la dénomination caractéristique, la Tricherie, Ars, le Moulin des Sœurs, le Martray, la Passe, les Prises, la Moulinatte, le Vert-Clos, les falaises de Saint-Martin, le Préau, la Flotte, Saint-Laurent, la Prée, le Puray, Rivedoux. La pointe de Sablanceaux ne devait pas encore exister jusqu'au Defend.

Au XVIe siècle, l'île de Loix demeure séparée de Ré proprement dite[2].

Par contre, l'île des Portes devait être déjà soudée aux terres des Baleines, dont les rochers submergés dressaient au large de terribles écueils pour les navigateurs[3].

La côte occidentale de l'île était moins rongée que de nos jours; il est parlé, en effet, d'une écluse sise à Chauveau[4], et d'une anse

(1) KEMMERER, *Ile de Ré*, p. 288.

(2) BRIET, *Parallela geographiae*. Paris, 1548, in-4°. «Rea et Carcina, l'île de Ré, cui adjacet l'Isle d'Oye, Anserina», p. 447. — THEVET, *Cosmographie universelle*. Paris, 1575, 2 vol. in-folio, t. II, carte. — LUCAS, fils de J. Chartier, *Nouveau miroir*, Anvers, 1600. Bibl. Nat., GeDD vol. 314. — LUCAS, Janss Wagenaer *Thrésorerie ou Cabinet de la routte marinesque*, Calais, 1601. Bibl. Nat., GeFF 3426 (Urck ou Tybalènes). — «Le chenal de Loix était jadis large et profond.» MASSE, *Renvois*, etc., 1719, p. 6. — «Au XVIe siècle, le chenal de l'Oye, où l'on passe presque à sec, quand la mer est basse, n'asséchait pas. Il était large et profond.» MASSE, ms. 135, p. 114.

(3) «A la sortie de l'isle de Ré, du costé de Oest-Nord-Oest, la mer a de mauvaises roches, qui se nomment les Baleines, et vont treize lieues en la mer.» Jean ALFONCE, *Voyages aventureux*, éd. Jan de Marnef, s. d., fol. 16 r°. — PYRRHO LIGORIO, 1558, Bibl. Nat., Cartes GeDD 627. — THEVET, ouvr. cité. — Pourtant il n'y a pas d'île de Loix dans Pierre ROGIER, *Pictonum vicinarumque regionum fidissima descriptio*, 1575. Bibl. Nat., Cartes B. 1707. — *Idem*, BOUGUEREAULT, *Le Dauphiné, Languedoc, Gascoigne, Provence et Xantonge*, 1586, même numéro. — *Idem*, Jod. HONDIUS, *Gallia*, 1600. Bibl. Nat., Cartes B. 1707. — LUCAS, 1600. — LUCAS J. Wagenaer, 1601.

(4) KEMMERER, *Histoire de l'Ile de Ré*, La Rochelle, 1868, 2 vol. in-8°, t. II, p. 516.

de Jéricho, à l'Ouest de la Couarde, où abordaient les bâtiments de 40 tonneaux[1].

Les ports du rivage oriental se développaient[2]. Saint-Martin était au fond d'une baie[3]. Les dunes de Sablonceaux empiétaient sur l'Océan[4].

Lavardin était représenté dans les Miroirs de la fin du XVIe siècle comme une île[5].

A l'intérieur, le ruisseau des Ardilliers venait faire la chasse dans le port de Saint-Martin[6]; celui de la Noue faisait tourner le moulin de la Crapaudière, après avoir traversé l'étang de ce nom[7]. Un marais environnait les Marates[8].

Ce ne sont là, toutefois, que des données générales. L'île de Ré, qui, en 1351[9], avait subi le contre-coup d'un raz-de-marée considérable, lequel avait dû déchirer ses platins océaniques, l'île de Ré fut le siège, au XVIe siècle, d'une série de bouleversements.

En 1518 et en 1525 une tempête effroyable jetait le flot au milieu des terres[10]. En 1587, un nouveau raz-de-marée submergeait la Couarde jusqu'au toit des maisons[11]. En 1591, en 1593, en 1595, enfin, les mouvements des flots se compliquaient d'oscil-

(1) Kemmerer, *Ile de Ré*, p. 223.

(2) «Port ou hâvre de Hymedoux en lisle de Ré.» Arrêt de la Cour de l'amirauté de Saintonge, 1512, dans Marchegay, *Documents inédits sur la Saintonge et l'Aunis*, nouvelle série. *Archives d'Aunis et Saintonge*, t. V, p. 38.

(3) «A Saint-Martin, les quais du port reposent sur les galets des anciennes grèves.» Kemmerer, *Ile de Ré*, p. 193.

(4) «En 1680, elles avaient en vingt ans gagné 25 brasses sur l'Océan». Kemmerer, *Ile de Ré*, t. II, p. 310.

(5) *Passim.*

(6) «Un canal descendait du chemin des Ardilliers.» Kemmerer, *Ile de Ré*, p. 194.

(7) «Le moulin de la Crapaudière était près d'un marais rempli de grenouilles.» Kemmerer, *Ile de Ré*, t. I, p. 202.

(8) «En fouillant le sol on a découvert que le sous-sol était composé de galets et de sable coquilliers.» Kemmerer, t. I, p. 222.

(9) Kemmerer, *Ile de Ré*, t. II, p. 312.

(10) Kemmerer, *Ile de Ré*, t. II, p. 312. «La tempête enlève des masses du sol rhétais, et la mer envahit les vignes.» — «Les dunes de la Sauze que la mer, en 1525, roula dans sa fureur pour venir écumante jusqu'aux murs de la Grouille, à 1 kilomètre du rivage». T. I, p. 221.

(11) «La Couarde fut submergée jusqu'au premier étage des maisons». *Idem*, p. 312.

lations sismiques; l'isthme du Martray fut, un jour, coupé et la marée s'éleva de 0 m. 60 dans le bourg de Saint-Martin[1].

Dans la première moitié du XVIIe siècle, il semble qu'après les cataclysmes de la fin du siècle précédent, le rivage occidental soit plus rectiligne. On y voit, néanmoins, les anses du Martray[2], de Saint-Sauveur[3] et de Notre-Dame[4].

Au Sud-Est, les dunes de Sablonceaux avaient comblé le pertuis et constitué une flèche de sable[5], et la pointe de Chauveau s'avançait plus profondément dans la mer que de nos jours[6].

Les Portes ne font, dans toutes les représentations graphiques, qu'un tout avec le territoire rhétais[7].

Le Banc du Bucheron prolongeait la péninsule[8].

Ars est sur le bord de la mer[9]. Des Portes au Gillieux, d'Ars à la Couarde, s'étendent de vastes salines[10] conquises sur le Pertuis Breton.

[1] *Idem.* «En 1591, selon le notaire Herpin, et, en 1595, deux vimaires réunirent les mers au Martray et l'océan s'éleva de 0 m. 60 au Martray.» T. I, p. 295; 1591-1593, p. 312.

[2] Jod. Hondius, Amsterdam, vers 1600. — J. Le Clerc, *Carte du Païs d'Aunis, ville et gouvernement de La Rochelle*, 1621. Bibl. Nat., Est. Vx 20.

[3] J. Aertz Colom, *Spiegel der zee*, Amsterdam, 1632 : De Custen van Poicton en Xantoigne van de Cardinael de Rivier van Bourdeaux. Bibl. Nat., Cartes, GeDD, vol. 213. — Baudier, ouvr. cité, carte. — Cf. dans la seconde moitié du siècle : *Carte marine de l'isle de Ré*, tirée de basse marée par Trably, sieur des Parées, dédiée au duc de Vivonne. Bibl. Nat., Cartes. Pf. 3576, n° 218.

[4] Colom, 1632. — Baudier, ouvr. cité, carte.

[5] Hondius, vers 1600.

[6] Melchior Tavernier, *Plan de l'isle de Ré*, 1627. — *Plan de l'isle de Ré*, s. d. Bibl. Nat., Est. Va., Charente-Inférieure, t. V, n° 78. — Blaeu, *Seespiegel*, Amsterdam, 1635. Bibl. Nat., Cartes, GeFF; 829. — Colom, 1632. — Baudier, carte. — Hondius, 1644. Bibl. Nat., Cartes, GeDD, 1197 (cf. Insulæ Divi Martinis et Uliarus).

[7] Hondius, *Poictou, Pictaviensis Comitatus*, s. d., vers 1600. Bibl. Nat., Est. Vx 20. — I. Loots, *De bocht van Vrankryk ent Inkommen van't Canaal*, vers 1630. Bibl. Nat., Cartes, GeDD, 1178, n° 163. — Cf. P. Duval, *La rivière de Bourdeaux avec les costes de Saintonge et Aunis, les isles de Ré et Oléron*, vers 1660, ms. Bibl. Nat., Cartes, Pf. 85, AB 45.

[8] «Le banc du Bucheron n'a pas varié depuis un siècle. Il s'avance en mer de 4 à 500 toises. A l'anse de Pumom, 30 à 40 pieds de basse mer.» Prettesulle, *Mém. sur l'état présent des côtes de l'île de Ré*, 20 févr. 1734, ms.

[9] Le Clerc, 1621.

[10] *Plan de l'isle de Ré*, Est. Va., Charente-Inférieure, n° 78. — Colom ,

Des baies s'ouvrent vers le Faneau et les Prises[1].

Parallèlement au rivage, l'île de Loix, pénétrée au Sud par une anse, jusqu'au bourg de ce nom[2], par une seconde vers les Tourettes[3], n'était séparée de Ré que par un étroit canal[4].

Un banc encombre déjà la fosse d'Ars[5]. La fosse de Loix pouvait encore recevoir une flotte[6].

Saint-Martin demeure au fond d'une échancrure[7].

Des bancs figurent au Nord-Nord-Ouest des Baleines[8], à l'extrémité orientale de la péninsule des Portes[9], au Nord de Loisellière (en l'île de Loix)[10]; les fluttes prolongent, à l'Est, le Groin de Loix[11]. Devant Saint-Martin figure un petit bas-fond[12].

1632. — Baudier, 1644. — *Partie de l'île de Ré*, s. d., ms. Bibl. Nat., Cartes, C. 9519. — «En 1698, ces salines valaient 4,910 livres.» G. Musset, *Mémoires de Bégon*, dans *Archives d'Aunis et Saintonge*, t. II, p. 73.

[1] *Plan de l'isle de Ré*, Est. Va., Charente-Inférieure, n° 78. — *Carte de l'isle de Ré*, ms. Bibl. Nat., Est. Va., Charente-Inférieure, n° 17.

[2] Plan de l'isle de Ré, n° 78. — *Descente des Anglais en l'isle de Ré, et leur défaite*, 1627. Bibl. Nat., Est. Qb. Hennin, 24. — Blaeu, 1631, donne l'île comme soudée au continent. — Colom, 1632. — Baudier, 1644. — Est. n° 17.

[3] Colom, 1632. — Baudier, 1644. — Sanson, *La Saintonge vers le Septentrion, avecq le pays d'Aunis*, vers 1650. Bibl. Nat., Est. Vx 20. — Cf. Herbert de Cherbury, *Expeditio in Ream insulam*. Londres, 1656, in-8°. — Ms. C 9519. — Est. n° 17.

[4] «L'isle de Loye était attachée à celle de Ré par un pont de bois.» Baudier, p. 95. — «La chaussée et le pont de l'Oye étaient entassés de morts.» *Idem*, p. 98. — «Un ruisseau qu'ils rencontrèrent fit obstacle à leur vitesse.» *Idem*, p. 98. — «Il fallut aller aux ennemis par des digues.» *Idem*, p. 98.

[5] Plan de l'isle de Ré, n° 78.

[6] «On lui vint dire que l'armée des rebelles était à l'ancre dans la fosse de Loix... Les ennemis appareillaient sans sortir de la fosse, à cause de l'avantage d'un banc qui les couvrait de son abord.» Baudier, 1644, p. 37. — «Rade de Loix, jadis meilleure.» Masse, *Recueils*, etc., 1719, p. 5.

[7] Leclerc, 1621. — Est. n° 17.

[8] «Les Sablières». Plan de l'isle de Ré, n° 78. — Ms. C. 9519. — Est. n° 17.

[9] Plan de l'isle de Ré, n° 78. — C'est le banc du Bucheron, *passim*. — «Becheron», Baudier, 1644. — Ms. C 9519. — Est. n° 17.

[10] *Plan de l'isle de Ré*, n° 78 : «les Pélés.» — Ms. C. 9519. — Est. n° 17.

[11] «Les Longues», Plan de l'isle de Ré, n° 78. — Blaeu, 1631. — *Nouvelle carte marine croissante en degrés de partie des costes de Poitou, Aunis et Saintonge*, par N. de Vriès. Amsterdam, by Ant. de Winter en Claes de Vriès, geom. s. d., Bibl. Nat., Cartes, GeDD, vol. 163. — Ms. C. 9519. — Est. n° 17.

[12] Rob. Dudley, Carta particolare della costa di Guasconia (carte d'Europe, n° 24), dans *Dell' Arcano del mare*, Firenze, Francisco Onofri, 1647. Bibl. Nat.,

Dès 1670, la fosse de Loix devient d'un accès plus difficile[1]. De même, les abords de la pointe de Sablonceaux diminuent de profondeur[2]. Le banc, à l'Ouest de Saint-Martin, assèche de mer basse[3].

Une documentation précise nous est fournie par le pilote Bougard[4]. La banche des Baleines s'avançait en 1680 à trois quarts de lieue en mer; celle de Chanchardon à une demi-lieue, celle de Sainte-Marie à un quart de lieue[5].

Laverdin, de basse mer, n'avait que 3 pieds d'eau et asséchait aux Malines[6].

Le banc de Saint-Martin avait de 5 à 6 pieds à mer basse[7].

Imprimés, V. 164. «Coronea, les Peu, au Nord-Ouest les Loges, le Roché.» Baudier, 1644. — Ms. C. 9519. — Est. n° 17.

[1] Clairville, *Archives de la Marine*, cartes diverses. — Cf. *Recueil des costes marit. du royaume*, rédigé sur les cartes du chevalier de Clairville. Ms. Bibl. Nat., Cartes, C. 15232.

[2] Blaeu, 1631, 8 brasses; *Id.* Dudley, 1647; Clairville, 7 brasses; 5 brasses dans Paul Yvounet, *Grand et nouveau miroir ou flambeau de la mer*, Amsterdam, Hendrick Donker, 1684, in-folio, Bibl. Nat., Cartes, GeDD, 183. (De Custen van Poictou, Xaintonge en eengedeelt van Bretaigne, etc.) — Cf. *Parfaete pascaert van de rivier van Bourdeaux*, et *Pertinente vertoninghe van het inkomen der rivier van Bourdeaux*. Amsterdam, Hendrick Donker, s. d., Bibl. Nat., Cartes, Pf. 193, 5653 et 5655.

[3] Yvounet, 1684, p. 85 : «Banc de pierres rudes qui assèche fort vite.»

[4] R. Bougard, *Le petit flambeau de la mer, ou le véritable guide des pilotes côtiers*, Havre de grâce, Gruchet, 1682, in-4° de 410 pages, plus 3 feuillets. Bibl. de l'Arsenal, 4° Histoire, 403, et Bibl. Nat., Cartes, GeFF., 784 (éd. revue, corrigée et augmentée), Le Havre, P.-J.-D. Faure, 1689, petit in-4°.

[5] Pages 168-169.

[6] Page 169.

[7] Page 168.

Je réunis ici, pour plus de commodité, tous les renseignements concernant l'œuvre des Masse. — Sauf mention contraire, les manuscrits, cartes et plans appartiennent au Ministère de la guerre.

I. Cartes :

- Carte générale de partie des costes du Bas-Poitou, pays d'Aunis, Saintonge, de partie de celles de Médoc, avec les isles adjacentes, etc., 90/78, 1719.
- Carte générale des Costes de Poitou, Aunis, Saintonge et Guienne, 88/40, 1716.
- Carte générale des costes du Bas-Poitou, pays d'Aunix, Saintonge, isles adjacentes, Médoc, et partie de la Basse-Guienne, 90/65.
- Carte de partie du Bas-Poitou, Aunis et dépendances, de Saintonge et Guienne, 40/30, après 1716.

L'aurore du XVIIIe siècle vit se continuer, pour l'île de Ré, l'ère des érosions et des atterrissements.

A mesure que s'effritaient sous la lame les promontoires occidentaux de Ré, digues naturelles opposées primitivement aux assauts de l'Océan, l'île se trouvait exposée davantage au choc des

Carte des côtes du Bas-Poitou et partie du pays d'Aunis et de Bretagne, duché de Retz et isles adjacentes, 1710, au 10,800[e].

Carte d'assemblage du Bas-Poitou et partie du pays d'Aunis et Bretaigne, 1703, au 27,000[e].

Carte des costes du Bas-Poitou, pays d'Aunis, Saintonge, Guienne et isles adjacentes. (Dépôt de la marine. Rec. factice, Poitou, Aunis, Saintonge.)

Carte du pays d'Aunis et de partie de Saintonge, 1717. Même dépôt.

1er carré d'Aunis et Saintonge.

4e carré d'Aunis et Saintonge.

5e carré d'Aunis et Saintonge.

7e carré de Poitou (Nord de Ré), 87/65, 1703.

8e carré de Poitou (Nord de Ré), 89/65.

10e, 11e, 12e, 14e, 65/65.

Carte des côtes de l'île de Ré, 1699.

Idem (inachevée, au crayon).

Carte de l'île de Ré, 1712. — Comp. Carte de la coste du Martray. Projet de digues à faire à neuf, suivant l'arrêt du Conseil du 16 août 1712. Dessin de Dechermont, notes de Bonanand, 17 mars 1768.

Cf. Carte générale des côtes du pays d'Aunis et de Médoc [Ricard] (1756 à 1762) au 1/21600 et Carte générale qui comprend les isles de Bouin, Noirmoutier, le Bas-Poitou, l'Aunis, la Saintonge, partie de la Guienne, du Médoc, les isles d'Olléron, de Ré et d'Aix, par Ricard (Masse). Bibl. Nat., Cartes, G. 13,520 (6).

II. Mémoires :

Mémoire sur la carte générale des côtes de Bas-Poitou, pays d'Aunix, Saintonge et isles adjacentes, Médoc, et partie de celles de Basse-Guienne. La Rochelle, 28 janvier 1719, 118 pages.

Mémoire de la carte générale de Bas-Poitou, 1701.

Mémoire. Renvois pour les lettres et chiffres de la carte générale du Bas-Poitou, Aunis, Saintonge et partie de Guienne. La Rochelle, 30 janvier 1719, 56 feuillets.

Mémoire géographique sur partie de Bas-Poitou, pays d'Aunis et Saintonge, 6 feuillets et 804 pages + 10 feuillets blancs. Table de 8 feuillets + 2 blancs + 6 feuillets. Carte. In-4° 135. Bibl. de La Rochelle, n° 2926.

Mémoire du 1er carré d'Aunis et Saintonge. La Rochelle, 15 mars 1702, 14 feuillets.

Mémoire du 4e carré d'Aunis et Saintonge, La Rochelle, 4 mars 1702, 6 feuillets.

vagues que rien n'arrêtait plus dans leur course à la terre. Il avait fallu multiplier les remparts artificiels, et Massé pouvait proclamer, sans crainte d'être démenti, que sans les dunes et sans les levées l'antique Radis se confondrait insensiblement avec la mer[1].

Le flot sapait, en effet, les calcaires des Portes, à peine élevés au-dessus du niveau des hautes eaux[2], au point que la redoute, bâtie en 1674, était presque détruite en 1734[3].

Au Martray, elle menaçait de rompre l'isthme étroit qui relie Ars à la Couarde, gagnant de 50 toises en trente ans[4].

Par contre, elle empâtait les Fiers d'Ars et de Loix. Son action

Mémoire du 5ᵉ carré d'Aunis et Saintonge, La Rochelle, 17 mars 1702, 30 feuillets.

Mémoire des lieux les plus remarquables qui sont dans la province de Saintonge, 1718. Bibl. de La Rochelle, ms. 2927, p. 57 à 93.

Extrait d'un mémoire sur l'île de Ré, 1718 à 1727.

Extrait d'un mémoire sur l'île de Ré, vers 1711 ou 1712.

Mémoire sur l'île de Ré au sujet des désordres arrivés en plusieurs endroits de cette île, causés par la tempête ou ouragan arrivé du 9 au 10 décembre 1711, 14 feuillets.

Mémoires qui accompagnent la carte de l'île de Ré, pour expliquer l'étendue des digues, 1712.

Remarques sur l'entretien des digues de l'île de Ré, 2 feuillets.

III. Plans :

Redoute des Portes, le Martray, le fort de la Prée, Sablanceau, Saint-Martin. — Plan de la redoute de Sablanceau en 1706. — Fort de la Prée en 1681, en 1706. — Fort du Martray, 1682. — Redoute du Martray, 1706. — Citadelle et partie de Saint-Martin. — Redoute des Portes en 1700. — Fort de la Prée en 1705. — Plan, coupe et profil de la redoute de Sablanceau. — Plan du projet pour le port de la Flotte, 1716. — Saint-Martin en 1688. — Plan, profils et élévation de la redoute du Martray en 1716. — La tour des Baleines.

(1) Mémoire sur Ré : 11872 toises de digues, non compris Loix. Masse, *Mém. de 1711*, p. 13.

(2) Masse, cartes.

(3) « La redoute des Portes de 1674 a été prise en dessous par la mer, et sa fondation est déjà presque ruinée par les flots. » Masse, *Mém. sur Ré*, 1718-1727. — « La mer a mangé peu à peu le sol de la redoute des Portes, en a fait tomber une face tout entière et endommagé fort les deux autres. » Paradsbilian, ouvr. cité. — « Après la prise du Petit-Grouin, vers l'Ouest, il y avait jadis 8 à 10 toises de la digue à la mer. Celle-ci a mangé le terrain. » Masse, *Mém. sur Ré*. — « La mer sape les dunes au Nord-Ouest de la redoute. » Masse, *idem*.

(4) Masse, *Mém. sur Ré de 1711*, p. 17. — « De l'urgence dépend le salut de l'île, qui pourrait bien être l'hiver prochain coupée en deux. » *Idem*, p. 18.

se manifestait par le comblement des chenaux[1] de l'Os de la Baleine[2], des Essais, près du Gillieux[3], de Loix même, à telle limite que les sauniers devaient arrêter leurs barques à l'entrée pour charger les sels[4], par le dépérissement des salines[5], par la formation d'îlots modernes (îlot neuf).

Ce colmatage régulier ne suffisait pas à l'Océan. Une tempête, en 1711, jeta les flots à travers les terres, après la rupture des digues chargées de les protéger. Dans les marais du Fier d'Ars, la mer fit de terribles dégâts[6] et remplit les jars, les vasières et les vignes de sables et de graviers[7].

Au Sud-Est, la pointe de Sablanceaux se prolongeait sous la mer par une flèche de sable[8], mais la presqu'île, au milieu du siècle, était menacée par les dunes voisines[9].

L'ancienne anfractuosité du Port Saint-Sauveur est occupée par un marais, ainsi que l'anse du Défend[10].

Le port Notre-Dame était abandonné des flots[11].

La seconde moitié du XVIIIe siècle marque un nouveau déperis-

[1] «Les chenaux diminuent insensiblement.» MASSE, *Mém. sur Ré*, 1711, p. 7.

[2] «Le chenal qui vient à l'Os de la Baleine se rétrécit et se comble.» MASSE, *Mém. sur Ré*, 1711, p. 7.

[3] «Le chenal des Essais, vers le Gilieu, se rétrécit et se comble. En 1702, les parties au-dessus de l'Essai rouge ont été vidées. Elles sont recomblées.» MASSE, *Mém. sur Ré*, 1711, p. 8.

[4] MASSE, *Mém. sur Ré*, 1711, p. 28.

[5] «La prise au Breton, jadis saline, est de vase en 1712.» MASSE, *Mém. sur Ré* (Mém. du Cul-d'Ane), p. 5.

[6] Voir les Mémoires de Masse rédigés à cette occasion.

[7] Mémoires de Masse, *passim*.

[8] LA GALISSONNIÈRE, *Carte des Pertuis Breton, d'Antioche et Maumusson*, 1716, ms. A G.

[9] «Au-dessous de la redoute de Sablanceau et sur l'estran de la mer, on a élevé, en 1747, un fort que les sables poussés par les vents couvriront bientôt.» ARCÈRE, p. 67.

[10] *Ile de Ré*, au 1/28800 (par MASSE), s. d. — CORONELLI, *Isola del Ré*, s. d., Bibl. Nat., Cartes, GeDD, 8577, n° 218.

[11] En 1576, il est, toutefois, fait mention d'une écluse Notre-Dame. KEMMERER, *Ile de Ré*, t. II, p. 557. — TASSIN, *L'isle de Ré, de basse marée*. Paris, vers 1770. — Thomas JEFFREIS, *A description of the maritime ports of France*. Londres, 1761, in-8° oblong (Map of the Isle of Ré). — CORONELLI. — JAILLOT, *Ré*, 1761, gravée. — Cf. BLONDEAU, *Ré*, 1747, ms. A G.

sement des salines, qui depuis 1550 s'étaient réduites d'un tiers[1], et la réunion de l'île de Loix à sa voisine[2].

Mais, dès lors, la topographie de l'île de Ré peut être suivie pas à pas avec les cartes précises dessinées par les ingénieurs officiels.

Il n'est plus besoin d'essayer d'en retracer les phases successives.

[1] BEAUPIED-DUMESNIL, *Mémoire sur les marais salans des provinces d'Aunis et de Saintonge*. La Rochelle, 1765, in-12, p. 81. «Les salines de Ré valaient, en 1765, 4,333 livres.

[2] «Le canal de Loix a 50 toises de large, 1,600 de long. Jadis les barques y passaient du Fief d'Ars à la Fosse de Loix. Ce canal assèche à toutes les marées.» *Mémoire d'observation des commissaires sur les places de guerre, côtes et îles adjacentes de la Vendée et de la Charente-Inférieure*, par DECHERMONT et ABOVILLE, 1791, ms. 25 feuillets, p. 19, A G.

LE ROI RENÉ GÉOGRAPHE.

COMMUNICATION
PRÉSENTÉE PAR M. JOSEPH FOURNIER,

Correspondant du Ministère de l'instruction publique,
Secrétaire de la Société de géographie de Marseille.

On a pu dire excellemment que «René d'Anjou appartient au petit nombre des princes du moyen âge dont le nom est resté populaire. La sympathie que sa figure éveille prend sa source dans trois considérations auxquelles le cœur humain est rarement insensible : «il fut malheureux, il fut bon, il fut artiste[1]». C'est là plus qu'il n'en faut à un prince pour lui valoir l'indulgence de l'histoire, surtout, lorsque — comme c'est le cas du roi René — les déboires politiques de ce prince ont eu, à n'en pas douter, d'heureuses conséquences au triple point de vue scientifique, artistique et littéraire.

Pratiquant la vraie sagesse, René chercha dans les sciences et les arts la consolation à ses infortunes. C'est ainsi qu'il exerça sur son siècle une influence qui est, à coup sûr, son plus beau titre de gloire.

Il est bien peu de branches du savoir humain, en l'état de la science dans la seconde moitié du XVe siècle, qui n'aient été, sinon cultivées par lui, du moins efficacement encouragées. L'architecture, la peinture, la sculpture, les arts du mobilier, la musique, la littérature dans ses diverses formes ont été l'objet de sa sollicitude. Son plus récent biographe a pu accumuler, à l'aide des registres de la Chambre des comptes d'Angers, un tel ensemble de témoignages, que le roi René apparaît comme un homme vraiment universel à qui rien de grand, rien d'utile, rien de beau ne fut étranger[2].

[1] A. Lecoy de La Marche, *Le roi René*, I, p. VI, préface.
[2] *Ibid.*

C'est à peu près uniquement les comptes tenus à Angers que Lecoy de La Marche a utilisés dans sa magistrale étude sur le roi René. Ceux de la Chambre des comptes de Provence dans lesquels ont été opérées de si nombreuses et intéressantes découvertes au point de vue de l'histoire des arts, sont encore inédits dans leurs parties essentielles. Nous avons pensé les dépouiller pour y relever toutes les mentions se rapportant, de près ou de loin, à la géographie à laquelle s'intéressait fort le bon roi, à son goût pour les objets de provenance exotique qui se trouvaient en si grand nombre dans ses palais d'Aix, d'Angers, de Tarascon et autres.

Pour se rendre compte du degré d'intérêt que ce souverain accordait à la géographie et à tout ce qui touche cette science, il convient de retenir qu'il était particulièrement préparé, comme l'étaient à coup sûr peu de princes du xve siècle. Sa bibliothèque extrêmement variée renfermait deux volumes en langue hébraïque, l'un en lettres d'argent, qui était probablement la Bible, l'autre intitulé *Herbolista*, traité de botanique, avec la peinture des différentes herbes; vingt-quatre volumes en langue « turquine et morisque », deux bibles en grec, de nombreux ouvrages latins sur l'écriture sainte, la théologie, la philosophie, le droit, l'histoire et la géographie, la littérature profane, les sciences physiques et naturelles, enfin de nombreux livres italiens, allemands et français[1].

René lisait, paraît-il, les auteurs latins dans leur texte original, ce qui était moins sûr pour le grec dont il avait pu puiser les rudiments durant son séjour dans l'Italie méridionale où cet idiome s'est longtemps conservé. Les tribulations du bon Roi en France, en Espagne et en Italie, en avaient fait une sorte de souverain polyglotte et bien peu de ses contemporains ont possédé à la fois autant de langues vivantes. « Le français était son dialecte maternel; le provençal le devint, pour ainsi dire, au même degré. L'italien, il l'avait appris dans ses campagnes, et non seulement il le parlait et le lisait, mais il l'écrivait avec une pureté dont quelques-unes de ses lettres peuvent donner l'idée. L'espagnol, il l'avait bégayé sur les genoux de sa mère, l'avait parlé au royaume de Naples avec les Aragonnais et s'en servait également dans ses lettres à ses sujets de Catalogne, malgré la différence des dialectes locaux. Sa science de

[1] Lecoy de La Marche, II, p. 187.

l'allemand est attestée par les ouvrages écrits en cette langue qu'il acquérait de temps à autre, par ses rapports fréquents avec la Lorraine et l'Empire, et surtout par le témoignage précis des seigneurs de Bohême qu'il reçut à sa Cour. Les compagnons de voyage de Léon de Rosmital se sont plu à reconnaître, avec la bonne grâce et l'enjouement de leur hôte, l'aisance avec laquelle il conversait dans l'idiome de leur pays. Celui de l'Angleterre ne pouvait lui être entièrement étranger, en raison de ses liens de parenté avec la famille royale des Plantagenêts, du mariage de sa fille Marguerite avec Henri VI et des ambassades échangées avec eux en différentes occasions, toutefois, nous n'avons sur ce point aucune preuve positive [1]. »

Être polyglotte n'est-ce point le rêve des géographes de tous les temps et le roi René, par ses aptitudes à parler cinq ou six langues, n'était-il pas préparé à l'entente des choses de la géographie? Sa bibliothèque donne à cet égard une indication précieuse; elle renfermait bon nombre d'ouvrages historiques et géographiques, parmi lesquels : *Mare historiarum*, *Strabon*, traduit en latin par Guarini de Vérone, la *Cosmographia* ou Géographie de Ptolémée. Ces deux derniers ouvrages avaient été envoyés à René par Antoine Marcello, un érudit des plus distingués du XVe siècle, qui devint *providitor* de la République de Venise. Les conjonctures politiques opposèrent parfois l'un à l'autre René et Marcello, mais les deux personnages n'en conservèrent pas moins les meilleures relations au point de vue scientifique. Il en était tellement ainsi que, le 1er mars 1457, le noble vénitien envoyait au roi l'exemplaire de la *Cosmographia* figurant aujourd'hui à la Bibliothèque nationale. En tête de ce manuscrit se trouve la lettre ci-après écrite par Marcello au roi René : «En parlant avec le chevalier Louis Marcello des affaires de Votre Majesté, j'appris qu'il cherchait pour elle une belle et bonne mappemonde. Désirant par-dessus toutes choses complaire à vos désirs, et sachant qu'Onofrio Stroza, personnage noble et des plus considérés, fils de l'illustre chevalier Pallanti, citoyen de Florence, était grand amateur de cette sorte d'objets, c'est-à-dire de tout ce qui sert aux études d'un homme libre, je m'informai auprès de lui de la manière dont je pourrais me procurer une mappemonde plus complète et plus soignée que toutes

(1) Lecoy de La Marche, II, p. 191.

les autres. «J'ai votre affaire, me dit-il en souriant; en voici une qui vous était précisément destinée et qui est décorée de vos armes : mais elle n'est pas tout à fait terminée.» Je la pris et la fis achever. Les savants compétents la jugent parfaite. Elle a été faite sur le modèle d'une vieille mappemonde à lettres grecques, remontant à huit cents ans environ et que plusieurs même croient du temps de Ptolémée, l'inventeur de cette science.» C'est pourquoi Antoine Marcello joignait à son envoi le traité du célèbre astronome, corrigé sur les exemplaires retrouvés depuis peu; plus une sphère couverte de caractères étrangers (*peregrinis litteris*) qui passaient pour être chaldéens, car il savait, disait-il, que René se plaisait à rechercher tout ce qui venait d'Orient; enfin une description de la Terre-Sainte, écrite de la main de Lombard, le compagnon de François Pétrarque, qui, à ce que l'on pensait, y avait collaboré lui-même [1].»

René aimait donc la géographie, ses amis le savaient et se donnaient quelque mal pour satisfaire le goût de ce roi débonnaire, dont la «librairie» renfermait des descriptions du monde connu, et un grand nombre de mappemondes et de sphères qui ornaient les résidences royales d'Anjou et de Provence. Il avait également fait exécuter des vues panoramiques de diverses villes de Provence et d'Italie. Les biographes de René, qui attribuent maintes fois à celui-ci l'œuvre d'autrui, affirment que le roi dessina de sa main des cartes ou tableaux descriptifs. Il convient d'accepter sous réserve cette affirmation : une admirable peinture du XVe siècle, conservée à la cathédrale d'Aix, le *Buisson ardent*, passait pour avoir été exécutée par René lui-même, alors que ce prince s'était borné à en faire la commande à Nicolas Froment, artiste d'Avignon, dont le nom nous est révélé par les comptes conservés aux archives des Bouches-du-Rhône.

Bien d'autres faits typiques nous révèlent le goût très vif du roi René pour la géographie. N'est-ce point lui qui fit faire pour son fils, par Antoine de la Salle, auteur du *Petit Jehan de Saintré*, un livre curieusement intitulé *La Salade*, contenant la description des différentes contrées du monde et la configuration des terres et des mers! Ce goût des études géographiques, René n'était pas seul à le posséder; on le partageait autour de lui, et on a même cru pen-

[1] Lecoy de La Marche, *op. cit.*, II, p. 181.

dant longtemps que Christophe Colomb avait puisé à la Cour du roi René la passion des découvertes qui lui fit plus tard, malgré tant de difficultés, organiser son voyage, traverser l'Océan et aborder aux Antilles[1]. C'était là une erreur qui, une fois de plus, a été démontrée par M. Gabriel Marcel[2]. Quoique notre dire ne puisse rien ajouter aux démonstrations péremptoires qui ont été faites, nous devons consigner ici que le nom de Colomb ne se trouve nullement parmi ceux des marins employés par René et dont les comptes royaux — incomplets, il est vrai, — ont conservé la mention.

De l'intérêt porté aux choses de la géographie par l'entourage immédiat du roi René, par les membres de sa famille, il subsiste un unique et bien curieux témoignage conservé au cabinet des médailles de la Bibliothèque nationale. Charles d'Anjou, comte du Maine, second frère de René, fit graver antérieurement à 1461 par un des plus purs artistes du XVe siècle, le florentin Francesco Laurana, une superbe médaille au revers de laquelle se trouve un planisphère selon les idées géographiques de l'époque. Ce planisphère, orienté de quatre têtes de vents et dont les différentes parties sont désignées sous leurs noms : *Europa*, *Asia*, *Africa*, et la dernière, non encore découverte mais seulement soupçonnée sous le nom de *Brumae*.

Cette belle médaille, intéressante au double point de vue artistique et géographique, a été étudiée par plusieurs auteurs. L'un d'eux, M. Charles Robert, en a fait une minutieuse description, accompagnée de données que leur portée au point de vue de la géographie nous engage à reproduire : «Notre médaille a été exécutée avant l'année 1461 ; elle précède donc d'au moins trente et un ans le premier voyage de Colomb. Je ne veux pas dire que le comte du Maine, par sa carte métallique, ait pressenti la future Amérique, ni même fait allusion à l'Atlantide, cette île mystérieuse si riche en métaux et en fruits qui, suivant Platon, était échue à Neptune, vers l'Ouest de l'Europe, lorsque les dieux se partagèrent la terre.

«Les esprits, à cette époque, étaient fort excités au sujet des

[1] Ch. Robert, *Une médaille géographique antérieure à 1461* (*Bull. de géogr. hist. et descript.*, année 1887, p. 65).

[2] *Christophe Colomb devant la critique. La jeunesse de l'amiral* (*La Géographie*, 15 sept. 1905, p. 149).

terres inconnues, mais on en était encore à la théorie hypothétique des anciens géographes qui prolongeaient indéfiniment la terre vers le Sud et obtenaient ainsi une région australe, qu'ils disaient hantée par des monstres. Seulement, comme on savait déjà que l'océan Atlantique communiquait avec la mer des Indes, on pensait que la zone torride était occupée par une bande de mer qui séparait l'ancien continent d'un continent austral voué à un froid perpétuel. Cette infériorité des sciences géographiques au XVe siècle, n'a rien qui doive surprendre; en effet, les relations de peuple à peuple avaient toujours été à peu près limitées aux régions qui avaient formé l'empire romain; aussi ignorait-on l'expédition conduite, au Xe siècle, par les Scandinaves jusqu'à l'Amérique du Nord et n'avait-on jamais entendu parler de ce royaume de Fou-Sang, que mentionnait, au Ve siècle, un prêtre bouddhiste, et qu'un savant académicien identifie avec cette même Amérique[1]. Charles d'Anjou et Laurana ont donc simplement formulé sur le bronze le système cosmographique qu'on enseignait encore. La médaille montre en conséquence l'ancien monde, puis une bande de mer et, au delà, une terre à contours arbitraires, qui n'est autre que le prétendu continent austral[2]. »

N'est-il point curieux de voir ce prince du XVe siècle rêver à ce monde inconnu mais soupçonné, à ce nouveau-monde naïvement désigné sous le nom de *Brumas*, et traduire sur le bronze le reflet de ce rêve que la découverte de l'Amérique, arrivée peu après, transformait en réalité tangible!

II

Les comptes inédits du roi René, auxquels nous avons fait allusion et d'où l'on pourrait tirer quantité de données intéressantes à des points de vue très divers, montrent que le vieux roi, à la fin de sa vie, comme au temps de sa jeunesse et de sa maturité, était resté fidèle aux choses de l'art et de la science. Il encourageait pécuniairement ceux qui s'y livraient, leur faisait des

(1) D'Hervey de Saint-Denys, *Ethnographie des peuples étrangers à la Chine*, p. 337 (ouv. cité par Ch. Robert).
(2) Ch. Robert, *op. cit.*, p. 68.

commandes et, plus Mécène qu'administrateur, il grevait de ce chef son budget si précaire.

Alors fixé dans sa bonne ville d'Aix, où il devait mourir peu après, le 10 juillet 1480, il entretenait des relations avec un personnage de Carpentras, juif sans doute, appelé Guillaume Wissenkers, que les comptes royaux qualifient tantôt «d'astrologien», tantôt de médecin[1]. A coup sûr, ce personnage rendait au roi des services de médecin et d'astrologue — René affectionnait ces derniers — mais là ne se bornait point son rôle. Les comptes nous le montrent fabriquant pour le roi, d'abord «un horloge en façon d'une pomme ronde», puis, ce qui était, paraît-il, extraordinaire en ce temps-là, «certaines façons de chariot pour le faire aller à ung cheval seulement», et dont il vint faire l'essai sous les yeux de René. Il exécuta aussi «ung cadran carré fait à tous climats, doré, en belle façon», plusieurs petits astrolabes et, enfin, suivant la propre expression employée dans le compte, «ung astrolabe apellé *astralabium regale*» qu'il apporta lui-même à Marseille où le roi se trouvait en novembre 1477[2]. Cet instrument, l'astrolabe royal, et que, sans doute, pour justifier ce nom, maître Guillaume avait fait de belle taille, fut payé 150 écus d'or. L'habile homme qu'était l'astrologue de Carpentras — aussi habile, semble-t-il, en l'art d'exploiter le bon roi qu'en celui de fabriquer des instruments de toute sorte — se faisait payer fort cher. René, qui n'y regardait pas de trop près, semble avoir eu grande considération pour lui. Il la lui manifesta à beaux deniers comptants; les registres de comptes des années 1477 et 1478 en font foi:

(1) Arch. des Bouches-du-Rhône, B 216, f° 69 v°; 2481, f° 22; 2484, f° 9 v°, 17 v°; 2485, f° 16, etc.

(2) M. Ch. de La Roncière, dans sa définitive *Histoire de la Marine française* (II, 521, n. 4), cite un *astralabium regale* ayant appartenu aux ducs de Bourbon. Nous croyons pouvoir affirmer, d'après l'article de compte reproduit ci-après, que cet instrument fut donné aux Bourbons par le roi René et qu'il fut également fabriqué par Guillaume Wissenkers, de Carpentras : «A maistre Guillaume, astrologien de Carpentras, le 23 novembre [1477], à Masseille, la somme de 130 escus d'or, pour parfait paiement de 150 escus que le Roy lui a ordonnez estre baillez, pour ung astralabe appellé *astralabium regale*, qu'il lui a fait faire aud. Carpentras, et le lui a apporté à Masseille, en ce compris 20 escus qu'il eut en Avignon, temps du dernier compte passé, et ce, oultre deux astralabes monstrant les XII signes et sept planètes, dont l'un est à Aix, *l'autre fut donné à Monsieur de Bourbon*» (Arch. des Bouches-du-Rhône, B 2482, f° 15 v°).

Ne faut-il point aussi, dans une certaine mesure, considérer comme une manifestation d'ordre géographique ce goût très vif du roi René pour les objets de provenance exotique?

Ses résidences étaient littéralement remplies de ces objets, et les inventaires mobiliers dressés à diverses époques, durant la vie de ce prince et après sa mort, accusent quantité de produits du Levant, d'ustensiles à la façon orientale dont un certain nombre avait été apporté par les vaisseaux de l'argentier Jacques Cœur avec qui le roi René entretenait d'affectueuses relations et dont il protégea la famille contre la colère de Charles VII.

Le commerce de Marseille avec les côtes de Barbarie, fort actif à cette époque, permettait également l'importation de nombreux objets ou produits africains. Des parfums, des peaux d'animaux, des vêtements, des étoffes exécutées sur commandes transmises par les patrons de navires marseillais étaient apportées de Barbarie. Les comptes se rapportant aux dernières années du règne de René fourmillent d'indications sur ces achats, qui s'opéraient également à la foire de Beaucaire. On sait que cette foire célèbre amenait sur les bords du Rhône des marchands accourus de tous les pays riverains de la Méditerranée, venant vendre les produits les plus variés La Cour de France, elle aussi, affectionnait les choses exotiques; c'est par l'intermédiaire des Provençaux que Louis XI, neveu de René, se procurait des objets venant des pays barbaresques.

Le comte de Provence avait une ménagerie à Aix et une autre à Angers. Il y entretenait des animaux qui n'étaient point communs : des éléphants, des lions, des dromadaires, des loups, des singes, etc., et aussi «une beste estrange appelée le tigre», suivant la naïve expression portée par le compte de dépense[1].

Des Maures vivaient à la Cour de René, avec les serviteurs. Il les faisait baptiser, leur servait de parrain et leur donnait son nom; il ne leur demandait d'autre travail que celui de se montrer dans le costume de leur pays[2].

Ce goût des choses exotiques ne suffirait point, à lui seul, pour témoigner d'un grand amour de la science géographique, mais le roi René en avait donné d'autres témoignages et s'il aimait à s'entourer des choses de lointains pays, achetées fort cher aux voya-

[1] Archives des Bouches-du-Rhône, B 2487.
[2] *Ibid.*, B 215, f° 5, 11 et 17; 2483, f° 9.

geurs qui, connaissant son goût, venaient les lui offrir, c'était une façon indirecte d'encourager ceux-ci. Devenu vieux, hors d'état de voyager, enfermé dans son manoir de Provence, le bon roi vivait au milieu de ces objets disparates. Sans doute, ils le faisaient rêver à ces terres lointaines qu'il n'avait jamais vues, dont on disait des choses fabuleuses, et vers lesquelles, toute sa vie, il porta une passionnante curiosité.

LES
PREMIÈRES CARTES DE LA SAVOIE,

PAR M. HENRI FERRAND.

Les cartes sont d'une origine extrêmement récente par rapport à toutes les autres conquêtes de l'esprit humain, et le souci de la représentation du sol ne paraît pas être né de bonne heure au cœur de nos pères. Il en fut ainsi surtout de l'intérieur des terres.

Quand on est sur le bord de la mer, au fond d'un golfe ou sur la saillie d'un promontoire, l'œil embrasse une longue étendue de côtes, et l'on peut penser à en tracer l'image sur des tablettes pour en conserver le souvenir. De proche en proche on en arrive à dessiner ainsi des rivages et les premières cartes auxquelles il nous soit permis de remonter, préparées surtout pour les navigateurs, furent des portulans. Certains étaient même arrivés à une exactitude très approchée, et nous savons que ce fut leur conflit avec les esquisses tracées d'après les écrits de Ptolémée qui battit en brèche le respect si longtemps professé pour l'œuvre du géographe pélusien.

Mais dans l'intérieur des continents, en pays de montagnes, ou même de coteaux, alors que les inflexions des vallées et des collines coupent la perspective et déroutent l'observation, les premiers tracés furent simplement des routiers, où les lieux traversés et reconnus étaient inscrits sans prétention d'exactitude ni même de proportions à la suite les uns des autres.

Leur type est toujours ce très ancien monument que l'on appelle la Table de Peutinger (*Tabula Peutingeriana*) qui ne se distingue guère, à ce point de vue, des renseignements fournis par les Vases Gaditains ou par l'Itinéraire d'Antonin. Pour le pays qui devait être la Savoie on trouve mentionnée, en ligne presque droite, la route du Petit Saint-Bernard, avec les stations de *In Alpe Graia*, *Bergintrum*, *Axima*, *Darentasia*, *Obilonna*, *Ad Publicanos*,

Mantala, *Leminco* et *Laviscone*, ainsi qu'un cours du Rhône à peu près parallèle et le *Lacus Losanesus* (lac de Lausanne, aujourd'hui Léman). Ce fut là, pendant de longs siècles, toute la représentation de la Savoie, et la carte catalane de 1375 n'avait même pas conservé toutes ces données.

Il faut en venir à la *Geografia* de Francesco Berlinghieri en 1481 ou 1482 pour trouver, dans la carte nouvelle de Gaule (*Gallia Novella*) qu'il ajoute aux 27 cartes ptoléméennes de Buckinck, le mot de Savoia, avec l'esquisse de deux affluents descendant des montagnes pour former l'Isère. Les coordonnées de Ptolémée avaient indiqué la place du Mont-Cenis, du *Forum Claudii* et d'*Axima*. Cette carte nous donne le mont du Saint-Bernard *Mösanese* (le mont Cenis), *Octoduro*, Saint-Jean-de-Maurienne, *Aquabella* et *Câbri*.

La *Tabula moderna Galliæ* dressée par le savant Martin Waltzemuller pour l'édition de la Géographie de Ptolémée, publiée en 1513 à Strasbourg, nous fait apparaître quelques noms de plus ou des formes nouvelles : *Mons S. Bernardi*, *Tarentasia*, *Mons S. Dionisii* (mont Denis pour mont Cenis), *Octodurum*, *S. Michaelis*, *Schambrun* (la Chambre), Aix, *Schambri* (Chambéry), *Scala* (les Echelles). Il en est de même de la carte de France d'Oronce Fine (1525), où l'on trouve le nom Savoye au-dessus de celui d'Allobroges et de Centrones, mont Saint-Bernard, Tarentaise, mont Cenis, la taverne (col du mont Cenis), Lignibourg (Lans-le-Bourg), la Chambre, Aiguebelle, Saint-Jean-de-Morienne, Montmilian, Chambéry, Gabelette (Aiguebelette), Beauvoisin.

Les cartes de la Cosmographie de Sébastien Munster en 1544 sont encore plus indigentes, et la carte de Suisse de Salamanca (1555) ne fait qu'y ajouter *Monasterium* (Moutiers).

Ce ne sont point là, du reste, des cartes de Savoie, mais des cartes d'ensemble où la Savoie n'occupe qu'une bien faible partie. Les cartes spéciales à ce pays vont bientôt apparaître, et elles se multiplieront rapidement avec une abondante profusion. Un catalogue dressé par un collectionneur distingué, M. Mettrier, en compte plus de deux cents numéros. Mais ce ne sont pas autant de cartes différentes. Il est bien plus commode de copier une œuvre antérieure que d'en créer une de toutes pièces, résultat de son expérience et de ses renseignements, et les cartographes ne s'en firent pas faute.

Une carte type doit être un véritable progrès, et apporter une contribution nouvelle aux connaissances déjà acquises. A ce titre, les cartes de Savoie antérieures à celles des états-majors, se divisent en cinq classes marquant chacune une étape dans la représentation des détails du sol : ce sont le type Forlani, le type Jean de Beins, le type Sanson d'Abbeville, le type Borgonio et le type Stagnoni.

1° Type Forlani.

Le premier essai de figuration de terrain, bien informe, qui nous soit parvenu, est celui qui se dégage de l'œuvre de Jacobo Gastaldi en 1556. Encore le célèbre géographe piémontais ne fait-il qu'esquisser la Maurienne, tandis que la partie septentrionale de la région n'est même pas figurée, et la véritable première carte de la Savoie est celle de Forlani en 1562. (*Descrittione del Ducato di Savoia, novamente posto in luce in Venetia anno MDLXII*, par *Paulo Forlani Veronese, Ferando Berteli libraro exc.*). — Bibliothèque nationale, à Paris, galerie des Cartes, vol. 655, n° 21.

Cette planche assez fruste, orientée à l'Est, mesure 0 m. 32 en hauteur sur 0 m. 44 en largeur. Elle comprend à peu près toute la Savoie, une partie du Valais, de l'Alsace, de la Franche-Comté et de la Bourgogne avec le Dauphiné. Elle figure les Alpes par un entassement de taupinières, leur fait décrire une sorte de demi-cercle, et y inscrit le Grand Saint-Bernard, le Petit-Bernard et le mont Senis (*sic*). La région qui nous occupe est limitée au Nord (à gauche) et à l'Ouest (en bas) par un cours du Rhône un peu simpliste qui traverse le lac de Genève. Il reçoit près de Tonon (*sic*) un cours d'eau qui vient de Fondance (la Dranse d'Abondance); mais, près de Genève, on trouve une erreur curieuse : un petit cours d'eau appelé l'Arbor (l'Arve) se jette dans le Rhône en aval de Genève, tandis qu'en amont, au fond de l'anse de Ripaille, arrive un autre cours d'eau plus important qui a passé à Bonneville et à Solame (Sallanches ou Chamouni). Plus bas, en amont de Seyssel, le Rhône reçoit l'écoulement du lac de Nicy, qui a passé à Rumily, et plus bas encore celui du lac du Bourget alimenté par un petit ruisseau qui vient de Grésy, passe à Chambéry, à Bourget, et près d'Aix ; -- puis un autre cours d'eau (le Guiers) découlant de la Grande-Chartreuse, et arrosant S. Leuren (Saint-Laurent-du-Pont) et le Pont de Beauvoisin.

L'Isère prend naissance à Sentron, au pied du Petit Saint-Bernard, court dans la Tarantaise, traverse Moutiers et Ayguabelle.

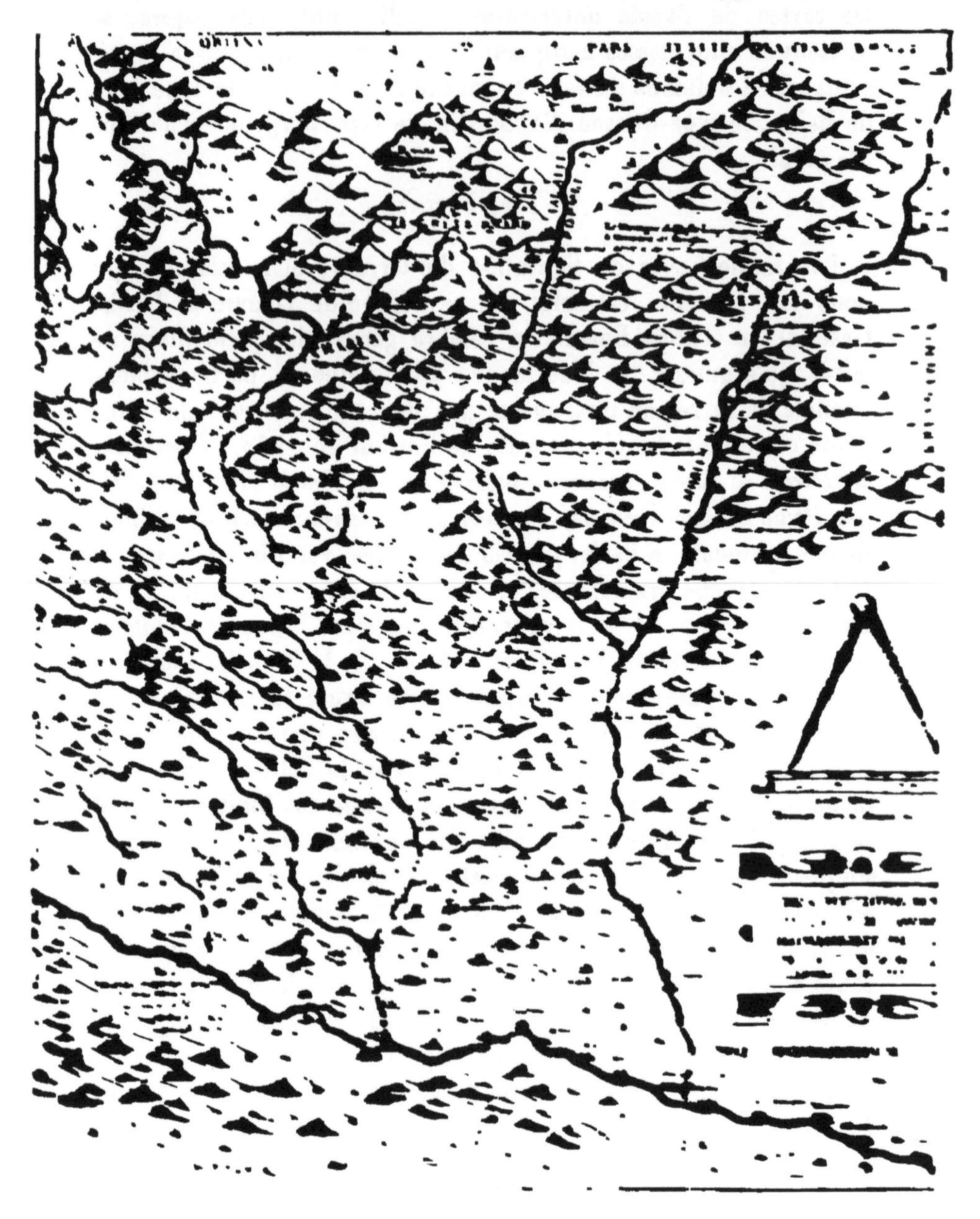

bourg, à Braine (Bramans), à Bourget, à Saint-Julien, à Pontamafrei, où il reçoit un affluent (l'Arvan) qui a arrosé Saint-Jehan-

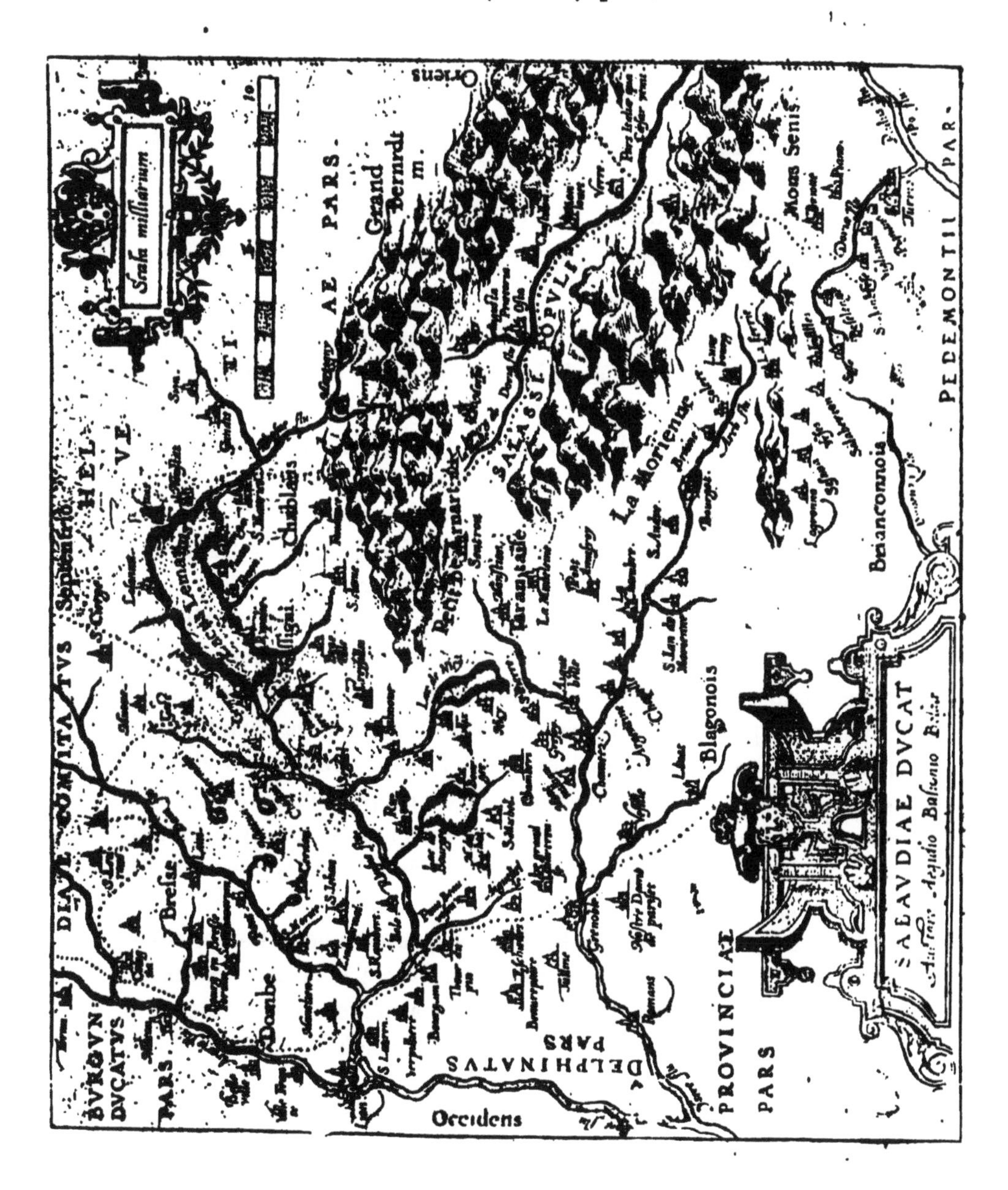

de-Morienne, à la Chambre, à la Chapelle, à Argentine, et vient à Chaments (Chamousset) se joindre à l'Isère pour arriver à Montmilian et Grenoble.

Entre les vallées de la Maurienne et de la Tarentaise est figuré un massif de montagnes où se trouve la Madalaine (col), avec la légende :

In questo luogo vié buoni pascoli per gli animali, per causa chel solé andando nell' occidente vi batte.

Une autre chaîne de montagnes sépare la Maurienne de la vallée de Briançon.

Au Nord du mont Cenis, on trouve cette légende :

Le montagne di questo luogo toccane le montagne del Montsanese et sono diserte et coperte di neve.

De plus un pointillé allant de «Lion» au «mont Senis» marque la *Strada che va da Lion in Italia*, et qui passe à la Volpelière, à Bourgoin, à Cerieu (Cessieux), à la Tour du Pin, près des Eschielles, au Pont de Beauvoisin, à Aiguebelle (Aiguebelette), à Saint-Michiel, à Chambéry, à Chamentz et remonte de là la «Morienne», pour franchir le «mont Senis» detescendre à Turin le long de la Dorietta par la Ferrie (Ferrière), Insilles (Exilles), Suze, Bozelingo, Saint-Ambroyse, Vigliana, etc.

Une des curiosités de cette carte est que près de Grenoble elle mentionne Notre-Dame-de-Pariset, localité de très minime importance. Serait-ce une manière d'indiquer la Tour-sans-Venin ?

On voit que l'ossature générale est comprise, les chemins fréquentés et les vallées signalés, et s'il y a de nombreuses et choquantes inexactitudes de directions et de proportions, c'est déjà là une véritable carte indiquant le figuré du pays. Mieux appréciée et plus suivie, la carte de Forlani aurait préservé ses successeurs de bien des erreurs.

Très rare, cette carte de Forlani est peu connue et l'on attribue généralement la priorité des cartes de Savoie à la carte *Sabaudiæ Ducatus*, par Ægidius Bouillon, qui parut, en 1570, dans le *Theatrum Orbis Terrarum* d'Ortelius, et bénéficia de sa grande publicité.

Ægidius Bouillon n'eut d'autre mérite que de rectifier au Nord l'orientation de la carte de Forlani, d'inscrire le nom de Larch, et de faire cesser sur le mont Cenis son indue communication avec la Doire. Certains ont cru à l'originalité de Bouillon en se fondant sur une note de quelques éditions d'Ortelius qui porte : *Ægidius Bulionius Belga, Galliam Belgicam descripsit, quam edidit Antverpiæ*

Joann. Liefrinck. Et Sabaudiam cum Burgundiæ comitatu, evulgatam apud Hieronymum Cock, Antverpiæ. Mais cette publication chez Cock dont on n'a pas d'autre trace, peut avoir été faite de 1562 à 1570, et en tous cas il est facile de constater le plagiat d'Ægidius Bouillon. Son dessin et sa nomenclature transformèrent sur plusieurs points en erreurs ce qui dans dans Forlani n'était qu'une approximation, comme par exemple pour la position d'Aix par rapport au lac du Bourget, et pour le nom de Solame dont il fait S. dame. Sa copie devient flagrante par la répétition dans le Val d'Aoste de la légende : *Pars Italiæ quā Cæsar venit.*, ainsi que par l'indécision de ses tracés de cours d'eau.

Dans le même théâtre d'Ortelius, la carte de Jean-Georges Septala, *Ducatus Mediolanensis finitimarumque regionum descriptio*, aussi publiée auparavant chez Jérôme Cock, donne la première mention connue de Bexan (Bessans), d'Antignes (Tignes) et il reprend celle du Mon Gales (La Galise) qu'avait déjà mise au jour Gastaldi dans sa *Piamonte nova tavola* insérée à son édition italienne de Ptolémée, chez J.-B. Pedrezano, à Venise en 1548. — Bezzan et Mon Gales sont aussi produits dans la carte du même recueil (1570), *Pedemontanæ vicinorumque regionum descriptio*, de Gastaldi, mais ne se trouvent pas dans la célèbre carte originale du même auteur, *Regionis subalpinæ vulgo Piemonte appellatæ descriptio*, que l'on date généralement de l'an 1555.

En 1585, la première partie de l'Atlas de Gérard Mercator mit au jour une carte de la Gaule Méridionale, dite *Aquitania australis, Regnum Arelatense cum confiniis* qui comprend le territoire de la Savoie. Elle aurait pu, comme celle d'Ægidius Bouillon, se contenter de copier Forlani; elle voulut la rectifier au moyen de renseignements incompris, et substitua de monstrueuses erreurs à son tracé simpliste, mais vrai. Il est difficile de critiquer son orographie : elle n'en a pas en dehors de la chaîne de partage des eaux, mais son hydrographie fantaisiste crée deux Isère, et répète sur l'une et sur l'autre les principales localités.

« Larch » naît près de Bezzan, non loin du mont Gales, le mont de la Galise, auquel toutes les cartes d'alors attribuent une place importante; il passe à Luneborgo, laissant au Nord un l'Asnebourg qui fait double emploi, à Bourget et à Saint-Michel. Nous voyons alors arriver sur la rive droite un affluent difficile à identifier. A gauche, nouvel affluent que son passage à Saint-Jean-de-Maurienne désigne pour l'Arvant, mais qui semblerait plutôt avoir le cours de la Valloirette. — En aval de la Chambre, Larch fait sa jonction avec un cours d'eau qui est né à Sentron, est passé à Moutiers, à Pontamafrey et à Ayguebelle, et paraît bien jouer le rôle de l'Isère. Mais après avoir arrosé Montmélian, Chambéry, Scala (les Échelles?) et Montbonnon, ce cours d'eau principal en rejoint à Grenoble un autre qui n'est qu'un tissu d'erreurs.

Cette rivière, qui porte le nom d'Isère, a pris sa source aux Alpes (Saint-Bernard), au Nord de Sentron. Elle est passée à Tarantaise, a reçu sur la gauche un affluent qui vient de Rumilly et draine le lac de Nicy, sur la droite un autre tributaire qui passe à Valort(?), elle a traversé Torns(?), Perpetto(?), reçu encore à gauche un affluent venant d'Aix et de Borgetto, et elle descend à Grenoble par le Pont de Beauvoisin, la Frette et la Grande-Chartreuse.

C'est donc un méli-mélo de l'Isère, du Fier et du Guiers que Forlani avait su parfaitement distinguer.

Cette carte veut encore marquer un cours d'eau qui arrive à Seyssel (le Fier?) après avoir passé à Croisilles et à Salinove, — et un semblant d'Arve qui naît à Bona (Bonneville) et arrive à à Genève après avoir reçu deux affluents sur sa gauche.

2° Type Jean de Beins.

Passons sur cette défaillance d'un géographe de génie, trop malheureusement copié ici par Bouguereau en 1593, et encore par Hondius dans sa Carte de France de 1600, — et après une petite carte partielle du Genevois et du Faucigny que se disputent Jacob Goulart en 1606 et J. B. Vrindt en 1607, sans mieux traiter l'un que l'autre le cours de l'Arve, nous arrivons à la seconde carte de Savoie qui fut dessinée par Jean de Beins et publiée par Henri Hondius dans l'édition de 1630 de l'Atlas de Mercator.

Ici nous nous trouvons en présence d'un travail qui ne s'est pas borné à mettre en œuvre certains renseignements plus ou moins heureusement recueillis et compris, mais qui a certainement procédé de recherches et de reconnaissances sur le terrain.

La dixième édition des Atlas de Mercator produisit cette carte, sans date ni nom d'auteur, sous le simple titre de *Sabaudia Ducatus. La Savoie*, avec la légende *Amstelodami Jodocus Hondius excudit. Sculp-*

tum apud A. Goos. Désignée sous ce titre de la *Sabaudia Ducatus anonyme*, cette carte fut datée de 1610 par Alphonse Favre, probablement parce que Jodocus Hondius mourut en 1611. Mais l'étude des publications des Atlas de Mercator montre que la piété filiale de Henri Hondius maintint sur leur titre le nom de son père longtemps après la mort de celui-ci, et que d'autre part les cartes n'y étant jamais datées, on ne peut préciser leur apparition que par la comparaison des éditions successives. Or cette carte, qui se trouve dans l'édition de 1630, n'est dans aucune des éditions précédentes, pas même celles de 1627 et de 1628 : on ne peut donc que lui assigner cette date de 1630.

Est-ce à dire que cette date de 1630, qui fut celle de sa publication, a été aussi celle de sa confection ? Loin de là, et, en l'étudiant, nous pouvons la faire remonter beaucoup plus haut, peut-être même aux dernières années du XVIe siècle.

On connaît la carte du Dauphiné de Jean de Beins, qui fut publiée dans le Théâtre Géographique de Jean Le Clerc en 1622, et que certains auteurs font remonter à 1617. En la mettant à côté de la *Sabaudia Ducatus*, on est immédiatement frappé de leur absolue similitude : c'est le même relief des montagnes, la même écriture, la même lumière, les mêmes légendes, les mêmes erreurs, le même dessin de la Ville de Grenoble, la même révélation de la Montagne Abismée avec ses Sept Lacs. Les parties de territoire qui sont communes à l'une et à l'autre sont minutieusement identiques, et il suffit de les rapprocher pour être immédiatement convaincu que l'une est la continuation de l'autre, ou plutôt que toutes deux ne sont que des parties d'une même œuvre. La *Sabaudia Ducatus* est donc l'œuvre de Jean de Beins.

Mais qu'était-ce que Jean de Beins ? C'était l'ingénieur, le compagnon dévoué de Lesdiguières, et dès lors on voit facilement qu'au cours de ses incessantes campagnes contre le duc de Savoie, de 1592 à 1601, le vice-roi du Dauphiné avait eu besoin d'une bonne représentation du sol sur lequel il avait à manœuvrer, et qu'il l'avait fait relever par son ingénieur. Ce travail, qui englobait tout le théâtre de cette guerre, c'est-à-dire le Dauphiné et la Savoie, était une arme trop précieuse pour que l'astucieux général ne le tînt pas secret. Sur les instances du roi, qui favorisait la publication du Théâtre Géographique du Royaume de France, il en livra la partie dauphinoise, mais ce ne fut qu'après sa mort, en 1626, que la lait *Carte generalle de la Savoye, du Piémont, duché de Montferrat, marquisat de Salusses et pays circonvoisins, avec la représentation au vray des vallées de Suze, Pragelas et autres*, carte qui fait partie de son *Théâtre géographique de la France* publié en 1643. De même que son modèle, il ne marque pas la Haute Tarentaise ni Tignes, qu'il avait pourtant mentionnés, à une place inexacte il est vrai, dans sa publication en 1625 de la *Charte de la Suisse, de la Rhétie et des Grisons*, par Gaspar Baudoin.

3° Type Sanson d'Abbeville.

Le troisième type de la carte de Savoye se trouve dans l'œuvre de Nicolas Sanson d'Abbeville, et nous le voyons apparaître en 1648 dans la carte de la *Haute Lombardie et pays circonvoisins, où sont les Etats de Savoye, Piémont, Milan, Gênes, Montferrat, etc.*, et en 1652 dans sa carte du *Gouvernement général de Dauphiné et des pays circonvoisins où sont la Savoye, la Bresse, etc.*

On sait quelle estime il faut accorder à cette œuvre. Dans ces deux cartes, toutes deux sensiblement à l'échelle du 1/888,000ᵉ, la nomenclature de Jean de Beins est complétée et la plupart de ses erreurs rectifiées.

La haute vallée de l'Arc remonte à Bessans et à Bonneval, et vient prendre sa source au pied du Col de Gallese. La haute vallée de l'Isère s'infléchit au Sud en amont de Séez et remonte jusqu'aux Tignes et aux Fournaux (le Fornet). Des Glacières se montrent au Sud de Chamony, à l'Ouest du Col Major ou de Cormoyen. Le dessin du lac du Bourget est presque exact, ceux des lacs d'Annecy et de Genève sont très approchés. Le cours de l'Arve et celui des Dranse sont améliorés, ainsi que l'ossature générale.

Il faut cependant remarquer que, pour la Savoie, qui leur était commune, les deux cartes ne se sont pas exactement copiées, et que la première, celle de 1648, est en certains points plus complète.

Ainsi elle nous donne dans la chaîne d'entre Maurienne et Tarentaise, après le Mont Iseran qui s'allonge sur les massifs dits aujourd'hui des Lessières et du Vallonbrun, la Vanoise, avec une croix de col, Entre-deux-Aigues aussi avec la croix, le col des Encombres et le Col de Colombe (aujourd'hui de la Madeleine). Dans les chaînes d'entre la Tarentaise et le bassin de l'Arve, elle marque

La notion de la Mont Maudite (le Mont Blanc) est parvenue jusqu'au géographe, mais entraîné par les idées alors prédominantes à Genève, il la place assez près de cette ville, au Nord de Cluses et au Nord-Est de Bonneville. On ne retrouve dans cette carte ni Bezzan, ni Antignes, ni le mont Gales.

L'ensemble constitue donc un progrès considérable, mais ce sont surtout les localités parcourues par les campagnes de Lesdiguières qui sont le plus exactement détaillées : les préoccupations militaires s'y révèlent par les forts de Barraulx, de Montmélian, de Charbonnières, d'Exilles, etc.; sur le trajet fréquenté du Mont Cenis, nous voyons marqués Modane, Bramault (Bramans), Termignon, Lasnebourg, le Vilars, la Porte, la Grand'Croix, la Ferrière, la Novaleze, Suze.

Mise au jour par la publication de Hondius, cette carte fut bientôt, suivant l'usage d'alors, copiée et reproduite par les autres recueils qui suivirent. Dans le Théâtre du Monde, ou Nouvel Atlas, de Guillaume et Jean Blaeuw, à Amsterdam, en 1638, nous en trouvons une copie qui, la comprenant mal, a exagéré ses défauts et nous présente notamment toute une forêt d'arbres verts à la place du massif du Mont Blanc. Cette conception bizarre est encore développée dans la copie qu'en insère, en 1645, le volume *Topographia Palatinatus Rheni et vicinarum regionum*, de Martin Zeiller, qui fait partie de la grande publication des Topographies de Zeiller et Mérian dans la seconde moitié du XVIIe siècle. On la retrouve encore dans le *Novus Atlas* de Jansson, édité en six volumes in-folio à Amsterdam en 1661.

Une copie plus exacte en avait été faite en 1645 par Du Val dans sa *Carte de Savoye et des païs de Genevois, Faussigni, Chablais, Morienne et Tarantaise*, dédiée à Monseigneur Henry de Savoye, duc d'Aumale.

Une carte du *Theatrum Orbis terrarum sive Atlas novus*, publiée à Amsterdam par Guillaume et Jean Blaeuw sous le titre de *Piemonte et Monferrato*, et une carte du Nouvel Atlas de Henri Hondius et Jean Jansson, en 1641, perfectionnement des œuvres de Gastaldi et dite *Principatus Pedemontii, ducatus Augustæ Pretoriæ, Salutii Marchionatus, Astæ, Vercellarum et Niceæ comitatus nova descriptio*, la reproduisirent encore en y ajoutant le nom du Mont Iseran.

A Paris, dès 1630, Melchior Tavernier avait exactement copié la carte de Jean de Beins dans la planche plus ample qu'il intitu-

Sans offrir de noms de montagne nouveaux, l'orographie est plus nettement accusée. Pour le régime des eaux, nous le trouvons plus correctement dess né, et augmenté de nombreux affluents généralement exacts. Dans la Maurienne, le Doron d'Entre-deux-Eaux, le ruisseau du Charmex, la Valloirette sont à leur place; l'Arvan reprend sa véritable direction, le Glandon se manifeste. Dans la Tarentaise, le Versoyen avec ses branches supérieures, le Doron de Champagny, le ruisseau des Allues, le torrent de Belleville, précisent la configuration. L'Arve, mieux orientée, réduit le Bon-Nant à ses proportions véritables et donne à Saint-Gervais sa vraie place, le Gifre prend son rôle. Le lac d'Annecy se dessine mieux et le lac de Genève est sensiblement exact. La nomenclature s'enrichit considérablement, et nous constatons la mention de la Coste (l'Ecot). Entre-deux-Aigues, Pierre-Blanche, Soullier, Sardière, Ossois, Fourneau, Notre-Dame-de-Charmex, Valmeinier, Bonnenuit, Valloire, Monrond, Albiez, Saint-Jean-d'Arve, Saint-Sorlin-d'Arve, Villarembert, Fontcouverte, Saint-Colomban, etc.; dans la Tarentaise, le Val, les Bernières (Brevières), la Tuille, Sainte-Foy, Villard-Roger, Landry, Champion (les Chapieux), Versoy, Pont-de-Bonneval, les Bains (Brides), Bosset (Bozel), Champagny, le Planay, etc. Mais le mont Iseran est indiqué au Nord du col de Galest, cette fois nettement comme cime, et les Glacières sont à l'Est de Chammuny. Un chemin est tracé au col d'Iseran, un autre au col de la Leisse, de même au col de la Madeleine et au col des Encombres; sur la frontière, des chemins sont indiqués au col du Petit-Saint-Bernard, au col de Galest (Galise), au Grand et au Petit-Mont-Cenis et au col de la Saume (Vallée Étroite).

Sanson d'Abbeville, qui mourut en 1667, publia lui-même en 1663 une édition agrandie et revue de sa carte. Celle-ci occupe deux feuilles : *Partie septentrionale et Partie méridionale des Estats de Savoye, où sont le Duché de Savoye, les comtés de Tarentaise et de Morienne et partie du Bugey, etc., divisés en leurs mandements;* elle est à l'échelle approximative de 1/240,000ᵉ et témoigne d'un louable désir de figurer les reliefs : les taupinières de grandes dimensions dont l'ensemble forme les chaînes sont éclairées du Nord-Ouest, ombrées au Sud-Est, et l'effet est assez saisissant.

Ici de nombreux détails surgissent que rend faciles la grande échelle employée.

En Maurienne, nous trouvons, entre Bonneval et Bessans, la

Beyrolle, inexactement appelée de nos jours l'Avérole; sur le Mont-Cenis, la Tavernette et l'Hospital avec la chapelle des Transis s'ajoutent à la Poste et à la Grande-Croix. Sur le trajet du Petit-Mont-Cenis, Saint-Pierre-de-Stratane (d'Extravache) et Outrevache; près de Modane, l'oratoire de Sainte-Anne et le Charmais; le col de Galabier, le Mont de Sorlin, etc. En Tarentaise, Tignes se divise en trois centres, les Masures s'ajoutent à Sainte-Foy, Saint-Bon, Saint-Jean-de-Belleville apparaissent. Chamonis se divise en deux villages, et au Sud se dresse la Glacière d'Argentière; l'abbaye de Saint-Sixt, la chartreuse de Melan, Morillon (Monriond), puis les monts du Grand et du Petit-Bornand, les Monts de Boège, l'abbaye de la Vaux-d'Aux, parmi bien d'autres sont mis au jour.

Vers 1670, un autre éditeur d'Amsterdam, Justin Danckerts, publie sous le titre de *Status Sabaudici, tabulam in Ducatum Sabaudiæ et Montisferrati, principatum Pedemontii, comitatum Nicæensem et cæteras partes minores*, une sorte de réplique de la carte de Nicolas Visscher à une échelle un peu plus réduite, au 1/660,000^e environ.

En 1691, chez la veuve Du Val d'abord, chez Jaillot ensuite, le père Placide, augustin déchaussé, publiait sous le titre de *La Savoye dédiée au Roy*, une copie légèrement amendée de la même carte, où quelques nouveaux détails viennent encore en lumière, mais où se produisent aussi quelques erreurs résultant d'une défectuosité de copie, comme par exemple la translation de Pesey dans le bassin d'Entre-deux-Eaux, et le trop grand rapprochement de la chapelle de Saint-Grat (Piémont) du Fournet (Haute Tarentaise), l'inscription de Saint-Gervais au Nord de l'Arve, etc.

Nous y trouvons le nom de Mont Alban appliqué au massif du Rutor, le Mont Iseran figuré à l'Est du col, etc., et plusieurs réminiscences de la carte de Jean de Beins, par le figuré des montagnes, l'esquisse des Sept-Lacs, etc. Les Glacières y sont mises à l'Est de Chamunis, mais les hasards du dessin ont amené au Sud le figuré de trois dents, sur lesquelles une nouvelle édition de 1793, laïcisant le Père Placide en sieur Placide, ingénieur, viendra pour marquer le progrès, inscrire le Mont Blanc.

Nous passons sous silence un certain nombre d'autres cartes, *Sedes belli*, de Cornelius Danckerts, *Duché de Savoie* de Jollan, *Sedes belli* de Justin Danckerts, *Montagnes des Alpes* de Sanson (1676), *Savoie* de Du Val (1677), *Savoie* de Sandrart (1680), *Etats de Savoie* de Nolin (1691), etc. qui ne sont toutes que des rééditions plus ou moins bonnes du même type avec des différences principalement dues à la diversité des échelles, pour en arriver au grand événement qui allait, par une œuvre hors de pair, fixer presque définitivement la cartographie de la Savoie.

4° Type Borgonio.

Dans la seconde moitié du XVIIe siècle vivait à la Cour de Savoie un homme au génie fécond et multiple qui, à l'instar des grands hommes de la Renaissance italienne, excella tour à tour dans les genres les plus divers.

Né à Dolce Acqua vers 1630, Jean Paul Thomas Borgonio fut un peintre de portraits distingué; comme ingénieur militaire, il restaura les fortifications de la place de Verceil; calligraphe renommé, il fut maître d'écriture à la Cour de Turin. Profès du blason, il fut nommé Héraut de la Cour le 7 janvier 1675, et il était, disent MM. Manno et Promis, remarqué pour son art à décrire les armoiries avec un goût parfait et une justesse d'expressions toute spéciale. Parmi ses meilleurs travaux, il faut citer une représentation de la généalogie de la maison de Savoie en vingt-quatre tableaux, publiée en 1680 avec des gravures dues au burin de Fayneau et de Depiène.

En cette même année 1680, il faisait paraître à Turin sa grande carte des États de Savoie en quinze feuilles, gravée sur cuivre par Giovanni Maria Belgrano. Une récente brochure de M. le professeur Carlo Errera (*Sull opera cartografica di Gio. Tomaso Borgonio*, Florence, 1904), nous apporte quelques renseignements sur la confection de cette carte si longtemps célèbre. Elle fut entreprise sur l'ordre de la duchesse Jeanne-Baptiste de Savoie-Nemours qui était devenue régente du duché à la mort de son époux Charles Emmanuel II, le 12 juin 1675. Dès 1676, les archives de la Trésorerie mentionnent des payements faits à Borgonio pour les travaux préparatoires de la carte; ces payements se continuent jusqu'en 1680, et l'on trouve alors le compte des sommes versées à Belgrano pour la gravure. D'après M. Rondolino (*Per la storia di un libro*, Turin, 1904), la carte fut dessinée du 30 mai 1672 au 27 septembre 1677.

On comprend qu'avec l'aide puissante des ressources de l'État, la carte put atteindre un degré de précision qui était inaccessible aux travaux de simples particuliers. Elle n'englobe d'ailleurs qu'un espace relativement restreint, car les Alpes y sont figurées du lac de Genève à la mer, Grenoble est à l'une des extrémités du dessin, Nice est au Sud et Antibes empiète sur le cadre, tandis qu'Alexandrie et Savone jalonnent l'extrémité orientale de la carte. Ce dessin s'étend sur onze feuilles de dimensions légèrement inégales, deux des feuilles étant consacrées au titre très artistiquement gravé suivant l'usage de l'époque, et deux autres occupées par une volumineuse notice.

L'ensemble de la carte, entouré d'un cadre gravé, mesure 2 m. 12 de hauteur sur 1 m. 78 de largeur. L'échelle, rapportée à une mesure arbitraire de lieues d'une heure de chemin, a été évaluée par M. Manno au 1/225,000e; nous-même nous l'avons (voir *Les Destinées d'une Carte de Savoie, l'œuvre de Tomaso Borgonio*, Imprimerie nationale, 1905) évaluée au 1/144,000, et M. Errera[1] est d'avis que cette échelle n'est point uniforme en tous les points, et que la représentation du degré y varie de 0 m. 66 à 0 m. 73, c'est-à-dire que l'échelle passerait du 1/152,000e au 1/166,000e[2].

Quoi qu'il en soit de son degré de précision, cette échelle était la plus grande de celles jusqu'alors employées, et elle facilitait une représentation minutieuse du terrain. L'auteur y signala son savoir héraldique en figurant, au milieu de son dessin même, les armoiries de chaque pays, et son sens artistique par une représentation vraiment pittoresque et saisissante des montagnes, dont un éclairage oblique du Nord-Ouest exagérait encore le relief.

Nous pouvons constater aujourd'hui qu'elle ne donna pas au point de vue d'une parfaite exactitude tous les résultats qu'on aurait pu attendre d'un aussi grand effort, car elle ne reproduisit même pas dans les parties élevées et reculées des vallées de Savoie toutes les connaissances déjà acquises : on n'y trouve ni Pralognan ni la

[1] *Sull' opera cartographica di Giov. Tomaso Borgonio*, Florence, 1904.

[1] Sur cette carte, la longueur du lac du Bourget est figurée par 0 m. 122, et il a en réalité 18 kilomètres; la distance de Grenoble à Genève, qui est à vol d'oiseau de 110 kilomètres, est représentée par une longueur de 0 m. 77; c'est de ces opérations et de quelques autres analogues que nous déduisons approximativement l'échelle de 1/144,000e. Il est exact que la distance de Genève à Nice, presque aux deux extrémités de la carte est reproduite par 1 m. 86 pour une longueur en ligne droite de 286 kilomètres, ce qui justifie par 1,157,000e l'appréciation de M. Errera; d'autres mesures sur le revers italien des Alpes peuvent peut-être aller jusqu'à son chiffre limite de 1/168,000e, mais l'écart de M. Manno, si considérable, ne paraît pas pouvoir être justifié.

Vanoise, les noms de montagnes y sont rares, les Glacières sont au Nord-Est de Chamunis, le Mont-Iseran s'escarpe sur la grande dorsale alpestre, etc. En dehors de la Savoie, la frontière esquissée entre le Mont Genèvre et le Col de la Croix est absolument fantaisiste. Mais elle n'en fut pas moins l'objet d'une admiration générale, et elle s'imposa à tous ceux qui voulaient retracer la configuration de la Savoie.

Deux années plus tard, en 1682, dans la magnifique publication du *Theatrum Sabaudiæ*, édité par la maison Blaeuw d'Amsterdam, elle était divisée en trois parties et réduite par le graveur Jean de Broen, pour la Savoie, à l'échelle approximative du 1/400,000, pour le Piémont à celle du 1/555,000ᵉ, et pour le Chablais au 1/220,000ᵉ. Corrigée d'ailleurs sur certains points, un peu enrichie dans sa nomenclature, elle participait à l'immense publicité de ce luxueux ouvrage. A cette occasion, le géographe Borgonio avait ressaisi le crayon du dessinateur, et c'est à lui que sont dues notamment les splendides planches de Turin, d'Asta, de Saint-Damien et de la curieuse vue du défilé de la Grotte (Passage des Échelles). M. Rondolino, qui a retrouvé et mis en ordre les documents de la préparation du *Theatrum*, établit que les matériaux en furent ordonnés de longue main, et il compte quarante-sept planches fournies par Borgonio, dont le dessin relevé au cours de ses travaux pour la carte, s'échelonna du 27 juin 1661 au 29 septembre 1677.

Dès 1692, N. de Fer gravait et imprimait à Paris une carte des États de Savoie en quatre feuilles qui était la reproduction, même comme figuration des montagnes, de la grande carte de Borgonio et qu'il déclarait d'ailleurs loyalement «dressée sur les Mémoires du sieur Bourgoin», ce que n'avait pas fait l'année précédente J.-B. Nolin, copiste tout aussi fidèle pour ses «Estats de Savoye et de Piémont dressés sur les mémoires les plus nouveaux». La carte de De Fer est de 0 m. 46 au degré, par conséquent à peu près au 1/240,000ᵉ; elle ajoute quelques noms de montagnes, tels que Plan des Dames, mont Cornet, Pas du Rousselin, etc., déjà connus auparavant, et non recueillis par Borgonio, mais elle reproduit exactement son figuré et notamment ses erreurs sur la Vanoise et aux sources de l'Isère.

Dans le grand centre cartographique de l'époque, à Amsterdam, Pierre Mortier publiait, en 1896, dans l'*Atlas novus ad usum sere-*

nissimi Burgundiæ Ducis une *Tabula generalis Sabaudiæ*, copiée de l'œuvre de Borgonio. En 1704, moins explicite, Jean Besson dressait l'*État du duc de Savoie de çà et de là les monts*, SUR DES MÉMOIRES ENVOYÉS DE TURIN. Hubert Jaillot, dans sa grande carte des *Estats de Savoye et de Piémont* en six feuilles au 1/250,000ᵉ, en donnait une réduction assez fidèle, avec des éditions allant de 1690 à 1707, et Guillaume de l'Isle la copiait encore en 1730. Dheulland, en 1748, en faisait une adaptation dans son *Théâtre de la guerre en Italie*, et, avec plus de franchise; Robert de Vaugondy, en 1751, écrivait nettement dans le titre de son *Duché de Savoye*, la mention « dressé d'après la grande carte de Piémont de Tomazo Borgomo (pour Borgonio) ».

Elle fut même honorée d'une nouvelle édition, en 1765, à Londres, par le libraire Andrea Dury, qui y ajouta un petit carton pour représenter à une échelle un peu moindre les acquisitions que la maison de Savoie avait faites depuis l'apparition de l'œuvre de Borgonio. Le titre exact de cette édition est : *Carta degli Stati di S. M. il Re di Sardegna contenente il Piemonte, la Savoia*, etc., *presa dalla carta originale dal celebre Borgonio con molte aggiunte e miglioramenti, di Andrea Dury*, 1765. Parmi ces améliorations figura le tracé du chemin de la Vanoise, et l'inscription du nom de Pralorgnan (*sic*) mais non celui de Vanoise.

5° Type Stagnoni.

Pendant qu'on la copiait ainsi de tous côtés, la carte de Borgonio fournissait à Turin une laborieuse et honorable carrière. On en avait tellement tiré d'exemplaires que les cuivres s'étaient usés, et que la gravure émoussée de Belgrano n'en donnait plus de bonnes épreuves. La nécessité de la regraver s'imposait. Mais on voulait en même temps la rectifier dans celles de ses erreurs qui étaient devenues patentes, et l'étendre aux nouveaux territoires rangés sous la bannière de Savoie. Il fallait faire une nouvelle carte.

Le soin en fut confié à l'ingénieur Jacob Stagnoni, qui publia son œuvre en 1772. Mais par une modestie rare, qui l'a fait passer inaperçu aux yeux de beaucoup de gens, il laissa en pleine lumière le nom de Borgonio, et ne glissa le sien que bien timidement dans un coin. Le titre complet de sa carte est : *Carta géografica degli Stati di S. M. il re di Sardegna, date in luce dall' ingegnere Borgonio nel 1683, corretta ed accresciuta nel anno 1772.* Dans un coin opposé on lit : *Jacobus Stagnonus incidit Taurini 1772.* Aussi parle-t-on couramment depuis lors de la carte de Borgonio de 1772.

Il faut faire la comparaison de la carte de 1680 avec celle de 1772 pour apprécier toute l'importance du travail de Stagnoni. Tout d'abord la carte de 1680 occupait 15 planches, dont 11 étaient consacrées au figuré du terrain; celle de 1772 en comprend 25 ou plus exactement 22. Mais il ne s'est pas borné à faire de toutes pièces les 10 planches orientales. Il a retracé presque complètement les 11 planches primitives qui avaient été préalablement passées à la pierre ponce, et d'où la gravure de Belgrano avait été effacée. Mal effacée d'ailleurs, car elle reparaît en plus de deux cents points, ainsi que nous l'avons expliqué dans l'étude spéciale que nous avons consacrée à cette carte (Les destinées d'une carte de Savoie, *ut suprà*), et encore en divers endroits a-t-on dissimulé sous la représentation d'une rangée d'arbres les noms récalcitrants qui attiraient trop la vue. — La carte de 1772 est donc bien l'œuvre spéciale de Stagnoni, et il conviendrait de ne plus la désigner, comme on l'a toujours fait jusqu'à présent, sous le nom erroné de Carte de Borgonio. Elle n'en a conservé que l'échelle, l'allure générale, les écussons et la matière métallique de 11 planches.

La carte de Stagnoni est bien plus exacte, bien plus complète comme figuré de terrain et comme nomenclature que celle qu'elle remplaçait. Pourtant la frontière suisse y est aussi mal traitée, et Vallorcine, en plein Nord d'Argentière, se trouve reliée par un chemin à Champéry et à Monthey, tandis que des cimes formidables la séparent de Trient et de Martigny. Pauvre vallée de la Tête-Noire, où es-tu?

Dans les parties qui ont attiré notre attention, nous trouvons la vallée de l'Arve mieux tracée, des Glassières (*sic*) indiquées au Sud de Chamonix, le cours du Bon-Nant assez correctement dessiné, les deux cols du Bonhomme mis en évidence avec le nom Bonom, le col de la Seigne appelé Col de l'Allée Blanche (Col dell' Alée Blanche); — en Tarentaise, le mont Alban pour le Rutor, le grand mont Iseran bien planté sur la chaîne frontière, séparé par le mont de Lenta du col du mont Iseran, l'Isère remontant d'une part jusqu'à ce col du mont Iseran, et de l'autre jusqu'au col de la

Galise où un chemin est tracé, mais sans dénomination ; — tandis que Pralognan mis à sa vraie place, sur le Doron, se trouve au point de rencontre des chemins du col de la Vanoise et du col de Chavière, sans mention de ces noms. — En Maurienne, la source de l'Arc, un peu bizarre, se prend au pied du col du Carro non dénommé, mais occupé par un chemin, la Beyrolle est déjà corrompue en Avérole, le mont Blanche-Fleur désigne la pointe de Charbonnel, et le glacier au Grand-Parey occupe la place de la pointe de Ronce. Le mont de la Vanoise marque les glaciers de Chasseforêt, le mont de la Motte correspond au massif de Péclet, tandis qu'en face les noms de mont de la Turra, du Petit mont Cenis, d'Arbin (pour d'Ambin) sont déjà employés. Le massif de la Sana est esquissé, et sa partie Sud-Occidentale prend le nom de mont Leisa ; le vallon de la Leisse et celui de la Rocheure sont dessinés, celui du Manchet est amorcé, mais le trajet du col des Quecées est inexactement porté sur les crêtes du massif, tandis qu'au lieu de celui depuis longtemps connu du col de la Leisse un invraisemblable chemin franchit le col de la Grande-Motte ou de Prémou et s'aventure dans les glacières de Plantery pour venir rejoindre le col du Palet. Le nom de mont Paroussa est donné au massif du Vallonnet, et celui de mont de la Gran-Parey à la partie Sud-Orientale du mont Pourri, tandis qu'on marque mont dell' Arc sur un de ses contreforts Nord-Oriental.

Nous y trouvons la première mention du mont Abor (mont Thabor), le nom de col de la Vallée-Étroite est donné au col de la Muande, la Clarée est appelée la Claire en amont de Planpinet et la Dure en aval, tandis que la Guisanne est appelée l'Ance et que leur réunion forme la Durance. Le rocher des Trois-Évêques (aujourd'hui pic des Trois-Évêchés) est marqué au Nord du col de Lautaret, la croix du Gelon pour le col du Goléon, l'Aiguille d'Arve, le col de l'Infernet, le col de Tiracuaz et le col de la Batta conduisent aux Grandes-Rousses dites *mont de la Valette* et où se distingue déjà l'Aiguille Noire. On y dit mont Crozet pour les rochers Rissiou, et auprès de la Chartreuse de Saint-Hugon, le mont Aratere pour le roc Crotières, prolongé par le mont Cocoiron, aujourd'hui Cucheron.

Cette carte de Stagnoni, à laquelle on continua comme nous l'avons dit la dénomination de carte de Borgonio, jouit de la faveur dont on avait entouré l'ancienne carte. Elle était si bien considérée comme la seule représentation sérieuse de la Savoie et du Piémont que Napoléon Ier, alors général Bonaparte, pénétré de l'importance d'une bonne figuration du terrain, en fit saisir les cuivres et les fit transporter à Paris, en 1801, de façon à en distribuer des tirages à ses lieutenants. Après la chute de l'empire, ces planches furent réclamées et restituées à l'État Sarde, et elles sont encore conservées à Turin.

Nous arrêterons ici notre étude des premières cartes de la Savoie, laissant à de plus compétents le soin de scruter et d'analyser les cartes détaillées qui se succédèrent assez rapidement pendant la durée du XIXe siècle, apportant chacune un perfectionnement soit à l'ensemble, soit à quelque massif particulier plus spécialement mesuré.

Il nous suffira, pour satisfaire une légitime curiosité, d'énumérer les principales, qui furent :

1° Carte de Bacler d'Albe, 1801-1802, dite *Carte générale du théâtre de la guerre en Italie et dans les Alpes*, qui, sur les 30 feuilles de sa première partie (Haute-Italie), en consacre une et demie (feuille VI et feuille XI) à la Savoie, réduisant au 1/256,000e les données de Stagnoni ;

2° Carte du mont Blanc et des vallées qui l'avoisinent, par J.-B. Raymond, levée pendant les annéee 1797, 1798 et 1799, mais publiée seulement en 1815 ;

3° Carte topographique militaire des Alpes, comprenant le Piémont, la Savoye, le comté de Nice, le Vallais, le duché de Gênes, le Milanais et partie des États limitrophes, dressée à l'échelle du 1/200,000, par J.-B. Raymond, en douze feuilles, datée de 1820 ;

4° Carte chorographique d'une partie du Piémont et de la Savoie, au 1/500,000e, publiée en 1825 avec les Opérations géodésiques et astronomiques pour la mesure d'un arc du parallèle moyen ;

5° Carte du Duché de Savoie et des vallées qui l'avoisinent, par Paul Chaix, de Genève, publiée à Londres, en 1832, au 1/400,000e.

A cette époque commençaient les études officielles qui allaient aboutir à l'établissement de la carte de l'Etat-Major Sarde, publiée au 1/250,000e en 1841, puis au 1/50,000e à partir de 1852.

On sait que par une étrange erreur due à un bizarre concours de circonstances et à une absence de contrôle des résultats précédents, cette carte si détaillée de l'État-Major Sarde figura aux sources de l'Isère et de l'Arc un mont Iseran imaginaire de 4,062 mètres de hauteur, et que ce ne fut qu'en 1860 que la clameur des alpinistes anglais commença à renverser cette fiction. Le terrain montagneux en général n'avait d'ailleurs pas été l'objet d'un examen assez minutieux de la part des ingénieurs chargés de le relever, et au-dessus de 2,000 mètres cette carte ne fournit que des données approximatives. C'est seulement après son annexion à la France et ensuite du travail, bien qu'encore imparfait et critiquable, de nos officiers d'État-Major que la Savoie put enfin être l'objet d'une bonne représentation graphique.

OBSERVATIONS

SUR LES NOMS DE LIEUX

DE LA FRANCE MÉRIDIONALE

PAR M. ÉMILE BELLOC.

GÉNÉRALITÉS. — Un nom de lieu correctement orthographié peut avoir autant de valeur, pour l'histoire et la géographie, qu'une vieille inscription ou une antique médaille bien conservée.

A part quelques rares exceptions, les dénominations géographiques ont une signification précise, et leur origine est plus simple qu'on ne le croit généralement.

Lorsque le montagnard ou l'homme des champs, en contact permanent avec la Nature, veut dénommer une localité, indiquer quelque circonstance se rapportant à la disposition spéciale du sol, il se préoccupe médiocrement des spéculations scientifiques ou des principes fondamentaux de la linguistique.

Les événements mémorables dont la tradition a légué le souvenir, les faits historiques locaux, les incidents dramatiques survenus au cours de son existence ne le laissent pas indifférent, sans doute, mais ce qui frappe avant tout son imagination simpliste, c'est le fait matériel, l'utilité pratique et la qualité tangible de l'objet considéré. Se trouve-t-il, par exemple, en présence d'une masse rocheuse, peu lui importe, — si celle-ci n'est pas métallifère, — qu'elle soit granitique, schisteuse ou calcaire; sa forme, sa couleur, son aspect plus ou moins tourmenté, l'inclinaison plus ou moins accentuée de sa pente naturelle, et surtout les services directs qu'elle peut offrir à ses besoins, l'intéressent infiniment plus que tout le reste. C'est pourquoi, le nom qu'il lui donne étant presque toujours emprunté à ces divers genres de manifestations extérieures, il est indispensable de connaître exactement le rapport unissant les dénominations géographiques aux causes primordiales de leur formation pour les orthographier.

En conséquence de ce qui précède et afin d'éviter des entraînements d'imagination regrettables : avant de rechercher scientifiquement la dérivation des noms de lieux ; avant de décomposer leurs éléments constitutifs en les soumettant à une minutieuse analyse, basée sur des connaissances philologiques sûres ; avant de se demander si ces dénominations viennent du latin, du grec, ou du sanscrit[1], il faut préalablement être fixé sur leur valeur significative.

Les archives communales, les actes administratifs, les mappes cadastrales, — bien que celles-ci soient parfois de « médiocres documents », selon la juste observation du général Blondel[2], — peuvent être néanmoins de précieux auxiliaires. A défaut d'autre utilité, ces sources documentaires feront connaître les transformations successivement imposées aux divers éléments de la terminologie indigène, en les adaptant, trop souvent sans discernement, à la langue officielle ; mais il ne faut s'y référer qu'avec circonspection.

Il en est de même des textes latins. L'origine des noms de lieu étant généralement très ancienne, la majeure partie des expressions toponymiques encore usitées de nos jours existaient déjà lorsque les Latins envahirent la Gaule. Sous ce rapport les conquérants n'eurent donc rien à inventer en prenant possession du pays ; leur rôle se borna à interpréter et à adapter à leur propre langue la forme dialectale de ces dénominations primitives.

On peut aisément concevoir les déformations de tous ordres qui durent affecter ces dénominations locales, latinisées pendant et après l'occupation romaine. Et, — sans parler des injures que leur firent subir successivement les Visigoths, les Burgondes, les

[1] Sous ce rapport la langue celtique rend parfois d'inestimables services : si elle n'existait déjà il faudrait l'inventer. Quand un auteur ne sait plus à quel « saint se vouer » pour expliquer l'origine d'un nom de lieu [en aucune manière il ne saurait être question ici des éminents philologues qui sont la gloire de notre pays], le celtique vient à point nommé pour les tirer d'embarras.

[2] Voy. « La circulaire portant instruction complémentaire spéciale, du 26 novembre 1850 », reproduite par M. le général Berthaut dans son étude historique sur *La carte de France*, 1750-1898. (Imp. du Service géographique, 1898, t. Ier, p. 319 et suiv.).

Francs —, lorsque les scribes locaux du moyen âge et de la Renaissance, en général sommairement instruits, les translatèrent à leur tour en roman, en langage vulgaire, et surtout en français, ils les travestirent de si étrange façon, en les inscrivant sur les actes publics, que la plupart d'entre elles perdirent toute signification.

Le *Dictionnaire topographique de la France*, publié par ordre du Ministre de l'Instruction publique, en fournit la démonstration convaincante.

Parmi les noms de lieu consignés dans ce précieux recueil par nos savants archivistes départementaux, les formes orthographiques de certaines appellations locales sont tellement dissemblables, qu'il est fort malaisé de savoir si elles appartiennent à la même famille, malgré leur degré de parenté manifeste.

La connaissance approfondie des dialectes locaux et des languesmères dont ils dérivent, s'impose donc impérieusement lorsqu'on veut étudier avec fruit l'origine, la formation et l'orthographie[1] des noms géographiques; mais, il n'est pas inutile de le redire encore, *pour écrire correctement un nom de lieu, il faut, avant tout, connaître son exacte signification.*

La négligence de ce principe fondamental, jointe au dédain professé par certains auteurs pour la phonétique dialectale, a facilité l'introduction, dans la toponymie méridionale, d'une multitude de dénominations erronées dont le sens et la structure orthographique sont aujourd'hui complètement dénaturés.

Sous ce rapport, la responsabilité des anciens géographes et celle des hommes plus ou moins incompétents qui ont collaboré à leurs travaux est entière; malheureusement, parmi les successeurs de ces ouvriers de la première heure, fort peu se sont donné la peine de vérifier l'exactitude des dénominations topographiques de leurs devanciers.

(1) Étymologiquement, le seul synonyme correct d'« Orthographe » est *Orthographie* (ὀρθός = droit, et γράφω = j'écris), c'est pourquoi je l'emploie intentionnellement. Ne dit-on pas, en effet, *Cartographie*, *Cryptographie*, *Géographie*, *Ichnographie*, *Iconographie*, *Iconologie*, *Ichtyologie*, *Lithographie*, *Photographie*, *Sténographie*, etc.? Oserait-on dire faire de la « Cartographe, de la Géographe »? Quel accueil réserverait-on à celui qui affirmerait que telle « lithographe » ou telle « photographe » est bonne ou mauvaise, en parlant d'une lithographie ou d'une photographie? Il n'y a donc aucune raison pour ne pas écrire *Orthographie*.

Pénétré du rôle important de la toponymie dans les travaux cartographiques, le général Blondel[1] recommandait aux chefs de subdivision chargés de lui fournir des rapports au sujet de la carte d'Etat-major au 80000ᵉ «non seulement une exacte surveillance, mais une impitoyable sincérité...». «Ceci s'applique principalement, disait-il un peu plus loin, à la description géométrique du sol, mais aussi *à la recherche des noms de lieu*. Il a été constaté que certaines feuilles contenaient sous ce rapport des fautes très nombreuses; elles sont infiniment regrettables et prouvent la négligence et l'irréflexion des officiers, car je ne peux accuser leur ignorance...».

Tout récemment encore, M. le général Berthaut, dans sa très remarquable étude historique sur *La carte de France*[2], après avoir recommandé de ne négliger aucune source d'information, ajoutait : «*La recherche des noms exacts ne demande pas moins de soins que la recherche des formes exactes du sol.*»

Pourrait-on invoquer de meilleurs arguments, une compétence plus grande, une autorité plus décisive que celle de M. le général Berthaut, chef actuel du Service géographique de l'armée? Personne, je pense, ne voudrait le contester.

Tous ceux qui possèdent des connaissances spéciales devraient donc s'imposer, comme un rigoureux devoir, de contribuer à l'élucidation de cette question capitale, en recueillant sur place le plus grand nombre possible de documents, soigneusement contrôlés.

Ce genre d'étude m'inspire le plus vif attrait. Voilà plus de vingt ans que je me livre à ces recherches sans découragement, mais, à peine est-il besoin de le dire, sans grand espoir d'aboutir à une solution pratique. En effet, la logique et la raison triomphent trop rarement de la routine pour concevoir quelque illusion à cet égard. Sous le fallacieux prétexte qu'une forme orthographique fautive a été «consacrée par l'usage», ou bien que l'ayant déjà employée ainsi «l'on ne doit pas se déjuger», nul ne veut consentir à prendre l'initiative d'une réforme cependant utile au premier chef.

Déformations orthographiques. — Quand un nom de lieu em-

[1] Circulaire portant instruction complémentaire spéciale, du 26 novembre 1850 (*Loc. cit.*).

[2] *La Carte de France, 1750-1898*, par M. le général Berthaut (*Loc. cit.*).

prunte sa signification à la forme extérieure ou à l'aspect particulier du terrain; quand il émane des produits du sol, des plantes ou des animaux ayant coutume de vivre ou de fréquenter un endroit déterminé; quand il rappelle un événement mémorable dont on veut perpétuer le souvenir, ce nom acquiert par cela même une valeur documentaire que la moindre altération orthographique est capable d'annihiler.

Quelques citations succinctes, en faisant mieux comprendre ce qui précède, permettront, en même temps, d'apprécier les inconvénients graves que les déformations dialectales peuvent causer, au point de vue toponymique, comme au point de vue pratique.

Dans les Pyrénées centrales, les avalanches sont désignées par les montagnards sous le nom de *Lit*[1]. Les indigènes distinguent deux sortes de *Lits :* la *Lit dé Bént* «avalanche de vent» ou *Lit boulatye* «avalanche volage», c'est-à-dire l'avalanche légère ou de surface; et la *Lit terrère* «avalanche terrestre ou de fond» celle qui déplace et entraîne avec elle une grande quantité de matières détritiques et de débris rocailleux.

Un certain ravin de la haute région pyrénéenne avait reçu, des bergers et des chasseurs, le nom caractéristique de *Coumbe*[2] *dé la Lit terrère*, ce qui veut dire le «vallon encombré par les apports d'une avalanche terrestre ou de fond». Plus préoccupé, probablement, de franciser à tort et à travers les dénominations locales que de respecter leur forme originelle et le sens commun, un auteur n'a pas hésité à transformer cette appellation locale en..... «*Combe littéraire*»!

[1] *Dictionnaire béarnais ancien et moderne*, par V. Lespy et Raymond. 2 vol. in-8°. Montpellier, 1887.

[2] Il ne faut pas confondre, comme cela a lieu trop souvent, *Coumbe* avec *Coume* (lat. *cumulus*). *Coumbe*, correspondant à l'expression française «vallée, ravin», a servi à former le vocable béarnais *Baricabe* «fondrière, enfoncement dans le sol», et *Baricoumbe* «pente raide ravagée par de profonds ravins». *Coume*, au contraire, désigne une «colline, un monticule, un mamelon...». *Coume*, dans les Pyrénées centrales, n'est *jamais* synonyme de «Combe», comme le dit fautivement M. E. Peiffer (*Recherches sur l'origine et la signification des noms de lieux*, p. 103, Nice, 1894) et d'autres auteurs avec lui. Dans les idiomes pyrénéens, *Coume* signifie exclusivement un «monticule», de même qu'en Catalan le mot *Coma* veut dire une «petite montagne», mais, *dans aucun cas*, *Coume* ne doit être assimilé au mot «Combe» employé dans le massif du Jura pour caractériser les dépressions de terrain encaissées par des *Crêts* ou «arêtes rocheuses».

autre écrivain ayant à cœur, sans doute, de surpasser le pré-
t, ne s'est pas fait scrupule de travestir le nom du col d'Ar-
(Basses-Pyrénées)[1], — trop fréquemment orthographié
es auteurs «col d'Arrius», — en col de *Darius!*
ans un ouvrage justement renommé et spécialement destiné
voyageurs, une coquille, selon toute vraisemblance, a trans-
ié l'arête qui domine l'*Estan Tort* — petit lac du massif de
»e (département de l'Ariège), — dont les rives sont «tortues»,
«*crête de Stantor*»!

D'autres altérations dialectiques, encore que partielles, ne sont
s moins répréhensibles. Il s'agit de certaines désignations locales,
mposées d'éléments hétérogènes qui devraient être impitoyable-
ient proscrites de la nomenclature géographique.

Citons comme exemple le gouffre aragonais appelé, en France, *Trou-du-Toro*[2]. Cette dénomination hybride est formée, au mépris de toute logique, du mot «Trou» et de l'article «du» tirés du français, accolés au nom espagnol «Toro», qui, en réalité, devrait s'écrire *torvo*, car il signifie «horrible, terrible à voir». La *Balloungo*, dans l'Ariège, est devenue la «Ballongue», c'est-à-dire une association bizarre du nom local *bal* «vallée» et du qualificatif français «longue». De *barrinóou* (dans la même contrée), composé des noms languedociens et catalans *barri* «faubourg» et *nóou* «neuf», on en fait «Barrineuf[2]». *Cat-Loung* (Hautes-Pyrénées) a été transformé en «Cap-Long», assemblage du mot pyrénéen *cap*, *cat* «tête» et de l'adjectif français «long», etc.

Il serait facile de multiplier ces citations si le cadre restreint de la présente notice ne m'obligeait de les abréger.

De la voyelle *u* et du son *ou*. — Prétextant que la prononciation française de l'*u* est inconnue dans les langues néo-latines, les anciens cartographes avaient coutume de remplacer généralement le son caractéristique *ou*, qui joue un rôle prépondérant dans les idiomes méridionaux, par la voyelle *u*. Pour justifier cette

[1] *Arríou*, *Ríou*; pl. *Arríous*, *Ríous*; lat. *Rivus* signifie «rivière, ruisseau».

[2] Émile Belloc. *Les sources de la Garonne*... (*Annuaire du Club alpin français*, Paris, 1896). — Voy. du même auteur, *Glaciers et cours d'eau souterrains du versant septentrional de la Maladeta* (in *Revue des travaux scientifiques*...). Paris, Impr. nationale, 1896. — Voy. encore du même, *De Bagnères-de-Luchon aux Monts-Maudits* (*Annuaire du Club alpin français*, Paris, 1897).

substitution regrettable [1], ils affirmaient, contre toute évidence, que la lettre *u* doit toujours se prononcer *ou* dans les idiomes du Midi de la France. Contrairement aux précédents, une école nouvelle a proclamé récemment que la lettre *u*, excepté lorsqu'elle est précédée d'une voyelle, doit toujours avoir le son de l'*u* français. Ce sont là des erreurs contre lesquelles on ne saurait trop réagir.

Anciennement, lorsque le *roman* était la langue officielle des poètes et des tabellions, ceci pouvait avoir sa raison d'être, et encore cette règle souffrait-elle de très nombreuses exceptions. Mais ce principe n'était pas absolu, loin de là, et, si ce n'est, peut-être, par les troubadours et les officiers publics, il ne fut jamais appliqué aux relations usuelles de la vie provinciale. Quand on considère les variantes affectant les parlers des localités les plus voisines entre elles, on s'aperçoit immédiatement qu'en dehors de la phonétique dialectale, l'unification orthographique des noms de lieu devient une utopie.

Le tableau suivant montre l'inextricable confusion qu'une orthographie irrationnelle peut entraîner, tant au point de vue de la philologie comparée, qu'au point de vue des relations de plus en plus étendues que les indigènes entretiennent avec les étrangers.

ORTHOGRAPHIE		
CONVENTIONNELLE (selon la notation usuelle).	RATIONNELLE (conforme à la phonétique dialectale).	SIGNIFICATION.
Aluca	*Alouca*	Disposer, placer, ranger.
Aluca	*Aluca*	Allumer.
Arrut (Vic-Bilh)	*Arrout*	Cassé, rompu, vieux.
Arrut	*Arrut*	Bruit, tapage.
Blu (sing.)	*Blu* (sing.)	Bleu.
Blus (plur.)	*Blus* (plur.)	Bleus.
Blus	*Blous*	Pur, sans mélange.
Buga	*Bouga*	Voguer.
Buga	*Buga*	Lessiver.
Buhu	*Bouhou*	Taupe.
Bulhe	*Boulhe*	Boîte en fonte.
Bulhe	*Bulhe*	Bulle.
Burat	*Burat*	Bure, étoffe de laine.
Burrat	*Bourrat*	Coup, bouffée, gorgée.

[1] Émile BELLOC. *De Belesta au massif de Tabe, par la Fontestorbe et Montségur* (*Annuaire du Club alpin français*, Paris, 1903).

ORTHOGRAPHIE CONVENTIONNELLE (selon la notation usuelle).	ORTHOGRAPHIE RATIONNELLE (conforme à la phonétique dialectale).	SIGNIFICATION.
Burrat	*Bourrat*	Bourré, rempli.
Burrat	*Burrat*	Beurré.
Burrèu	*Bourrèou*	Bourreau.
Burèu	*Burèou*	Bureau.
Burricu	*Bourricou*	Bourrique, baudet.
Burrugut	*Bourrugut*	Nœud, aspérité du fil.
Burrulha	*Bourroulha*	Verrouiller.
Burrulhut	*Bourrulhut*	Fagot formé de grosses branches.
Bussalu	*Boussalou*	Frelon.
Bussu	*Boussou*	Bouchon.
Bussut	*Boussut*	Bossu.
Capulet	*Capulét*	Petit capuchon.
Capulet	*Capoulét*	Petit chapon.
Ceu	*Céou*	Suif.
Ceu	*Cèou*	Ciel.
Chauchun	*Chàouchoun*	Minutieux, tatillon.
Chuchureya	*Chuchuréya*	Murmurer.
Chusma	*Chusma*	Suinter.
Cluque	*Clouque*	Poule couveuse.
Cluquet	*Cluquét*	Jeu d'enfant.
Cucut	*Coucut*	Coucou.
Cucuru	*Coucurou*	Liseron (*Convolvulus sepium*).
Cussure	*Coussure*	Payement en nature.
Cussu	*Cussou*	Charançon.
Cuyu	*Coulhou*	Testicule.
Cuyu	*Cuyou*	Gourde.
Escuradu	*Escuradou*	Obscurité.
Escurus	*Escurous*	Noirâtre, sombre.
Escusu	*Escousou*	Cuisson, douleur vive.
Eslura	*Esloura*	Défleurer.
Eslurra	*Eslurra*	Glisser.
Gahu	*Gahou*	Croc, harpon.
Gahus	*Gahous*	Petite pierre pour jouer aux osselets.
Gahus	*Gahus*	Hibou.
Guau	*Goudous* (Val. de Luchon)	Canal d'irrigation.
Hautu	*Hàoutou*	Hauteur.
Hurdilladu	*Hourdilhadou*	Fureteur.

ORTHOGRAPHIE		
CONVENTIONNELLE (selon la notation usuelle).	RATIONNELLE (conforme à la phonétique dialectale).	SIGNIFICATION.
Huruhu	*Hourouhou* (Vic-Bilh.).	Hibou, grand-duc.
Hurcut	*Hourcut*	Fourchu.
Huruc	*Houruc*	Trou.
Hurucadu	*Hourucadou*	Qui fouille, qui creuse.
Julh	*Joulh*	Genou.
Julh	*Jülh*	Juillet.
Julhe	*Jülhe*	Joug.
Jusu	*Jüsou*	Inférieur, au-dessous.
Ludère	*Lüdère* (Vallée d'Aspet).	Femme stérile.
Ludère	*Loudère* (Val. de Louron)	Ardoise.
Lustaumau	*L'Oustâoumâou*	La mauvaise maison.
Punchuc	*Pounchuc*	Pointu.
Pun	*Pün*	Poing.
Punt	*Pünt*	Point.
Punt	*Pount*	Pont.
Punto	*Pünto*	Pointe.
Punto	*Pounto*	Ponte.
Puntu	*Pountou*	Petit pont.
Puntu	*Püntou*	Petite pointe.
Puntut	*Pountut*	Pointu.
Ramunulu	*Ramounoulou*	Lieu-dit. (Gavarine.)
Rauyus	*Raouyous*	Rageur.
Rieumayu	*Rioumayou*	Lieu-dit. (Vallée d'Aure.)
Rumingau	*Roumïngâou*	Lieu-dit. (Vallée de Luchon.)
Rucau	*Roucâou*	Gros roc.
Rucau	*Rüco*	Chenille.
Susu	*Susou*	Supérieur, au-dessus du Sud.
Sussueu	*Soussouèou*	Lieu-dit. (Vallée de Laruns.)
Tuc	*Tüc*	Tertre, coteau.
Tucu	*Tücou*	Petit tertre.
Tucu	*Toucou*	Neige qu'entraîne les sabots des marcheurs.
Tugnut	*Tougnut*	Déformé, bossu.
Truncut	*Trouncut*	Arbre à gros tronc.
Turu	*Turou*	Monticule.
Turunculet	*Turounculét*	Dimin. de *Turou*.
Tus	*Tous*	Toux.
Tus	*Tus*	Fourré, touffe d'herbe.
Tutu	*Toutu*	De même.

ORTHOGRAPHIE CONVENTIONNELLE. (selon la notation usuelle.)	ORTHOGRAPHIE RATIONNELLE (conforme à la phonétique dialectale).	SIGNIFICATION.
Tutu	*Tutou*	Tuteur.
Uju	*Ujou*	Myrtille.
Yulut	*Youlut*	Gros genoux.
Yuransu	*Yüransou*	Jurançon.

Les notations orthographiques ci-dessus, prises au hasard au milieu d'un très grand nombre d'autres dénominations de même genre, sont suffisamment démonstratives pour ruiner définitivement les deux théories précédentes.

En effet, comment un étranger, voire même un homme du pays, pourrait-il s'y reconnaître en présence de noms travestis de façon aussi baroque qu'illogique, si l'orthographie dialectique ne venait pas à son secours? Lorsque rien, absolument rien, pas même le plus petit indice orthographique ne le guide, comment saurait-il, par exemple, qu'*Hurucadu* doit se prononcer *Hourucadou*, s'il veut se faire comprendre des indigènes? Qu'est-ce qui indique que le premier et le dernier *u* de ce mot béarnais doivent être rendus par le son *ou*, tandis que celui du milieu doit se prononcer *u*? En dehors de la forme dialectique, comment reconnaître que dans *Burrulhut* le premier *u* seul a le son de *ou*, contrairement au nom précédent, et que les deux autres doivent être articulés *u*, ce qui donne *Bourrulhut?* Enfin y a-t-il un signe conventionnel quelconque indiquant que *Ramunulu* doit se rendre, dans la pratique, par *Ramounoulou*, alors que les deux *u* de *Chuchureya* conservent la même valeur euphonique qu'en français?

Il est donc aisé de comprendre l'embarras de l'étymologiste en présence de noms aussi outrageusement mutilés, n'ayant plus de sens, ni d'équivalent dans un langage quelconque. Mais si l'embarras du linguiste est sérieux en présence de ces déformations bizarres, la déconvenue du voyageur qui a besoin de se renseigner et ne parvient pas à se faire entendre est bien plus grande encore.

Veut-il se rendre à *Cugurou*, ou dans un des différents villages portant le nom de *Goudous*, ou bien encore désire-t-il visiter les beaux pâturages de *Roumïngdou* ou de *Campsdouré*, dans la Haute-Garonne; a-t-il formé le projet de faire l'ascension du *Mâoucapérat*

(Hautes-Pyrénées); comment parviendra-t-il à se documenter auprès des indigènes s'il demande où se trouve *Cuguru*, *Guaus*, *Rumingau*, *Campsaur*, *Maucapéra?*

C'est ainsi, cependant, qu'on trouve ces noms écrits dans les Atlas, les Dictionnaires et les livres spéciaux destinés aux voyageurs, aux historiens, aux écoliers, etc. Si ces dénominations topographiques étaient exclusivement appelées à figurer dans les histoires feintes ou les romans géographiques, passe encore. Mais, bien au contraire, les noms de lieux ayant été créés sur les lieux mêmes par les autochtones dans un but éminemment pratique, et principalement en vue d'être utilisés dans leur pays d'origine, on devrait conserver jalousement à ces expressions géographiques un caractère dialectique indélébile.

Malheureusement la plupart des auteurs étant beaucoup trop enclin à faire fi de la forme originelle et de la phonétique dialectale, adaptent sans scrupule les noms locaux à leur propre langue. Témoin cet étranger disant, en ma présence, à un cocher de fiacre parisien de le conduire à la *roué càoucat!* Le brave homme eût satisfait volontiers son client, mais comment deviner sa pensée? Si l'étranger s'était seulement souvenu que pour se faire comprendre à Paris, il convient généralement de parler français; s'il avait réfléchi qu'en France la voyelle *u* ne figure jamais le son *ou*, comme dans son propre pays; s'il avait songé qu'il y a des *e* muets dans notre langue et que *cha* se dit «cha» et non pas *ca* ou *ka*, comme dans la sienne; l'automédon se fût empressé de le transporter *rue Chauchat*, où il voulait aller.

En outre des erreurs préjudiciables qu'elle peut occasionner, la mauvaise interprétation orthographique des noms de lieux est de nature à favoriser les confusions les plus étranges.

Si l'on eût continué d'écrire *Arréou*, comme on faisait anciennement pour désigner un des plus importants chef-lieux de canton de la vallée d'Aure, dans le département des Hautes-Pyrénées, au lieu d'adopter la forme tronquée «Arreau», il ne serait probablement jamais venu à l'idée des écrivains, et en particulier de M. A. A. [Arnaud Abadie], — dont le pseudonyme a été dévoilé par M. Henri Beraldi, dans son œuvre magistrale *Cent ans aux Pyrénées* (1), — de dire que les Arevaces, qui empêchèrent Pompée

(1) Henri Beraldi. *Cent ans aux Pyrénées*, t. Ier, p. 135. Paris, 1898 (7 vol. parus).

«de percer jusques aux Pyrénées, et s'opposèrent à son passage» ...«bâtirent la ville d'Arreau» et que c'est de là qu'elle tire son nom[1].

Arréou, *Arriéou*, *Réou*, *Riéou*, *Arrîou*, *Rîou*, etc., je l'ai déjà dit, signifient «rivière, ruisseau». La petite ville d'*Arréou* (Arreau), située au confluent de trois grandes vallées, bâtie sur les rives des trois *Nestes*[2] qui les arrosent, n'a rien à voir avec les *Arevaces* ou les *Arevaci* quant à la formation étymologique de son nom. C'est bien la *bilo d'Arréou*, comme disent les indigènes, c'est-à-dire «la ville de la rivière», que s'appelle Arreau, et ce nom caractérise parfaitement sa position géographique.

En Provence, le mot *Bâou*, *Bóou*, — usité notamment dans le petit massif montagneux dressé au Nord de la *Crâou* (Crau) d'Arles, entre le Rhône et la Durance, et dans les Alpes-Maritimes, — s'applique à des escarpements soutenant les crêtes et les cimes, de même qu'aux gros quartiers de pierres encombrant le lit des torrents.

Entre la Cagne et la rive droite du Var se trouve *lou Bâou de San-Jannét* (Bau de Saint-Jannet), et au Nord de celui-ci *lou Bâou de la Góoude* (Bau de la Gaude), c'est-à-dire «l'escarpement de la forêt».

Il y a encore *lou Bâou-Blanc* (Bau-Blanc) et *lou Bâou-Négré* (Bau-Noir). *Lou Bâou dé quatr'ouros* (rocher de quatre heures) est à Toulon, etc. : Le mépris de la forme dialectique et le goût exagéré de la francisation ont fait que tous ces *Bâous* ont été transformés en «Bau». Cette transfiguration de la forme primitive, regrettable à tous égards, a occasionné bien des méprises. C'est ainsi que, pour avoir confondu le substantif provençal *Bâou* «rocher, masse de pierre», avec l'adjectif «Beau, Bel», du *Bâou-Blanc* on en a fait le «Beau-Blanc», et du *Bâou-Négré* le «Beau-Nègre !».

Quant au *Bâou-Baïsso* «escarpement, rocher du bas-fond», celui-ci a été travesti de façon encore plus divertissante que les précédents. D'abord, selon la coutume, on a donné à *Bâou* la forme de «Bau»; *Baïsso*[3] «dépression de terrain, bas-fond, lieu bas»,

[1] A. A. *Itinéraire topographique et historique des Hautes-Pyrénées*... 1 vol. in-8°. Paris, Tarbes et Bagnères, 1833 (3e édition, p. 205-206).

[2] *Neste*, dans les Hautes-Pyrénées et la Haute-Garonne est synonyme de «rivière». C'est un nom générique au même titre que *Garonne*, *Gave*, *Adour*, etc.

[3] *Baïssa*, *Baïsse*, *Baïsso*, *Baïssière*, *Bassia*, *Bassiaret* (dimin.), etc., signifient les endroits les plus bas d'une plaine ou d'un plateau de montagnes, les en-

est devenu «Baisse», puis «Besse», et, finalement, «Bau-Besse» a été inscrit sur les cartes sous le nom de ... *Bobèche!*

Non moins démonstratif que les précédents, l'exemple suivant montrera les graves inconvénients que peut avoir le remplacement de *ou* par *u*. *Millo-Aourés* «mille vents» est une expression géographique parfaitement appropriée à la localité qu'elle désigne, car elle exprime que les vents y soufflent de tous les côtés. Cette forme orthographique ayant semblé par trop méridionale, on a cru, sans doute, la rendre plus élégante en écrivant «Mille-Aures». Puis, en prévision peut-être de la future «Entente cordiale», de Mille-Aures on a fait..... *Mylors!*

Sans insister sur cette entrée de ville appelée *Porto dé la Sâou* «porte du sel», — parce que c'était là qu'on percevait la gabelle, — transformée premièrement en «Porte de la Sau» et fatalement ensuite en *Porte de l'Assaut*, on pourrait multiplier à foison ces citations. Peut-être paraîtraient-elles réjouissantes aux personnes ayant le goût du calembour; dans tous les cas elles attristent profondément celles que préoccupent avec juste raison les erreurs trop nombreuses de notre nomenclature territoriale.

Quelques érudits, parmi lesquels il faut citer MM. H. Ferrand [1], F. Arnaud [2], Alphonse Meillon [3], Jean Bourdette [4], François Mar-

droits creux en général. Il y a dans les Pyrénées, en Provence, en Languedoc et même dans le centre de la France, un grand nombre de lieux qui sont ainsi nommés. Beaucoup de *Baïsses* dans la vallée du Rhône désignent l'emplacement d'anciens marais desséchés. La *Baïssa de Peyra-Cava* (Alpes-Maritimes) est synonyme d'«enfoncement de la pierre creuse». *Bacho* est également employé dans la vallée d'Aure (Hautes-Pyrénées) pour indiquer un bas-fond. Il ne faut pas confondre *Baïsse* avec *Besse, Besséa* ou *Bessière*, qui veulent dire une «plantation de bouleaux blancs».

[1] Henri Ferrand. *De l'orthographe des noms de lieux. Le sens des noms de lieux* (in *Ann. du Club Alpin français*). Paris, 1882. — Du même auteur : *De l'orthographe des noms de lieux* (in *Ann. C. A. F.*). Paris, 1901 (2e article).

[2] F. Arnaud. *L'Ubaye et le Haut-Verdon; essai géographique.* 1 vol. in-8° de 218 pages contenant de nombreuses esquisses topographiques. Barcelonnette, 1906. (M. Arnaud a résolument adopté l'orthographie dialectale, ce dont on ne saurait trop le féliciter).

[3] Alphonse Meillon. *Esquisse toponymique sur la vallée de Cauterets.* Cette étude fortement documentée est, depuis plusieurs années, en cours de publication dans le *Bulletin pyrénéen*, qui s'imprime à Pau (Basses-Pyrénées).

[4] Jean Bourdette. Nombreux ouvrages sur *La Bigorre* et le *Labéda* (Lavedan) [Hautes-Pyrénées].

san [1], E. Peiffer [2], etc., se sont particulièrement attachés à rechercher ou à rectifier, chacun dans leur région respective, les interprétations erronées qui déshonorent notre nomenclature toponymique, comme j'ai essayé de le faire moi-même [3]. Il est fort désirable que les travailleurs instruits, possédant une connaissance approfondie des idiomes méridionaux, imitent leur exemple.

En résumé : pour écrire correctement une dénomination locale, il faut, *avant tout*, *connaître exactement sa signification*, et lui *conserver son orthographie originelle*.

Ces deux considérations essentielles doivent primer toutes les autres ; car, redisons-le encore : *Un nom de lieu dont la forme dialectique primitive a été transmise à travers les âges sans subir de déformation, est aussi précieux pour la géographie historique qu'une inscription antique ou une ancienne médaille soigneusement préservée des injures du temps.*

[1] François Marsan. Communication au Congrès des Sociétés savantes, à Paris (séance du 21 avril 1906).

[2] E. Peiffer. *Légende territoriale de la France*. Paris, 1877. — *Recherche sur l'origine et la signification des noms de lieux*. Nice, 1894.

[3] Émile Belloc. *Remarques sur la signification et l'orthographie des noms de lieux* (in *Comptes rendus du Congrès national des Sociétés françaises de géographie*, XXIe session, séance du 22 août 1900. Paris, Masson, édit., 1901).

Voyez du même auteur : *Fluctuations glaciaires observées dans quelques massifs des Pyrénées centrales, avec ses notes explicatives sur l'origine des noms de lieu de cette région* (in *Assoc. française pour l'avancement des sciences*, notes et mémoires, Congrès de Cherbourg, 1905. 1 vol. chez Masson et Cie, Paris. 1906.

Voyez aussi du même auteur : *Noms scientifiques et vulgaires des principaux poissons et crustacés d'eau douce*. Masson et Cie, édit., Paris, 1896.

LE VOYAGE DE MARSEILLE À PARIS DE MONSEIGNEUR DE BELSUNCE (1730),

PAR M. L'ABBÉ CHAILLAN.

Les grands actes de dévouement de Monseigneur de Belsunce étonnèrent la France et l'Europe. Après la peste, quand il reparut à Paris, en 1723, tous les cœurs s'ouvrirent devant lui. Le concert unanime d'amour, de louange, d'admiration qui le poursuivait provoqua sa nomination à l'évêché-pairie de Laon. Il refusa.

Le jeune roi Louis XV, qui avait déjà donné à Belsunce des preuves éclatantes d'estime et d'affection en lui écrivant plusieurs lettres de sa main, durant la contagion pestilentielle, y mit le comble, en 1725, à Versailles, par la plus honorable réception devant toute la Cour. Noblesse, prélats, peuple imitèrent le souverain. Chacun recherchait le héros de la charité, le sauveur de Marseille; tous voulaient lui exprimer leurs sympathies et leurs religieux attachements. L'assemblée générale du Clergé de France lui fit une ovation. Tous les évêques, archevêques, cardinaux se levèrent pour lui faire honneur et lui prodiguer les plus chaleureux témoignages d'estime. Il était évident que le sentiment public demandait une haute satisfaction pour l'évêque de Marseille....

Clément XII, par la concession personnelle du *Pallium*, voulut placer le prélat dans un rang à part, et le cardinal de Fleury lui proposa, en 1729, l'archevêché de Bordeaux qui valait plus de 40,000 livres.

Monseigneur de Belsunce ne voulut point quitter Marseille, mais il accepta d'être nommé abbé commendataire de la magnifique et opulente abbaye de Saint-Arnould de Metz (28 juillet 1729)[1].

[1] Cette abbaye, qui lui fut accordée avec le *gratis* des bulles, donnait un revenu d'environ 20,000 livres. — Notre-Dame des Chambons, près Vals (Ardèche), que lui avait conféré Louis XIV, le 19 août 1706, rapportait 10,000 livres, et l'évêché de Marseille 30,000.

Cette nomination et d'autres privilèges royaux imposaient comme le devoir d'aller à Paris pour remercier Fleury et Louis XV. Une polémique hardie avec Joachim Colbert, évêque de Montpellier, et d'autres jansénistes ou philosophes, ses constants adversaires; de graves affaires avec les jésuites et leur collège de Marseille; la maladie et la mort d'Anne-Madeleine de Rémuzat, arrivée le 15 février 1730; la lettre pastorale du 23 mars 1730, pour faire connaître l'arrêt royal du 10 mars commandant silence absolu sur la bulle *Unigenitus;* des travaux ascétiques, des approbations d'ouvrages parus le 19 mars et le 12 avril 1730, tout retardait son voyage.

Enfin, il put partir. C'était précisément le 22 avril, jour où il approuvait un livre qui avait pour titre : *Le Culte intérieur de la Sainte Vierge.*

Voici l'itinéraire de ce voyage de Marseille à Paris compris dans huit pages de papier jaune. Nous en avons trouvé le texte aux Archives municipales de la ville de Marseille. Au mémoire qui va suivre, rédigé par Ferdinand, intendant, nous ajouterons d'autres pièces séparées se rapportant au même voyage et le complétant. Elles forment ainsi comme un seul dossier de tout cet ensemble. Il nous a paru que ces divers documents inédits, accompagnés de sobres commentaires, auraient quelque prix, soit au point de vue des informations sur les routes commerciales et les étapes parcourues, les auberges fréquentées et la géographie historique, soit sous le rapport des mœurs de l'époque, des usages sociaux, des particularités inconnues de la maison épiscopale de Belsunce. L'observateur y trouvera aussi des renseignements utiles pour comparer les dépenses de voyage, le salaire des serviteurs, le coût et les moyens de transport du XVIIIe siècle avec ceux de notre temps.

MÉMOIRE DE LA DÉPENSE QUE J'AY FAITE DEPUIS MARSEILLE JUSQU'À PARIS À COMMENCER DU 22e AVRIL 1730.

Monseigneur est parti le 22 avril 1730 avec le R. P. Cabassole[1] et Mr Gède, est allé coucher à Saint Pont[2].

[1] Le Père Cabassole était jésuite. C'est lui que fit appeler la mère de Rémuzat avant de mourir. *Cette* apôtre du Sacré-Cœur à Marseille, dont Belsunce admirait les vertus, voyant sa fin arriver, demanda à sa supérieure la permission de faire une confession générale à ce docte et pieux religieux. Presque aussitôt après elle rendit sa belle âme au Créateur (15 février 1730).

[2] Saint-Pont, sur l'Arc, était une grande auberge qui avait succédé à un établissement romain. Cette localité se compose aujourd'hui de quelques bâtiments

Pour le souper de Monseigneur cy.	9l	
Pour les chevaux.	15	
Estrennes.	1	16
De Saint Pont diné à Lambesc [1]. Pour le dîner de cinq.	15	
Payé pour le dîner de Mr Ménard et pour le domestique de Mr d'Ostager.	2	
Pour les chevaux.	8	
Estrennes.	1	4
De Lambesc couché à Orgon [2]. Pour le souper de Monseigneur.	12	
Pour les chevaux.	12	15
Estrennes.	2	
Pour du son.	0	7
Pour gresser la berline.	0	12
D'Orgon dîné à la Tartaille [3]. Pour le dîner de Monseigneur.	10	10
Pour les chevaux.	7	
Estrennes.	1	
Passage de la Durance [4].	6	
De la Tartaille couché à Sorgues. Pour les chevaux. .	14	5
Donné aux domestiques des Célestins [5].	12	

de maîtres et de fermiers. Elle est située à 23 kilomètres de Marseille. On y arrive directement par la vieille route de Marseille, Septèmes, Tubier, Plan de Campagne, Calas...

[1] Lambesc, chef-lieu de canton des Bouches-du-Rhône. Monsieur de Grignan, lieutenant-général du Roi en Provence, Madame de Sévigné, Madame de Grignan, sa fille tendrement aimée, ont dignement fait connaître ce pays, devenu au XVIIe siècle le lieu ordinaire de la réunion des États.

[2] Orgon, chef-lieu de canton des Bouches-du-Rhône. Les Romains ont affectionné ce territoire, riverain de la Durance, et y ont laissé des souvenirs importants, en face de Cabellio, de fondation si antique.

[3] La Tartaille, autrefois logis confortable, est devenue une simple ferme avec moulin. Elle est située à 200 mètres de la route de Caumont à Avignon, dans le département de Vaucluse. Le café de Bompas, le pont de Bompas sur la Durance, la Chartreuse de Bompas sont tout voisins de la Tartaille, admirablement placée pour recevoir les voyageurs qui traversaient la fougueuse rivière.

[4] A remarquer le prix de 6 livres pour le passage de la Durance. Même péage à l'Isère, à la Loire...

[5] Belsunce ne s'arrêta point à Avignon, mais il vint souper et coucher au beau monastère des Célestins à Gentili. Le cardinal Annibal Ceccano, qui regardait Sorgues comme un paradis sur terre, avait fait élever cet édifice au XIVe siècle. Les religieux qui l'habitaient s'exilèrent en Italie après la réunion du Comtat à la France et firent don en partant à l'église paroissiale de Sorgues de huit grands tableaux d'une réelle valeur artistique. On voit encore de très beaux restes de

Estrennes	1l	4s
De Sorgue dîné à Orange. Pour le dîner de Monseigneur, pour quatre	12	
Estrennes	2	8
Pour les chevaux	8	
D'Orange couché à Pierrelatte[1]. Pour le souper de Monseigneur	12	
Pour les chevaux	13	10
Estrennes	2	
Pour gresser la berline	0	12
De Pierrelatte dîné à Montélimar. Pour le dîner de Monseigneur	10	
Pour les chevaux	6	10
Estrennes	1	4
Son	0	9
Ferrage	0	10
De Montélimar au Pont de la Drôme. Pour le souper de Monseigneur	11	10
Pour les chevaux	13	15
Pour gresser la berline	0	10
Passage de la Drome	2	8
Du Pont de la Drôme[2] dîné à Valence. Pour le dîner de Monsieur Gede[3]	2	
Pour les chevaux	7	10
Estrennes	1	4
Ferrage	0	12
Extraordinaire pour les chevaux	0	16
De Valence couché à Thin[4]. Passage de Lizère	6	

Gentili, asile de prière et d'étude converti en château, sur la route de Vedènes et confinant à la gare de Sorgues.

Beaucoup de bulles sont datées du Palais papal de Sorgues où Benoît XII, Urbain V, Grégoire XI... aimaient à se retirer.

[1] Pierrelatte, chef-lieu de canton (Drôme), arrondissement de Montélimar, 3,184 habitants.

[2] Le Pont de la Drôme est un quartier dépendant du gros bourg de Livron. A l'entrée de ce bourg se trouvait, il y a des siècles, une hôtellerie qui est devenue, partiellement du moins, une caserne de gendarmerie. C'est là même, à 27 kilomètres de Montélimar, que prit sa réfection de soir et son repos de la nuit l'évêque de Marseille ainsi que son brillant équipage.

[3] A Valence, Monseigneur de Belsunce dut, sans doute, accepter une invitation à dîner en ville, car Ferdinand ne mentionne aucune dépense pour son repas dans les lignes de son journal si fidèle.

[4] Tain, chef-lieu de canton de la Drôme, arrondissement de Valence, 3,085 habitants.

Souper pour Monseigneur	11l	1
Pour les chevaux	13	10
Estrennes	1	16
Pour gresser la berline	0	10
De Thin diné à Saint Rambert (1). Diner pour Monseigneur	10	
Pour les chevaux	7	15
Son	0	15
Ferrage	1	10
De Saint Rambert couché au Péage (2). Pour le souper de Monseigneur	12	
Pour les chevaux	13	10
Estrennes	2	
Du Péage diné aux Sauvegardes (?)... Pour le dîner de Monseigneur	8	10
Pour les chevaux	8	
Ferrage	0	12
Estrennes	1	4
De Sauvegardes couché à Saint Simphorien. Pour le souper de Monseigneur	12	
Pour les chevaux	14	
Estrennes	2	
Pour pain, vin, et son pour les chevaux	1	4
De Saint Simphorien (3) couché à Lyon. Donné aux gardes	6	
Monseigneur a séjourné à Lyon cinq jours. Donné pour les chevaux pendant les cinq jours à 2 l. par jour pour chaque cheval pour ce (4)	90	

(1) Saint Rambert est aujourd'hui commune et petite ville de 2,500 habitants. En 1730, cette localité comptait peut-être 300 âmes. Il existe au bourg de Saint Rambert un hôtel de la poste qui date de plus d'un siècle. Est-ce là que vint dîner Monseigneur de Belsunce?

(2) Il y a plusieurs *Péage* autour de Vienne. Des trois *Péage* les plus connus, c'est peut-être celui de Roussillon (1,600 hab.) où coucha Belsunce. Il est à près de 20 kilomètres de Saint Rambert.

(3) Saint Simphorien (d'Ozon), chef-lieu de canton de l'Isère, 1,872 habitants. Cette bourgade, parée d'une antique église, a donné le jour, dans une maison qui existe encore, au célèbre Père de la Colombière, directeur providentiel de la Bienheureuse Marguerite Marie, apôtre de la dévotion au Sacré-Cœur. On poursuit aujourd'hui avec succès la procédure de béatification du vénérable Claude de la Colombière. Un pareil souvenir est à noter dans cet arrêt aux portes mêmes de Lyon de nos voyageurs, fervents amis du Sacré-Cœur.

(4) Ferdinand paya dix livres pour chaque cheval à la fin des cinq jours de

Avoir fait racommoder la berline	2[l]	10[s]
Pour du son	6	
Un diner pour Gede	1	10
Avoir fait racommoder les harnois du carosse et avoir fait mettre un poitrail à la selle de la petite jument et deux courrois	10	
Pour 6 fers neufs pour les chevaux du carosse et avoir fait panser la petite jument	11	
Pour gresser la berline	12	
Donné au valet de ville	6	
Donné aux domestiques des jésuites (1)	12	
Estrennes où étoit les chevaux	4	
Départ de Lyon diné à Brelle (2). Pour le dîner de Monseigneur	12	
Pour les chevaux	7	10
Son, pain et vin	1	
Estrennes	1	4
De Brelle couché à Terrare (3). Pour le souper de Monseigneur	12	
Pour les chevaux	13	15
Estrennes et son	2	6
Pour avoir fait monter la berline la montagne de Terrare avec des bœufs (4)	6	
Pour des clouds pour les chevaux	0	12
Gresse pour la berline	0	10
De Terrare diné à Saint Simphorien (5). Pour le dîner de Monseigneur	10	

repos à Lyon. Le total de 90 livres indique donc que le *train* de Belsunce se composait de *neuf* chevaux. Astiquer les harnais, réparer le carosse, garnir les selles, poser des fers, soigner les bêtes fatiguées, tout cela fut fait à l'arrêt de Lyon.

(1) Belsunce était entré tout jeune dans la compagnie de Jésus, mais la maladie l'obligea d'en sortir. Depuis, il resta toujours dévoué aux jésuites. A l'évêché de Marseille, ces religieux étaient fort influents. Nous avons vu que Monseigneur emmenait l'un deux avec lui dans son carosse. Rien d'étonnant qu'il ait accepté l'hospitalité dans leur maison à son passage dans la ville de Lyon.

(2) L'Arbresle, chef-lieu de canton du Rhône, arrondissement de Lyon.

(3) Tarare, chef-lieu de canton du Rhône, arrondissement de Villefranche.

(4) Quand il allait de Villefort à Langogne et de là à l'abbaye des Chambons, dans le Vivarais, Belsunce devait aussi avoir recours à des bœufs pour le transport de sa chaise de poste, comme le marque ailleurs son procureur. Les routes d'alors, malgré les fréquents voyages des riches seigneurs, n'étaient point partout d'un accès facile et commode.

(5) Saint Simphorien, sur Coise, chef-lieu de canton, arrondissement de Lyon, 2,307 habitants.

Pour les chevaux	7[l]	10
Estrennes	1	4
Son	0	8
De Saint Simphorien couché à Rouanne. Pour le souper de Monseigneur	12	
Pour les chevaux	13	15
Estrennes	2	8
Ferrage	0	5
Pour son	0	12
Passage de la Loire	6	
De Rouanne dîné à la Pacodière [1]. Pour le dîner de Monseigneur	10	
Pour les chevaux	7	10
Estrennes	1	4
De la Pacodière couché à la Palice. Pour le souper de Monseigneur	12	
Pour les chevaux	13	10
Estrennes	2	
Gresse	0	10
De la Palice dîné à Varenne [2]. Pour le dîner de Monseigneur	10	
Pour les chevaux	7	15
Estrennes	1	4
Son, pain et vin pour les chevaux	1	
De Varenne couché à Moulins. Pour le souper de Monseigneur et pour son dîner [3]	22	
Pour les chevaux	20	
Estrennes	2	8
Raccommodage de la selle du postillon et la mienne	2	10
Ferrage	0	18
Son	0	14
Pour un couteau pour moy	5	
De Moulins couché à Saint Pierre le Moustier [4]. Pour le souper de Monseigneur	13	10
Pour les chevaux	16	10

[1] La Pacaudière, chef-lieu de canton, arrondissement de Roanne (Loire), 1,967 habitants.

[2] Varennes-sur-Allier, chef-lieu de canton, arrondissement de la Palisse (Allier) 2,850 habitants.

[3] Arrêt d'une demi-journée à Moulins pour arranger la selle du postillon et de Ferdinand.

[4] Saint-Pierre-le-Moûtier, chef-lieu de canton de la Nièvre, arrondissement de Nevers, 3,139 habitants.

Estrennes	1l	10s
Gresse pour la berline	0	10
De Saint Pierre le Moustier couché (?) à Nevers. Pour le dîner (*sic*) de Monseigneur	18 (*sic*)	
Pour les chevaux	17	10
Estrennes	2	8
Pain, vin et son pour les chevaux	1	10
Ferrage	0	15
De Nevers dîné à La Charité [1]. Pour le dîner de Monseigneur	10	10
Pour les chevaux	7	10
Estrennes	2	
Pour son	0	8
De la Charité couché à Pouilly. Pour le souper de Monseigneur	12	
Pour les chevaux	14	10
Estrennes	1	4
Emporté deux bouteilles de vin [2]	2	
De Pouilly dîné à Neuvy [3]. Pour le dîner de Monseigneur	10	
Pour les chevaux	8	
Estrennes	1	4
De Neuvy couché à Briard [4]. Pour le souper de Monseigneur	14	
Pour les chevaux	13	15
Pour son	0	15
Estrennes	2	
Gresse	0	15

[1] La Charité, chef-lieu de canton de la Nièvre, arrondissement de Cosne, 5,443 habitants.

[2] Pouilly, dans le Nivernais, était déjà, comme on le voit, renommé pour son vin blanc. La route nationale qui suivait la Loire était pavée en silex et de grandes auberges sillonnaient cette fertile contrée. Au moment où passa Monseigneur de Belsunce, Pouilly comptait 3,200 habitants. Il est éloigné de Paris de 49 lieues, d'après une relation de l'époque.

[3] Neuvy-sur-Loire, Nièvre, à 42 lieues environ de Paris. Cette bourgade a perdu d'importance aujourd'hui. Elle avait un relais de poste et des écuries considérables.

[4] Briare, jadis petit village de 700 habitants, à 24 kilomètres au Sud de Nogent, est aujourd'hui une ville très coquette, très commerçante, de plus de 5,000 habitants. Elle possède une riche manufacture de boutons-perles et cubes en faïences pour mosaïques.

De Briard dîné à Nogent[1]. Pour le dîner de Monseigneur	11[l]	
Pour les chevaux	7	10
Estrennes	1	4
Extraordinaire	0	15
De Nogent couché à Montargis. Pour le souper et dîner de Monseigneur	24	
Pour les chevaux	21	
Son	0	10
Gresse	0	12
Estrennes	2	10
De Montargis couché à Nemours[2]. Pour le souper de Monseigneur	12	
Pour les chevaux	13	10
Estrennes	2	
Gresse	0	12
Donné à Mr Gede	6	
De Nemours dîné à Chailly[3]. Pour le dîner de Monseigneur	12	
Estrennes	1	4
Pour les chevaux	8	10
De Chailly couché à Esonne[4]. Pour le souper de Monseigneur	15	
Pour les chevaux	14	
Estrennes	2	
Gresse	0	10
Plus pour 24 livres de caffé à 34 s. la livre	40	16
Pour 24 journées et demy pour Mr Vernois et moy à 2 l. 10 s. par jour pour chaquun, pour ce	122	10

(1) Nogent-sur-Vernisson est situé sur la route nationale de Paris à Antibes, juste à moitié chemin de Nevers à Paris. Saint Ythier, évêque de Nevers, y naquit au VIIe siècle et voulut y être enterré. Jeanne d'Arc y passa lors de son voyage de Montargis à Gien. Pie VII y a dîné, le 24 novembre 1804, à l'hôtel de la Rose, tout près de l'église, presque en face du presbytère. Il y donna aussi la bénédiction du T. S. Sacrement. Nogent, très fort relais de poste aux siècles antérieurs, a passé de 700 habitants à 1,700. C'est un charmant pays, environné de belles propriétés. A remarquer l'école forestière des Barres.

(2) Nemours, chef-lieu de canton, Seine-et-Marne, arrondissement de Fontainebleau.

(3) Chailly-en-Bierre, village voisin de Melun, situé sur la lisière même de la forêt de Fontainebleau. Il compte 1,300 habitants (Seine-et-Marne).

(4) Essonne, commune de 8,000 habitants (Seine-et-Oise), touchant à Corbeil, d'où l'on gagne Paris.

Pour le cocher et le postillon, 49 l. chacun, pour ce	98ˡ	
Pour les 3 laquais à 35 s. par jour, pour ce	128	12
TOTAL	1,468	5
Sur quoi j'en ay recueu	1,600	
Je dois de restant	131	15

....

Comme matériaux d'histoire, outre les remarques déjà faites, notons encore, en ce texte, ce qui est appelé «extraordinaire pour les chevaux, graisse pour la berline, étrennes en faveur des valets d'auberges, des domestiques de couvents, pourboire aux gardes, aux valets de ville»; retenons aussi la composition du personnel épiscopal. Avec Monseigneur de Belsunce se trouvaient le R. Père Cabassole, Monsieur Gede, Monsieur Vernois, Ferdinand, intendant, le cocher, le postillon, trois laquais : en tout *dix* personnes. Par ailleurs nous avons compté *neuf* chevaux.

C'était un train considérable, cadrant bien avec la haute magnificence et le goût général de l'épiscopat très aristocratique de l'époque. Il nous initie sans peine au chiffre élevé des dépenses qui précèdent et qui vont suivre.

Le jour même de son arrivée à Paris, 16 mai 1730, Monseigneur de Belsunce fait habiller ses laquais. Il achète «60 aunes de Bazin rayé, 18 aunes toile large forte pour doublée; le bazin à 50 s. l'aune et la toile à 48 s. Le reçu de 193 l. 4 s. est acquitté par Pillière, marchand, le 23 mai 1730, après payement de Ferdinand[1].

«Le 17 may 1730, fourny pour Monseigneur l'Evesque de Marseille par Le Roy, chapelier à Paris, un chapeau de castor avec une bourdalout de soy, six chapeaux de daufin fin à 7 l. pièce. Prix fait	42ˡ	»
Fourny six bords d'argent avec les boutons. Coût	48	14
Reçu, castor compris, par les mains de Mʳ Ferdinand le contenu de	109	14

LEROY Fait à Paris le 27 mai 1730.

(1) Document du dossier Belsunce. Arch. m.

Fourny pour Monseigneur l'Evesque de Marseille par Paul Boucher du 17 may 1730.

Livré au sieur Ferdinand 13 aunes et demy drapf dumou jaune à 10 l. 10 s.	141[l]	15[s]
Une aune deux tiers drap d'Elbeuf ecarlatte, à 23 l.	38	6
Onze aunes et un quart pluche double écarlatte, à 7 l.	78	15
Trente aunes demi Londre écarlate[(1)] à 3 l. 10 s.	105	
Total	363	16

Receu de Monseigneur par les mains de Monsieur Ferdinand les 363 livres 16 s. contenus au présent mémoire dont je quitte.

A Paris à ce 27e mai 1730. Boucher.

A ces factures de fournisseurs ajoutons «le mémoire de Ferdinand pour la dépense faite à Paris à commencer du 16e may».

Du 16 may 1730 scavoir pour deux cent et demy de foin à 42 l. le cent	105[l]	
Plus pour deux cent et demy de paille à 14 l. le cent, pour ce	35	
Pour l'avoir fait monter au grenier	2	
Pour deux septiers d'avoine	31	
Du 18, pour de la chandelle pour M[r] le Gede, pour moy et pour l'écurie	2	8
Pour du sirop de capilaire	1	10
Pour du pas d'asne[(2)] et du pavon	1	15
Pour trois arrest du	0	17
Donné à M[r] le Gede	3	
Du 19, pour 4 mors de bride, y compris les quatre brossettes surdorez	27	
Du 21, donné à un homme qui a aidé à penser les chevaux pendant cinq jours	4	10
Pour un fiacre pour M[r] le Gede	1	10
Du 23 may, six paires de bas escarlatte pour les gens de livrée	36	

(1) Ce drap de Londres ou Londrin était très à la mode au XVIIIe siècle. — Cf. arrêt du Conseil du 1er février 1727 relatif à sa fabrication et teinture.

(2) Espèce de plante médicinale.

Pour un septier d'avoine	10[l] 10[s]
Du 24, pour un carosse de remise	9
Donné au cocher	1 4
Du 25, carosse de remise	11
Donné au cocher	1 4
Pour du miel	0 17
Du 27, pour un septier d'avoine	15 10
Payé au boulanger 35 boisseaux de son	14
Donné au garçon	1 10
Du 30 donné aux marguilliers des Quinze-Vingt	12
Du 31 pour deux épousettes pour les chevaux	2 10
Deux étrilles et deux brosses	5
Pour deux décrotoires pour laver le carosse	1 5
Pour un balet	0 5
Payé au suisse pour port de lettres (1)	16 13
Plus pour les gens pour leur argent à dépenser à commencer du 17 may, pour Mr Vernois et pour moy à 1 l. 15 s. chacun par jour	52 10
Plus pour le cocher et le postillon à 30 s. par jour	45
Pour les 3 laquais à 1 l. 5 s. par jour, pour ce	56 5
Port de lettres payé à Lyon (oublié)	2 18
Autres petites dépenses faites en route (oublié)	11 15
Total	1,193 2

Mémoire de la dépense que j'ay faite à commencer du 2e juin 1730.

Du 2e juin un septier d'avoine y compris le port	15[l] 10[s]
Du 6e juin pour deux septiers d'avoine compris le port	31
Dudit jour pour cent et demy de paille	35
Pour l'avoir fait monter au grenier	1
Une paire de gand	1
Pour une paire de bas d'estame pour Monseigneur	7 10
Pour une bouteille de syrop de capilaire	2
Du 7e, dépense pour le voyage de Versailles, pour un carosse pour Mr Vernois et pour moy pour aller à Versailles et revenir à Paris	18 4

(1) Le Suisse fit un compte à part. Nous l'avons en mains. Il détaille chaque jour les lettres portées, les paquets adressés. A la fin du mois récapitulation du prix de chacun des envois et total des dépenses.

	livres	sous
Pour dix visites que Monseigneur a fait en chaise à porteur	5[l]	
Pour le souper de Monseigneur et pour le souper de Monsieur de Castelmoron [1]	10	
Plus pour les chambres	10	
Pour les chevaux	13	
Estrennes	1	16
Du 9e à Paris donné pour la chambre de Monsieur Laurent	3	
Pour un cent et demy de foin	60	
Pour le faire monter au grenier	0	12
Du 12e, donné au médecin qui a guéri la chienne	27	
Pour 3 livres de chandelle	1	16
Un balet	0	6
Pour un pot à l'eau	0	10
Payé à Monsieur Limousin [2]	113	
Du 15, pour un paquet venant d'Avranche	5	15
Payé au marchand de galon pour les habits de livrée	36	
Du 16, pour deux septiers d'avoine y compris le port	31	
Pour deux dîners pour deux chevaux du carosse	1	
Du 23, pour deux septiers d'avoine y compris le port	31	
Du 27, une livre de chandelle	0	12
Du 28, pour un fiacre pour moy pour aller au marché aux chevaux [3]	1	16
Donné à Monseigneur pour les pauvres	2	12
Deux balets pour l'écurie	0	5
Pour la dépense des gens pour le mois de juin, pour Mr Vernois et pour moy à raison de 35 s. par jour	105	

[1] Charles-Gabriel de Belsunce, marquis de Castelmoron, était le frère de l'évêque de Marseille. Il avait le titre de capitaine-lieutenant de gendarmes du Roi. C'est en sa compagnie, vraisemblablement, que Monseigneur visita la Cour à Versailles où il était très connu des plus grands seigneurs. Monseigneur avait béni le mariage de son frère le 1er mai 1715. Louis XIV et les princes du sang signèrent au contrat.

[2] Il s'agit de deux bordures dorées fournies par Mr Limousin le 7 mars 1726. Nous donnons ci-jointe la photographie de la quittance de ce curieux compte au sujet de deux estampes de Louis XIV et de Louis XV qui figuraient au salon d'honneur de l'évêché de Marseille. Cette note ne fut donc payée que quatre ans après, le 11 juin 1730.

[3] Ferdinand avait, sans doute, reçu l'ordre de remplacer les quatre chevaux qu'il avait vendus au mois de mai.

Pour le cocher et le postillon........................	90[l]
Pour les quatre laquais........................	150
Pour le port des lettres pour Monseigneur pendant le mois de juin........................	30 18
	838 12

RÉCAPITULATION GÉNÉRALE DES DÉPENSES.

1° Voyage de Marseille à Paris..............	1,468[l] 5[s]
2° Dépenses du mois de mai à Paris...........	1,193 2
3° Dépenses du mois de juin à Paris..........	838 12
TOTAL..................	3,499 19

Recettes de Mr Ferdinand. En partant de Marseille, receu	1,600[l]
Le 19 mai 1730 receu de Monseigneur à Paris......	480
Dudit jour pour les deux vieux chevaux du carosse que j'ay vendu..............................	234
Plus pour la petite jument..............................	60
Plus ay receu dans le mois de juin..............................	600
Pour le cheval, dit le Brillant, que j'ay vendu......	84
TOTAL..................	3,058

....

Le dossier que nous avons sous les yeux ne contient plus aucune indication au sujet du séjour de Monseigneur à Paris. Nous ne savons donc pas exactement combien de temps il y demeura encore. Si nous en jugeons par des voyages antérieurs, Belsunce dut prolonger encore sa visite à la capitale. Il y avait tant d'amis et tant d'affaires! Et puis, ses acquisitions de livres nouveaux, de tableaux, de portraits, d'étoffes n'étaient pas achevées! Et surtout son frère, sa belle-sœur, Cécile de Fontanière, son jeune neveu, Antonin de Belsunce, voulaient le garder le plus possible comme par le passé!

Quoi qu'il en soit, tels qu'ils sont, les brefs documents que nous avons reproduits nous apprennent bien des choses intéressantes sur l'existence large et même fastueuse de Monseigneur de Belsunce. Ils nous confirment ses goûts et habitudes, ses relations et amitiés; enfin ils nous précisent ses vertus de régularité, d'ordre, d'économie dans l'administration de sa maison.

A tous ces titres, la communication présente peut avoir quelque profit.

LES DOCUMENTS DES ARCHIVES DU GUIPUZCOA RELATIFS À LA COLONISATION ESPAGNOLE EN AMÉRIQUE,

PAR M. JULES HUMBERT,

Docteur ès lettres, professeur agrégé au lycée de Bordeaux, membre de la Société des américanistes.

Aucun peuple n'est plus fier de son histoire que le peuple espagnol; c'est pourquoi il n'est peut-être nulle nation qui conserve avec un soin plus jaloux les documents de ses archives.

Les archives espagnoles sont d'une richesse incomparable, et c'est un domaine encore presque inexploré. Ce n'est pas cependant que l'accès en soit difficile; l'Espagnol, toujours chevaleresque, fait au savant étranger l'accueil le plus courtois; il se multiplie pour lui faciliter la besogne; et ceux qui ont travaillé en Espagne en rapportent une impression d'enchantement qui n'a d'égale que l'étonnement dont ils furent frappés en présence des classifications la plupart admirablement faites et de l'installation, non seulement confortable, mais somptueuse des archives de Simancas, d'Alcalá de Henarés et de l'Archivo de Indias de Séville.

Mais les collections officielles ne sont pas les seules que l'historien doive consulter. On sait avec quelle énergie les provinces espagnoles ont toujours défendu leurs *fueros*. L'intensité de la vie provinciale, le rôle des *consulados* destinés à développer le commerce de chaque région, expliquent l'existence dans les capitales de provinces et dans les villes pourvues d'un consulado de dépôts d'archives de première importance.

Parmi ces collections, les archives du Guipuzcoa méritent une attention toute particulière. Les Basques ont joué un rôle prépondérant dans la conquête de l'Amérique; ils ont fourni au Nouveau-

Monde de fougueux aventuriers sans doute, mais aussi d'habiles politiques et d'ardents patriotes. Il suffit de citer, à côté du trop fameux Lope de Aguirre, au nom duquel tremblent encore les populations américaines, depuis l'île de Margarita jusqu'aux confins du Pérou et de la Bolivie, les Echeverría, les Iturralde, les Zuloaga, les Uribe, qui illustrèrent l'histoire de Caracas dans les siècles derniers, et les plus célèbres de tous, les Bolivar, dont le premier qui passa en Amérique avec les conquistadores, Simon Bolivar, l'homonyme et l'ancêtre du Libérateur, fut envoyé à Madrid en qualité de procurateur du Vénézuéla, le 23 mars 1590.

C'est surtout dans le Nord de l'Amérique méridionale que s'exerça l'activité des Basques, et les archives du Guipuzcoa renferment des documents fort précieux, non seulement sur le rôle particulier des Basques, mais sur la politique générale qu'au point de vue administratif et commercial l'Espagne a toujours suivie dans le Nouveau-Monde. Ces documents se trouvent dans trois centres principaux : Tolosa, Saint-Sébastien, Pasages.

L'incendie de 1813 a détruit le dépôt des archives du consulat de Saint-Sébastien; heureusement déjà à cette époque, la plus grande partie des documents avait été transférée à Tolosa et a ainsi échappé au désastre. Dans le courant du XIXe siècle, Saint-Sébastien a reconstitué un *archivo* avec les pièces que l'on a retrouvées chez les particuliers et qui complètent ainsi l'*Archivo general de Tolosa*.

Pasages, en tant que principal port du Guipuzcoa, a conservé des documents remarquables se rapportant au commerce et à la navigation. Malheureusement les archives de Pasages ne sont pas cataloguées; les documents sont rassemblés sans ordre en liasses de deux catégories seulement : *documentos* et *correspondencia*. Mais les peines que nous avons prises pour chercher quelques perles dans ce fatras de pièces dont beaucoup sont insignifiantes, ont été amplement récompensées par la découverte que nous y avons faite de la Cédule royale de fondation de la Compagnie Guipuzcoane de Caracas[1], les règlements de cette compagnie[2], et la cédule de fondation de la Compagnie des Philippines[3].

La cédule de fondation de la Compagnie Guipuzcoane (25 septembre 1728) donne les détails les plus intéressants sur la concur-

[1] *Arch. de Pasages*, corresp. 1720-1730.
[2] *Arch. de Pasages*, corresp. 1720-1730.
[3] *Arch. de Pasages*, docum. 1780-1803.

rence qu'au début du XVIIIe siècle les étrangers, et en particulier les Hollandais, faisaient au commerce espagnol. Dans la province de Caracas croissait sans culture un produit supérieur, qui n'avait pas tardé à être apprécié des Européens : c'était le cacao. Mais telle était la négligence des Espagnols que les Hollandais, favorisés par le voisinage de leurs établissements dans les petites îles de Curaçao et de Buen-Aire, s'étaient emparés de la quasi-totalité de ce commerce, et l'Espagne elle-même leur achetait à des prix exorbitants cette production de ses propres colonies. Très proches des ports de Maracaïbo et de la Guaira, les Hollandais arrivaient facilement à défier les quelques garde-côtes qui semblaient s'égarer en ces parages, et dans toute cette partie de la Terre-Ferme, le commerce et la navigation de l'Espagne en étaient arrivés à être tributaires des étrangers [1].

Un tel état de choses nous explique les ordonnances que Philippe II avait promulguées dès 1717 et 1718, et nous donne la raison de la politique que l'Espagne a suivie à l'égard des étrangers. La conduite de l'Espagne en matière commerciale nous semble avoir été jusqu'ici assez mal connue et appréciée ; ce n'est que lorsqu'elle y fut forcée qu'elle prohiba dans ses colonies le trafic étranger; sa politique fut plutôt libérale, et devait aboutir à la proclamation faite par le roi Charles III de la liberté complète du commerce. L'examen des archives de Pasages confirment les conclusions que nous avions tirées de notre étude antérieure des archives du consulat de Cádiz [2].

Les *archivos* de Tolosa et de Saint-Sébastien renferment toutes

[1] « . . . Continuandose actualmente, además de los considerables menoscabos de mis intereses Reales, el perjuicio universal de mis Vassallos, por el exorvitante precio, á que en el Reyno se compra el cacao por mano de estrangeros, á cuyo daño se sigue el de la remota esperanza de prompto remedio para lo successivo, por no aver al presente Registro alguno del comercio de Cádiz en Caracas, que á su buelta facilitasse algun alivio á la escásez de este genero, tan costosa al Reyno, en donde, segun estoy informado, ha sido muy limitada la porción de cacao, que por mano del comercio Español, ha venido de Caracas en el dilatado tiempo de los veinte y tres años ultimos, y por esta razón han sido mas excessivos los fraudes y desordenes de comercios ilícitos, que todavía subsisten en aquella Provincia, con la frecuencia de Embarcaciones estrangeras, que infestan sus costas. . . » Real cédula para establecimiento de la C^ia Guipuzcoana de Caracas.

[2] L'Archivo du consulat de Cádiz et le commerce de l'Amérique (dans le *Journal de la Société des Américanistes de Paris*, nouv. série, t. I, n° 2).

les pièces relatives à l'organisation et au développement de la *Real Compañía Guipuzcoana de Caracas*, fondée en 1728, sur l'initiative du consulat de Saint-Sébastien, pour donner à l'Espagne la haute main sur le commerce du cacao, du tabac et des cuirs[1]. On peut classer ainsi ces documents :

1° Armement des bateaux frétés par la Compagnie. Ce n'étaient pas seulement des bateaux de commerce, mais de véritables navires de guerre pouvant servir à la défense des côtes, et qui, comme tels, rendirent de grands services pendant les guerres de l'Espagne avec l'Angleterre, en 1762 et 1779;

2° État des dépenses et des recettes faites par la Compagnie. Importations des denrées américaines. Les chiffres suivants donneront une idée de l'activité de cette société basque et des excellents résultats de son trafic. De 1730 à 1756, la Compagnie expédia en Espagne 1,448,746 fanegas de cacao, au lieu de 643,215 expédiées de 1700 à 1730. De 1756 à 1764, on importa en Espagne 88,482 arrobas (de 25 livres) de tabac et 177,354 cuirs. Quant à la vente des produits, disons seulement que, dès 1735, le prix du cacao avait baissé, de 80 pesos, comme il se vendait en 1728, à 45 pesos la fanega. En même temps que les consommateurs étaient ainsi favorisés, les actionnaires de la Compagnie voyaient leurs capitaux fructifier. Dans ses deux premiers voyages, la Compagnie fit un bénéfice de 738,570 pesos. En 1752, elle avait comme fonds, en Espagne, plus de 300,000 pesos, et, en 1755, son capital était de 1,200,000 pesos;

3° Réunions des actionnaires et procès-verbaux de ces assemblées. La principale préoccupation des intéressés, c'est de voir les règlements ponctuellement observés, non seulement par les employés, mais encore par les directeurs mêmes, et si des discussions s'élèvent parmi les membres de la junte, c'est que les plus clairvoyants sentent bien que la grande distance qui sépare l'Amérique de l'Espagne risque d'être, pour les fonctionnaires de la Compagnie, une tentation de se soustraire à la surveillance et à l'autorité de la

[1] Tolosa, *Arch. gen. de Guipuzcoa* (Iglesia parroquial de Santa María), secc. II. Negoc. 22, leg. 72 : Expediente general concerniente á la Real compañía Guipuzcoana de Caracas. — *Arch. de San Sebastián* (casa del Ayuntamiento), secc. B (Fomento), libro n° 2, p. 177-180 : presupuestos de los dos primeros armamentos para Caracas, su coste, el de los retornos y producto en España; et p. 493-516 : varios acuerdos de la Real compañía de Caracas.

junte générale. Les craintes des actionnaires apparaissent surtout dans la troisième pièce du dossier de Tolosa. Elle contient les instructions données à D. José de Yarsa que l'on envoie en mission secrète à Caracas, pour faire une enquête sur les procédés de chacun des facteurs et des agents de la Compagnie[1].

Cette gêne, cet antagonisme entre la métropole et les fonctionnaires des colonies a été une des grandes causes de la faiblesse du régime colonial espagnol. La défiance du gouvernement central vis-à-vis de ceux qui sont chargés de le représenter en Amérique se retrouve dans tous les rapports administratifs; et c'est elle qui, comme nous l'avons dit dans notre thèse sur les *Origines vénézuéliennes*, fit échouer au XVIIIe siècle les magnifiques projets de colonisation des Inciarte et des Marmion.

Une autre série de documents de Tolosa concerne l'industrie proprement dite; ils sont relatifs à la fabrique d'armes de Plasencia et nous apprennent que cette maison, devenue prospère, grâce à l'influence des directeurs de la Compagnie Guipuzcoane, avait au milieu du XVIIIe siècle le monopole de l'exportation du fer et des armes en Amérique[2].

Enfin, l'*archivo* de Saint-Sébastien contient un document qui nous donne d'intéressants renseignements sur les colons basques de Potosi et sur l'état d'anarchie qui régnait au Pérou en 1622[3].

On nous permettra, en terminant, d'exprimer notre reconnaissance à D. Juan José Munita, de Tolosa; D. Baldomero Anabitarte, de Saint-Sébastien et D. Sergio Ortaegui, de Pasages, qui, par leur extrême complaisance, nous ont singulièrement facilité notre tâche, pendant les différents séjours que nous avons dû faire dans leurs archives.

[1] Instrucción que la Junta de Interessados de la Real compañía Guipuzcoana de Caracas da al señor D. Joseph de Yarza, Vezino de esta ciudad, para lo que en representación suya, ha de executar en la provincia de Benezuela. — *Arch. de Tolosa*, II, 22, 72, 3°.

[2] *Arch. de Tolosa*, secc. II, neg. 21, leg. 82, 38, 49, 56, 76.

[3] *Arch. de San Sebastián*, secc. B, neg. I, libro n° 2, p. 389 à 414 : Carta que escribieron al marqués de Guadalcázar, Virrey del Perú, los de la imperial Potosí, y una relación de los atropellos que en dicho punto se cometen con los vascongados.

NOTES SUR L'ÉGYPTE.

LE FELLAH,

PAR M. CH. BEAUGÉ,

Ingénieur-divisionnaire des chemins de fer de l'État égyptien à Assiout.

En arabe, le mot *fellah* signifie « laboureur, cultivateur », par dérivation du nom *felaha*, « culture, labourage », et du verbe quadrilitère *ieflehh*, qu'on doit traduire par « fendre, couper, scinder, partager, réduire en morceaux », ce qui, s'appliquant à la terre, donne bien le sens de *laboureur*. L'expression de *fellah* est passée, avec son sens étymologique, dans presque toutes les langues européennes, en caractérisant spécialement la race égyptienne. Par extension, on l'emploie encore en Égypte dans le sens de paysan, avec toutes les acceptions, bonnes et mauvaises, que ce mot reçoit dans la langue française.

L'homme des champs, envié par Virgile, chanté par nos poètes, c'est le fellah d'Edmont About, auquel l'éminent écrivain octroie pompeusement ses lettres de noblesse... utilitaire, ravalant, pour les besoins de sa cause, les blasons de la noblesse titrée. Et le rustre qu'apostrophe dédaigneusement notre citadin par le mot *paysan*, c'est l'être misérable, loqueteux, malpropre, que repousse, et avec quelle mimique expressive de superbe mépris, l'effendi égyptien, en le traitant de *fellah*.

A parité de sentiment, parité d'expression.

Anobli par l'histoire, bien avant qu'il ne le fût par l'écrivain français, le fellah actuel est un descendant direct de ce peuple qui avait créé de toute pièce une admirable civilisation, lorsque l'Europe était encore dans la barbarie.

Sans nous contenter de la formule très peu compromettante qui fait se perdre dans la nuit des temps l'origine de presque tous les peuples, cherchons, à la lumière des récentes découvertes scientifiques, à déterminer la souche primordiale des populations qui développèrent cette civilisation sur les bords du Nil. Les archéologues, ces fureteurs audacieux, non contents de soulever le voile de la déesse Isis, ont voulu encore dépouiller les langes de l'histoire à son berceau. Fouillant, sans trève ni merci, les plus antiques monuments de l'Assyrie, de la Chaldée et de l'Égypte, déchiffrant avec ardeur les premières expressions de la pensée humaine sur les temples et les hypogées du Tigre, de l'Euphrate et du Nil, appelant à leur aide l'anthropologie, la linguistique, la zoologie et la botanique comparées, ces savants sont réduits à nous déclarer, par l'organe de l'un d'eux, et non des moins illustres[1] : « Ce qu'étaient les peuples qui développèrent cette civilisation, le pays d'où ils venaient, les races auxquelles ils appartenaient, nul ne le sait aujourd'hui ! »

L'isthme de Suez et le détroit de Bab-el-Mandeb auraient été les deux voies de pénétration des peuples migrateurs venus, les uns de la Babylonie, les autres de l'Arabie heureuse. Aux premiers, l'Égypte serait redevable des métaux et des céréales; les autres auraient amené avec eux le bétail et, en particulier, l'âne de Nubie[2], qui est resté l'inséparable compagnon du fellah.

Soumériens, Sémites et Berbères (?), tels seraient les premiers ancêtres des Égyptiens « qui auraient colonisé au bord du Nil, et qui, au moment où l'histoire commence pour nous, n'avaient plus qu'une seule langue et ne formaient plus qu'un seul peuple depuis longtemps[3] ».

Durant la période historique, nombreuses furent les invasions qui eurent l'Égypte pour théâtre et pour victime. La renommée universelle de ses richesses, la fertilité proverbiale de son sol, sa situation géographique, qui fait d'elle la clef des continents asiatique et africain, sollicitaient avidement la convoitise des conquérants, dont beaucoup n'auraient pas jugé leur hégémonie complètement assurée dans le monde si la vallée du Nil n'eût été comprise au nombre de leurs conquêtes. C'est ainsi que l'Egypte passa tour à tour entre les mains des Miksos, des Perses, des Macédoniens, des Romains, des Arabes, des Turcs, des Français, des Anglais, et rien ne prouve que la série soit épuisée. Tous ces peuples

[1] Maspero, *Histoire ancienne des peuples de l'Orient classique.*

[2] Schweinfurth, *Origine des Égyptiens.*

[3] Maspero, *loc. cit.*

ont contribué plus ou moins à constituer la race égyptienne, telle qu'elle nous apparaît aujourd'hui. Toutefois, le type de la race ne s'est guère modifié par l'apport successif de ces divers facteurs.

Loin de disparaître, comme l'Indien d'Amérique, devant les envahisseurs, l'Égyptien les a conquis à son tour en se les assimilant si intimement qu'il est bien difficile, à l'heure actuelle, de retrouver en eux le type ancestral, malgré les surprises que nous réserve quelquefois l'hérédité dans ses manifestations ataviques. Il est hors de doute que le fellah actuel, qui constitue de beaucoup la plus grande partie de la population égyptienne, ne représente pas un type ethnique absolument pur. Mais on n'a pas de peine à reconnaître dans l'Égyptien de nos jours les principaux caractères de la race qui a construit les pyramides, élevé les temples de la Haute-Égypte, combattu pour le Pharaon, cultivé ses domaines et soigné son bétail.

Les statues que nous admirons au musée de Ghizeh[1], vieilles de plusieurs milliers d'années, telles que le Cheikh-el-Beled, Nofir, directeur des grains, le scribe accroupi, le scribe agenouillé, le paysan qui semble se rendre au marché portant ses sandales à la main, etc., comparées à la plupart des fellahs que nous coudoyons dans la rue, ne nous rappellent-elles pas la délicieuse fiction de Galathée?

Au point de vue morphologique, la quantité innombrable de momies, de statues, de bas-reliefs que nous a légués l'antiquité égyptienne, permet, d'après M. Maspero[2], de classer en deux types principaux l'ancienne population des bords du Nil, à l'époque des dynasties pharaoniques : «L'Égyptien du type le plus noble était grand, élevé, avec quelque chose de fier et d'impérieux dans le port de la tête et dans le maintien. Il avait les épaules larges et pleines, les pectoraux saillants et vigoureux, les bras nerveux, la main fine et longue, les hanches peu développées, les jambes sèches; le détail du genou et les muscles du mollet s'accusent assez fortement sous la peau; les pieds allongés, minces, cambrés faiblement, s'aplatissent à l'extrémité par l'habitude d'aller sans chaussure. La tête est plutôt courte, le visage ovale, le front fuit modérément en arrière, les yeux s'ouvrent bien et grandement, les pommettes ne

[1] Quartier du Caire. Musée des Antiquités.

[2] Maspero, *loc. cit.*

présentent pas un relief trop accentué, le nez est assez fort, droit, ou de courbe aquiline, la bouche est longue, la lèvre charnue et légèrement bordée, les dents sont petites, égales, bien plantées et remarquablement saines; les oreilles s'attachent haut à la tempe. La peau, blanche à la naissance, brunit plus ou moins vite, selon qu'elle est plus ou moins attaquée du soleil. Les hommes sont généralement enluminés de rouge dans les tableaux : en effet, on aurait observé parmi eux toutes les nuances qu'on remarque chez la population actuelle, depuis le rose le plus délicat jusqu'au ton du bronze enfumé. Les femmes, qui s'exposaient moins au grand jour, sont d'ordinaire peintes en jaune; leur teint se maintenait d'autant plus doux qu'elles appartenaient à une classe plus élevée. Les cheveux tendaient à onduler, même à friser en petits anneaux, mais sans jamais tourner à la laine des nègres; la barbe était clairsemée et ne poussait dru qu'au menton.

« Voilà le type le plus haut; le plus commun était trapu, courtaud et lourd. La poitrine et les épaules semblent s'y élargir, au détriment du bassin et des hanches, si bien que la disproportion entre le haut et le bas du corps devient choquante et disgracieuse. Le crâne est allongé, un peu refoulé, un peu surbaissé du sommet; les traits sont grossiers et comme taillés dans la chair à grands coups d'ébauchoir. Petits yeux bridés, nez bref, flanqué de narines étalées largement, joues rondes, menton carré, lèvres épaisses, mais non renversées; cette physionomie, ingrate et risible, parfois s'anime d'une expression rusée qui rappelle la mine matoise de nos vieux paysans, souvent s'éclaire d'un reflet de douceur et de bonté triste.

« Les caractères extérieurs de ces deux types principaux, dont les variétés infinies se rencontrent sur les monuments anciens, se perçoivent encore de nos jours sur le vivant. »

Il est hors de doute cependant que ces deux groupes si magistralement spécifiés et décrits par M. Maspero ont dû, depuis l'époque des Pharaons, largement fusionner entre eux et incorporer en outre des éléments hétérogènes qui ont encore augmenté la confusion. L'ethnographe de notre époque reconnaît dans le fellah un type franchement dolichocéphale, avec un diamètre antéro-postérieur toujours notablement supérieur au diamètre latéral; la différence est en général d'un cinquième ou d'un quart pour l'homme, et beaucoup moins accentuée pour la femme.

Le teint du visage se fonce régulièrement avec la latitude; à peine plus bronzé au Nord du Delta que celui de nos paysans d'Europe, il tourne au chocolat dans la Moyenne-Égypte pour devenir d'un brun plus sombre aux environs d'Assouan, sans cependant atteindre la note extrême du type nègre. Le fellah a généralement la tête rasée entièrement, mais il conserve quelquefois la barbe. La propreté et l'hygiène trouvent dans cette pratique un puissant auxiliaire.

Rarement le fellahine possède une belle chevelure : cet ornement s'acquiert et ne se conserve que par des soins minutieux qui ne sont pas à sa portée. Elle sait cependant « réparer des ans l'irréparable outrage » en demandant au henné, cette pierre philosophale (pardon aux botanistes), le secret de transformer d'importuns fils d'argent en brillantes tresses dorées.

Sa chevelure se termine, selon son rang ou le degré de coquetterie, par des fils de soie ou de laine enroulés avec la tresse; ces fils portent communément à leur extrémité un bijou ou une amulette.

L'habillement du fellah est des plus simples, des plus uniformes, et aussi des plus commodes. Il se compose de la *galabieh*, sorte de grande robe en cotonnade blanche ou bleue, et d'un caleçon de même étoffe. Pour l'hiver, un grand manteau en laine, le *zâbout*, ou un sac à céréales replié dans le sens de la longueur.

Comme coiffure, une sorte de calotte hémisphérique en feutre blanc, gris ou marron, la *libdeh*, ou bien un petit bonnet de même forme, la *takieh*, en piqué ou brodée au crochet, autour de laquelle s'enroule le turban, fait d'un mouchoir de couleur ou d'une pièce de mousseline.

Le vêtement est pour ainsi dire identique chez la femme, et, sans le fichu noir qu'elle jette négligemment sur sa tête, on aurait peine à établir *de visu* la distinction entre les deux sexes. Les soldats de Bonaparte faisaient plaisamment allusion à cette méprise, qui se renouvelle encore fréquemment de nos jours pour les touristes fraîchement débarqués.

Dans beaucoup de localités de la Basse-Égypte, la jeune épouse ajoute à son léger accoutrement une ample fustanelle aux couleurs criardes, aux larges festons recouvrant entièrement le pied nu, et balayant le sol comme la traîne d'une robe de soirée; la femme s'en revêt orgueilleusement, mais en dehors du travail.

Le jeune garçon n'a pour tout vêtement qu'une simple galabieh, et, lorsque la température est assez clémente, il s'en débarrasse allègrement. Étalant ainsi sa nudité à tout venant, pour peu il répondrait fièrement, comme certain chef nègre, qu'il n'a pas de défauts à cacher.

La fellahine ne se voile pas; elle ne connaît ni le *bourgo*, ni le *yachmaq*, qui sont l'apanage des femmes de la bourgeoisie, ou même de toutes celles qui ne sont pas appelées aux travaux des champs. Si elle se trouve en face d'un étranger ou d'un inconnu, d'un geste brusque elle ramène en partie sur son visage le fichu qui lui couvre la tête. On peut observer ce même sentiment de pudeur chez les peuplades les plus barbares du centre de l'Afrique.

Voici ce qu'écrit le peintre Castellani dans son livre *Les femmes au Congo* :

«La même femme qui ne songera pas une minute à se vêtir, dans un certain milieu, éprouvera une impression de malaise et de honte en face d'étrangers ou d'inconnus et cherchera à se voiler, ce qui tendrait à prouver que ce sentiment existe toujours, même à l'état de nature et en dehors de toute convention. Les quelques types insensibles à cette honte sont extrêmement rares et peuvent se rencontrer à tous les échelons sociaux, chez les natures brutes ou inintelligentes, aussi bien parmi les civilisés que parmi les sauvages.»

Dans le geste de pudeur de la fellahine, il se glisse toujours un certain fond de coquetterie, commun à toutes les filles d'Eve, brunes ou blondes. Celle qui se sait jolie saura très habilement manier son coin de voile de façon à vous permettre, en un coup d'œil furtif, d'admirer sa beauté. Si, au contraire, le voile reste obstinément fermé, n'insistez pas, ce serait courir à une déception certaine.

La femme fellah n'a ni le temps, ni les moyens de se farder. A part le *kohl*, qui est plutôt un préventif des multiples affections oculaires qui la guettent, elle laisse ces artifices de toilette aux femmes de condition plus aisée ou d'habitudes plus sédentaires. A l'occasion de son mariage, d'une fête ou d'une réjouissance quelconque, elle se teint les ongles des mains et des pieds au henné; la teinture peut même aller jusqu'au poignet ou à la cheville. Elle affecte une prédilection plus marquée pour les bijoux en clinquant : colliers en grosses perles de verre, pièces de monnaie, bracelets, boucles d'oreilles, bagues; elle porte à peu près tous les bijoux de nos femmes européennes, avec cette différence qu'ils sont bien moins coûteux. Si cependant elle achète des bijoux de prix, son choix ne se portera que sur des objets d'une valeur intrinsèque constante, en or ou en argent, et au poids. Elle ne se laisse pas tenter par les pierreries, ou par les bijoux de fantaisie, trop sujets à dépréciation.

Naguère, au temps où le fisc, pour recouvrer l'impôt, exerçait arbitrairement son droit de saisie sur tous les biens du fellah, seuls, les bijoux que la femme portait sur son voile échappaient, de par la loi religieuse, à la saisie générale. Aussi les voiles des femmes, dont on rencontre encore d'assez nombreux spécimens, étaient-ils chargés littéralement de pièces d'or qui représentaient une fortune pour ces malheureux.

Les parfums sont une denrée ordinairement trop chère pour tenter la coquetterie de la femme fellah; néanmoins elle parfume son linge et ses habits avec une poudre composée habituellement de plantes odoriférantes pulvérisées, telles que la rose, l'armoise, l'aspic, le fenouil, etc., qu'elle trouve en abondance sous sa main.

Le tatouage se remarque très communément sur les deux sexes à partir de l'âge adulte. Ce stigmate presque exclusif au fellah (en ce qui concerne l'Égypte) s'applique sur le front, les tempes, les pommettes, le menton, la poitrine, le haut du bras, le poignet, la face dorsale de la main, etc. Les dessins en sont très rudimentaires : c'est un pointillé circulaire, un ensemble de traits verticaux ou quelque figure irrégulière et insignifiante, rarement l'image d'objets ou d'êtres animés.

Cependant, sur le fellah copte, le tatouage représente toujours une croix plus ou moins ornementée qui servirait, à l'occasion, à déterminer la confession religieuse de l'individu.

La pratique de cet art est abandonnée aux nomades ou *rhagar*, qui l'exercent en plein vent, dans les foires, les marchés, les mouleds, etc., par le procédé des piqûres à l'aiguille. Pour le fellah, le tatouage est un ornement de pure fantaisie, reste de fétichisme, ou bien un moyen thérapeutique. Quelquefois il indique une particularité de famille : ainsi le fils unique portera deux points de tatouage, l'un à la pointe du menton, l'autre au-dessus de la moustache, près de la narine. Comme moyen thérapeutique, le tatouage est utilisé contre les maladies d'yeux, les douleurs névralgiques ou rhumatismales, les tumeurs adipeuses, kystiques, osseuses, variqueuses, etc., concurremment avec la cautérisation au fer rouge, les mouchetures, pratiquées par les barbiers ou certains guérisseurs de village.

Autrefois, l'automutilation d'un ou plusieurs doigts de la main était une opération commune, faite dans le but d'échapper au service militaire. Beaucoup moins fréquente de nos jours, en raison de la réduction du contingent annuel et de la faculté de rachat du service militaire, cette pratique barbare a été remplacée par une autre, moins douloureuse et moins suspecte, qui se borne à une érosion plus ou moins grave de la cornée produite intentionnellement par l'injection d'une substance irritante sur le globe oculaire.

Il faut avoir assisté aux scènes déchirantes qui mettent en émoi les villages égyptiens au moment de la levée du contingent pour comprendre la souveraine répulsion que professe le fellah pour le service militaire. La mère, la femme, les enfants, les frères et sœurs, les parents, les amis, accompagnent le jeune conscrit jusqu'à la gare la plus proche, souvent même jusqu'au Caire; et, durant tout le trajet, ce sont des pleurs, des cris, des lamentations, des imprécations que rien ne saurait calmer; les femmes se jettent violemment à terre et se couvrent de poussière, des pieds jusqu'à la tête. Le bureau central de recrutement est souvent entouré de milliers de femmes et d'enfants dont l'attitude n'est pas toujours des plus débonnaires. Comment le fellah, qui se voit séparé des siens, pendant onze années de service actif, laissant sa famille sans ressources, violemment impressionné par la douleur de son entourage, accepterait-il de gaieté de cœur le pénible sacrifice qu'on lui demande, à lui, pauvre ignorant, qui n'a pas la moindre notion du devoir, de l'honneur, de la patrie, cette trilogie sainte, mobile de tant de glorieux dévouements?

La proportion des individus infirmes ou faibles de constitution que le conseil de revision élimine chaque année est considérable. Le travail, dès la plus tendre enfance, les privations, les maladies fréquentes, ont une influence des plus néfastes sur la santé et le développement physique du jeune fellah. C'est à peine si le tiers des enfants arrive à l'âge adulte, et il ne faut rien moins que la prodigieuse fécondité de la femme fellah pour déterminer la progression très rapidement croissante de la population rurale égyptienne.

D'une enquête à laquelle je me suis livré dans un village de la

Haute-Égypte, près d'Assiout, il résulte que la moyenne des naissances, parmi la population de ce village, était de quinze environ par ménage, et qu'à l'âge adulte il restait au plus cinq ou six survivants. Il faut remarquer qu'il est ici question d'un seul couple; dans les intérieurs polygames, le nombre des enfants est souvent beaucoup plus considérable, sans atteindre toutefois le chiffre de cent cinquante que les textes sacrés attribuent à Ramsès II, l'illustre ancêtre du fellah actuel. En tous cas, je puis citer le fait, pas absolument exceptionnel, d'un cheikh de village à son dix-septième ou dix-huitième mariage, et qui possédait encore soixante-douze enfants! J'ignore si le nombre s'en est accru depuis son dernier mariage.

Beaucoup de fellahs, d'ailleurs, n'envient la fortune que pour courir à un nouvel hymen. Outre les attraits, non à dédaigner, d'une jeune épouse, le mari trouvera dans sa nouvelle femme et dans ses futurs enfants autant d'ouvriers qui peineront pour lui en se contentant de la nourriture et de l'entretien. Il est guidé en cela bien plutôt par une raison d'intérêt que par le désir de se voir survivre dans une nombreuse descendance.

En thèse générale, le fellah ne possède aucun bien au soleil, pas même la pauvre hutte qui l'abrite, lui et sa famille. Les neuf dixièmes de la superficie cultivée sont la propriété d'autrui. C'est avant tout un mercenaire attaché au sol au même titre que l'ancien serf à la glèbe. Que la terre qu'il féconde de son travail change de propriétaire, et le fellah suit la fortune de son nouveau maître. Son labeur est incessant; sur le sol béni du Delta égyptien, les cultures se succèdent sans interruption; la clémence des éléments permet un travail continuel; la pérennité de la végétation l'exige, et le fellah l'exécute sans trop murmurer, sans trop se plaindre de la dureté du sort à son égard. Employé à la journée, au mois ou à l'année, il reçoit son modique salaire en espèces, en nature, ou sous forme de concession de terres, moyennant une redevance plus ou moins élevée, mais toujours inférieure à la valeur locative réelle.

Le salaire moyen d'un enfant est d'une demi-piastre tarif, celui d'un adolescent ou d'une femme, d'une piastre, et celui d'un adulte, de 2 à 3 piastres[1].

C'est avec cette maigre rémunération que le fellah doit se nourrir,

[1] La piastre est d'environ 26 centimes.

se vêtir et élever sa famille. Aussi, dans le village, dans l'ezbeh, peu de bras inactifs, peu de bouches inutiles. Avant même le lever du soleil, la ruche bourdonnante s'éveille; la vie reprend son cours, l'activité et le bruit succèdent au repos tranquille, au profond silence de la nuit. Sans beaucoup se hâter, toutefois, l'homme se rend aux champs, la femme reste à vaquer aux menus soins de l'intérieur; elle prépare les repas, va remplir sa cruche au canal voisin, y laver sa maigre charge de linge; elle porte le grain au moulin, le repas aux travailleurs, revient, une charge d'herbe sur la tête, distribuant la ration au bétail, et, entre temps, quelques soufflets aux marmots trop turbulents, ou bien elle s'accroupit à la porte de la hutte avec quelques voisines, la plupart allaitant un enfant, pendant que la conversation, animée, criarde, incessante, s'engage sur des sujets plus ou moins intéressants, le prix des denrées, la perte d'un poulet, la cruche cassée, le mariage d'Hassan, les fiançailles de Zanuba...

Dès l'âge le plus tendre, l'enfant est associé aux menus travaux de la ferme. C'est lui qui accompagne le baudet portant le sebakh[1] au champ de maïs, trottant tout le jour aux côtés du précieux animal, qui le dépasse souvent de taille; c'est l'enfant qui dépose en terre les graines du coton, qui en fait la cueillette, qui enlève les mauvaises herbes; ce sont des enfants qui constituent la majorité de la main-d'œuvre ouvrière dans les usines d'égrenage du coton.

Fille ou garçon, le jeune fellah est employé, dans les constructions urbaines ou rurales, à porter le mortier, les briques, les pierres, sous la férule d'un surveillant qui ne ménage ni les avertissements ni les coups.

A l'enfant est confiée la garde d'un petit troupeau, moutons, chèvres, vaches, bufflesses, etc., qui va paître le long des sentiers, des canaux, dans les mares ou dans le petit coin de bersim. Il surveille la bufflesse, dont les habitudes amphibies la portent à se vautrer dans la mare ou le canal voisin, et souvent partage ses ébats.

Rien n'est plus curieux que de voir, à l'époque des hautes eaux du Nil, des troupeaux de buffles traversant le grand fleuve à la nage et portant sur leur large échine une fillette ou un garçon, quelquefois les deux, dont les habits sont enroulés comme une couronne au

[1] Engrais provenant des ruines antiques.

sommet de la tête. Malgré la violence du courant, l'animal, dont le corps disparaît tout entier, à l'exception du museau, gagne promptement la rive opposée et y dépose, sain et sauf, l'enfant qui s'est confié à la sûreté de son instinct et de ses aptitudes natatoires.

Cette scène intéressante et particulièrement propre à l'Égypte ne rappelle-t-elle pas, moins le dénouement, la fable du singe et du dauphin ?

Le faible morcellement de la propriété en Égypte fait que le fellah ne vit pas dans des fermes isolées; pour sa sûreté et sa sécurité, pour se trouver plus facilement sous la main des grands propriétaires qui l'occupent, il se concentre presque entièrement dans des villages, des hameaux, des ezbehs, comprenant au moins une cinquantaine d'habitants. Ces centres sont d'autant plus rapprochés et plus peuplés que la fertilité du sol est plus grande; en d'autres termes, la densité de la population est fonction de la richesse du sol.

La demeure du fellah est des plus rustiques : généralement une cabane en pisé, dont le limon du fleuve ou des canaux fait tous les frais. C'est à peine si l'on y incorpore quelque peu de paille d'orge, de fèves, de lin, afin de lui donner plus d'adhérence et de consistance. La hauteur de la hutte atteint rarement la taille d'un homme et sa surface embrasse seulement quelques mètres carrés. Pas d'autre ouverture que la porte; pour toiture, des roseaux, des joncs, des herbes sèches, des tiges de maïs, de sorgho, ou du bois de cotonnier. Tout s'entasse pêle-mêle dans ce réduit : famille, bétail, basse-cour, ustensiles de cuisine. Pour tout meuble, le coffret des fiançailles, bariolé de rouge, de jaune, de vert, trop spacieux, malgré ses faibles dimensions, pour contenir le linge et les habillements en réserve. Les provisions de grain sont conservées dans des réservoirs cylindriques, sortes de grandes jarres en terre crue, fermées par un opercule luté avec de la boue. Le grain ne s'y conserve pas toujours en bon état.

Les grands propriétaires construisent depuis quelques années, et à leurs frais, des ezbehs pour y retenir les travailleurs, qui sont ainsi logés gratuitement; toutes ces constructions sont en briques crues. Chaque ouvrier reçoit, pour lui et sa famille, un logement séparé composé d'une ou deux pièces carrées contiguës, dont la toiture s'élève en forme de dôme, et d'une cour intérieure où s'entassent le bétail, la volaille, le combustible et quelques instruments aratoires. Dans les pièces d'habitation, aucune ouverture pour l'air et la lumière; elle ne serait pas tolérée longtemps par l'habitant. Rien dans les locaux qu'habite le fellah, et quelle qu'en soit la disposition, n'a été prévu pour y assurer un minimum d'hygiène. L'air et la lumière, ces puissants facteurs d'assainissement, ne peuvent y pénétrer que par les lacunes ou les fissures de la porte. Rarement nettoyés, impossibles à laver, l'odeur qui s'en exhale affecte désagréablement l'odorat. Les parasites de toutes sortes y pullulent; des nuées de mouches et de moustiques se complaisent dans ces taudis, et le fellah ne réussit à s'en débarrasser qu'en s'y enfumant comme un jambon.

Qu'il y a loin de ces sordides réduits aux simples mais pimpantes maisonnettes des paysans hollandais, chez qui l'excès de propreté est quelquefois gênant pour un hôte d'occasion!

On a lieu de s'étonner que, dans d'aussi tristes conditions hygiéniques, dans un milieu aussi favorable à l'extension des contagions, les épidémies que l'on constate si fréquemment dans les villages arabes ne soient pas plus meurtrières. Si elles surgissent à de courts intervalles, elles ne s'acclimatent guère et disparaissent rapidement, grâce à l'influence atténuante et destructive que la chaleur et la lumière solaire, si intenses en Égypte, exercent sur les agents pathogènes. C'est ainsi que Rhâ, le bienfaisant, supplée largement par ses dons généreux à l'ignorance et à l'insouciance fataliste du fellah en matière d'hygiène.

Le fellah vit de peu; sa sobriété est proverbiale, comme celle du chameau, sans être plus justifiée; c'est pour lui une loi impérieuse, une nécessité d'ordre budgétaire, bien plutôt qu'une vertu : «On est bien forcé d'être honnête, dit le proverbe, quand on ne peut faire autrement». Aussi, chaque fois que l'occasion s'en présente, le fellah s'empresse d'oublier la tempérance; il se gave littéralement, sans plus de retenue qu'un enfant en présence de friandises.

La table des individus jouissant simplement d'une modeste aisance plus que copieusement servie; le nombre, le volume et la diversité des plats sont toujours un sujet d'étonnement pour l'étranger, qui croit revivre un chapitre de Rabelais.

La cuisine ordinaire de l'ouvrier des champs est plus élémentaire, et pour bien des causes. La principale est la rareté du combustible. Le plus employé, car il ne coûte que la peine de le ramasser, est la *guilleh*, sorte de large galette préparée avec les excréments d'animaux desséchés au soleil; quelquefois la paille de maïs, le sorgho ou le bois de cotonnier.

La recherche et la préparation de la guilléh sont une des principales occupations de la femme et de la fillette, aussi bien dans les villages que dans l'intérieur des grandes villes. On les voit accourir, portant un couffin, une corbeille ou un ustensile quelconque, suivre les animaux à la piste, ramasser en un tour de main les déjections solides, les recueillir même avant leur chute sur le sol, enr emplir leur couffin, les porter au voisinage de leur demeure, les pétrir avec des débris végétaux en galettes plus ou moins larges, les faire sécher sur le sol ou les coller contre les parois de la hutte, puis les entasser en réserve sur la toiture. C'est, dans les villages, le combustible de beaucoup le plus utilisé.

Le pain de blé est un luxe que le fellah s'octroie rarement; il se contente en général de pain de maïs ou de sorgho, cuit sous forme de galettes renflées en deux croûtes, sans mie, réunies par leur contour. Ce pain peut être conservé longtemps. Au repas du jour, la seule pitance consiste en l'un des produits suivants : fromage aigre, lait caillé, oignons verts, concombres crus, fisikh[1], ou chicorée sauvage cueillie dans le champ voisin. Le soir, un plat de fèves, de riz, de lentilles, de mélokhieh ou de bamiah; entre temps, des crudités de tous genres : salades, fèves, pois, cardons, maïs grillé, radis, etc.; pendant la saison, des melons, des pastèques, des dattes, de la canne à sucre, tous fruits dont le fellah se montre très friand.

La viande est exceptionnellement comprise dans le menu; elle n'y figure qu'aux jours fériés et dans le cas où un animal abattu par accident est vendu à bas prix. Les viandes de buffle et de mouton viennent en première ligne comme importance, celles de chèvre et de chameau ensuite, finalement celle de bœuf, non la moins appréciée, mais la plus chère.

Pour être déclarée propre à la consommation, une viande quelconque doit provenir d'un animal égorgé selon la loi religieuse, en conservant au moins deux cerceaux de la trachée adhérant au larynx. Malgré cette prescription, beaucoup de viandes impures sont consommées secrètement. Pendant la peste de 1883, un cer-

(1) Poisson salé préparé sommairement et provenant des lacs du littoral méditerranéen.

tain nombre de cadavres, enfouis la veille, étaient retrouvés le lendemain, dépecés en partie par des mains expertes à enlever les meilleurs morceaux.

L'élevage de la volaille est pratiqué par tous les fellahs, mais non pour leur consommation personnelle; dindons, oies, canards, poulets, pigeons, sont, avec les œufs, le beurre et le fromage, une source de revenus assez sérieuse pour le budget du fellah.

Les fours à poulets, connus en Égypte dès la plus haute antiquité, paraissent avoir été importés par les Iraniens qui, eux-mêmes, auraient appris des Chinois l'incubation artificielle. Cette industrie, beaucoup moins prospère qu'autrefois, se pratique cependant encore couramment dans le pays, mais le commerce d'exportation des œufs lui fait en ce moment une redoutable concurrence.

L'éloignement des fours, le lourd tribut en nature que perçoit l'industriel sur les œufs qu'on apporte à couver, font que l'incubation naturelle est souvent préférée par la ménagère comme plus rémunératrice.

La production artificielle des poulets constitue pour ainsi dire la seule industrie du fellah; aussi, y est-il passé maître. Une double rangée de fours en briques crues, séparés par une galerie centrale, chauffés à peu de frais avec des détritus organiques, surveillés par un ou deux ouvriers maigrement rétribués, et produisant de 5.000 à 6.000 poulets par chaque deux mois de fonctionnement, tel est le bilan de cette industrie, qui mériterait d'être encouragée dans le pays et qui menace, au contraire, de disparaître à bref délai.

Le pigeon commun, extrêmement répandu dans toute l'Égypte, est élevé dans l'état semi-domestique dans des colombiers en forme de gigantesques pains de sucre, réunis en séries, quelquefois au nombre d'une centaine, dans le même endroit. Les parois de ces tours à pigeons sont constituées par des vases en terre cuite dont l'ouverture est dirigée vers l'intérieur; ces poteries sont agglomérées au moyen de mortier en terre, et, çà et là, des ouvertures sont ménagées pour l'entrée et la sortie des volatiles, qui vont chercher leur nourriture exclusivement hors du colombier.

Le produit consiste dans la vente des jeunes couples, ainsi que dans la colombine, engrais excrémentitiel très recherché pour certaines cultures potagères.

L'eau est la boisson exclusive du fellah, mais c'est de l'eau du Nil, pour laquelle les poètes et les écrivains arabes ont épuisé les épithètes élogieuses, si abondantes dans leur langue.

Sans partager l'enthousiasme des auteurs égyptiens, on ne saurait nier, cependant, qu'elle possède toutes les qualités d'une excellente eau potable, à la condition toutefois d'être filtrée.

Or, cette condition importe fort peu au fellah, qui utilisera toujours l'eau du fleuve, à peine débarrassée de son limon par un trop court repos, de préférence à l'eau purifiée par une filtration quelconque. Il possède, depuis la plus haute antiquité, un ustensile des plus simples et des moins onéreux, qui peut tenir lieu à la fois de filtre et de réservoir. Cet appareil, c'est le vulgaire *zir*, sorte de grand vase cylindro-conique en terre poreuse, semblable à la terre des gargoulettes ou alcarazas. L'eau se dépouille, en traversant les parois du zir, de toutes les matières qu'elle tenait en suspension, sauf peut-être de quelques microbes, et sort avec une limpidité cristalline.

Au lieu d'utiliser cette eau filtrée, tout au moins comme boisson, il la laisse se perdre dans le sol et se sert exclusivement de celle de l'intérieur du zir, très limoneuse et chargée de toutes sortes d'impuretés. Pour les classes élevées, le zir remplit son véritable rôle d'appareil filtrant, mais, pour le fellah, il ne constitue qu'un simple réservoir aquifère.

On observe presque à chaque pas, dans les grands centres comme le Caire aussi bien que dans les moindres hameaux, dans des sentiers perdus comme au bord des canaux, un ou plusieurs de ces zirs, simplement fixés en terre ou englobés dans un édicule en maçonnerie, qui est le *sebyl*. Ce sont des fondations pieuses à l'usage des passants. Certaines sebyls, au Caire, sont de véritables monuments qui ne rappellent que par leur même but humanitaire les modestes édifices des campagnes. Leur entretien, le remplissage des réservoirs, restent le plus souvent à la charge du fondateur; d'autres fois, ce soin est laissé à la bonne volonté du premier venu, et il me coûte peu d'ajouter, tout à la louange du fellah, que cette bonne volonté est rarement en défaut.

Dans les villages, et même encore dans beaucoup de villes, l'eau est apportée à la maison à dos d'homme ou à dos d'âne, au moyen d'outres en peau de bouc provenant généralement de Syrie, que le porteur d'eau, ou *saqa*, va remplir au canal le plus rapproché.

Quelques maisons possèdent des puits, mais l'eau en est généralement saumâtre et ne convient guère aux usages domestiques.

Si faiblement rétribué que soit le porteur d'eau, la dépense grèverait encore beaucoup trop le budget du fellah, aussi est-ce la femme qui est chargée d'approvisionner la maison.

On la voit, plusieurs fois par jour, venir, souvent en nombreuse compagnie, remplir sa balasse au canal, la charger sur sa tête, seule ou aidée d'une compagne, et regagner prestement le village, à la file indienne, sans que sa lourde charge paraisse l'incommoder.

Voici, en substance, ce qu'écrivait S. E. le docteur Abbate pacha au sujet de la femme égyptienne : « On ne peut la voir sans admirer l'aisance, la légèreté et l'agilité de sa démarche, la souplesse et la vigueur de son buste, la grâce de sa silhouette lorsqu'elle porte, souvent à de grandes distances, et sans l'aide des mains, sa lourde cruche sur la tête. Telle l'image biblique si touchante de Rebecca, la fiancée d'Isaac. Cette scène étrange, aperçue aux premières lueurs de l'aurore, aux derniers rayons du crépuscule, dans l'admirable transparence du ciel égyptien coloré des chaudes tonalités du soleil levant ou couchant, encadrée dans un paysage de palmiers ou de sycomores, est l'un des spectacles les plus impressionnants et les plus poétiques que l'imagination puisse rêver. Il a, combien de fois! tenté le pinceau du peintre, le ciseau du sculpteur, sans que jamais l'artiste ait réussi à donner à son œuvre le charme pénétrant, la beauté incomparable réalisés par la nature. »

Observez un fellah qui vient se désaltérer dans un canal, une mare, dans une flaque d'eau quelconque. Rarement il puisera l'eau avec la main et boira dans ce vase improvisé. Il s'étendra plutôt à plat ventre, de manière à tremper ses lèvres dans l'eau qu'il ingurgite par aspiration, ainsi que le font la plupart des grands animaux. Mais parfois, et le cas est intéressant, il imite avec la main le mouvement de la langue des carnivores pour lapper et projette dans sa bouche le liquide animé d'une force centrifuge par un mouvement circulaire de la main.

Je n'ai pas connaissance que pareille observation ait été recueillie sur d'autres races.

Les liqueurs alcooliques sont inconnues à la grande majorité des fellahs, mais si la tentation lui vient d'y goûter et s'il peut s'en procurer, il est entraîné dans le fatal engrenage et devient rapidement un buveur de profession. L'eau de feu a sur les Indiens d'Amérique la même influence fascinatrice et rapidement abrutissante sur tous les peuples du continent africain.

Ce que j'ai dit au sujet de l'alcool peut également s'appliquer au haschich. Bien que l'importation de ce dernier produit soit sévèrement prohibée en Égypte, le fumeur habituel sait fort bien s'en procurer, au nez et à la barbe des gardes-côtes, quelque élevé qu'en soit le prix.

C'est d'ailleurs beaucoup en raison de sa cherté que le haschich ne pénètre pas dans les villages. L'ouvrier des villes, plus vicieux et mieux rémunéré, est plus enclin à cette funeste passion, mais le vrai fellah n'est presque jamais un *haschchach*. Il y a quelques années, avant la défense officielle de cultiver le tabac en Égypte, le fellah fumait volontiers. Il se contentait de débris de dernière qualité qui n'avaient subi aucune préparation et qu'il pouvait se procurer à très bon compte. La cherté du produit d'importation a beaucoup restreint sa diffusion dans les campagnes; le fellah remplace quelquefois le tabac par des feuilles de bananier desséchées; mais, avec l'aisance relative qui lui vient peu à peu, la consommation du tabac dans les campagnes égyptiennes ne peut que progresser à l'avenir.

Si l'on en croit la légende, Osiris aurait enseigné aux Égyptiens l'art de fabriquer les instruments de labour, ainsi que les différentes opérations agricoles.

Quelle que soit l'origine de cette légende, les instruments aratoires qui figurent sur les hypogées des premières dynasties humaines sont, à peu de chose près, les mêmes que ceux employés par le fellah de nos jours : la houe, la charrue, le joug, etc. Ajoutez à cette courte nomenclature la *qassabieh*, la *norag*, le *chadouf*, et vous aurez à peu près tout l'attirail agricole du fellah. Le métier à tisser et la pierre à moudre le grain n'ont pas davantage subi de modifications sensibles en cette longue série de siècles qui nous séparent des premières dynasties égyptiennes.

A côté des instruments si perfectionnés employés en Europe et en Amérique, l'arsenal agricole du fellah peut paraître bien primitif; cependant, il n'en est plus à l'âge de la pierre, tandis que j'ai pu encore voir en Italie, l'année dernière, le dépiquage du blé effectué à l'aide du glissement sur l'aire d'une large planche incrustée de silex grossièrement taillés et traînée par un bœuf, un cheval ou un mulet.

Le fellah occupe les rares moments de loisir que lui laissent les divers travaux de la culture à filer au fuseau la laine pour ses vêtements, le coton qui servira à les coudre; il sera tout à la fois son tisserand et son tailleur. A l'occasion, il ira pêcher au filet, à la nasse ou à la main dans le canal ou le masraf dès que les eaux y seront en baisse; la nuit, à l'époque des cailles, il promènera son filet sur les champs de bersim, de fenu grec, de pois chiches, de blé, et fera une rafle importante de ce succulent gibier qui s'en ira grossir le menu des riches gourmets d'Europe.

Est-ce à dire, cependant, que le fellah soit d'une activité dévorante? Sans le calomnier, en le jugeant tel qu'il est réellement, tel qu'il se montre, libre de toute entrave extérieure, on ne peut lui reconnaître cette qualité. Abandonné à lui-même, sans une surveillance constante et efficace, il ne brille pas par le courage et l'énergie au travail. C'est l'enfant nonchalant qu'il faut réprimander à chaque instant sur sa paresse. Par ce côté et par beaucoup d'autres, d'ailleurs, les fellahs méritent bien l'épithète de *peuple enfant* que leur a décernée un illustre diplomate [1].

Il en est tout autrement du jeune fellah jusqu'à ce qu'il ait atteint l'âge adulte. Vif, alerte, intelligent, laborieux, espiègle même, il s'assimile rapidement les connaissances théoriques et pratiques les plus diverses. Mais, ainsi que l'a fort justement signalé le docteur Abbate pacha [2], c'est pour les arts mécaniques qu'il montre le plus d'aptitude et de prédilection. Sous la direction d'un maître habile, quelque peu sévère, il arrive vite à bien connaître toutes les finesses du métier qu'il apprend. Il comprend et retient avec une facilité surprenante les explications qui lui sont données et possède une remarquable faculté d'imitation, héritage psychique des anciens Égyptiens. Mais ne le lancez pas dans l'étude des sciences spéculatives; son cerveau est rebelle au jugement et au raisonnement. Ces belles dispositions ne persistent pas longtemps après l'adolescence. Dès qu'il a charge de famille, loin que son intelligence se développe, que ses idées s'élargissent, que son jugement devienne plus réfléchi, que la chrysalide enfin devienne papillon, toutes ces belles promesses s'évanouissent. Un mouvement d'arrêt intellectuel, puis

[1] Lord Dufferin, Rapport sur sa mission en Égypte (1883).

[2] Dr Abbate Pacha, Sur la prééminence des facultés mécaniques chez la race égyptienne (*Bulletin de l'Institut égyptien*, 1891.)

de régression, se produit, et la chrysalide retourne à l'état de chenille. Comment expliquer cette métamorphose régressive sur l'individu au moment précis où, cessant en quelque sorte d'être asexué, il commence à vivre pour l'espèce?

Le travail physique précoce, mal compensé par une nourriture peu substantielle, serait-il un abortif de l'intelligence? Le mariage aurait-il une influence néfaste sur les fonctions cérébrales du fellah, ou ne doit-il être incriminé qu'en vertu de la formule scolastique: *Post hoc, ergo propter hoc?* Je ne saurais répondre à cette question sans sortir du cadre que je me suis tracé.

Cependant, si je laisse de côté l'analyse des faits d'observation sur les individus mêmes, il me sera bien permis de présenter la remarque suivante :

De même qu'on s'est adressé, et avec quel succès! à la pathologie comparée de la brute pour éclairer les multiples problèmes de la vie humaine, pourquoi ne demanderait-on pas à la psychologie comparée des animaux d'éclairer les questions si complexes des phénomènes intellectuels chez l'homme? Soyons moins vains de notre supériorité morale et ne dédaignons pas de puiser aux sources de la vérité, quelle qu'en soit la provenance. Si la chute d'une pomme a conduit Newton à la découverte des lois de la gravitation, n'ayons pas de fausse honte à vouloir conclure des manifestations cérébrales plus simples, plus limitées, de nos frères inférieurs, à celles beaucoup plus complexes de notre humaine nature.

Sans nous arrêter à d'autres espèces animales, prenons l'exemple de l'âne, ce pauvre calomnié, ce précieux auxiliaire du fellah, dont il partage le dur labeur, sans en être mieux récompensé. Le jeune baudet a toutes les vivacités de l'enfant; son air éveillé et mutin, ses gambades malicieuses, ses brusques emportements, ses câlineries, ses mignardises auprès de sa mère, son abord caressant pour tous, font notre admiration. Avec l'âge adulte, qui marque pour lui l'ère d'assujettissement à de pénibles travaux, à de mauvais traitements, à une alimentation moins complète que le lait maternel, pris à satiété, commence la déchéance morale de l'animal.

Peut-on ne voir qu'une pure coïncidence dans cette évolution morale si constamment parallèle de deux êtres vivant côte à côte, parfois de la même nourriture? Pour ma part, je crois fermement à une corrélation entre ces deux ordres de faits, mais j'estime que ce n'est ni le lieu, ni le moment d'en tirer les conséquences.

Les bienfaits de l'instruction n'ont pas encore été mis à la portée du fellah : en règle générale, il est absolument illettré, et sait à peine compter de mémoire. L'école serait-elle même gratuite, il n'y enverrait pas ses enfants, qui, dès le plus jeune âge, sont une source de revenus pour lui [1].

Ses connaissances de la loi religieuse sont des plus rudimentaires; musulman ou copte, il ne pratique guère que les exercices extérieurs du culte, jeûnes, prières, etc.; le fondement moral de la religion lui échappe complètement, ou il agit comme s'il n'en avait cure ni souci. On ne saurait le taxer de fanatisme religieux, à moins de vouloir lui chercher une querelle... diplomatique.

Les bouleversements politiques le touchent moins que le défaut d'irrigatiou du coin de terre qu'il cultive et qui ferme son horizon.

Il est charitable autant qu'on peut l'être dans sa misérable situation; mais il n'est nullement serviable. Les longs siècles d'oppression qu'il a subis l'ont rendu extrêmement défiant et soupçonneux. Une question, même à propos de choses indifférentes, le trouble et l'inquiète; il répond évasivement, à la normande, ou ment avec aplomb. Ne comptez jamais sur l'exactitude ou la véracité des renseignements que vous lui demandez; il se fait un malin plaisir de vous tromper, ou s'excuse de son ignorance par un geste, une parole, qui frisent le mépris.

Tyrannique, impitoyable avec ses inférieurs, arrogant avec ses égaux, il devient avec ses supérieurs d'une souplesse, d'une humilité qui confinent à la bassesse.

«Que, monté sur son baudet, il vienne à rencontrer un notable, un fonctionnaire, une personnalité quelconque, immédiatement il descend de sa monture, fait face à la personne et attend dans une humble posture le salut qui autorise le sien. Au simple geste de la main portée à la coiffure, ou au «salam aleikoum» des croyants, le fellah répond en s'inclinant profondément, la main droite s'élevant successivement du cœur aux lèvres et au front, semblant vouloir dire : Mon respect, mon cœur et ma pensée sont à toi!» [2].

[1] D'après les documents officiels, le septième environ des enfants en âge de fréquenter l'école reçoit les rudiments d'instruction primaire.

[2] Edmond About, *Le Fellah.*

Autrefois, l'Européen bénéficiait des mêmes prérogatives dans les villages; mais, actuellement, s'il est seul ou inconnu, son passage n'éveillera d'autre sentiment qu'une curiosité narquoise de la part des hommes, des quolibets ou une demande de bakhchich de la part des enfants.

Imprévoyant jusqu'à l'aveuglement, le fellah emprunte autant qu'il peut, à des taux toujours très élevés, sans s'inquiéter de l'échéance qui lui réserve de désagréables surprises. Il n'est jamais disposé à rembourser et ne s'exécute que contraint et forcé. D'une mauvaise foi punique en affaires, il se rendra difficilement à l'évidence et épuisera tous les moyens malhonnêtes pour se délier de ses engagements; il ira finalement jusqu'à renier son cachet, même apposé devant témoins. Appelé lui-même en témoignage, il se laissera facilement corrompre par la crainte ou par l'argent, faisant ainsi pencher la balance de Thémis en faveur du plus puissant ou du plus généreux.

Le vol est son péché mignon. Non, certes, qu'il soit un détrousseur de grands chemins, l'escopette au poing, le poignard à la ceinture, la menace à la bouche. Il n'a rien de la fière attitude d'un Fra Diavolo. Buffon l'eût dépeint sous la fourrure du renard qui soustrait par la ruse ce que le lion dérobe par la force.

Ses larcins répétés n'ont pas de quoi l'enrichir. Il se contente de prélever subrepticement sa part des récoltes du maître, de subtiliser une pièce de bois, de fer, pour réparer sa porte ou sa norag, de détourner nuitamment au profit de son champ l'eau d'arrosage destinée au domaine du riche voisin, sans pour cela que sa conscience soit bourrelée de remords. Il ne court d'ailleurs pas grands risques à commettre ces larcins; condamné à Berlin, il serait acquitté à Château-Thierry. S'il doit s'en rapporter à la sagesse du tribunal, il bénéficiera très probablement de l'exigence du code en matière de preuves, et la sagesse des nations l'absout par le proverbe : «Pas vu, pas pris!».

Le fellah sait cependant fort bien que la loi religieuse défend de dérober le bien d'autrui, que la loi civile a des sanctions rigoureuses contre les méfaits de ce genre, et que le sentiment inné de justice qu'il porte en sa conscience condamne le vol. Ne nous hâtons pas toutefois de le juger trop sévèrement et rappelons-nous combien dans le passé sa situation a été précaire.

Attaché en véritable serf à l'exploitation d'immenses domaines, à peine vêtu, mal logé, peu ou pas rétribué, requis pour la corvée pendant des mois entiers, chargé de famille, souvent malade, comment vivre lui-même, et faire vivre les siens ? A d'autres, les riches moissons produites par son labeur ! *Sic vos non vobis !* Comment, dans ces conditions, ne serait-il pas tenté de se faire justice en prélevant sur les récoltes la légitime rémunération de son travail ? Le procédure est gratuite et expéditive, sinon régulière; mais en a-t-il d'autre à sa disposition ? Il ne fait qu'obéir à la loi suprême du *primum vivere*. Que le maître soit équitable, que toute peine reçoive son salaire, que tout travailleur soit assuré de la possession de son gain, et le fellah abandonnera peu à peu les pratiques coupables du passé. L'exemple de ces vingt dernières années montre à tout observateur impartial le chemin parcouru dans cette voie, grâce à la haute sagesse et aux sentiments de justice des grandes administrations de l'État, dont les premiers actes ont été d'assurer aux humbles travailleurs un salaire très régulièrement payé.

Dans sa conduite envers les animaux, le fellah révèle un des côtés curieux de son caractère ondoyant et divers. Il accablera de coups son bœuf, son âne, son chameau et se gardera bien de molester ou de détruire les animaux de toutes sortes, carnassiers, rongeurs, volatiles, reptiles, insectes, etc., qui saccagent sa basse-cour, ravagent ses récoltes ou troublent son repos. Aussi, voyez avec quelle familiarité, quel sans gêne vivent autour de lui cette nuée de hérons, de corneilles, de milans, de caravanes, etc., assurés que leur audace restera impunie.

La sensibilité du fellah aux souffrances physiques, ainsi qu'aux émotions morales, est des plus obtuses. On voit parfois dans les chantiers, les ateliers, les usines, des accidents graves, tels que chutes, fractures, écrasement des extrémités, amputations accidentelles, etc., être supportés avec un stoïcisme incroyable; pas de plaintes bruyantes; pas de manifestations extérieures prouvant une vive souffrance. Certaines opérations chirurgicales très douloureuses, comme la taille périnéale, pratiquées sans anesthésie, sont très bien supportées par le patient.

On ne parle plus guère de la courbache, cet instrument de torture qui va être bientôt relégué, comme curiosité historique, dans quelque musée Tussaud, à côté des appareils de l'Inquisition. Il n'y a pas encore bien longtemps que la courbache était le suprême argument employé pour amener à résipiscence le contribuable rebelle aux exigences du fisc, ou l'individu coupable de quelque méfait. Ce châtiment humiliant, très souvent bénin, parfois poussé jusqu'à la plus extrême cruauté, n'était pas toujours supporté sans cris, sans protestations par la victime; mais une fois relevée, et hors de la vue de son bourreau, elle ne paraissait guère se ressentir des coups, amortis il est vrai, par l'épaisseur considérable de l'épiderme plantaire. La sévérité de cette mesure fiscale, ou de cette sanction pénale, était bien un peu justifiée par la profonde répulsion du fellah à payer l'impôt, en l'absence d'autre sanction pénale efficace. D'ailleurs, celui qui s'acquittait bénévolement avant d'avoir été roué de coups était accablé d'injures par sa famille et raillé sans merci par ses voisins.

A propos des travers, des bizarreries du caractère fellah, l'une des plus hautes et des plus sympathiques personnalités égyptiennes les synthétisait en ma présence dans les trois expressions suivantes qui reviennent si fréquemment dans la conversation : «mâlèche», «boukra», «hadère».

La première excuse toutes les erreurs, toutes les négligences, toutes les imprévoyances du fellah; la seconde montre ses habitudes d'atermoiement, son indolence, son insouciance, son incurie; c'est l'antithèse du *Time is money;* le mot «hadère» est la réponse constante à toute recommandation, à tout ordre, à toute injonction que reçoit le fellah, sans qu'il réponde jamais par une observation, mais avec l'idée, bien arrêtée chez lui, de n'en tenir aucun compte. C'est avec ces trois mots qu'il oppose sa force d'inertie à l'activité, à l'énergie, à la fiévreuse impatience des volontés les plus tenaces, des esprits les mieux trempés, qui finissent à la longue par s'émousser et s'user sur cette granitique indifférence.

Moins exigeant que les Romains de la décadence, si sévèrement réprimandés par Juvénal, le fellah ne demande pas aux jeux, aux divertissements sanguinaires du cirque le complément indispensable à son existence. Ses amusements, beaucoup moins tragiques, consistent le plus souvent en diverses combinaisons d'échecs, de dominos, de dames, où la table est généralement représentée par le sol, et les jetons par de petits coquillages ou de vulgaires cailloux. La galerie, quelquefois nombreuse, toujours attentive, ne ménage pas ses railleries au joueur maladroit ou malheureux.

Pendant les fêtes religieuses, à l'occasion des mouleds, des industriels ambulants dressent à l'intérieur du village ou dans un terrain libre, à proximité des habitations, de rustiques balançoires, des chevaux de bois grossièrement ébauchés, des chaises tournantes avec axe horizontal, dont un spécimen monstrueusement amplifié et artistement conditionné, profile déjà, sous le nom quelque peu vaniteux de « Grande roue de Paris », sa gigantesque circonférence à deux pas de la Tour Eiffel. Plus humble d'aspect, plus simple en son mécanisme, la roue du pauvre Abou-Libdeh (c'est le surnom du fellah) suffit cependant au bonheur d'une jeune, nombreuse et bruyante clientèle.

Aux adultes sont destinés les jeux plus mâles de l'escrime au bâton, les fantasias où la gherideh [1] des Bédouins est remplacée par le nabout [2], enfin les exhibitions érotico-naturalistes du « khaoual ». Ce spectacle en plein vent, que ne désertent guère les enfants des deux sexes, contribue pour beaucoup à détruire en eux la croyance, qu'imite chez nous celle de la naissance des enfants sous les choux, de leur venue au pied des rosiers.

En dehors des fêtes, les cérémonies du mariage sont également l'occasion de réjouissances pour la plus grande partie de la population du village. Hommes, femmes, enfants, allant pêle-mêle, forment un cortège aux fiancés, lors de leur promenade autour du village, la fiancée étant cachée sous un voile épais, qui la couvre des pieds à la tête. Un chœur de femmes chantant les louanges et les attraits de la mariée est fréquemment interrompu par les cris stridents de leurs compagnes ; les sons de la darabouka, alternant avec les modulations de l'arghoul, sorte de pipeau, sont étouffés par les détonations des armes à feu, et la scène se continue sous une tente ou en plein vent. Pendant que le café à la turque, non sucré, circule parmi les assistants, on prépare une représentation burlesque, consistant d'habitude en un dialogue où la licence des expressions dépasse toute mesure. Si les femmes ne sont pas présentes au spectacle, elles ne perdent cependant pas un mot du dialogue débité à haute voix, car la scène a toujours lieu très près de la maison de la fiancée, et la porte, sans doute en raison de la grande chaleur, ne saurait rester hermétiquement close !

[1] Nervure de la feuille de palmier.

[2] Gros bâton en bois de cornouiller.

Le fellah adulte, homme ou femme, est peu porté à chanter, car le chant n'est en général que la réaction d'une vive sensibilité, l'expression de sentiments comme la joie, la douleur, portés à un extrême diapason. Or, la corde sensible du fellah ne vibre plus à de pareilles limites. On ne saurait, en effet, comprendre sous ce terme les sons modulés qu'il fait entendre pendant qu'il exécute certains mouvements, comme la manœuvre du «chadouf» ou de la «nattaléh». Mais, lorsque des enfants des deux sexes se trouvent, pour une raison quelconque, réunis en assez grand nombre, l'un d'eux, plutôt une fillette, s'empresse d'entonner une courte chanson, en arabe vulgaire; le refrain, qui revient fréquemment, est repris en chœur par toute la troupe, qui, en même temps, frappe des mains en cadence. L'auteur de la chanson n'a pas cherché à se mettre en frais, tant au point de vue des idées que de la rime. Des allusions au maître, à un personnage quelconque, aux saisons, aux récoltes, à l'alimentation, etc., en constituent la monnaie courante.

Mais on entend surtout des chansons d'amour. L'une d'elles, dont j'ai pu recueillir entièrement les paroles, est très en vogue sur les chantiers de construction des villes et des villages. Elle dépeint assez éloquemment l'état d'âme de la femme menacée d'être délaissée par son amant, les promesses oubliées, l'espoir déçu, la jalousie farouche qui la torture, l'intensité de sa passion, la douceur de ses caresses, la beauté de ses formes, etc., et chaque couplet se termine par l'invariable distique :

Allah, ia lêle, Allah !
Ia taoulle, ia lêle, Allah !

Les contes sont très en honneur auprès du fellah; ils conviennent bien, par leur simplicité et leur côté drolatique, à la rusticité de son intelligence. Aussi leur nombre en est-il considérable. Le fellah se délecte aux bouffonneries de «Goha», de «Karagheuz», aux aventures merveilleuses du «châter Mohammed» ou du «châter Hassan», aux prouesses «d'Abouzeit-el-Elali», aux romans chevaleresques et aux poésies «d'Antar».

Spitta bey et Yacoub Artin pacha ont publié un assez grand nombre de ces contes, qui, pour la plupart, ont trait à des aventures extra-conjugales; ils enseignent, par l'exemple des personnages mis en scène, l'art d'être heureux hors du ménage, en nous révélant les mille ruses que la femme sait trouver dans les ressources inépuisables de son imagination, afin de goûter au fruit défendu. Ces contes présentent un côté particulièrement piquant; l'homme n'y est jamais que le complice docile de la femme, qui garde pour elle le principal rôle.

En raison de sa profonde ignorance, le fellah constitue un terrain admirablement préparé pour la superstition. Il croit fermement à l'influence du mauvais œil, de la jettatura. Pour en préserver son enfant et son bétail, il laisse l'un et l'autre dans un état de malpropreté repoussante, habille le premier de guenilles infectes et enduit de fumier le corps du second, de manière à détourner le regard des passants suspects. Pour plus de sécurité, il attache une amulette infaillible au cou de l'enfant, à la corne du bœuf, ou à la tête du chameau.

Pour lui, comme pour les anciens Romains, il est des jours fastes et des jours néfastes. Tel jour, il se gardera bien de voyager, de boire du lait, de manger du poisson, de conclure un marché.

Qu'il considère comme un article de foi la génération spontanée des rats ou des petits animaux, ou la procréation par le brouillard des insectes destructeurs de son coton, il n'y a pas grand inconvénient à cela, et il eût été bien surprenant qu'il pût fournir à Pouchet des arguments contre Pasteur. Ces croyances ne compromettent pas ses intérêts. Mais nous le plaignons sincèrement, et nous le blâmons avec sévérité, lorsqu'il s'adresse au «fiqi», au «soudanien», au «mograbin», au charlatan, à tous ces exploiteurs de la bêtise humaine, qui, sous prétexte de lui dévoiler les secrets de son avenir ou de le guérir sans la Faculté, lui soutirent habilement le plus clair de ses économies. Il est vrai que, pour sa justification, il a devant lui l'exemple de notre Europe instruite, civilisée, où les pratiques de ce genre s'étalent au grand jour, comme un héritage des superstitions et de la barbarie du passé !

Le fiqi évoque le «ghinn», mesure le mouchoir, ou écrit la formule sacrée qui fera connaître la guérison ou la mort du malade; le soudanien demande à des lignes mystérieuses, tracées sur le sable, si la fortune, l'amour, favorisent son client; le mograbin cherchera, dans la combinaison des coquillages projetés sur le sol, le gain ou la perte d'un procès; mais le charlatan, rusé compère ou vieille sorcière, a de plus nombreuses cordes à son arc.

Une pierre contre la piqûre du scorpion; un fil de laine noué de distance en distance, et attaché au cou, contre la toux; une cordelette en laine serrant énergiquement le crâne, contre l'apoplexie; une phalange entière de momie que le malade doit porter, contre la fièvre; une vieille médaille avec effigie, contre la stérilité; l'eau séjournant toute une nuit dans un vase en corne de rhinocéros, contre l'empoisonnement, la phtisie, l'asthme, etc.; la nacre pilée ingurgitée dans un verre d'eau, contre les ophtalmies, si fréquentes dans le pays; un morceau de viande rouge suspendu à la coiffure, et arrivant au niveau de l'œil, contre les conjonctivites; la moelle de baudet, la graisse de chameau ou de serpent, contre les rhumatismes, etc. Il faudrait des volumes entiers pour arriver à codifier la bizarre pharmacopée en usage chez le fellah, et, avec la meilleure bonne volonté, il est impossible de lui reconnaître d'autre mérite que celui de faire vivre ceux qui en préconisent l'emploi.

Avant de terminer ces notes, je ne saurais passer sous silence une pratique des plus burlesques, connue sous le nom «d'Abou el Riche». Elle a lieu lorsqu'une famille, ayant perdu plusieurs enfants en bas âge par suite de méningite ou de diphtérie, réussit à élever un de ses rejetons jusqu'à l'âge où ces maladies ne sont plus à redouter.

Autant pour fêter sa survivance que pour lui présager une longue vie, l'enfant, paré de ses plus beaux atours, un châle noir en sautoir, une couronne de plumes à sa coiffure (d'où le nom d'Abou-el-Riche) monté sur une ânesse noire, le visage tourné vers la croupe, doit faire au moins trois fois le tour du village pendant que les autres enfants qui l'escortent chantent à tue-tête ce distique de circonstance :

Ia, Aboul-el-Riche,
Inchallah Teiche!

«O, Père la plume,
«Plaise à Dieu que tu vives!»

Le culte des morts a été de tous temps fort en honneur chez les Égyptiens. Il persiste de nos jours, encore plus vivace que chez la plupart des autres peuples, à l'exception des Chinois.

Dès que la nouvelle du décès est connue, on dresse une tente près de la maison du défunt. Chacun vient présenter ses condoléances à la famille et refuse presque toujours d'accepter le café, offert à tout visiteur en Égypte, quel que soit son rang et le motif de sa visite. Le fiqi récite en chantonnant les versets du Coran, pendant que les femmes du village, qui ont pris le deuil musulman, se lamentent en poussant des cris déchirants, et que l'une d'elles fait à haute voix, en phrases entrecoupées, l'apologie du défunt. Les pleureuses, ou «naddabat», agitent leur mouchoir de deuil, se frappent le visage, se couvrent la tête de poussière, et affectent tous les signes d'une profonde douleur.

Toutes ces scènes se renouvellent en s'aggravant jusqu'au cimetière où le corps, simplement emmaillotté dans un drap, est descendu dans une tombe voûtée, la face tournée vers la ville sainte.

Pendant trois jours consécutifs, les prières des assistants et des foqas[1] continuent sous la tente ; elles recommencent le quarantième jour après le décès, et, chaque jeudi, pendant des années entières, les parents, auxquels se joignent quelques amis, se rendent au cimetière, portant des palmes, des fleurs, des provisions de bouche. Les foqas récitent les versets du Coran et reçoivent une partie des provisions à titre de rémunération. Pour le cheikh, l'omdeh, le propriétaire aisé, la cérémonie revêt un caractère plus imposant et s'accompagne toujours d'une large distribution d'aumônes aux malheureux.

Ici s'arrête la tâche que je m'étais imposée. Si le tableau que je vous ai présenté de la population agricole de l'Égypte paraît quelque peu sombre, rappelez-vous que cette race détient l'un des records de l'histoire, et que les peuples heureux n'en ont pas.

[1] Pluriel de *fiqi*.

COMPTES RENDUS ET ANALYSES.

Dr E.-T. Hamy, membre de l'Institut et de l'Académie de médecine, professeur au Muséum d'histoire naturelle, etc. *Joseph Dombey, médecin, naturaliste, archéologue, explorateur du Pérou, du Chili et du Brésil* (1778-1785). Sa vie, son œuvre, sa correspondance, etc. Librairie orientale et américaine E. Guilmoto. Paris, 1905. 1 vol. in-8°, 434 pages, 1 carte et 5 planches hors texte.

Le nom du naturaliste Dombey n'est guère connu que d'un petit nombre d'initiés. Il mérite cependant de figurer parmi ceux qui ont contribué au renom scientifique de l'ancienne France. On peut le rattacher à cette lignée de médecins naturalistes et explorateurs dont Jean Mocquet, «garde des singularités du Roy aux Tuileries», sous Henri IV, fut l'ancêtre et qui compta dans ses rangs les Bernier et les Tournefort. Il est de leur famillle par l'observation passionnée de la nature, avec une pointe de philosophie qu'il tient de son temps.

Né à Mâcon, le 22 février 1742, ce fut à Montpellier où, comme Bernier, il était venu étudier la médecine, que se décida le goût de la botanique qui devint la passion de sa vie. Au cours de ses herborisations dans le Jura, il entra en rapports avec J.-J. Rousseau dont il resta le fervent admirateur, s'affligeant au fond de l'Amérique de la nouvelle de sa mort, s'associant de loin aux hommages rendus à sa mémoire. Sa carrière scientifique ne se décida pourtant tout à fait qu'en 1776, lorsque, sur la recommandation de Joseph de Jussieu, il fut désigné par Turgot, alors près de quitter le ministère, pour une mission botanique au Pérou. C'était un de ces voyages *entrepris par ordre du Roy*, dont la série, commencée en 1672 par la mission Jean Richer à Cayenne, s'est continuée au grand profit de la science jusqu'à la fin de l'ancienne monarchie, léguant à notre Institut et à notre ministère de l'Instruction publique une tradition à suivre.

Le brevet dont M. Hamy a publié le fac-simile (p. xvij) ne fut signé que le 27 août 1776. Dès le 5 novembre, notre naturaliste arrivait à pied en herborisant à Madrid pour organiser son voyage, impatient déjà de courir la Cordillère; mais là commencèrent ses tribulations. Malgré les relations intimes qui unissaient la Cour de France et celle d'Espagne, les Espagnols ne virent pas sans déplaisir un étranger intervenir dans leur domaine. Il y avait alors au jardin botanique de Madrid un personnage influent, nommé Ortega, qui, sous des apparences courtoises, ne cessa pas de contrecarrer notre compatriote. D'abord il dut accepter la collaboration de savants espagnols, subir leurs retards et attendre jusqu'au 28 octobre 1777 l'heure du départ.

Pendant 8 ans, de 1778 à 1785, il courut plein d'ardeur au Pérou et au Chili. Botaniste, il «ramasse de toutes ses forces les belles plantes qui sont sur la Cordillère des Andes»; d'abord sur les hauts plateaux de Tarma et de Huanuco; puis, par une pointe aventureuse, dans la région terriblement inhospitalière des forêts humides où croissent les quinquinas et les cocas. On le retrouve plus tard au nord du Chili, cette fois dans le pays des myrtes et lauriers, des plantes xénophiles. Il recueille à Chancay, sur la côte, puis à Tarma et à Pachacamac, sur les plateaux, des vases et des objets qui, au jugement de M. le Dr Hamy, ont apporté «les premiers éléments d'une étude ethnographique de l'ancien Pérou». Il se fait ingénieur des mines sur la demande du Régent de l'audience royale, pour prospecter les gisements de mercure et de cuivre des provinces de Coquimbo et d'Atacama. Entre temps, il se dévoue gratuitement à soigner les malades et à combattre des épidémies. Généreux et prodigue, il dépense sans compter son temps, son argent et ses forces. On les exploitait d'autant plus que les hommes de cette instruction et de cette trempe étaient rares dans la nouvelle Espagne, où tout sentait la ruine prochaine. Mais il était dit que la mauvaise fortune le poursuivrait. Le vaisseau sur lequel il avait fait un premier envoi de ses collections fut pris par les Anglais; et bien que la cargaison fût rachetée à Lisbonne par le gouvernement espagnol, la partie destinée au roi de France ne parvint à son destinataire qu'allégée par la malice d'Ortega, de quelques-uns des objets les plus importants, notamment d'une précieuse relique appelée *vestimento del Inca,* qui est au musée archéologique de Madrid et dont une représentation figurée nous est donnée dans le présent volume.

Quand, en 1785, il rentre enfin à Cadix, après une traversée tourmentée de dix mois, c'est pour apprendre que les 78 caisses de la collection qu'il a péniblement amassée doivent être partagées avec l'Espagne; bien plus, c'est pour être retenu presque en prison jusqu'à ce qu'on lui ait extorqué la promesse de rien publier avant le retour de ses collègues espagnols! Tant d'adversités et de tribulations ont eu raison de son ardeur et de sa santé. L'accueil flatteur de l'Académie des sciences ne parvint pas à remonter son moral. Son herbier reste au jardin du roi, et Lhéritier, sur l'ordre de Buffon, en commence la publication, bientôt d'ailleurs interrompue, tandis que l'auteur lui-même de ces découvertes semble s'en désintéresser. Il quitte Paris pour n'y revenir qu'en 1794. Le Comité de Salut public lui confie alors une mission aux États-Unis. Mais cette fois encore l'adversité s'acharne sur lui. Le navire qui le portait est pris par des corsaires près de la Guadeloupe; et, trop affaibli pour résister à ces émotions, il meurt la même année en prison dans l'île Monserrat.

Parmi toutes ces tribulations Dombey n'a eu qu'une chance, il est vrai posthume : celle de trouver un éditeur et un historien aussi autorisé que sympathique, qui s'est préoccupé de lui rendre enfin justice. M. le Dr Hamy a compulsé les papiers de famille et les documents pour reconstituer sa biographie, a fait un choix judicieux dans sa correspondance, et a surtout accompagné cette publication d'une grande introduction qui fait revivre cette intéressante physionomie. Voilà enfin notre compatriote vengé d'Ortega et de ses pareils!

Le personnage, avec sa philanthropie aigrie par les épreuves et tournée en misanthropie, avec les découragements qui suivent les enthousiasmes de jadis, apparaît très vivant. Il n'est pas jusqu'au singulier jargon dans lequel il exhale ses doléances, qui n'excite quelque pitié : qu'on songe à ce que devaient être à cette époque huit années d'éloignement et d'exil dans ces pays lointains! M. le Dr Hamy nous montre en Dombey un véritable savant d'esprit large et de culture variée. S'il n'a pu consacrer le résultat de ses recherches dans une publication digne d'elles, il a du moins enrichi nos collections du Muséum et du Musée ethnographique du Trocadéro, d'objets de valeur. On en trouvera quelques belles représentations dans le volume que le savant professeur du Muséum lui a consacré.

Combien, dans son histoire de la géographie, Oscar Peschel avait raison de s'élever contre la formule injuste et banale qui attribue à Alexandre de Humboldt, lequel n'a d'ailleurs jamais revendiqué ce titre, l'honneur d'avoir été le découvreur scientifique de l'Amérique du Sud! Beaucoup avaient travaillé avant lui à l'exploration scientifique de ce continent; et depuis Richer jusqu'à Bouguer et La Condamine, la plupart étaient des Français. Les historiens de la géographie sauront désormais, grâce à M. le Dr Hamy, quelle place mérite d'occuper dans cette élite l'infortuné J. Dombey.

P. Vidal de la Blache.

Émile Salonne, professeur d'histoire au lycée Condorcet. *La colonisation de la Nouvelle France, étude sur les origines de la nation canadienne française.* 1 vol. in-8° de 467 pages, chez Guilmoto, 8, rue de Mézières (1906).

Le sous-titre de cet ouvrage, qui est une thèse pour le doctorat, en indique bien l'esprit, les tendances et le but. Si les faits sont attachants par eux-mêmes par leur diversité et leur imprévu, combien ne le sont-ils pas davantage si on les étudie dans leurs rapports avec l'homme? Ils s'éclairent ainsi et s'expliquent, le romanesque qui vous avait séduit disparaît; mais qu'on est plus vivement intéressé, si l'on peut connaître les causes des choses!

C'est à ce point de vue que s'est placé M. Salonne qui a, pour ainsi dire, renouvelé le sujet.

«Pour Rameau, comme pour Ferland, Faillou et Sulte, l'histoire de la colonisation française, dit M. Salonne, dans sa préface, se réduit le plus souvent à l'histoire de la prise de possession du sol par les colons et de leur multiplication; il reste toujours après eux à donner le tableau du développement économique de la Nouvelle France».

C'est à réaliser cet idéal fécond, instructif, que s'est appliqué particulièrement M. Salonne. Il faut citer entre autres exemples l'excellent chapitre consacré aux résultats acquis en 1663. Là sont passés en revue les principaux faits qui devaient donner à notre colonisation son cachet particulier et qui devaient avoir pour son développement les plus importantes conséquences. Elle y est prise sur le vif la vie qu'on mène alors à la Nouvelle France. Ce sont les conditions dans lesquelles s'est effectué le peuplement et les causes de l'excédent des naissances, la bonne qualité de l'immigration, la peinture de l'hiver plus salutaire à la santé qu'on ne l'a dit, les conditions dans lesquelles on procède à la pêche, à la traite, à la culture, c'est un véritable tableau plein de variété que relève une saine appréciation des faits et de leurs conséquences.

A voir l'indomptable énergie de ces colons qui ont apporté les qualités particulières à leur petite patrie, qui, loin de tous, abandonnés à leur propre initiative, sont tant de fois sur le point de périr ou d'abandonner le pays, qui se reprennent sans cesse, qu'un secours si minime soit-il, relève continuellement, l'auteur s'anime, s'échauffe, son style se précise, devient plus vif, il admire tant d'énergie et de vaillance et sait communiquer son enthousiasme à son lecteur.

Par les détails circonstanciés qu'il apporte, on sent qu'il s'est pénétré de la lecture d'innombrables ouvrages, qu'il s'est intéressé à cette lutte incessante contre les éléments, contre les Indiens dépossédés de leurs territoires de chasse, contre l'abandon d'un gouvernement qui ne fut pas toujours aussi coupable qu'on a bien voulu le dire ou qui, du moins, a de bonnes excuses à faire valoir. Si Richelieu, dans son admirable organisation de la Compagnie des cent associés, a commis la faute d'exclure les Huguenots du Canada, on le comprend, si l'on sait que l'édit de création de cette Société fut signé en 1628, au fort de la lutte contre les protestants de la Rochelle qui n'avaient pas craint d'appeler l'étranger contre leur mère patrie. Si, après Champlain, la colonie reste si longtemps abandonnée du gouvernement, Mazarin est-il bien coupable d'indifférence, lui qui doit lutter contre les deux frondes? Et le plus souvent faut-il s'en prendre au roi de ne pas envoyer les secours indispensables lorsqu'il doit songer *tout d'abord* à sauver la patrie? N'est-ce pas un pareil motif qui fit répondre à Bougainville par un ministre agacé de ces inlassables réclamations : «Eh, Monsieur, quand la maison brûle faut-il songer à sauver les écuries?» Que de fois les circonstances ont été plus fortes que les hommes?

M. Salonne a fort bien attribué les causes du développement rapide des colonies anglaises à la puissance de l'argent qui a permis de jeter rapidement en Amérique une nombreuse population pourvue de tout, alors que la Nouvelle France ne comptait encore, en 1643, que 200 ou 300 habitants solidement établis. Une des causes qui plus tard contribuèrent singulièrement à la multiplication des habitants, c'est l'habitude qu'on prit de marier et d'établir les soldats. Cette politique contribua jadis à l'affermissement de la puissance romaine; elle ne fut pas moins féconde au Canada. Vers 1750, alors que la population coloniale ne dépasse guère 70,000 âmes, un contingent de 6,000 à 7,000 soldats qui ont résidé dans le pays plus de cinq ans est un appoint sérieux pour la colonisation, lorsque Lewis a traité avec Amhers, 250 hommes sont encore portés sur les états; 1,600 à 1,700 rentrent avec lui en France, 500 restent dans le pays. «Ce sont des gens établis ou qui avaient pris leurs dispositions pour l'être.»

On pourrait vagabonder plus longtemps à travers ce livre si plein de faits, avec un égal profit. Ce que nous en avons dit suffit pour en donner l'idée. C'est un ouvrage suggestif. Non seulement on est mieux renseigné sur les procédés de colonisation mis en œuvre ou imposés par les circonstances, c'est une véritable leçon de choses, car on est continuellement édifié sur les motifs de telle ou telle mesure, sur les résultats qu'elle a produits. Non seulement nous pensons qu'un tel ouvrage est utile parce qu'il nous donne des vues plus nettes et plus précises sur l'histoire du passé, mais parce qu'il nous fournit des enseignements et qu'en nous montrant nos fautes il nous apprend le moyen de n'y pas retomber.

M. Salonne est un véritable historien.

Gabriel Marcel.

Louis Gentil, docteur ès sciences, maître de conférences à la Sorbonne. *Mission de Segonzac. — Exploration au Maroc. — Dans le Bled es Siba.* 1 vol. petit in-4° de xv-364 pages, 2 cartes et 221 similigravures dans le texte d'après les photographies de l'auteur. Paris, Masson et Cie, 1906.

Ce beau volume est le fruit d'une série de voyages entrepris par l'auteur comme membre de la mission de Segonzac, pendant l'hiver 1904-1905.

M. Louis Gentil, qui est Algérien de naissance et pratique couramment la langue arabe, s'était déjà distingué comme géologue en publiant une monographie très complète des terrains du bassin de la Tafna, dans l'Ouest de la province d'Oran, travail qui lui servait de thèse pour le doctorat ès sciences en 1902. Il pouvait donc, mieux que personne, aborder utilement l'étude scientifique des régions occidentales de l'Atlas, et l'on doit féliciter le Comité du Maroc d'avoir adjoint au vaillant chef de la mission un collaborateur aussi bien préparé pour s'acquitter de cette tâche difficile.

Les premières excursions de M. Gentil eurent pour théâtre l'extrême Nord du Maroc, de Tanger jusqu'au delà de Tétouan, c'est-à-dire la pointe septentrionale de la chaîne du Rif, dont il put constater les rapports très nets avec la Cordillère Bétique, qui lui correspond de l'autre côté du détroit de Gibraltar. Le récit de ces courses est rempli d'observations intéressantes, non seulement au point de vue de la géologie proprement dite, mais encore au sujet de la végétation, des cultures, du régime des eaux (Andjera, vallée de l'Ouad Quitan, etc.). M. Gentil se plaît à rendre hommage à l'obligeance et au dévouement d'un naturaliste français, M. Buchet, qui connait parfaitement ces régions, où il recueille depuis plusieurs années d'importantes collections pour le compte du Muséum.

Mais c'est au Sud du parallèle de Mogador et de Marrakech, entre les côtes de l'Atlantique et le méridien de Demnat, jusqu'à Taroudant, dans la large dépression du Sous, que M. Gentil a surtout déployé son activité, non sans sans avoir revêtu cette fois le costume musulman, précaution indispensable en Bled es Siba où les indigènes ne sont plus, comme en Bled Makhzen, responsables de la vie des roumis qui traverseraient leur territoire. Malgré ce déguisement, M. Gentil se trouva plus d'une fois dans une position critique; il faut lire son journal, où les incidents quotidiens sont relatés côte à côte avec les principales observations scientifiques, pour comprendre ce que ces six mois d'exploration représentent d'énergie, de ténacité, de désintéressement de la part du voyageur.

L'itinéraire parcouru, seul ou avec un ou deux compagnons recrutés dans le pays, se développe sur 1,800 kilomètres, dont les trois quarts entièrement nouveaux. Plusieurs centaines de photographies, orientées, permettront de compléter sur un grand nombre de points les indications topographiques prises en cours de route. Enfin une quinzaine de caisses d'échantillons de roches et de fossiles, dont M. Gentil n'a pu que commencer l'étude depuis son retour, permettront pour la première fois de prendre un aperçu détaillé de la constitution du Grand Atlas et de ses abords. Assurément ce sont là des résultats très précieux; et d'ici à quelques mois, sans doute, le monde savant sera mieux à même d'en apprécier la portée. Mais M. Gentil n'a pas voulu attendre que le classement de tous les matériaux fût terminé pour faire connaître au public ses impressions sur le Maroc et ses habitants. Dans son livre il décrit successivement les environs de Mogador, le Sous, la région des Ida ou Tanan; puis il passe à la partie de l'Atlas marocain située à l'Est du méridien de Marrakech, qu'il dut franchir sous la neige, au Tiz in Tar'rat, par 3,500 mètres environ d'altitude, et où il eut l'occasion de faire quelques-unes de ses découvertes les plus intéressantes : on doit citer surtout la rencontre, au Sud de la chaîne, d'un puissant massif volcanique, superposé à un plateau granitique, le Djebel Siroua, dont la silhouette très découpée n'avait encore été aperçue que de loin par quelques voyageurs. M. Gentil, qui a traversé de part en part ce curieux amas de laves, de cendres et de projections, aujourd'hui démantelé, dont l'aspect rappelle certains paysages de l'Auvergne ou du Velay, attribue 3,000 mètres de hauteur à ses cimes culminantes sur un diamètre de 20 kilomètres. La présence dans l'Afrique du Nord d'un appareil volcanique d'une pareille ampleur, tout à fait comparable à l'Etna par son importance, constitue un fait absolument inattendu.

Dans un appendice qui ne forme pas la partie la moins neuve de l'ouvrage, M. Gentil donne quelques détails sur l'Arganir (*Argania Sideroxylon*, Rœmer et Schultes), arbre spécial au Sous; les Marocains tirent parti à la fois de son bois, de sa feuille et de son fruit, utilisé pour la fabrication de l'huile d'Argan.

En dehors du vif intérêt du texte, il faut louer tout spécialement, dans le volume de M. Gentil, la rare perfection des photographies, reproduites en similigravure, qui servent à l'illustrer. Ce succès est d'autant plus remarquable qu'il s'agit de clichés pris à la dérobée et, pour ainsi dire, sous le manteau. Certains paysages, comme la vue de Tikirt avec ses constructions en terre battue, d'aspect babylonien (page 297), où le panorama du Djebel Toubkal, dont les couloirs neigeux rappellent les Alpes (page 333), sont saisissants.

Au moment où tous les regards sont tournés vers le Maroc, le bel ouvrage de M. Gentil vient à son heure, en montrant combien l'œuvre pacifique déjà accomplie par la France dans ce pays est considérable; après le vicomte de Foucauld, le marquis de Segonzac, le commandant Larras, M. de Flotte et tant d'autres, le savant géologue continue la prise de possession scientifique de l'empire chérifien.

Emm. de Margerie.

Service géographique de l'Armée. Rapport sur les travaux exécutés en 1905. Paris. Imprimerie du Service géographique de l'Armée, 1906. In-8°, iv-39 p., 20 cartes en couleur, h. t.

Il est bien difficile d'analyser en quelques pages un rapport comme celui que M. le général Berthaut, directeur du Service géographique de l'Armée, a bien voulu adresser au Comité. Ce document n'est lui-même, en effet, que l'énumération de travaux très variés, intéressant la géodésie, la topographie et la cartographie, et à l'exécution desquels ont pris part, tant sur le terrain que dans les bureaux, un grand nombre d'officiers et d'employés civils.

I. *Section de géodésie.* — Je n'insisterai pas sur la marche des triangulations de 2e et 3e ordre poursuivies en Algérie et en Tunisie pour l'établissement de la carte. Ces travaux, dont l'état d'avancement est représenté sur la planche I, ont porté sur six feuilles, se rapportant au Sud des deux pays.

Les opérations géodésiques exécutées en France concernaient la réfection du cadastre. Il s'agissait, d'une part, de continuer les observations devant être utilisées pour le parallèle moyen, — les stations de Boussières, Le Mont-Pilat, Montellier et La Charpenne ont été occupées à cet effet (pl. II), — et, de l'autre, de continuer les triangulations de détail entre Paris et les Vosges (pl. III).

Un résultat très important a été obtenu à la suite du nivellement géométrique de précision exécuté en Algérie; en partant du niveau moyen de la mer à Tunis, donné par les observations du médimarémètre qui y est installé depuis 1887, on obtient, pour la cote du niveau moyen au médimarémètre d'Alger, la valeur + 0m 13. «Ce résultat, dit le rapport, est absolument en concordance avec les fermetures trouvées par M. l'Ingénieur en chef des mines Lallemand, aux différents ports de France, en partant du zéro de Marseille, et conduit à conclure que le niveau du bassin occidental de la Méditerranée, le long des côtes françaises et algériennes, est sensiblement le même sur tout le littoral Nord et sur tout le littoral Sud ».

Depuis quelques années, l'étude des déviations de la verticale est à l'ordre du jour. A ce point de vue, la section de géodésie a fait, en 1905, d'intéressantes constatations dans la région des Vosges (station du Ban-de-Sapt), à l'extrémité Est du parallèle de Paris. La comparaison des valeurs géodésique et astronomique de la latitude et de l'azimut décèle nettement l'influence du massif montagneux dans le sens Nord-Sud et dans le sens Est-Ouest.

Il n'y a pas lieu de revenir ici sur les travaux de la mission de l'Équateur, dont le vaste programme a pu être intégralement exécuté grâce à la munificence de notre collègue, le prince Roland Bonaparte. D'autre part, on doit signaler l'ouverture, au Service géographique, d'un cours public de géodésie et d'astronomie de position, en 26 leçons, professé par M. le colonel Bourgeois. L'assiduité avec laquelle ce cours a été suivi en a démontré l'utilité; aussi sera-t-il continué régulièrement chaque année.

II. *Section des levés de précision.* — Deux brigades affectées aux levés de précision ordinaire ont opéré en 1905, l'une, dite *de Cherbourg*, a fait le levé de 28,000 hectares environ, au 1/10,000°, dans les départements de la Manche et de la Seine-Inférieure; l'autre, dite *d'Alger-les-Alpes*, a fourni 24,500 hectares au 1/10,000° autour d'Alger et 31,000 hectares au 1/20,000° dans les hauts massifs glaciaires de la Savoie, terminant ainsi l'étude détaillée de la partie de la frontière franco-italienne comprise entre le Petit Saint-Bernard et le Mont-Cenis.

Quant aux travaux effectués en vue de la nouvelle carte de France à 1/50,000, la campagne de 1905 élève de 32 à 40 le nombre des feuilles pour le dressage desquelles le Service géographique possède les éléments voulus. Comme le montre la planche IV, les 8 feuilles correspondantes se répartissent entre la région des Vosges (7) et la Provence (1).

III. *Section de topographie.* — C'est surtout sur l'Algérie et la Tunisie qu'a porté, en 1904-1905, l'effort de la section de topographie. Six brigades, comprenant quarante-deux officiers, ont pris part aux travaux (pl. VI et VII). Ont été levées au 1/50,000° la feuille de Médéa et celle de Souk-el-Krémis; au 1/80,000° six feuilles dans le sud tunisien (Tataouïn); au 1/100,000° les environs du Chott ech Chergui, d'El-Abiod et d'Aïn-Sefra. Le rapport donne des renseignements sommaires sur les régions précédentes, qui seront décrites en détail dans la précieuse collection des *Matériaux d'études topographiques pour l'Algérie et la Tunisie*, entreprise par le Service.

IV. *Section de cartographie.* — L'événement principal de l'année, pour cette section, a été la publication des neuf premières feuilles de la nouvelle carte de France au 1/50,000, représentant le territoire dont Paris occupe le centre (pl. XI).

Parmi les travaux de compilation entrepris au Service de la cartographie étrangère, il faut signaler l'apparition d'une feuille nouvelle (Asterabad) de la carte de l'Asie centrale au 1/100,000°, dont 5 feuilles sont déjà publiées (pl. XVIII); 12 feuilles de la carte de l'Asie orientale, à la même échelle, sont signalées comme étant en correction et devant bientôt paraître.

En terminant, qu'il me soit permis d'exprimer un vœu, que je souhaiterais de voir appuyé par notre Comité; un certain nombre de documents scientifiques, élaborés au Service géographique de l'Armée, — le rapport que j'analyse ici se trouve précisément dans ce cas, — ne sont livrés qu'incomplètement à la publicité. Bien que leur contenu n'intéresse en rien les secrets de la défense nationale, ils ne sont pas mis dans le commerce, et les géographes ou les établissements d'instruction qui ne sont pas en rapport direct avec le Ministère de la Guerre éprouvent la plus grande difficulté à se les procurer. Je voudrais attirer la bienveillante attention de l'administration sur ce point, et me faire auprès d'elle l'écho des doléances que j'entends exprimer depuis plus de vingt ans, par les topographes, les géologues, les professeurs et les bibliothécaires de la France et de l'étranger. Il n'est pas bon, selon la parole évangélique, que la lumière soit sous le boisseau. Pourquoi notre grand Service français resterait-il en retard, à ce point de vue, sur la plupart des institutions qui fonctionnent dans les autres pays?

Emm. de Margerie.

TABLE DES MATIÈRES

DU TOME XXI

DU *BULLETIN DE GÉOGRAPHIE HISTORIQUE ET DESCRIPTIVE*.

A

B

C

D

E

F

G

N

O

P

R

S

T

U

V

Y

Z

MINISTÈRE

DE L'INSTRUCTION PUBLIQUE ET DES BEAUX-ARTS

COMITÉ DES TRAVAUX HISTORIQUES

ET SCIENTIFIQUES

BULLETIN

DE GÉOGRAPHIE HISTORIQUE

ET DESCRIPTIVE

ANNÉE 1906. — N° 3

PARIS

IMPRIMERIE NATIONALE

ERNEST LEROUX, ÉDITEUR, RUE BONAPARTE, 28

MDCCCCVII

SOMMAIRE DES MATIÈRES

CONTENUES DANS LE PRÉSENT NUMÉRO.

Le prix d'abonnement au *Bulletin de Géographie historique et descriptive* est de 10 francs par an.

COMITÉ DES TRAVAUX HISTORIQUES ET SCIENTIFIQUES.

SECTION DE GÉOGRAPHIE HISTORIQUE ET DESCRIPTIVE.

Président :

M. Bouquet de la Grye, membre de l'Institut, ingénieur hydrographe.

Vice-Président :

M. Vidal de la Blache, professeur de géographie à la Faculté des lettres de l'Université de Paris.

Secrétaire :

M. Hamy (E.-T.), membre de l'Institut et de l'Académie de médecine, professeur au Muséum d'histoire naturelle, directeur honoraire du Musée d'ethnographie.

Membres titulaires :

MM. Aymonier (Ét.), directeur honoraire de l'École coloniale;

Bonaparte (Prince Roland), membre de la Société de géographie;

Boyer (Paul), professeur à l'École spéciale des langues orientales vivantes;

Cordier (H.), professeur à l'École spéciale des langues orientales vivantes;

Grandidier, membre de l'Institut;

Héron de Villefosse, membre de l'Institut, conservateur au Musée du Louvre;

Levasseur, membre de l'Institut, administrateur du Collège de France;

Longnon, membre de l'Institut, professeur au Collège de France;

Marcel (G.), conservateur adjoint à la Bibliothèque nationale;

Margerie (de), vice-président de la commission centrale de la Société de géographie;

Schrader, vice-président de la commission centrale de la Société de géographie de Paris;

Teisserenc de Bort, directeur de l'Observatoire de météorologie dynamique.

Lightning Source UK Ltd.
Milton Keynes UK
UKHW022221140219
337291UK00006B/355/P